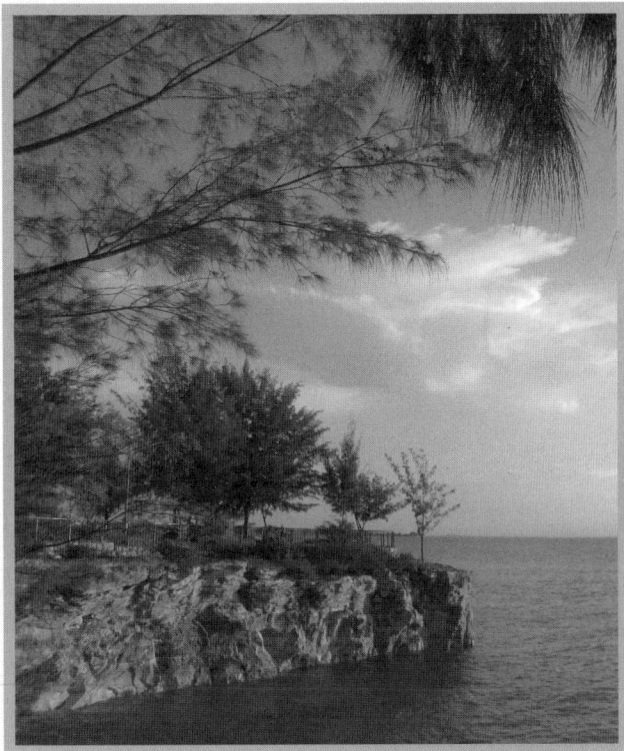

木麻黄研究与应用

Casuarina Research and Utilization

仲崇禄　张　勇　等■著

中国林业出版社
China Forestry Publishing House

图书在版编目（CIP）数据

木麻黄研究与应用 / 仲崇禄等著. -- 北京：中国林业出版社，2022.11
ISBN 978-7-5219-1955-4

Ⅰ.①木… Ⅱ.①仲… Ⅲ.①木麻黄-研究 Ⅳ.①S792.93

中国版本图书馆CIP数据核字（2022）第207307号

策划编辑　李敏
责任编辑　李敏　　王美琪

出版发行	中国林业出版社（北京市西城区刘海胡同 7 号　100009）
	电话　（010）83143575　83143548
印　　刷	北京中科印刷有限公司
版　　次	2022 年 11 月第 1 版
印　　次	2022 年 11 月第 1 次印刷
开　　本	787mm×1092mm　1/16
印　　张	22.50
彩　　插	16面
字　　数	506千字
定　　价	129.00元

《木麻黄研究与应用》著者

仲崇禄　张　勇　马海宾
姜清彬　魏永成　孟景祥
陈　羽　魏　龙

序 言

沿海地区占全国国土面积的 14%，承载着全国 40% 的人口，贡献了全国 60% 的 GDP，在我国经济建设和生态环境保护方面具有十分重要的战略地位。沿海防护林体系在沿海地区战略地位充分发挥作用中功不可没。

沿海防护林体系是我国五大防护林体系工程之一，在沿海地区防灾减灾、生态服务功能，以及提供和改善人居环境等方面发挥着巨大作用。作为沿海防护林体系的重要树种，木麻黄更是首当其冲，担负起了"骨干主力军"的使命。

沿海地区处于海陆交替的气候突变带，生态环境相对脆弱，常年受风沙、干旱等自然灾害威胁，海岸带水土流失频繁，给工农业生产带来了很大影响。新中国成立后，为治理沿海沙荒，华南各地大规模引种木麻黄。

木麻黄是我主持的多项国家级项目中的研究内容和研究对象，因此对其有一定的了解。据资料记载，1954 年在广东省电白县博贺镇 14.6km 长的滨海沙地上建成了我国第一条木麻黄沿海防护林带，随后在广东的雷州和吴川、福建的东山岛和平潭岛、海南的文昌和昌江等地也相继营建了木麻黄沿海防护林。如今从浙江舟山群岛至广西防城港，以及海南岛共约 6000 多千米的海岸线上，近 30 万 hm^2 的木麻黄沿海防护林形成了一道美丽壮观的"绿色长城"。

木麻黄具有抗风、抗盐雾、耐瘠薄、耐盐碱、耐干旱，不怕海潮，不怕沙埋等生理特性，是世界热带和亚热带地区广泛引种栽培树种，已成为"海上丝绸之路"沿岸国家以及我国南方沿海防护林特别是基干林带建设中不可替代的重要树种，也是我国广东、海南、福建、广西、浙江 5 个省份沿海防护林建设的主要树种，在我国"十四五"规划沿海防护林体系建设生态修复工程中发挥了举足轻重的作用。连绵蜿蜒的南方海岸线上，成片的木麻黄林就像一个个挺拔坚强的绿色卫士，守护着沿海居民的生命和财产安全。在以木麻黄为主的防护林带保护下，我国沿海地区风沙肆虐的状况得到了可喜的扭转，生态环境有了明显的改善。

木麻黄还具有生长迅速、与微生物共生固氮、百折不挠等特性，可作为退化地、采矿地、污染地等困难立地植被恢复的先锋树种，是开展植物抗逆和共生机理研究的重要模式树种。因此，木麻黄也被引种到了远离沿海的内陆地区，用于营建农田防护林、工业与建筑用材林、道路绿化与防护、困难退化地生态修复等，为促进当地的经济发展、提高当地林农收入发挥了重要的作用。

说到木麻黄，不得不提中国林业科学研究院热带林业研究所（简称热林所）木麻黄研究团队，以及他们为木麻黄研究作出的不可磨灭的贡献。

热林所木麻黄研究团队是国内从事木麻黄研究持续时间最长、系统性最强、成果最丰富的队伍，其研究成果除了公开出版的著作、发表的论文、制定的标准等外，选育的优良新品种和研发的遗传改良、苗木繁育、栽培经营等关键技术，在林业生产实践中得到广泛的推广和应用，获得了显著的生态、经济和社会效益。《木麻黄研究与应用》一书，就是其研究成果的重要组成部分，内容涵盖了木麻黄生物学、种质资源引进、遗传改良、栽培经营与利用、病虫害防治、防护林生态价值评估等基础理论与应用技术，凝聚了研究团队成员近 40 年持之以恒的坚守和辛勤付出。相信他们取得的研究成果以及本书的出版，对从事木麻黄或沿海防护林相关的科研、管理和生产人员都具有很高的参考价值。

借著作付梓之际，我向他们的成功表示祝贺，向他们的积极努力、长期坚守和奉献的科学精神致敬！

中国工程院院士

2022 年 11 月于北京

前　言

　　木麻黄是天然分布于澳大利亚、东南亚、太平洋群岛等国家或地区的乔木或灌木树种，含有 1 个科 4 个属 93 个种和 13 个亚种，其自然分布海拔从海平面至 3000 多米的高山。该树种因具有速生、高抗逆性、可共生固氮等优良特性，被全世界热带和亚热带国家和地区广泛引种和栽培。目前估计全世界的木麻黄人工林面积已超过 200 万 hm^2，主要用于沿海地区海岸和农田防护、工业与建筑用材、薪炭燃料供应、道路防护与绿化、退化地生态修复等用途。木麻黄研究与应用越来越受到人们的重视。

　　自 20 世纪 80 年代初，热林所科研人员开始系统地开展木麻黄研究，先后从国外引种 2 个属 25 个种 260 多个种源和 620 余个家系，并承办了"第四届国际木麻黄研讨会"，积累了丰富的木麻黄研究与应用资料。本书着重介绍了热林所木麻黄研究者近 40 年的研究成果，以及国内外有关木麻黄的研究进展和热点。全书共有 10 章，分别为绪论、木麻黄生物学、种质资源引进与遗传多样性、木麻黄遗传改良、木麻黄分子生物学、木麻黄繁殖栽培与经营、木麻黄病虫害、木麻黄利用、木麻黄的生态服务功能和价值评估以及木麻黄树种介绍。书中正文后汇编了 4 个附录，即木麻黄科植物的种属名录、木麻黄病害名录、木麻黄主要虫害名录及木麻黄林下植被种类名录。

　　感谢澳大利亚 Khongsak Pinyopusererk 先生、John Turnbull 博士、Alan Brown 博士、Douglas J. Boland 博士、Suzette Searle 女士、Stephen Midgley 先生、David Bush 博士、Nicholas Malajczuk 博士、Bernard Dell 教授和 Paul Reddell 博士等在木麻黄天然种源家系提供、育种计划制定、共生菌研究上的支持。感谢法国发展研究院（IRD）Didier Bogusz 博士、Claudine Franche 博士等科学家在木麻黄共生固氮和分子生物学研究方面的支持。感谢热林所白嘉雨研究员、周文龙副研究员、弓明钦研究员、李炎香副研究员等前辈专家对热林所木麻黄研究的贡献和支持，以及感谢福建省林业科学研究院、中国林业科学研究院亚热带林业研究所、海南省林业科学研究院、广东省林业科学研究院、海南师范大学、广东省林业局等众多合作单位的木麻黄研究者。同时，感谢热林所培养的研究生黄桂华、武冲、马妮、胡盼、许秀玉、韩强、余微、李振、王玉娇、付甜、刘芬等对木麻黄研究的贡献。

　　与本书所著相关的木麻黄研究工作受到如下项目资金的资助，包括中澳合作项目 4 项（ACIAR8457、ACIAR8736、IPTC-CSIRO、PSLP14476-39）、中法合作项目 2 项（GCP/CRP/005/FRA 和 IRD BESED No.1733）、863 计划项目子课题 1 项、国家林业科技攻关或支撑项目专题 3 项（2006BAD01A1605、2009BADB2B0303、2012BAD01B0603）、国家农业科技成果转化资金项目 2 项（2007GB24320424、2010-09 号）、林业行业

标准制修订项目 2 项（2016-LY-094、2017-LY-166）、国家自然科学基金项目 3 项（31470634、31770716 和 31901334）、中央级公益性科研院所基本科研业务费专项资金项目 3 项（CAFYBB2018ZB003、CAFYBB2017QA007 和 CAFYBB2021ZH002）、广东省科技计划引导项目（2004B20801008）、广东省自然科学基金项目（06024658）、广东省林业科技创新计划项目 4 项（2010KJCX009-01、2011KJCX018-01、2018KJCX010、招投标重大项目 2014KJCX017）、广东省地方标准制修订计划项目（2009-DB-13）1 项、福建省林木种苗攻关项目 1~7 期等，在此一并致谢。

　　本书编著由仲崇禄和张勇统筹，仲崇禄和张勇主笔撰写第一章、第十章、附录及编排参考文献，张勇主笔撰写第二章、第三章、第四章、第八章和第九章，魏永成主笔撰写第五章，孟景祥主笔撰写第六章，马海宾主笔撰写第七章，魏龙参与木麻黄生态服务功能与价值评估、姜清彬参与木麻黄分子生物学技术、陈羽参与共生菌研究等部分内容撰写或审校。附图 1-4 由张春兰拍摄，附图 2-6 由周再知拍摄，附图 2-9、附图 5-2、附图 5-3 和附图 5-4 由姜清彬拍摄，附图 2-10、附图 2-11、附图 2-14、附图 4-3、附图 4-4、附图 4-5、附图 4-6、附图 4-9 和附图 6-6 由张勇拍摄，附图 10-4 由 F. Watteau 拍摄，附图 10-6 由 K. Pinyopusarerk 拍摄，其余附图均由仲崇禄拍摄。全书各章内容由仲崇禄和张勇统一审校和补充完善。

　　作者虽然从事木麻黄研究多年，但因知识有限，欠妥之处在所难免，欢迎读者批评指正。

仲崇禄　张　勇

2022 年 11 月 1 日于广州

目 录

第一章 ///// 绪 论

第一节 木麻黄研究概况和进展

一、木麻黄简介

木麻黄通常是指木麻黄科（Casuarinaceae）4个属（木麻黄属 *Casuarina*、异木麻黄属 *Allocasuarina*、裸孔木麻黄属 *Gymnostoma* 和隐孔木麻黄属 *Ceuthostoma*）共 106 个种（包括 13 个亚种）的乔木或灌木树种（附录 1）。它们是天然分布于澳大利亚、东南亚国家（泰国、菲律宾、马来西亚、印度尼西亚等）和太平洋群岛地区（巴布亚新几内亚、所罗门群岛、斐济、波利尼西亚、新喀里多尼亚等）的被子植物。木麻黄为热带亚热带树种，具有速生、抗风、耐高温、耐干旱、耐贫瘠、耐盐碱、固氮等优良特性，被全世界的热带和亚热带国家广泛引种用于防护林建设、工业原材料生产、薪材供应、农林复合系统建立、道路景观绿化等（附图 1-1~ 附图 1-4）。

世界范围内，被广泛引种和大面积栽培的木麻黄种主要是短枝木麻黄（*Casuarina equisetifolia*）、粗枝木麻黄（*C. glauca*）、细枝木麻黄（*C. cunninghamiana*）和山地木麻黄（*C. junghuhniana*）4 个种，均是木麻黄属中的高大乔木树种。这 4 个种的木麻黄各有不同的生物学和生态学特性。短枝木麻黄天然分布于东南亚、巴布亚新几内亚、太平洋岛屿和澳大利亚北部的热带地区，生长速度快，抗风性强，耐高温，耐干旱，耐盐性中等，但抗寒性较差。粗枝木麻黄天然分布于澳大利亚东海岸的热带至亚热带地区，耐盐性强、根蘖萌生能力强、抗寒性较强，但生长速度较慢，抗风性弱于短枝木麻黄。细枝木麻黄天然分布于澳大利亚北部至东南部沿海地区的河流两岸，干形通直、抗寒性较强、根蘖萌生能力较强，但耐盐性较弱。山地木麻黄天然分布于东南亚的印度尼西亚和东帝汶等国家，生长速度较快，喜欢生长于山地土壤上，耐盐性和抗寒性较差。其中，种植面积最大的是短枝木麻黄，主要用于营建沿海防护林、农田防护林、用材林（造纸、板材、锯材、建筑用材等）、薪炭林和困难立地植被恢复等。据估计，大约占地球表面陆地面积（约 1.4894 亿 km²）的 8%（约 1191.52 万 km²）可能适合种植木麻黄，在一些气候适宜的地区也进行了大规模种植（Potgieter et al.，2014a）。目前，世界热带和亚热带地区种植的木麻黄人工林面积约 200 万 hm^2（Zhang et al.，2020）。

在我国，广东、福建、海南和广西 4 个省份的沿海防护林主要都由木麻黄树种构成，使用的主要种是速生和抗风性强的短枝木麻黄。而浙江省从温州、台州直至舟山群岛，都有大量的木麻黄沿海防护林，其主要树种为抗寒性较强的粗枝木麻黄。除此之外，在海南，木麻黄也能提供木材用于生产胶合板和制浆造纸（Li & Huang，2011）。在印度，木麻黄除了作为沿海防护林树种外，其木材也是一种重要的纸浆原材料，每年用于生产纸浆的木麻黄木材消耗量约为 165 万 t，占其国内全部纸浆材的 15% 左右（Nicodemus et al.，2020）。木麻黄树种也是亚洲、非洲、南美洲、欧洲、加勒比海地区和部分北美洲（美国佛罗里达州）沿海地区防护林建设、沙丘固定或困难立地植被恢复的重要树种。在这些热带或亚热带沿海国家或地区里，木麻黄不仅在抗风固沙、改良土壤、涵养水源、调节小气候、提高农作物产量等方面起到重要作用，也为当地居民提供了大量的木材和燃料，被联合国粮农组织（FAO）确定为解决发展中国家与地区薪材供应的主要树种。除了用于生态防护、生态修复、木材供应和景观绿化之外，木麻黄因其具有固氮功能，常被用作一些半寄生树种（如檀香等）的伴生树种，也被用于咖啡等作物的遮阴树种（Thomson & Gâteblé，2020）。

二、木麻黄引种历史

中国是引种木麻黄较早的国家之一。根据记载，木麻黄最早于 1897 年被引种到台湾（杨政川等，1995），其后于 1919 年，福建省泉州市华侨从印度尼西亚泗水引进了木麻黄，1929 年厦门市开始种植木麻黄。20 世纪二三十年代，木麻黄从东南亚国家引进到广州、湛江等地种植。20 世纪 50 年代以前，木麻黄虽已有引种栽植，但都是作为行道树或庭院绿化等。新中国成立后，为了治理华南沿海地区的风沙灾害，当地政府开始组织大面积营造以短枝木麻黄为主的木麻黄沿海防护林，在广东省的电白、雷州半岛、吴川，福建的东山岛、平潭岛，海南的文昌、昌江等地获得了巨大成功，根治了这些地区严重的风沙灾害。此后，广东、海南、福建、广西、浙江等省份沿海地区先后营建了木麻黄沿海防护林，面积最大时达到了 100 万 hm^2（National Research Council，1984；Zhong，1990）。但由于采矿、海水养殖、旅游开发等人为破坏，木麻黄沿海防护林的面积大大减少。根据 2018 年的森林资源二类调查数据，我国现存的面积已不足 30 万 hm^2。

现有的文献资料显示，印度是引种木麻黄最早的国家。印度从 19 世纪 60 年代已经开始在马德拉斯邦引进种植木麻黄，最初目的是为该邦新建铁路的火车蒸汽机车供应燃料（Kondas，1983）。印度最初引种的木麻黄有短枝木麻黄、山地木麻黄、细枝木麻黄和鸡冠木麻黄（*Casuarina stricta*）。但随着木麻黄在印度半岛其他沿海地区的推广种植，它被广泛用于沿海沙地上营建防护林，其中短枝木麻黄占了木麻黄防护林面积的 90% 以上。现在印度的木麻黄种植面积约为 100 万 hm^2（Zhong et al.，2011）。

越南因靠近短枝木麻黄的天然分布区泰国，在 1896 年就开始引种木麻黄用于沿海地区的沙地营建人工林。现已栽种约 10 万 hm² 的木麻黄人工林，主要用于沿海生态防护目的（Nguyen，2002）。

据不完全统计，世界范围内引种木麻黄的国家已经超过了 70 多个，分布在亚洲、非洲、南美洲、北美洲和欧洲，其中非洲最多，其次为亚洲（表 1-1、表 1-2）。但除了中国、印度和越南外，没有获得其他国家的木麻黄人工林面积准确的统计数据。

表 1-1 主要木麻黄天然分布或引种栽培的国家或地区

序号	国家（地区）	分布状态	主要树种	主要用途
亚 洲				
1	中国	人工林	短枝木麻黄、粗枝木麻黄、细枝木麻黄、山地木麻黄等	沿海和农田防护、生态修复、造纸、胶合板、建筑等
2	印度	人工林	短枝木麻黄、山地木麻黄、细枝木麻黄、粗枝木麻黄	防护林、薪材、生态修复、造纸、胶合板、建筑等
3	越南	人工林	短枝木麻黄	防护林、薪材、生态修复、建筑等
4	泰国	天然林与人工林	短枝木麻黄、山地木麻黄	防护林、生态修复、造纸、建筑等
5	马来西亚	天然林与人工林	短枝木麻黄、山地木麻黄	防护林、生态修复、造纸、建筑等
6	印度尼西亚	天然林与人工林	短枝木麻黄、山地木麻黄、小齿木麻黄	防护林、薪材、生态修复、造纸、建筑等
7	东帝汶	天然林与人工林	短枝木麻黄、山地木麻黄、小齿木麻黄	防护林、薪材、生态修复、造纸、建筑等
8	菲律宾	天然林与人工林	短枝木麻黄、山地木麻黄、短小齿木麻黄	防护林、生态修复、建筑等
9	孟加拉国	人工林	短枝木麻黄	防护林、薪材、生态修复
10	斯里兰卡	人工林	短枝木麻黄	防护林、薪材、生态修复
11	日本	人工林	短枝木麻黄	防护林、生态修复
12	以色列	人工林	粗枝木麻黄	干旱和盐碱地植被恢复
13	巴基斯坦	人工林	粗枝木麻黄	干旱和盐碱地植被恢复
14	沙特阿拉伯	人工林	细枝木麻黄、粗枝木麻黄	防护固沙、绿化造林
15	柬埔寨	人工林	短枝木麻黄	防护林、绿化造林
16	新加坡	人工林	短枝木麻黄、细枝木麻黄、粗枝木麻黄	防护林、行道树、庭院景观
非 洲				
1	埃及	人工林	短枝木麻黄、粗枝木麻黄	防护林、困难立地植被恢复、农林业等
2	肯尼亚	人工林	短枝木麻黄、细枝木麻黄、粗枝木麻黄、森林木麻黄	防护林、薪材、困难立地植被恢复、建筑等

（续表）

序号	国家（地区）	分布状态	主要树种	主要用途
3	塞内加尔	人工林	短枝木麻黄	防护林、薪材、困难立地植被恢复、建筑等
4	摩洛哥	人工林	粗枝木麻黄	防护林、行道树等
5	津巴布韦	人工林	短枝木麻黄	防护林、薪材、困难立地植被恢复、建筑等
6	坦桑尼亚	人工林	山地木麻黄	防护林、薪材、建筑等
7	突尼斯	人工林	短枝木麻黄	防护林、薪材、建筑等
8	毛里求斯	人工林	短枝木麻黄	防护林、薪材、建筑等
9	贝宁	人工林	短枝木麻黄	防护林、薪材、建筑等
10	阿尔及利亚	人工林	短枝木麻黄、细枝木麻黄、粗枝木麻黄、山地木麻黄、鸡冠木麻黄	防护林、薪材、行道树等
11	尼日利亚	人工林	短枝木麻黄、粗枝木麻黄、细枝木麻黄	防护林、薪材、行道树等
12	埃塞俄比亚	人工林	短枝木麻黄	防护林、薪材、困难立地植被恢复
13	马达加斯加	人工林	短枝木麻黄、细枝木麻黄	植被恢复
14	南非	人工林	细枝木麻黄、短枝木麻黄、粗枝木麻黄、滨海木麻黄、轮生木麻黄、森林木麻黄	矿区恢复、防护林、固沙、薪材、景观绿化、行道树等
15	乌干达	人工林	短枝木麻黄、粗枝木麻黄	防护林、薪材、行道树等
大洋洲				
1	澳大利亚	天然林和人工林	木麻黄属、异木麻黄属和裸孔木麻黄属部分种	防护林、困难立地植被恢复、行道树、工艺品等
2	巴布亚新几内亚	天然林和人工林	短枝木麻黄、小齿木麻黄、巴布亚木麻黄、大木麻黄	防护林、薪材、行道树、建筑等
3	斐济	天然林和人工林	短枝木麻黄、葡萄木麻黄	防护林、薪材、行道树、建筑等
4	瓦努阿图	天然林和人工林	短枝木麻黄、粗枝木麻黄、平行木麻黄、似胶木麻黄	防护林、薪材、行道树、建筑等
5	汤加	天然林和人工林	短枝木麻黄、粗枝木麻黄	防护林、薪材、行道树、建筑等
6	新喀里多尼亚	天然林和人工林	短枝木麻黄、山神木麻黄、圆柱木麻黄等	防护林、薪材、行道树、建筑等
7	所罗门群岛	天然林和人工林	短枝木麻黄、裸孔木麻黄属部分种	防护林、薪材、建筑等
8	关岛	天然林和人工林	短枝木麻黄	防护林、行道树等
9	新西兰	人工林	细枝木麻黄、粗枝木麻黄	防护林等

（续表）

序号	国家（地区）	分布状态	主要树种	主要用途
			美 洲	
1	美国	人工林	短枝木麻黄、粗枝木麻黄、细枝木麻黄、鸡冠木麻黄	防护林、行道树
2	秘鲁	人工林	短枝木麻黄	防护林、行道树
3	古巴	人工林	短枝木麻黄	防护林、行道树
4	智利	人工林	短枝木麻黄	防护林、行道树
5	巴西	人工林	短枝木麻黄	防护、改良土壤肥力
6	阿根廷	人工林	细枝木麻黄	河岸防护、遮阴
7	洪都拉斯	人工林	短枝木麻黄	防护林、行道树
8	波多黎各（美属）	人工林	短枝木麻黄	防护林、行道树
9	巴哈马群岛	人工林	短枝木麻黄	行道树、防风林
			欧 洲	
1	法国	人工林	粗枝木麻黄	防护林、行道树、庭院景观
2	塞浦路斯	人工林	粗枝木麻黄	防护林、行道树、庭院景观
3	葡萄牙	人工林	粗枝木麻黄	防护林、行道树、庭院景观
4	意大利	人工林	短枝木麻黄、轮生木麻黄	防护林、行道树、庭院景观
5	土耳其	人工林	短枝木麻黄、粗枝木麻黄、鸡冠木麻黄	行道树、绿化
6	西班牙	人工林	细枝木麻黄	庭院景观绿化、行道树

注：实际上还有一些欧洲和中美洲国家也有引种栽植木麻黄，因未查阅到相关文献而未被列入本表。

在非洲，9种木麻黄引种分布状况见表1-2。木麻黄在非洲的引种国家包括阿尔及利亚、贝宁、布基纳法索、喀麦隆、中非共和国、乍得、刚果、象牙海岸、刚果民主共和国、吉布提、埃及、厄立特里亚、埃塞俄比亚、加蓬、冈比亚、加纳、几内亚、几内亚比绍共和国、肯尼亚、利比亚、马达加斯加、马拉维、马里、毛里塔尼亚、尼日尔、尼日利亚、塞内加尔、塞拉利昂、索马里、南非、苏丹、坦桑尼亚、多哥、乌干达和津巴布韦等35个国家（Orwa et al., 2009；Gtari & Dawson, 2011；Diagne et al., 2013）。

表1-2 木麻黄科在非洲的引种概况

编号	树种	分布
1	滨海木麻黄	非洲北部、非洲热带地区
2	森林木麻黄	非洲北部、非洲热带地区
3	轮生木麻黄	非洲北部、非洲热带地区
4	细枝木麻黄	非洲南部和北部、非洲热带地区
5	短枝木麻黄	非洲南部和北部、马达加斯加
6	粗枝木麻黄	非洲南部和北部、非洲热带地区
7	山地木麻黄	非洲北部、非洲热带地区
8	肥木木麻黄	非洲热带地区
9	德普兰克木麻黄	非洲热带地区

三、国内外木麻黄研究概述

（一）种质资源的引进、收集及评价

鉴于木麻黄树种在热带亚热带沿海国家中重要的生态和经济价值，木麻黄的遗传资源引进、测试与评价工作受到了相关国家的重视。我国大规模系统地开始木麻黄种质资源引进和选育的工作始于 1984 年。借助国际合作项目（如中澳合作"澳大利亚阔叶树种引种与栽培"项目、中澳 CSIRO–IPTC 项目，中国与 FAO 合作项目等），我国从澳大利亚林木种子中心（Australian Tree Seed Centre，ATSC）引进了 21 个国家的 260 多个种源和 620 多个家系的种子，其中以短枝木麻黄、粗枝木麻黄、细枝木麻黄和山地木麻黄为主。1992—1994 年，澳大利亚联邦科学与工业研究组织（Commonwealth Scientific and Industrial Research Organization，CSIRO）下属的澳大利亚林木种子中心从短枝木麻黄的 21 个天然分布区或引种国家收集了 67 个天然或次生种源种子，在中国、印度、越南、泰国等 26 个国家开展了短枝木麻黄国际种源试验，筛选出一批生长和抗逆性状优良的遗传材料用于进一步的遗传改良（Pinyopusarerk et al.，2004）。

（二）遗传改良与新品种选育

中国和印度是两个开展木麻黄遗传改良研究最多并取得最显著成效的国家。中国最早于 1974 年开始了木麻黄的杂交育种研究，获得了短枝木麻黄 × 粗枝木麻黄、粗枝木麻黄 × 短枝木麻黄的杂交子代（谢国浩等，1980）。同时，从 1974 年开始，谢国浩（1981）也开始了木麻黄实生苗种子园营建的研究，为广东省沿海防护林的营建提供了大量优质种子。但是，我国早期木麻黄遗传改良的主要方法是利用林木的自然遗传变异，在实生苗人工林中选择优树进行无性繁殖，经过无性系测定后选择优良的无性系品种进行推广应用。从 1984 年开始，热林所木麻黄研究团队系统地开展了种源 / 家系引种测试与选育、栽培、生殖生物学、控制授粉杂交技术、种子园营建技术、长期育种策略等的研究（Zhong，1990；张勇，2013）。针对广东和海南地区青枯病危害严重的情况，开展以抗病为主要育种目标，抗风、速生、干形通直为次要目标的木麻黄杂交育种研究，获得了一批抗青枯病、速生、抗风、干形优良的无性系新品种用于防护林建设。广东省林科院、福建省林科院、华南农业大学、湛江市林业科学研究所等科研院校也开展了以短枝木麻黄为主的优树选择、遗传改良等研究，并选育出一批优良的无性系品种用于生产推广。印度森林遗传和林木育种研究所（Indian Forest Genetics and Tree Breeding，IFGTB）是印度国内开展木麻黄研究的主要科研机构。它的研究人员通过控制授粉获得了一批短枝木麻黄与山地木麻黄的杂交种，田间测定发现造林 2 年后平均材积生长量比自由授粉对照增加 88%~108%（Nicodemus et al.，2011，2020）。

（三）人工林栽培与经营

要建立健康和生产力高的人工林，除了使用遗传品种优良的种苗外，科学合理的栽培和营林措施也是必不可少的。作为木麻黄人工林种植面积最大的两个国家，中国和印度开展了大量关于木麻黄人工林栽培与经营方面的研究，其他国家如泰国、越南、肯

尼亚等国家也开展了部分木麻黄人工林栽培与经营技术研究。研究内容包括了木麻黄人工林的困难立地造林、农林轮作与复合经营、树种混交、种植密度、修枝间伐、更新改造、近自然经营、轮伐期确定等理论与技术（陈德旺，2003；Goel & Behl，2005；刘宪钊，2011；姚培森，2016；吴逸波，2017；Sirohi et al.，2020；Nicodemus et al.，2020）。如在海南通过多地点多无性系造林试验开展木麻黄无性系生长规律的研究，根据拟合的生长曲线模型确定了海南地区木麻黄无性系的最佳轮伐期为6~9年（张勇等，2017）。印度研究了木麻黄农田防护林对农作物小麦和水稻产量的影响，确定木麻黄农田防护林与农作物的合适种植距离和密度（Sirohi et al.，2020）。

（四）共生与抗逆特性研究

木麻黄树种因具有与弗兰克氏菌（*Frankia*）共生固氮，与内生和外生菌根菌共生和耐盐等生理特性，被广大研究者作为重要的模式树种开展各种与其生理特性相关的研究，如植物—微生物间的相互作用、共生固氮机理、共生相关基因的克隆与功能分析、内外生菌根菌对宿主养分吸收与抗逆性的影响及其机理、植物耐盐机理、耐盐相关基因的克隆与功能分析等。如以法国发展研究院（Institut de Recherche pour le Développement，IRD）为主的研究机构以粗枝木麻黄和轮生木麻黄（*Allocasuarina verticillata*）为宿主树种开展了大量木麻黄与弗兰克氏菌的共生固氮机理、固氮相关基因的克隆与功能分析验证等研究（Franche et al.，1997；Gherbi et al.，1997；Laplaze et al.，2002；Gherbi et al.，2008；Zhong et al.，2013；Scotti-Campos et al.，2016）。中国、澳大利亚、美洲、欧洲等研究机构以短枝木麻黄、粗枝木麻黄、细枝木麻黄等为宿主植物，大量开展了木麻黄与内外生菌根菌形成共生关系后对养分吸收和抗逆性影响及其作用机理的研究（Khasa et al.，1990；仲崇禄等，1998；He et al.，2004；2005；Zhang et al.，2010；武冲等，2012；孙战等，2020；李冠军等，2022）。中国、印度、日本、欧洲等国家以短枝木麻黄和粗枝木麻黄为植物材料，利用盐胁迫下生理生化响应、基因与蛋白的转录与表达、耐盐相关基因克隆与分子功能分析等方法研究木麻黄的耐盐作用机理（Tani et al.，2006；Selvakesavan et al.，2016；Jorge et al.，2019；Wang et al.，2021）。

（五）生态功能与效益评价

木麻黄人工林在沿海防风固沙、农田防护、困难立地生态修复、改良保育土壤、涵养水源、调节小气候、固碳释氧、净化大气、生物多样性保护、森林游憩等方面为人类提供了重要的生态服务功能。对于木麻黄的生态服务功能，中国、印度、日本、印度尼西亚等国家对其开展了大量研究，其中中国开展的研究最多，研究机构包括福建省林科院、福建师范大学、海南师范大学、浙江省林科院、广东省林科院、华南农业大学、中国林科院等科研院所或高校。木麻黄人工林生态服务功能的研究内容包括了木麻黄防护林的防灾减灾作用、降低风速效果、土壤改良与保育功能、水源涵养与气候调节作用、林木与林下土壤碳汇效应、生态价值评估等（胡海波等，2001；罗美娟，2002；黄义雄等，2003；陈君，2007；叶功富等，2008；Zoysa，2008；Ohira et al.，2012；Griffin et al.，2013；Potgieter et al.，2014b；魏龙等，2016；谢义坚，2020）。

四、我国木麻黄防护林面临的主要问题

在我国，木麻黄树种主要是用于营建防护林，包括沿海防护林和沿海地区少量的农田防护林。从 20 世纪 50 年代开始营建的木麻黄防护林在保护沿海地区居民的生命财产安全、改善人居环境方面起到巨大的作用。木麻黄沿海防护林的建设由最初使用未经遗传改良的实生种子苗，到 90 年代开始大量使用选育出的优良无性系苗，防护林的生产力得到极大提高，林相也整齐划一，除了提供防护功能之外，也为当地居民提供了大量的木材和薪材。如今广东、福建、海南、广西和浙江现有的木麻黄沿海防护林或农田防护林大部分都是使用无性系营建，但这些木麻黄防护林仍面临着如下亟待解决的问题。

（一）遗传基础狭窄，遗传多样性低

由于 20 世纪 80 年代前营造的木麻黄实生苗防护林的衰老退化，90 年代后建立的木麻黄防护林大部分已使用无性系，大规模使用无性系使得木麻黄防护林的遗传基础越来越狭窄，遗传多样性也越来越低。我们使用微卫星分子标记技术对华南三省（福建、广东和海南）沿海地区的木麻黄无性系防护林的无性系品种数量和遗传多样性进行分析，发现这 3 个省木麻黄防护林使用的无性系品种只有 22 个，且这些无性系间的遗传距离很近，说明 3 个省的木麻黄防护林的遗传基础狭窄且遗传多样性低（Yu et al.，2019）。防护林的遗传多样性关系到其防护效能的发挥和防护林本身的生态安全性，遗传多样性低的木麻黄防护林一旦遭遇严重的生物或自然灾害，这些基因型完全一致的无性系防护林很可能会遭受灭顶之灾。粤西地区台风过后木麻黄防护林青枯病的频繁大规模暴发就是一个有力的证明。

要改变我国木麻黄防护林遗传基础狭窄且遗传多样性低的问题，首先需要从国外引进大量新的种质资源用于拓宽木麻黄的遗传基础；其次，由于我国对于防护林更倾向于强调其生态社会效益，弱化其木材生产等经济效益，一般情况下不允许砍伐，因此，更多使用经过遗传改良的实生苗是提高木麻黄防护林生态防护功能的有效途径。事实证明，实生苗木麻黄防护林在抗病、抗风、抗旱、防护周期、防护综合效益等方面都比无性系防护林有显著的优势。再次，要提供大量经遗传改良的木麻黄实生苗，就需要建立木麻黄种子园。木麻黄种子园的建设及其营建技术的研究一直没有受到足够的重视。热林所木麻黄研究团队已开展了木麻黄嫁接矮化种子园营建技术的研究，正在福建和广东分别建立短枝木麻黄嫁接种子园，将为我国的木麻黄实生苗防护林建设提供大量遗传基础宽、遗传多样性高的优质种苗。

（二）林分质量低，防护效益差

由于人为砍伐、台风破坏、病虫危害、衰退老化、更新改造不及时、长期使用单一无性系等原因，我国木麻黄沿海防护林存在大量低效甚至残次的林分，防护林带的缺口断带越来越大，造成其防护功能不断下降。改造残次林、修复林带中的缺口断带，提升木麻黄防护林林分质量及其防护效益是亟待解决的问题。

提升木麻黄沿海防护林林分质量，首先要为木麻黄防护林更新改造提供遗传品质优良的健壮苗木。这里的优良遗传品质是指具有抗青枯病、抗风、耐旱、速生、适应性强等优良性状。在营建沿海最前沿的基干林带必须要使用根系发达、遗传多样性高、抗逆性强、种子园生产的实生种子苗木，沿海后沿可以使用优良的无性系苗木造林。其次，需要使用多树种构建混交防护林体系。如海南地区，沿海基干林带使用木麻黄、椰子、露兜等树种营建的混交林形成了青枯病发病率低、更稳定且防护效果更好的防护林体系。在福建东山岛海岸沙地后沿，木麻黄和相思、桉树建立的多树种混交防护林，其保存率和生长量均高于纯林对照。最后，需要加强防护林的抚育施肥、修枝间伐、更新改造、病虫害防控等经营措施，提高其林分质量和效能。

（三）困难立地多，造林难度大

我国沿海地区存在着大量较难以修复的困难立地，包括由于海水入侵或海水养殖造成的盐渍地、强风或冬天干冷风和沙丘移动造成的沙荒风口地、青枯病暴发后造成的砍伐迹地、工业或生活污水造成的污染地等。这些困难立地的造林成活率低，木麻黄小苗栽植后由于盐碱、沙埋、风折、烂根、干枯等问题难以成林，是长期困扰沿海林业生产的技术难题。

对于盐渍地的防护林修复应采用更耐盐的粗枝木麻黄苗木，或使用以耐盐的粗枝木麻黄为砧木、速生抗风的短枝木麻黄为接穗的嫁接苗木进行造林；对于沙荒风口的防护林修复，则可采用抗旱品种、大苗深栽、设立风障、客土保墒等措施相结合的配套技术进行造林（张水松等，2000）；对于青枯病砍伐迹地的防护林修复，则可采用抗青枯病的木麻黄树种、种源或无性系品种苗木，再结合与相思、桉树等树种进行混交造林；对于污染地的防护林修复，则需使用抗逆性强的木麻黄树种或品种，结合大袋育苗、客土起垄等技术措施造林。

（四）病虫害严重

在广东和海南地区，青枯病一直是木麻黄沿海防护林最大的威胁。该病害是由青枯雷尔氏菌（*Ralstonia solanacearum*）引起的一种毁灭性土传细菌病害，通常由农作物如花生、番茄、马铃薯、辣椒等传染给木麻黄（孙战等，2020）。木麻黄感染青枯病通常是零星发生，但在台风过后会大规模暴发，木麻黄防护林死亡率常达到90%以上。在福建地区，近10多年来木麻黄防护林的青枯病并未见大规模发生，主要的危害来自星天牛幼虫、木毒蛾幼虫、多纹豹蠹蛾幼虫等蛀干或食叶害虫（黄金水和何学友，2012）。另外，最靠海边的木麻黄因海风裹带的高盐分也会造成木麻黄小枝受盐分胁迫而肿胀变形，形成生理性病害（肿枝病），严重影响木麻黄幼树的生长（邱广昌和梁子超，1987）。

湛江吴川、徐闻等青枯病发病最严重地区建立的木麻黄种、种源、家系试验结果表明，木麻黄不同种、种源和家系对青枯病的抗性有极显著差异。因此，木麻黄青枯病的防控手段主要是选育抗病品种用于青枯病发病砍伐迹地的造林，热林所选育的"短杂34号"等一批抗青枯病无性系品种在粤西发病疫区表现出显著的抗病性。另外，研究表明，接种共生菌根菌、弗兰克氏菌、生防菌剂或利用微生物群体淬灭（quorum quenching）技术均可对木麻黄青枯病进行防控（Mori et al.，2017），但这些技术由于成本高或未成熟等原因未能在田间大规模实践应用。木麻黄的虫害防治措施有人工捕捉、化学防治（喷药）、物理防治（紫光灯）、生物防治（白僵菌、寄生虫或蜂）等。福建省林科院开展的木麻黄虫害综合防治技术有效地控制了福建木麻黄防护林的虫口密度，取得了很好的防治效果。根据现有文献整理的木麻黄病虫害种类见附录 2 和附录 3。

（五）经营水平低，营林技术不足

木麻黄沿海防护林作为以提供生态防护功能为主要目的人工林，它的经营水平远低于桉树、杨树等以生产木材为目的的人工林。以海南、广东和福建的木麻黄沿海防护林为例，造林后通常就抚育施肥 1 次，甚至一些沿海地区造林后就再没有任何抚育措施。虽然经营水平低，木麻黄凭着其与弗兰克氏菌共生形成固氮根瘤的特性也能正常生长成林，但其速生并迅速产生防护效益的潜力未能得到充分发挥，这也是木麻黄防护林林分质量不高的重要原因之一。

另外，与桉树、杉木等人工林相比，木麻黄沿海防护林的营林技术研究不足，受重视程度也不够。虽然已开展了木麻黄防护林树种混交、修枝间伐、轮伐期确定等营林技术研究，但对于木麻黄沿海防护林还未开展系统化、长周期、多试验点的经营技术研究。加强木麻黄防护林营林技术的研究，提高其经营水平，结合遗传品质优良种苗的使用，将为木麻黄防护林林分质量的精准提升提供关键技术支持。

第二节　国际木麻黄研讨会

本节主要介绍至今已经累计举办了 6 届的国际木麻黄研讨会（International Casuarina Workshop）。国际木麻黄研讨会是以专门研讨木麻黄科植物研究的不定期国际性会议，至今已经召开了 6 届。第一届于 1981 年在澳大利亚堪培拉召开，第二届于 1990 年在埃及开罗召开，第三届于 1996 年在越南岘港召开，第四届于 2010 年在中国海口召开，第五届于 2014 年在印度钦奈召开，第六届于 2019 年在泰国甲米召开。每届木麻黄国际研讨会上，科学家们都很好地展示了世界各国最新的木麻黄研究成果或进展。

一、第一届国际木麻黄研讨会

1981 年 8 月 17—21 日，在澳大利亚堪培拉，由农业、林业和水产业科学委员会（Commission of the Application of Science to Agriculture，Forestry and Aquaculture，CASAFA）和澳大利亚联邦科学与工业组织主办，美国国家科学院（United States National Academy of Science，NAS）协办，来自澳大利亚、埃及、印度、巴布亚新几

内亚、菲律宾、塞内加尔、斯里兰卡、泰国、美国、津巴布韦等10个国家45名代表参会，其中澳大利亚专家28人。会议用一天半时间考察了细枝木麻黄天然林。会议目标如下：①整理当前有关木麻黄遗传资源、生态学、生理学、利用和栽培技术等知识；②提出木麻黄资源最大化保护利用的重要问题和限制；③确定研究需求与优势。

在当时，木麻黄科被划分为80个种，主要分布于澳大利亚，部分分布于东南亚地区和太平洋群岛。一些种已经广泛被引种应用于天然分布区外，一些尚不为大家熟悉的木麻黄种也可以广泛利用，用于改善发展中国家人民的经济状况。为当地人提供薪材是木麻黄的主要用途，在缓解当地人的燃料供应上起到了重要作用。木麻黄是引种很成功的外来树种，其用途广泛，除了用作薪材外，还能作为贫瘠、盐碱和干旱困难立地的生态恢复和环境改善树种，能固定大气中的氮素，且具有速生、人工林易于建立和经营、容易通过萌条和无性繁殖再生等优点。尽管木麻黄被很多国家引种栽培，但对其潜在的生态、经济、社会价值等信息仍然缺乏。

本次会议出版的论文集收集了30篇论文。论文集系统地回顾和总结了木麻黄研究需求和急需解决的问题，并提出了如下建议：

（一）遗传资源

只有各国研究者能较容易地获得木麻黄科植物的遗传资源用于树种和种源试验、人工林建立和遗传改良，木麻黄在世界范围内才能得到充分有效的利用。一些需要优先解决的问题包括：木麻黄科植物的分类学和系统命名法；出版有关木麻黄分布、生态学、遗传变异等论著；组织国际种源种子的收集，开展国家间树种和种源试验合作，但需要强调接种弗兰克氏菌对开展木麻黄适应性的准确评估是非常重要的；研发木麻黄基因资源保护技术，如离体保存、异地保存、建立基因保存库等；开展杂交育种研究并对有潜力的杂交种采用无性繁殖方式进行推广应用。

（二）营林技术

以选用适宜种质资源，改良木麻黄遗传品质，提出木麻黄营林相关的生产标准规范。建议的研究重点包括热带类群木麻黄的种子储藏技术，因为种子萌发可能与种子大小有关，且种子经过分类拣选可以明显提高种源种子的质量；收集和整理木麻黄开花和结实的物候学信息；清楚描述木麻黄苗木接种弗兰克氏菌技术；在一些地区，研究以商业化人工林和树木改良研究为目的的木麻黄扦插繁殖技术，调查现有的扦插技术，总结出更简单实用的无性繁殖技术，其中短枝木麻黄、山地木麻黄、粗枝木麻黄和细枝木麻黄应是优先考虑的树种；木麻黄组培是有前途的研究领域，但还没有形成优势学科；在印度和中国，短枝木麻黄人工林已经发展了良好的造林和经营技术，包括造林密度、萌蘖林经营、为带状造林和行状造林所需要的适宜造林技术，这些技术应该尽早输出到其他国家；由于对营养与施肥的作用还不甚了解，研究肥料应用对增加产量的影响需要具体评估，因为它涉及生态系统中的矿质营养循环研究；可以精确预测生物量生产的生长信息；与农作物混交的营林技术值得重视，应研究木麻黄与混交作物间的互作、演替、潜在的他感作用等；重视木麻黄防风林对邻地的影响，特别是对邻地作物小气候影响的研究；在某些条件下木麻黄的杂草化和扩散入侵问题值得关注，需要开展深入研究，如在佛罗里达州的粗枝木麻黄。

（三）生理学和抗逆性

木麻黄可以固定大气中的氮，在盐碱和缺水干旱地生长良好，所以，生理学研究应聚焦于提高木麻黄人工林的生产力，其中需要优先考虑的研究领域包括木麻黄固氮能力评价、土壤类型对固氮能力的影响、不同放线菌的固氮能力差异、其他微生物如菌根菌对固氮能力的影响等。固氮菌的应用技术涉及根瘤和菌根的双接种技术、通过开展国际交流获得人工接种的技术方法；构建树种在新区域适应性的预测方法，分析各种未能完全掌握的环境因素；评估木麻黄对高盐碱、洪涝、干旱、地下水波动、极端 pH 值和火等因素的响应；调查木麻黄人工林主要病害、虫害等。

（四）木麻黄利用

木麻黄初期的应用目标是改善环境而不是生产木材，但一些地区木麻黄人工林是以生产薪材和木质产品为目标，因此有必要进行木材材性的研究。木麻黄木材，特别是人工林木材的机械和物理特性仍然是未知的，需要开展基础研究，同时其薪材的热值计算也应受到重视。研发合适的木麻黄木材利用技术应被提上日程。研制适当的锯木的干燥和风干技术，以及有效的木材加工技术，包括木制品、板材、纸浆、造纸等。通过生化分析和喂养试验评价木麻黄小枝叶作为动物饲料的可行性。

（五）国际合作

为实现上述目标，开展国际研究合作是必不可少的。各国的不同研究人员已经分别掌握了木麻黄不同种的生物学和经营技术，有效的研究协作可以使各国更迅速获得木麻黄相关知识和技术的最新进展；具体建议如下：在国际林联（International Union of Forestry Research Organization，IUFRO）框架下建立工作组，开展科学家间、科学家与经营者间有规律的信息交流；合作开展国际种源试验；澳大利亚联邦科学与工业组织下属的林木种子中心可作为木麻黄种子的收集、储存和交换的主要机构；鼓励其他木麻黄天然分布国开展木麻黄种子收集工作；国际机构提供资助给木麻黄个人研究者和他们的组织机构以开展木麻黄研究，主要是针对发展中国家，但也应该扩展到有木麻黄种植的发达国家。

二、第二届国际木麻黄研讨会

1990 年 1 月 15—25 日，在埃及开罗召开了第二届国际木麻黄会议。本次研讨会由国际林联两个工作组，即木麻黄生产力工作组、固氮树种生产力工作组召集，由埃及开罗美洲大学（American University in Cairo，AUC）沙漠发展中心（Desert Development Centre，DDC）主办，固氮树种协会（Nitrogen Fixing Trees Association，NFTA）、国际发展研究中心（International Development Research Centre，IDRC）和澳大利亚国际农业研究中心（Australian Centre of International Agricultural Research，ACIAR）联合协办。来自澳大利亚、奥地利、布基纳法索、加拿大、中国、埃及、法国、印度、肯尼亚、毛里求斯、摩洛哥、菲律宾、塞内加尔、坦赞尼亚、泰国、土耳其、美国等 18 个国家共 72 名代表参会，其中埃及代表 40 人。大会主题是总结了 1981 年第一届国际木麻黄研讨会以来的研究成果，提出新的重点研究方向。第一届国际木麻黄研讨会后，许多机构和科学家参与了涵盖木麻黄生态学、育种学、经营管理学等多个领域的木麻黄研究计划，其中共生固氮研究有突出成果，使木麻黄树种成为退化地恢复更新，特别是盐碱地植物更新的重要树种。在世界范围内，新营建了数千公顷木麻黄人工林，用于固沙和农田防护，也用于矿区植被恢复等用途。当然，木麻黄仍然是世界范围内重要的薪材。研讨会肯定了过去 9 年在木麻黄分类、树种 / 种源引种试验、共生固氮等方面的研究成果。与会代表们展示了木麻黄在各国社会经济领域的重要作用，表明木麻黄不仅在环境保护有特殊作用，而且可以用作薪材和其他木制品，同时在农业林业和退化地造林中发挥了重要作用。在许多国家，研究人员对短枝木麻黄及其他少数几个种开展了集中研究。代表们赞同加强利于提升社会经济效益和促进林木生长栽培的技术研究，如加强林木改良、造林、经营、固氮和利用等研究，完善木麻黄国际工作网络和信息交流渠道。最后，提出了今后工作要点建议，主要包括：

（一）林木遗传和改良

加强木麻黄属（*Casuarina*）、隐孔木麻黄属（*Ceuthostoma*）和裸孔木麻黄属（*Gymnostoma*）等非澳大利亚天然分布树种的基础分类学和生物地理学研究。全面收集种子，特别是澳大利亚本土之外的种子，且优先考虑的树种是短枝木麻黄和山地木麻黄种子，为研究和遗传改良计划提供合格种源种子。建议开展以种子生产为目的的种源 / 家系测定林的遗传评价。研发减低成本和缩短林木育种时间的新技术，如组培和苗期筛选技术。加强基因资源的原地保存和迁地保存，保证有足够的遗传材料用于林木育种。

（二）造林和经营技术

造林研究应该集中于木麻黄属的种，因其为木麻黄科植物中具有最大社会经济效益并广泛应用的人工造林树种。改善苗圃技术，确保生产出高质量种苗用于林木改良计划。研发适合于工业用材林、复合农林业、防护林和城市林业等各种用途的木麻黄栽培技术。林木培育实践上需要开展更多关于病虫害、水肥应用和防火等技术研究。需要研发各类人工林有关的生长和产量表（材积表）等经营技术和工具。

（三）利用

研讨会各代表在木麻黄利用的社会经济作用，包括薪材、柱材、木片等木材产品，以及在农田和牲畜防护、土地恢复、废水生物净化等环境服务上的作用达成了共识，但仍需要对木麻黄树种进行基本的物理和化学特性研究。

（四）固氮

需要完善研究野外条件下木麻黄固氮的定量化测定方法，认为乙炔还原法（acetylene reduction method）不适宜野外测量。优先开展弗兰克氏菌菌株收集，特别是干旱、盐碱等退化地上具有不同专一性的菌株，并开展林木 – 弗兰克氏菌共生组合体有效性的筛选。寻找造成固氮效果不利的土壤因素，探讨营养和水分对固氮的限制。木麻黄苗木接种技术的研究上需要研发出可以大规模繁育根瘤化苗木的有效接种技术，研究应集中于海藻酸钙（calcium alginate）包埋菌剂和多菌株联合接种的研究。加强在不同土壤条件下的多菌株接种且能够形成有效共生组合体的菌株 - 宿主基因型筛选研究，繁殖筛选最优组合。开展弗兰克氏菌和菌根菌双接种研究，检测双接种在田间对林木生长的影响。特别需要关注木麻黄科植物的菌根菌依赖性，比较外生菌根菌与内生菌根菌对木麻黄宿主生长和抗性的差异。

（五）信息交流与工作网络

优先考虑短枝木麻黄树种，澳大利亚林木种子中心负责协调国际间合作开展种源种子的收集工作。区域编辑负责将有关木麻黄出版物提供给由埃及的 M.H. El-Lakany 博士，由其负责编辑国际林联的木麻黄工作组通讯录，便于开展有关木麻黄研究进展信息的交流，编制构建国际木麻黄相关研究人员的数据库。1990 年 8 月在加拿大蒙特利尔（Montreal）举行的第十九届国际林联林业大会期间，召开一次木麻黄和固氮树种联合工作组会议，本工作组支持提出预计在 1995 年召开第三届木麻黄国际研讨会的申请。

会后，在澳大利亚国际发展资助局（Australian International Development Assistance Bureau，AIDAB）和国际发展研究中心资助下，举办了"干旱地区苗圃苗木培育技术培训班"，20 名来自发展中国家的科技人员参加了为期 1 周的培训，对干旱地区木麻黄苗木培育及其人工林经营有了更深入了解。中国代表 1 人首次参加了木麻黄国际研讨会，作大会学术报告，并参加了会后的技术培训。

三、第三届国际木麻黄研讨会

1996 年 3 月 2～9 日，第三届国际木麻黄研讨会在越南岘港举行。会议由国际林联 S2.08.02（国际林联固氮树种改良与栽培工作组，Improvement and Culture of Nitrogen-Fixing Trees）召集，越南林业科学研究院（Vietnamese Academy of Forest Science）承办。来自澳大利亚、埃及、法国、印度、印度尼西亚、肯尼亚、摩洛哥、中国、菲律宾、塞内加尔、泰国、越南、巴布亚新几内亚、斯里兰卡等 15 个国家的 55 名代表参会，其中越南代表 18 人、澳大利亚代表 10 人、中国代表 4 人。会议上的学术报告涉及木麻黄树种的林木遗传学、育种学、造林学、固氮、生殖生物学、病害、天然分布、生态学、社会经济等共 35 个领域，中方代表在会议上作了 4 个学术报告。会议期间，考察了岘港南部短枝木麻黄国际种源试验、木麻黄在乡村周边移动沙丘固定中的应用及其他用途。部分代表进一步参加了会后的 2 天考察，主要内容包括越南古都惠安沿海的木麻黄固沙林、防风防侵蚀防护林、农田防护林和居住地防护林等。研讨会明确了木麻黄树种，特别是短枝木麻黄在社会经济和环境中的重要性。

本次研讨会肯定了木麻黄在退化土地恢复和利用，以及社会经济复苏上的贡献；建议开展木麻黄对社会经济影响的研究，包括木麻黄的环境和社会价值、收益评估等。研究结果促进了决策者、资助者和公众间的有效交流，特别是在中国南部、越南和印度，木麻黄对地方经济有较大影响。强烈建议国际林联木麻黄工作组主席Khongsak Pinypusarerk 先生继续负责木麻黄研究简报工作，并赞同澳大利亚国际农业研究中心支持该活动。

会议针对遗传资源、遗传改良与育种、病虫害、困难立地的选择与改良、根系共生体系和利用等内容开展了讨论，并提出如下建议。

（一）遗传资源、林木改良和育种

建议重点开展种质资源收集和分配，具体包括山地木麻黄、小齿木麻黄（*Casuarina oligodon*）、粗枝木麻黄和肥木木麻黄（*C. obesa*）相关的国际性综合评价的研究。在开展木麻黄性状评价和育种时，为了便于无性繁殖材料在国际间的交换，需要制定合适和统一的检疫方法；信息交流方面，现有的短枝木麻黄、粗枝木麻黄和细枝木麻黄的国际种源试验结果应被收集和交流，本次会议呼吁短枝木麻黄国际种源试验的各国负责人要尽快校对这些试验结果，然后通过把各个国家的研究结果写成论文，汇集到某一国际刊物上形成一个专题进行发表。无性繁殖技术将会在选择、改良策略和获得遗传增益上起到重要作用，因此，研发出能高效鉴别无性系的分子技术，将会大大促进木麻黄无性繁殖技术的应用和推广。在生殖生物学方面，开花和繁育特性的掌握可以帮助快速开展木麻黄遗传改良工作。本次会议肯定了木麻黄生殖生物学在木麻黄林木改良和育种进程中的作用，鼓励开展该方面的研究，如研发种内和种间的控制授粉方法、微繁殖技术、遗传转化技术、分子技术等。需要优先考虑的育种目标方面，本次研讨会强烈建议开展抗病虫害育种，尤其是短枝木麻黄本种，这需要遗传学家、病理学家和昆虫学家的通力合作。另外，也需要选育出可以改善或忍耐不良生境的性状品种。

（二）病虫害

专家组将准备制定木麻黄主要病虫害的野外工作指南，定量化木麻黄病害威胁造成经济和环境影响，并包括病害损失的经济评估；关于木麻黄在不同生境下病虫害，如木麻黄树干疱腐病（blister-bark）的抗性变异研究应在国际间合作开展。需要提出主要病虫害的有效管理策略并交换木麻黄抗性遗传种质材料。

（三）困难立地遗传材料的选择与改良

本次研讨会证实了在盐碱、水涝、贫瘠、干旱和沿海恶劣条件下木麻黄树种内存在可遗传的变异，特别是粗枝木麻黄、细枝木麻黄和短枝木麻黄。对树木涉及气候和土壤的水分利用能力进行量化，将有利于在缺水、盐渍、高地下水位和废水污染的困难立地上对树木进行栽培管理。如下面三点信息需要进一步完善，包括评估困难立地条件下（如污染、盐碱和干旱）木麻黄的表现，研究和探索主要树种的种内遗传变异规律；增加对木麻黄在复合农林业、人工林和城市林业系统中有关他感作用、竞争和互补效应的认识；研究困难立地上涉及营养吸收、营养循环和水分关系等影响造林实践和经营（如凋落物移除与保留）的木麻黄生产力。

建议通过种源、子代、基因型的选择与繁殖、杂交和种子园等手段探索木麻黄种内生长与适应性变异，特别是耐盐碱、适合困难立地的粗枝木麻黄、细枝木麻黄及其杂交种等。另外，还应该继续开展以下研究：共生微生物（弗兰克氏菌和菌根菌）对宿主生长表现的影响，特别是对优良适应性种源选择（如耐盐）的影响；探索耐盐碱等抗性机制，创新选择或筛选程序；探索树木在盐碱土上的营养获取机制（如通过蛋白根）以及具有这些特性基因型的选择；水分利用效率改善和耐旱的机制。

（四）根系共生

土壤条件对木麻黄的生长和固氮能力提出了最大的挑战，要尽更大的努力去提高根系和根系微生物之间关系的认识，这将有助于植物生长的改良和木麻黄－弗兰克氏菌共生体系功能的有效利用。预期的根系共生研究结果包括：限制因子的鉴别和操控，显著提高植物在低溶解度下对养分的吸收和利用，以及增加宿主植物的结瘤和固氮能力。为获得这些结果，建议开展研究内容有：评估木麻黄产生特殊根结构（如蛋白根或其他根系）的能力和调查这些不同根结构在木麻黄结瘤和固氮中的作用；更好地了解在自然状态下菌根形成的条件，同时评估菌根（外生菌根和内生菌根）对弗兰克氏菌侵染和根瘤发育的实际影响；建立弗兰克氏菌资源保存库，用于实验室基础研究和田间应用研究，同时研发高效接种菌剂用于田间接种。

几个研究机构收集了弗兰克氏菌菌株用于各种研究目的。本次研讨会鼓励这些研究机构分享其已收集的菌株，促使研究者们充分认识菌株收集的必要性，特别是有关各种特殊研究目的菌株收集。

（五）利用

不断增加的木麻黄经济利用将显著促进社会经济效益，建议研究木麻黄柱材防腐处理，改善其耐久性，用于坑柱、农村住房、脚手架和栅栏；特殊锯木技术，如径向锯材，适当的锯材干燥方法，防止木板扭曲和开裂；木材化学工艺改良，改善木麻黄纸浆造纸的产量和质量；采用适当的农林复合经营模式，分析木麻黄在经营收入和地方经济方面带来的社会经济效益；木麻黄小枝和侧枝的高价值利用，包括护根覆盖、堆肥、培养食用真菌等。

四、第四届国际木麻黄研讨会

2010 年 3 月 22—25 日，第四届国际木麻黄研讨会在海南省海口市召开。该研讨会由国际林联、中国林业科学研究院、澳大利亚联邦科学与工业组织、国际农林研究中心（International Center for Research in Agroforestry，ICRAF）、亚太林业研究机构协会（Asia Pacific Association of Forestry Research Institutions，APAFRI）、法国发展研究院和法国驻广州总领事馆（CGFC）联合召集，由热林所承办。来自中国、美国、法国、澳大利亚、埃及、印度、马来西亚、菲律宾、越南、泰国、孟加拉国、塞内加尔、肯尼亚、马里等14 个国家 74 名从事木麻黄研究和应用的专家参加研讨。

木麻黄是有重要的生态、社会和经济作用的树种，对这类固氮树种的研究与开发具有全球性的意义。目前，世界热带和亚热带地区种植木麻黄人工林面积约 200 万 hm^2，为脆弱的沿海防护林生态系统提供了稳定的防护林材料。同时，木麻黄也是农田防护林和退化地的先锋树种，其木材可生产柱材、薪材、板材和纸浆等。中国自 20 世纪 50 年代开始木麻黄的研究工作。木麻黄树种是中国最成功的外引树种之一，在华南沿海地区的防风固沙、植被恢复方面起到不可替代的作用。木麻黄沿海防护林被誉为华南沿海的"绿色长城"，庇护着中国华南沿海 6000 多千米海岸线上人民的生命和财产安全。目前，中国木麻黄人工林种植面积约 30 万 hm^2。本届木麻黄研讨会在中国的举行将对促进中国木麻黄的研究，加强国内外同行间的交流和合作产生积极的影响。前三届国际木麻黄研讨会分别于 1981 年、1990 年和 1996 年在澳大利亚堪培拉、埃及开罗和越南岘港召开。本次研讨会的主题是交流木麻黄研究与发展的新信息和进展，特别是通过改良的木麻黄林木生产力改善林农生计问题。同时，专家们对恢复木麻黄研究与发展的国际网络进行了探讨。中国林业科学研究院副院长刘世荣、海南省林业局巡视员曾平、亚太林业研究机构协会副主席 G. S. Rawat 等出席开幕式并先后致辞。会议期间，与会代表考察了海南省岛东林场的木麻黄苗木生产、人工林营造和木材加工利用等。会议宣读和交流论文 37 篇、短讯 8 篇，涵盖木麻黄的复合农林业、林木育种、造林、固氮、环境改善和利用等内容，其中中方代表宣读论文 14 篇，并全部收录到会议论文集中。本次研讨会在完成学术报告后，分组开展深入讨论，对未来深入研究方向建议如下。

（一）林木改良、造林和农林复合经营

1. 林木改良研究

探索小齿木麻黄、肥木木麻黄和其他较少人知道的木麻黄树种的遗传变异，以及它们在特殊环境下的适应性，如盐害地、重金属富集地、寒冷、干旱、台风、矿区植被恢复、盐碱地、积水地和极端气候等。种质资源林（基因库、异地保存林）中要保持含有最适宜种源广泛的遗传基础，能够做到有新鲜种子收集并可追溯原产地，以防病虫害流行。加强来自不同国家育种获得的子代、新无性系和其他种质的交换，以扩大育种群体和生产种群的遗传基础。通过建立种子生产区等方法向林农提供改良的种质资源；为不同的用途和立地选育无性系，而高世代育种计划应侧重于碳汇能力、木材特性和抗病虫危害。应增加用于种植的无性系数量，以确保无性系人工林免受病虫危害；扩大高生产力种源的杂交范围，通过种间杂交引入新的性状。提高对木麻黄植物开花和花粉生物学的了解，特别是短枝木麻黄以外的种，以获得更高的杂交成功率。研发高效的微繁殖和标记技术，以便大规模无性繁殖杂交种，验证和鉴别亲本和杂种。

2. 造林与农林复合系统

结合不同作物和农业作物，开发栽培木麻黄的有效方法，需要评估其社会经济、环境优势和可持续性。在防护林、采矿区和农田等不同环境中，精确木麻黄林的种植营建技术。优化农田和不同复合农林业条件下的株行距、施肥和萌生能力的利用，研发与最佳轮伐年龄相关的营造林技术。扩宽对木麻黄不同终端用途的认知，如绿色能源、木

炭、工艺品、高价值产品以及纸张、胶合板等工业用途。编著一本关于木麻黄经营管理和利用的最新信息的专著。

（二）固氮、共生体、生物技术和遗传学

1. 共生生物技术

弗兰克氏菌。收集弗兰克氏菌菌株构成一个国际收集库，共享分离技术，并优化菌株的存储技术。共享林业中无性系苗和实生苗的接种技术规程，对更多有能力在恶劣环境胁迫地区和退化土地形成固氮根瘤的弗兰克氏菌菌株进行测序，例如盐胁迫和重金属污染的困难地。描述涉及与木麻黄分子交换信息的信号分子特征，这些信号分子应能增强根结瘤能力和根生长。

菌根菌（外生、内生）。共享菌根菌菌株分离技术，共享弗兰克氏菌/菌根菌双接种的技术方案（先接种弗兰克氏菌再用菌根菌，或反过来，或同时接种）。收集菌根菌，利用分子标记进行分类鉴定，构成一个特征描述详细的菌株收集库。研究菌根对根系免受盐胁迫和线虫感染等生物和非生物胁迫的保护作用。利用分子标记，如磷酸盐转运体来研究共生体的磷吸收效率；利用共生的菌根菌因子（MYC factor）来改善其共生体。

根际有益微生物。发展宏基因组学去了解木麻黄人工林的根际微生物多样性，描述退化土地对微生物根际生物多样性的影响。开展辅助细菌［假单胞菌（*Pseudomonas*）和芽孢杆菌（*Bacillus*）］对改善共生过程作用的生理学研究；改进其他辅助细菌的特性，并研究它们对田间植物生长的影响，如固氮螺菌属（*Azospirillum*）。

2. 植物生物技术

组织培养。测试和改进成熟优树的微繁殖技术方案；为生物技术目的（例如有价值性状的基因转移）研发从愈伤组织（callus）再生的微繁殖技术；开展组织培养植株的外植体研究。将再生技术转移到其他有应用潜力但罕为人知的木麻黄种，例如肥木木麻黄。植株经过植物激素处理后获得更发达的根系，从而增加了植株的土壤附着力，提高植物抗台风能力。

分子生物学。接洽联合基因组研究所（JGI），开展木麻黄基因组序列，但资金方面需要国际木麻黄研究共同体的支持。利用微阵列（microarray，或称基因芯片技术）和深度测序技术来认识木麻黄的共生过程、胁迫抗性、对重金属的适应性等机制。为育种者和植物生物多样性的研究开发分子标记。

遗传转化。为有利用价值的树种研发遗传转化技术；性状目标包括树体结构、抗病、耐盐、耐干旱、耐寒、土壤修复的金属吸收、纸浆的木质素含量、木炭和提高木材质量。

（三）环境改善和病虫害

1. 种质交换的安全性问题，避免病虫害在国家间传播

加强种质交换的检疫；提供各种病虫害信息（包括网站上的信息），例如病虫害防治制剂、预防和控制措施。

2. 经营管理方法

利用生物 / 栽培策略来预防控制病虫害。营建混交林并辅以适当的管理措施;在天然林开展病虫害监测与调查。研究新的病虫害对改良的杂交种 / 无性系的适应性;研究病虫害对生产力的影响,如何改善营养循环。监测从苗圃传播到人工林的疾病;病虫害的指示寄主;树木发生衰退的监测,研究生物 / 非生物因素 / 胁迫源对衰退的影响;提高其耐寒性、耐盐性和其他胁迫适应能力。

3. 气候变化的影响

记录永久监测样地上气候变化的影响,例如海平面上升对木麻黄分布、病虫害发生的影响。木麻黄在应对气候变化影响方面的作用,开展试验去确定因适应气候变化影响而产生的特别性状。

五、第五届国际木麻黄研讨会

木麻黄树种已被引种种植了 150 多年,它们已被广泛引种到世界自然分布范围之外的热带地区,已变得本土化,并很好地融入了当地的农业系统。木麻黄不同种 / 种源在适应性、生长特性和对害虫攻击的适应能力方面存在巨大差异,这为几乎所有特定的种植环境和利用提供了有保证的选择。事实证明,这种变化有助于将种植范围从传统沿海地区扩大到远离海岸的内陆地区,包括受盐、采矿和内涝影响的土地。幸运的是,自 1981 年在堪培拉举办第一届木麻黄国际研讨会以来,活跃的木麻黄研发工作组已存在了 30 多年,且一直有效地与国际林联的固氮树种树木改良和栽培工作组开展协作工作。

全世界热带和亚热带地区栽种的 200 多万公顷的木麻黄树种一直在为人们提供经济、社会、环境的生态产品和服务。木麻黄树种的速生、高适应性、多用途和固氮能力使它成为林农和林业部门喜爱的树种。木麻黄已经被用于人居环境保护、农田防护、退化困难立地修复,同时为造纸、胶合板制造、生物质能源提供原材料。木麻黄的苗木繁育、人工林栽培、砍伐收获等为当地农民提供了大量生计和劳动岗位就业机会。

继前四届分别在澳大利亚堪培拉(1981)、埃及开罗(1990)、越南岘港(1996)和中国海口(2010)成功举办的国际木麻黄会议后,第五届木麻黄国际会议于 2014 年 2 月 3—7 日在印度的钦奈举行,会议的主题是"通过木麻黄遗传改良稳固农民生计"。本次会议的目标是把木麻黄研究人员和其他木麻黄相关产业的人员召集在一起,交流和收集有关木麻黄研究的最新进展,利用这些研究进展来提高木材产量和农民收入,从而改善农民的生计。

共有 10 个国家 82 名代表参加了这次研讨会,并提交和交流了 80 篇论文,这些论文被划分为 7 个领域:遗传和育种学、造林和培育、农林复合经营、病虫害、固氮和生物技术、产业应用、环境服务和政策制定。本次会议的成果展现在会议论文集中,有几篇会议上没有交流的论文也被列入论文集中。

希望该论文集对所有涉及木麻黄栽培与遗传改良的人们有所帮助，同时对今后利用木麻黄改善林农生计的研究和发展方面具有指导作用。

在完成研讨会个人报告之后，与会者分组讨论了各自学科的最新研究进展，确定了木麻黄研究存在的空白，并为木麻黄今后的研究和发展提出了建议。

（一）造林学、农林复合系统和病虫害

1. 造林学和农林复合系统

研发不同种类的种植材料（如幼苗和无性系）的育苗技术，根据早期生长表现评估它们在不同立地条件下的田间生产力表现。研发有效措施提高苗圃卫生状况来改善病虫害防治条件。在苗圃条件下开展弗兰克氏菌和菌根菌的标准化接种技术，以提高苗木质量，减少病虫危害。优化种子利用效率、种植密度和种植材料成本，保持较低的总体栽培成本。为不同轮伐期、用途、种植立地和栽培方法的木麻黄人工林设定标准化的种植密度；研究株行距对生产力和木材质量的影响。发展木麻黄无性系特定的栽培技术，以实现优良无性系和种植点的高生长潜力。改进山地木麻黄造林技术，特别是作为萌生林进行栽培经营。在不同立地条件下，结合不同的农业/园艺作物，研发合适的农林复合经营模式。培育窄冠、分枝直立、具有理想根系并适合农林一体化经营模式的理想株形的木麻黄品种。

2. 病虫害

研究不同栽培措施与病虫害发病率之间的相互作用；开展几种主要病虫害分子机制方面详细的研究，主要包括由 *Trichosporium* 属真菌引起的树干疱腐病（blister bark disease，如 *Trichosporium vesiculosum*），细菌引起的木麻黄青枯病（*Ralstonia solanacearum*），以及食树皮毛虫（*Indarbela quadrinotata*）。监测气候变化条件下病虫害的发生率，以及研究气候条件下害虫行为和寄主—植物相互作用的变化；描述对主要害虫具有耐受性和具有其他重要经济特征的现有木麻黄种质库。通过育种开发具有抗性的新品种；详细研究木麻黄种子害虫，开发防治人工林和储存条件下种子遭破坏的方法。

（二）固氮和生物技术

1. 弗兰克氏菌研究

弗兰克氏菌株生物多样性研究；研究弗兰克氏菌对提高宿主植物非生物胁迫抗性的贡献；建立具有弗兰克氏放线菌如下信息的数据库：宿主专一性、固氮有效性、分子特征、环境适应性（盐、土壤、酸碱度、重金属）。弗兰克氏菌信号传导分子以及它们在优化根系统结构和功能的能力，具有弗兰克氏菌信号分子种衣的种子在胁迫和矿质营养限制条件下促进植物生长潜力。

2. 菌根菌和植物根际促生菌（PGPR）

生物多样性研究和定量化分子工具；利用真菌和 PGPR 的特性建立数据库；细菌—宿主的专一性研究；鉴定能优化的树木生长和抵御非生物胁迫的最佳微生物组合（弗兰克氏菌—菌根菌—PGPR）；促进适应当地条件的接种剂研发。

3. 宏基因组学

使用宏基因组学方法为与不同木麻黄种相关和适应不同环境的微生物的研究提供一个更广泛的视野。

4. 有价值性状的特征描述

开展有性繁殖性状、木材特性、结瘤能力、抗病抗虫性和非生物胁迫抗性（盐和重金属）等研究。开发高通量的表型组学平台。开发用于有价值的候选基因功能分析的转基因工具；开发新的基因组编辑方法（CRISS/Cas9），以获得靶向基因突变、敲除突变或基因替换技术。

5. 木麻黄树种基因组测序

从粗枝木麻黄、细枝木麻黄和短枝木麻黄中，与同行一起选择出最有价值的种；对比表型（优树、耐盐性、耐寒性、性别决定）进行 RNA 深度测序；为基因组资源提供一个开放访问的 web 数据库；成立一个国际木麻黄联盟来分享数据。

6. 分子育种方法研究

使用新的育种方法，如全基因组关联研究（GWAS）、基因组选择（GS）和标记辅助轮回选择（MARS）来选择创制优良品种。

（三）遗传育种

通过增加新种质注入群体数量来强化支持印度和中国正在进行的育种计划。这些注入种质可通过从木麻黄天然分布区范围收集或通过实施育种计划国家间的种源种子交换获得。

重新设定高级世代育种计划的育种目标，重点关注不同用途的木材质量；确定防治木材害虫和病原体危害的理想木材性状；研究树皮、根系特征与抗旱性的关系，以便选择出适合干旱地区的种植品种。

生产包括短枝木麻黄、山地木麻黄、细枝木麻黄及鸡冠木麻黄的种源间和种间杂交品种，以提高生产力和面对盐碱、病虫害袭击以及气候变化等新挑战。

细枝木麻黄和鸡冠木麻黄种质基础需要扩大，特别需要从这些种最北分布区引进种源用于测试。

通过了解生殖生物学，特别是短枝木麻黄以外的种，掌握这些重要种的控制授粉技术。

研发特定用途的杂交无性系，以满足各种利益相关者（stakeholders）的要求和低成本的无性繁殖策略。

通过如建立社区种子园（community seed orchard，指由当地少数农民共同建立的种子园）和企业自有种子园（industry-owned seed orchard）等措施，建立种子生产系统生产充足的高质量种子，以满足对优质种子的巨大需求和提高木麻黄人工林的生产力，以利于小农户能以较低成本获得经遗传改良的种植材料。

（四）工业应用、环境服务和政策问题

1. 工业需求

在不消耗土壤养分的情况下，发展保持持续高生产率的方法，以克服耕地面积不足

的问题。提高木材质量，以适应工业要求，特别是纸浆产量和其他造纸特性，并减少向终端产品转化过程中的污染。研究木麻黄木材和其他部分的新用途，如胶合板、生物质能源发电、工艺品和其他木制品；开发适合木麻黄人工林机械化收获的造林技术。

2. 环境服务

研发提高木麻黄在防护林、防风林、盐渍地和采矿区恢复中效能的技术，改善木麻黄的使用方法，以保护脆弱的土地和人居条件。开发或匹配合适的种植材料，以保护人居环境和农作物免受海啸和飓风等自然灾害的影响。研究木麻黄作为外来植物对其他动植物多样性的影响。研究木麻黄人工林在减缓气候变化方面的有效性，评估不同木麻黄种和种源的碳汇潜力。

3. 政策

通过木麻黄国际协作网络促进国家和研发组织之间遗传材料的自由交换，并在政府、行业、种植者和环境利益相关者之间分享专业知识或技术。在工业和研究组织间建立合作，最优化利用资源以实现共同目标。开展社会经济研究，量化木麻黄对不同利益攸关方，特别是林农的直接和间接利益，从而说服决策者增加对木麻黄改良研究的投入。

六、第六届国际木麻黄研讨会

木麻黄树种（木麻黄科的几个种）在社会经济方面具有重大作用，使得国际社会对这一类固氮树木的研究和开发具有持续兴趣。木麻黄栽培与农业系统有着密切关系，在热带和亚热带地区人们种植了 200 多万公顷的木麻黄，为脆弱的沿海沙地生态系统提供了保护和维持了稳定性，提高了土壤有机质含量，同时为人类供应了柱材、薪材和木质纤维等产品。

继前五次国际木麻黄研讨会（最近一次于 2014 年在印度钦奈举行）后，由国际林联固氮树种改良与栽培工作组及森林生物质网络协作组联合召集，泰国农业大学（Kasetsart 大学）于 2019 年 10 月 21—25 日在泰国甲米省主办了第六届国际木麻黄研讨会。该研讨会得到了泰国农业大学和国际林联的支持，卡萨特农业和农工产品改良研究所（Kasetsart Agricultural and Agro-Industrial Product Improvement Institute，KAPI）提供了关键的人力支持，主要的国际合作伙伴是澳大利亚联邦科学与工业研究组织和法国发展研究院，泰国的主要国内合作伙伴是海洋和沿海资源部（Department of Marine and Coastal Resources）、皇家林业部（Royal Forest Department）和森林工业组织（Forest Industry Organization）。会议主题是木麻黄对绿色经济和环境可持续性的影响，反映了目前世界上木麻黄树的重要作用。来自澳大利亚、泰国、印度、中国、越南、肯尼亚、印度尼西亚、菲律宾等 10 个国家的 79 名与会者参加了研讨会，并在 6 个议题下宣读了 43 个口头报告，其中中方有 8 人参加且均宣读报告各 1 篇（参会人员最多的一次，反映出中国在国际木麻黄研究中占有重要地位）。第六届国际木麻黄研讨会的成果总结在其随后出版的论文集中，希望该论文集对所有参与木麻黄研究和开发的利益相关者都有价值。

在全球热带地区，包括高原、潮湿和半干旱地区，由林农、政府，以及越来越多的私人林业公司大力发展木麻黄人工林种植。木麻黄森林和复合农林业持续成功的发展取决于改良和多样化的种质资源方面的研发，包括改良农林复合系统、综合病虫害管理、掌握木麻黄对生理胁迫和气候变化的耐受性，以及木麻黄木材特性，如纸浆木、生物精炼和生物燃料。

会议提议通过区域和国际合作，使那些已经通过长期研究已获得很大遗传增益和经济收益的国家与那些正开展或刚开始对木麻黄进行遗传改良的国家分享他们的专业知识和木麻黄种质资源。提出了现有天然遗传资源保护、扩大遗传基础、消除生物和气候变化威胁的策略，保证木麻黄长期利用的安全。

2019年10月25日，在会议结束前召开了全体成员讨论会，肯定了木麻黄属仍然是木麻黄科植物中一个相当重要的属，具有社会、环境和经济方面的重要性。自1981年在堪培拉举行第一届国际木麻黄研讨会以来，40多年来木麻黄研究已经取得了相当大的进展。尽管人们承认该属的重要性，但需要在气候变化环境下迎接新的挑战，因此仍然有必要提升林分质量和公开分享这类树种对就业、生计和木材纤维工业等方面提供的整体社会经济利益。会议关注和聚焦了病虫害、种质资源的获取与交换、遗传多样性和无性系林、工业利用，如何把木麻黄人工林扩展到中国和印度以外的地区，形成一些技术讨论的要点。重要的建议归纳如下。

（一）病虫害

在整个会议期间，人们都提出了对木麻黄病虫害的担忧，如木麻黄青枯病已成为中国南方沿海防护林中一个十分严重的问题。张勇等（中国）、Schlub博士（关岛）评论认为，中国和关岛的木麻黄病可能是不同的疾病，这需要更仔细地深入研究。Kennedy博士（澳大利亚）表示有兴趣尝试更好地了解这种疾病与木麻黄根系的相互作用，以及可能相互作用的土壤因素，包括铝或其他金属毒性和土壤衰退，这些因素迄今尚未得到广泛研究。青枯病对中国和关岛的影响肯定非常令人担忧，加强了解包括遗传学在内的互作因子的作用，特别是考虑到许多人工林的遗传基础狭窄和与该疾病有关的环境因素，应该是一项优先考虑的国际合作事项。

（二）种质资源

继续需要收集新的木麻黄种质对育种群体进行补充。首先，即使是对于那些已经经过广泛测试和驯化过程良好的种（短枝木麻黄和山地木麻黄），仍需补充新材料。以短枝木麻黄为例，20世纪90年代及此后，澳大利亚林木种子中心在天然林和人工林范围内进行了广泛的种质资源收集，但仍有一些不足，如印度尼西亚在内的一些国家收集种源不多。许多太平洋岛国在地理上拥有广泛的种群，这些种群很少被收集（例如，斐济有相当独特的内陆种群，但许多其他国家只有一个或几个种源被收集）。张勇和仲崇禄博士建议，更广泛地补充和测试短枝木麻黄种质的抗青枯病能力是中国沿海人工林建设和经营的重点。第二个关注领域是由印度Nicodemus博士提出关于细枝木麻黄热带种源在印度杂交育种工作中潜力问题。虽然它是一个非常广泛用于整个热带地区的树种，但澳大利亚林木种子中心只收集了少数的细枝木麻黄热带种源，它是另一个具有很大应用潜力的树种。第三个关注领域是尚未从太平洋群岛地区收集用于测试的木麻黄树种。Thomson 博士（澳大利亚/斐济）和 Stephen Midgley 博士（澳大利亚）提到了小齿木麻黄、大木麻黄（*C. grandis*）、*C.* 'Santo'[①] 及来自东帝汶的山地木麻黄。其中一些遗传资源尚未被广泛利用，可能作为单一人工林树种或杂交亲本具有广泛应用前景。Hardiyanto 博士（印度尼西亚）提到，应优先开展能充分适应泥炭地、盐渍或水浸条件的种或种源的选育计划；Thomson 博士建议来自新喀里多尼亚的山神木麻黄（*C. collina*）和一些裸孔木麻黄属的种（*Gymnostoma* sp.）值得开展测试，尽管目前两者都没有现成的种质资源；Khongsak Pinypusarerk 先生提醒会议代表，森林遗传资源的进出口并不像以前那样容易了，这个过程现在往往很漫长且成本昂贵，并受到很多制度制约。因此，种质资源收集的时间和成本都是需要潜在树木育种者考虑的关键因素；Kien Nguyen 博士（越南）提及物种间和种内的种质资源的国际交换是拓宽遗传基础非常有用的途径，特别是已经经过遗传改良的遗传资源；David Bush 博士（澳大利亚）表示澳大利亚林木种子中心将很乐意促进国家间的种质交换，并将尽可能从野外收集新种质材料，只要潜在用户承诺帮助支付材料收集成本。

（三）无性系林多样性

本次会议中，与种质资源收集和测试密切相关的一个热点议题是无性系在林业中所起的作用和木麻黄人工林中无性系多样性的重要性。印度和中国都存在大面积的木麻黄无性系人工林。Nicodemus 博士提到，在广泛暴露于病虫害的背景下，无性系林的低遗传多样性是一个让人担忧的地方。他认为，要提高木麻黄人工林的遗传多样性，除了确保具有足够多的种、种源和无性系外，选育和种植主要种（山地木麻黄和短枝木麻黄）中更多的品种或杂交种可作为提高无性系人工林遗传多样性的补充。仲崇禄博士说，在中国虽然已选育出抗病的无性系，但通常只有一个或少数几个无性系在大面积应用，这些无性系在经过一或两个以上的轮伐期后其抗病性就大大降低了。在中国，需要优先发展具有较好抗病性的短枝木麻黄品种，并加深了解农作物与木麻黄人工林在青枯病传染之间的相互作用。另一个值得考虑的是，沿海的木麻黄人工林往往只用于生态防护目的，因此不必为这些沿岸防护林选择生长速度特别快的无性系，而是考虑用抗病性最高的无性系进行混系造林。Ashok Kulkarni 博士关于种子苗在多样性和潜在抗病性方面是否会比无性系更具有前景的提问，与会者共识是：尽管实生苗可能会生长表现上没有无性系好，但许多情况下，实生苗应用可能是一个很好的策略，特别是在以生态防护为目的时。

（四）工业利用

木麻黄在工业上的应用仍然巨大，树种和杂交种对建筑和纸浆工业仍然特别重要，但企业对正在进行的研究和开发的资助仍然十分有限；显然有必要对私营企业强调木麻黄属树种在产业上的重要性，并定量化该属树种能获得的实际收益。

---

① *C.* 'Santo' 为待命名的木麻黄新种。

工业利用并不是这个研讨会的主要焦点，因此，随后针对木麻黄的轮伐期和木材产品开展了讨论。Stephen Midgley 博士（澳大利亚）说到，生产锯木木材的一个困难是，种植者通常想要提前砍伐以实现尽早收益，但想收获锯木需要更长的轮伐期。另一种比纸浆材价值更高的产品是旋切板材，这样可以生产小于锯材尺寸的原木，不用等待那么长的时间，且回报也能相当有吸引力，特别是如果能获得花纹美丽的板材。肯尼亚代表团一致认为，他们很关心木麻黄的工业利用，这将是下次木麻黄国际会议一个很好的焦点议题。

（五）人工林拓展

肯尼亚和印度尼西亚参会代表参与讨论了将广泛应用的木麻黄品种扩大种植到中国和印度以外国家的问题。两国都在审查各种选择，要么建立新的品种测试，要么重新审查现有的测试结果。在这两种情况下，获得现有的知识和可能已经过基因改良的种质，将利于促进工业化生产。也可能需要开展新的研究，因为生长环境与中国或印度的典型环境非常不同（例如，正如 Hardiyanto 博士所讨论的，印度尼西亚的土壤是水渍土壤和泥炭土壤）。

（六）总结性评论

本次研讨会及其全体代表的讨论涵盖了广泛的议题，涉及了木麻黄生态学、害虫、疾病及其管理、遗传学和工业利用的许多方面。代表们向会议展示了他们在木麻黄研究上的优秀成果。尽管病害对木麻黄人工林构成了威胁，但在建立人工林时使用更多的无性系、实生苗种质和通过拓宽木麻黄林的遗传基础，都是应对木麻黄病害危害的有效策略。木麻黄产品和产业的进一步发展也是未来 10 年及以后持续增长的领域。

第三节　国际弗兰克氏菌及放线菌植物研讨会

放线菌植物（actnorhizal plant）是自然界中一类重要的非豆科固氮植物，它们的根系与弗兰克氏菌共生结成根瘤后，能固定大气中的氮素。放线菌植物包括被子植物中的 8 个科，如木麻黄科、胡颓子科（Elaeagnaceae）中的胡颓子属（*Elaeagnus*）和沙棘属（*Hippophae*）、桦木科（Betulaceae）中的桤木属（*Alnus*）、杨梅科（Myricaceae）中的杨梅属（*Myrica*）、马桑科（Coriariaceae）中的马桑属（*Coriaria*）等。放线菌植物种类丰富，常作为先锋树种和伴生树种在植被恢复中有重要的应用价值。

自 1978 年至今，有关弗兰克氏菌及放线菌植物的生态、生理、遗传学、分子生物学或组学等研究的"国际弗兰克氏菌及放线菌植物研讨会（International Meeting on Frankia and Actinorhizal Plants）"已经召开了 20 届。每届研讨会上都有木麻黄研究的报告，特别是 2021 年 5 月 29—31 日由日本鹿儿岛大学主办的"第二十届国际弗兰克氏菌及放线菌植物研讨会"（网络会议）上有 6 个涉及木麻黄研究学术报告，约占 1/3。因此该研讨会是值得木麻黄相关研究者关注的国际会议（表 1-3）。

中方代表参加了第十五、第十七、第十八、第十九和第二十届研讨会。

表 1-3　各届国际弗兰克氏菌及放线菌植物研讨会

届次	举办年	举办地	论文集编著召集者（出版年）	论文集出版杂志或出版社
1	1978	Petersham，Massachusetts，美国	Torrey & Tjepkema（1979）	Botanical Gazette
2	1979	Corvalis，Oregon，美国	Gordon et al.（1979）	Oregon State University Press
3	1982	Madison，Wisconsin，美国	Torrey & Tjepkema（1983）	Canadian Journal of Botany
4	1983	Wageningen，荷兰	Akkermans et al.（1984）	Plant and Soil
5	1984	Québec，加拿大	Lalonde et al.（1985）	Plant and Soil
6	1986	Umeå，瑞典	Huss-Danell & Wheeler（1987）	Physiologia Plantarum
7	1989	Storrs，Connecticut，美国	Winship & Benson（1989）	Plant and Soil
8	1991	Lyon，法国	Normand et al.（1992）	Acta Oecologica
9	1993	Okahune，新西兰	Harris & Silvester（1994）	Soil Biology and Biochemistry
10	1995	Davis，California，美国	Berry & Myrold（1997）	Physiologia Plantarum
11	1998	Champaign，Illinois，美国	Dawson et al.（1999）	Canadian Journal of Botany
12	2001	Carry-le-Rouet，法国	Normand et al.（2003）	Plant and Soil
13	2005	Durham，Newhampshire，美国	Tisa（2005）	Symbiosis
14	2006	Umeå，瑞典	Sellstedt et al.（2007）	Physiologia Plantarum
15	2008	Bariloche，阿根廷	Wall et al.（2010）	Symbiosis
16	2010	Porto，葡萄牙	Santos & Tavares（2012），Ribeiro et al.（2011）	Archives of Microbiology；Functional Plant Biology
17	2013	Shillong，印度	Misra（2013）	Journal of Biosciences
18	2015	Montpellier，法国	Franche et al.（2016）	Symbiosis
19	2018	Hammamet，突尼斯	Gtari et al.（2019）	Antonie van Leeuwenhoek
20	2021	Kagoshima，日本	Kucho et al.（2022）	Journal of Forest Research

木麻黄科植物除了在木麻黄属和异木麻黄属中少量的种为高大乔木外，大多数种为小乔木或灌木。木麻黄是天然分布在南半球至赤道附近，具有类似裸子植物外观特征（叶子退化为小齿状，依靠绿色针状小枝进行光合作用）的非典型被子植物，对其开展植物地理学、生态学、形态解剖学、分类学、系统进化与发育、共生菌等研究具有重大意义（附图 2-1~ 附图 2-20）。

第一节　植物地理学

木麻黄天然分布于澳大利亚、东南亚和太平洋群岛地区，属于冈瓦纳植物区系（Gondwana flora）。木麻黄科植物是南半球出现比较早且自身变异性大的植物科，其花粉沉积物在南非、新西兰和澳大利亚的古新世到中新世地质中已被发现，彼时木麻黄科植物已在新西兰植被中占据优势，但随后被假山毛榉属（*Nothofagus*）植物代替（Pochnall，1989）。虽然现有的木麻黄科植物分布区局限于东南亚地区、美拉尼西亚（Melanesia）、波利尼西亚（Polinesia）、新喀里多尼亚（New Caledonia）等太平洋群岛和澳大利亚等地区，但从澳大利亚、新西兰、南美洲等地发现了木麻黄植物体化石，且在南非发现有丰富的木麻黄花粉沉积物化石，表明该科植物，尤其是裸孔木麻黄属在第三纪（Tertiary）时期有更大的分布范围（Coetzee & Praglowski，1984；Scriven & Christophel，1990；Hill，1994；Scriven & Hill，1995）。现存的木麻黄科植物在澳大利亚分布最丰富，是澳大利亚植物区系中特殊的组成部分，因此，科学家认为澳大利亚是木麻黄科植物起源的中心，马来群岛植物区系（Malesian flora）中的木麻黄植物是由澳大利亚迁移过去，而木麻黄属被认为是马来群岛植物区系中所谓的"澳大利亚元素"。现在认为裸孔木麻黄属可能代表了木麻黄科植物在冈瓦纳古大陆（Gondwanaland）解体后留下的原始部分，而在第三纪的早期木麻黄科植物已在冈瓦纳古大陆有了广泛的分布。虽然这个属分布在马来群岛和太平洋区系，但它的大多数种都集中分布在属于冈瓦纳古大陆的地区，如新几内亚岛和新喀里多尼亚。

木麻黄科植物 4 个属（木麻黄属、异木麻黄属、裸孔木麻黄属和隐孔木麻黄属）的天然分布区有较大差异。

一、木麻黄属（*Casuarina*）分布

该属共有 17 个种，均为乔木，分布于东南亚、美拉尼西亚、波利尼西亚、新喀里多尼亚和澳大利亚。该属植物通常天然生长在土壤不太贫瘠的地区。

二、异木麻黄属（*Allocasuarina*）分布

该属为灌木或乔木，共有 69 个种或亚种，均分布于澳大利亚，多数集中于澳大利亚南部地区，但有 4 个种分布于北昆士兰地区，有 1 个种分布于澳大利亚中部干旱地区。该属通常生长在贫瘠土壤上，是唯一具有长寿命种子的属，蒴果可在树上保留几年不脱落且不散种。

三、裸孔木麻黄属（*Gymnostoma*）分布

该属有 18 个种，均分布在热带地区。根据其化石记录该属是最古老和天然分布最广泛的属，分布在马来西亚、苏门答腊岛、加里曼丹岛、苏拉威西岛、菲律宾、马鲁古群岛、巴布亚新几内亚、所罗门群岛、斐济、新喀里多尼亚和澳大利亚北部地区。其中有 8 个种都分布在新喀里多尼亚，只有一个种澳大利亚木麻黄（*Gymnostoma australianum*）为澳大利亚特有种。

四、隐孔木麻黄属（*Ceuthostoma*）分布

属于菲律宾的巴拉望岛（Palawan）至加里曼丹岛（Kalimantan Island）和新几内亚岛之间的马来群岛植物区系，是木麻黄科植物在澳大利亚唯一没有天然分布的属。已有的研究认为裸孔木麻黄属是进化过程中最原始的属，隐孔木麻黄属和木麻黄属处于中等进化水平，而异木麻黄属是进化水平最高的属，但关于木麻黄科植物的系统发育过程仍存在一定的争议。

第二节　植物生理与生态学

木麻黄科植物的天然分布区范围由 40° S 至 16° N，经度为 85°~155° E，海拔高度从海平面潮线开始至海拔 3000m 的高山，降水量为 100~2800mm，是一种适应性极强的树种，其人工栽种区已遍布世界热带和亚热带地区。同时，在澳大利亚和太平洋群岛的阔叶常绿季雨林或常绿雨林、热带稀树草原、沙漠边缘灌丛，甚至荒漠中都有木麻黄科植物天然分布，常与桉属（*Eucalyptus*）、白千层属（*Melaleuca*）、外果木属

（*Exocarpus*）、斑克木属（*Banksia*）或金合欢属（*Acacia*）植物一同构成森林上层生态群落。木麻黄科植物常为特殊生境演替过程中的先锋树种，它首先在一些困难生境上定居，通过其自身的共生固氮系统改良土壤和生境，然后逐渐被其他后来的植物演替掉。

木麻黄科植物具有很强的抗逆性，如抗风、耐旱、耐盐碱、耐瘠薄、抗沙埋、抗高温等特性（表2-1），因此，在全世界热带与亚热带地区常被用于沿海沙地造林，作为退化地、采矿区、污染地等困难立地的植被恢复树种（附图2-1~附图2-9）。

一、抗风性

木麻黄的枝条柔韧性好、不易折断，植株抗风性很强，一般10级以下热带风暴对木麻黄林分无明显影响，10~11级强热带风暴才对林分部分树木产生影响，风害率一般不超过5%。如短枝木麻黄可抵抗12级（台风）以下强风的吹袭，适合用于沿海防护林、农田防护林等防风林的建设。但木麻黄科植物的不同属和种之间的抗风性存在很大差异，如异木麻黄属的滨海木麻黄（*Allocasuarina littoralis*）在我国华南沿海地区的抗风能力一般，10级以上强热带风暴或台风可使其风倒率达5%~15%。由于木麻黄树种具有很强的抗风性，它们被很多国家广泛用于防风林的建设。如短枝木麻黄被中国、印度、越南、泰国、孟加拉国、塞内加尔等国家广泛用于沿海的防风固沙防护林建设，大大降低了海岸后沿的风速。粗枝木麻黄被大量用于埃及、突尼斯、以色列、也门等国家沿海和内陆的防风林，对海岸后沿的农作物、道路、房屋、村庄等起到重要的保护作用。木麻黄防护林不但对农作物起到增产增收作用，还为农民提供了大量的建筑材料和薪材。小齿木麻黄在巴布亚新几内亚的高原地区被种植于村庄房屋周边用于遮挡强风的吹袭（Midgley et al.，1983）。还有其他很多不同种的木麻黄被种植于农田作物或道路房屋周边用于防风。

二、耐高温耐干旱

木麻黄属于喜温植物，其叶片已退化为小齿状（鳞片状），轮生在小枝的节间，主要依靠针状绿色小枝条进行光合作用，表皮气孔生长在小枝条的棱沟（furrow）内，这些旱生植物特有的形态结构大大减少了植株在高温干旱条件下的水分蒸腾量。因此，它具有很强的耐高温和干旱能力，在100~2800mm的降水量，高达40℃高温的条件下都能正常生长。木麻黄科植物至少有4个种能忍耐极端干旱气候，即木麻黄属的肥木木麻黄、鸡冠木麻黄、波普木麻黄（*Casuarina pauper*）和异木麻黄属的德凯斯木麻黄（*Allocasuarina decaisneana*）。波普木麻黄可能是最能适应干旱条件的木麻黄种，它生长在澳大利亚中部干旱地区，可忍耐高达47℃的高温干旱气候（Diem & Dmmergues，1990）。德凯斯木麻黄被当地人叫做沙漠栎（desert oak），是澳大利亚中部艾尔斯巨石（Ayers Rock）附近最明显的乔木树种。研究者认为它的深根系和固氮特性是它能在如此高温干旱的环境中茁壮成长的主要原因（Kennedy，2019）。生长在我国华南沿海沙地的短枝木麻黄小苗能忍耐夏天沙地上高达50℃的高温和干旱环境也不会死亡，是海岸沙地、沿海采矿地植被恢复的首选先锋树种。

表2-1　木麻黄科中经济或生态应用潜力较高的种的生长和抗逆特性

属和种	气候	海拔（m）	降水量（mm）	适生土壤	结瘤	生长限制
短枝木麻黄	湿热至半湿热	0~600	1000~2150	耐盐和高钙土壤	+++	与杂草竞争力不强、不抗虫、耗水量大
短枝木麻黄因卡那亚种	温暖半湿润	0~100	1000~1500	—	—	—
细枝木麻黄	温暖半湿润、温暖半干旱、约50天的霜冻期	0~800	500~1500	酸性土壤	+++	不耐盐、不耐高钙土壤
粗枝木麻黄	温暖湿润、温暖半湿润	0~900	900~1150	耐盐、钙质黏土	+++	可能会像杂草一样蔓延、有大量根蘖
山地木麻黄	热和湿润	0~3000	—	各种土壤	++	与其他种的杂交种不能生产种子
小齿木麻黄	热和湿润	0~2500	—	各种土壤	++	对盐敏感、对土壤要求相对较高
肥木麻黄	温暖半湿润、温暖干旱	0~300	200~500	各种土壤	+++	未见报道
鸡冠木麻黄	温暖干旱、温暖半干旱	0~350	175~275	耐碱性土和黏土	+++	不耐啃牧
滨海木麻黄	温暖湿润、温暖半湿润、凉爽半湿润	0~1200	650~1250	各种排水良好的土壤、酸性土壤	0~+++	不耐高湿度的土壤
德凯斯木麻黄	干旱	250~700	200~250	土层深的沙质土壤	0~+	无灌溉的条件下生长缓慢
轮生木麻黄	湿润和半湿润、凉爽半湿润	0~800	600~900	耐钙质盐土	++	天然更新较难
森林木麻黄	温暖湿润和温暖半湿润	0~1100	950~2500	各类土壤	+	比滨海木麻黄要求更严格些
利曼氏木麻黄	温暖半湿润	0~800	425~800	各类土壤、耐盐和黏土	0	种子发芽率低
巴布亚木麻黄	热和湿润	海平面至高地	—	各类土壤	+	未见报道
罗非木麻黄	热和湿润	海平面至1000	—	石灰岩、冲沟地形土壤	+	生长缓慢
苏门腊木麻黄	热和湿润	0~1000	—	生长在红树林沼泽后沿	++	生长缓慢

注：0表示没有发现根瘤，+表示罕见，++表示较多，+++表示丰富（Diem & Dommergues，1990）。

三、耐瘠薄

木麻黄根系常与弗兰克氏菌、内生菌根菌和外生菌根菌形成共生关系。弗兰克氏菌属于放线菌目（Actinomycetales）弗兰克氏菌科（Frankiaceae）的共生微生物，和木麻黄根系共生后形成根瘤，可以帮助木麻黄从空气中固氮获得氮素营养（Diem & Dommergues，1990；Ngom et al.，2016）。内生和外生菌根菌均属于真菌，与木麻黄根系形成共生关系后，可以帮助其在贫瘠的土壤中获得磷和钾等养分，使得木麻黄可以在贫瘠干旱的沙地、石山或采矿后的困难立地上正常生长（弓明钦等，1997）。例如，印度西海岸和马达加斯加的一些红色贫瘠而富铁的淋溶土上仍有木麻黄植物生长；在阿根廷，细枝木麻黄常是裸露石灰岩地区的先锋树种；在中国华南和华东沿海地区，短枝木麻黄和粗枝木麻黄为主的木麻黄沿海防护林被大规模建立在海岸沙丘地、岩质海岸多石山地和海湾盐碱低洼地的贫瘠或盐碱化的困难立地上。

木麻黄科植物也能像山龙眼科（Proteaceae）、杨梅科、豆科（Fabaceae）、桦木科、桑科（Moraceae）等植物一样形成类蛋白根（proteoid roots），亦称排根（cluster roots）（Racette et al.，1990；Dinkelaker et al.，1995；Arahou & Diem 1997；Diem et al.，1999；Shane & Lambers，2005），帮助木麻黄在养分缺乏的土壤中吸收养分，特别是磷、氮和铁元素的吸收。木麻黄的类蛋白根结构形态如试管刷（图 2-1），这种结构可以极大地增加植物根系表面积，有助于提高根系对土壤中营养元素的吸收能力。同时，类蛋白根可以通过向根际分泌有机酸、酚类等化合物来溶解根际难溶的铁、铝、锰、钙等元素，帮助木麻黄在贫瘠的土壤中吸收营养元素（Dinkelaker et al.，1995）。研究表明磷元素含量低是导致木麻黄形成类蛋白根的最主要因素，随着磷供应的提高，类蛋白根形成数量相应减少（Racette et al.，1990）。氮和铁元素也是影响木麻黄类蛋白根形成的重要影响因子，低氮或低铁也会促进木麻黄根系类蛋白根的形成（Reddell et al.，1997；Diem et al.，2000；Zaïd et al.，2003）。研究发现一些形成类蛋白根的树种通常都缺乏菌根（如山龙眼科）（Lamont，1982，1993；Lamont et al.，1984；Brundrett & Abbott，1991），或菌根的感染率很低［如羽扇豆属（*Lupinus* Linn.）］（Trinick，1977）。但也有例外，如木麻黄科（Rose，1980；Khan，1993）、杨梅科（Rose，1980）和豆科中的 *Viminaria juncea*（一种无叶豆属植物）（Brundrett & Abbott，1991）能同时形成类蛋白根和菌根。

图 2-1　木麻黄小苗根系的试管刷状类蛋白根

（拍摄：仲崇禄）

四、耐盐碱

很多种木麻黄植物因天然分布在热带亚热带沿海地区或内陆的盐渍地上，具有很高的抗盐胁迫能力。El-Lakany 和 Luard（1982）通过营养液栽培方法发现粗枝木麻黄、肥木木麻黄和短枝木麻黄因卡那亚种（*Casuarina equisetifolia* ssp. *incana*）都能忍耐高达 500mmol/L 的 NaCl 浓度（相当于 0.29%，接近海水 NaCl 的浓度）。

木麻黄科植物通过根部拒盐和耐盐、小枝（叶片已退化）泌盐、维持渗透压、维护膜系统稳定性、清除产生的过氧化物等生理生化响应来实现其耐盐功能。木麻黄的抗盐性首先表现在拒盐。研究发现木麻黄根和小枝中钠离子的含量都随着根际盐浓度的增加而升高，但小枝中钠离子含量远低于根中的含量，从土壤中吸收的钠离子大部分能滞留在根中（杨涛等，2003）。其次是泌盐，木麻黄的小枝具有盐腺，盐腺上有特殊的盐囊泡，能将多余盐分排出。最后是耐盐，盐胁迫对木麻黄根部营养元素的吸收有促进作用。一定范围内，随着钠离子浓度的增加，木麻黄根部吸收钾离子的能力也随之提高。钾离子增加不仅能提高根部的渗透势，维持酶的活性，还能抑制对钠离子的吸收，一定程度上缓解了盐害。木麻黄不仅耐盐，还能缓解土壤的盐渍程度，改善酸碱度，因此，对盐碱地改良具有积极作用。但木麻黄对盐胁迫的耐受是有限度的，不同种源间的耐盐性差异显著（叶功富和邱进清，1995）。研究表明，在盐胁迫的条件下，粗枝木麻黄会通过适度组织脱水进行渗透压调节来减少盐胁迫对光合作用器官的影响，同时激活其基于黄酮类（如黄酮醇和原花青素）的次生代谢抗氧化系统，提高渗透调节物（果糖、葡萄糖、脯氨酸、鸟氨酸等）水平来维持细胞膜完整性等生理生化响应来保持其在盐胁迫下正常生长（Gorge et al., 2019）。粗枝木麻黄可以在比海水更高盐度（600mmol/L NaCl）的条件下存活，但是在这种极端的盐分条件下，植株的小枝会变得萎黄并伴随着生长减慢减弱（Batista-Santos et al., 2015）。尽管如此，小枝的相对含水量也只是少量减少，伴随着渗透势的明显降低，表明粗枝木麻黄通过调整渗透压来保持植株内的液流梯度，从而维持植株的新陈代谢活力（Chaves et al., 2009a，b）。虽然赤桉（*Eucalyptus camaldulensis*）也具有较强的耐盐碱能力（能耐 150mmol/L NaCl），但在澳大利亚北部热带地区盐碱地开展细枝木麻黄和赤桉的比较试验表明，在低盐碱度（0~6.6mmol/L NaCl）和中等盐碱度（6.6~12.1mmol/L NaCl）的土壤条件下，赤桉的生长速度和蒸腾率都高于细枝木麻黄，但在高盐碱度下（＞12.1mmol/L NaCl），细枝木麻黄的生长速度和蒸腾率高于赤桉，说明细枝木麻黄的抗盐碱能力显著强于赤桉（Sun & Dickinson, 1993，1995）。在泰国，发现短枝木麻黄和山地木麻黄的杂交种（*Casuarina equisetifolia* × *junghuhniana*）能在根部间歇性受到海水浸淹的盐碱沼泽地里正常生长。在澳大利亚西部，肥木木麻黄也可在盐碱地上正常生长。天然分布在澳大利亚东部海湾低洼地上的粗枝木麻黄，可耐周期性的海水淹没基部。在中国华南和华东，短枝木麻黄、粗枝木麻黄和细枝木麻黄皆能生长在海岸边的沙丘上，能忍受海风携带的海水盐沫的影响，但种植在海岸最前沿的短枝木麻黄由于长期受到海水盐沫的影响，其嫩枝常会出现肿胀变粗的生理性病害。

第三节 形态解剖学

木麻黄科植物的叶已退化为小齿状，以绿色针状小枝为光合作用器官（图 2-2 A、C、E、G、H）；小枝条细长，具有多个长的分节和几个短的基部小分节。小枝条上具有脊（ridge），脊的数目和齿叶数目相同，脊由内生气孔的棱沟分开，其中裸孔木麻黄属的小枝棱沟浅且裸露（图 2-2 H），其他 3 个属的小枝棱沟较深而呈封闭式。小枝条每个节上轮生着 4~20 个退化小齿叶（图 2-2 C）。果序为木质蒴果（图 2-3 A、D、G、I）。

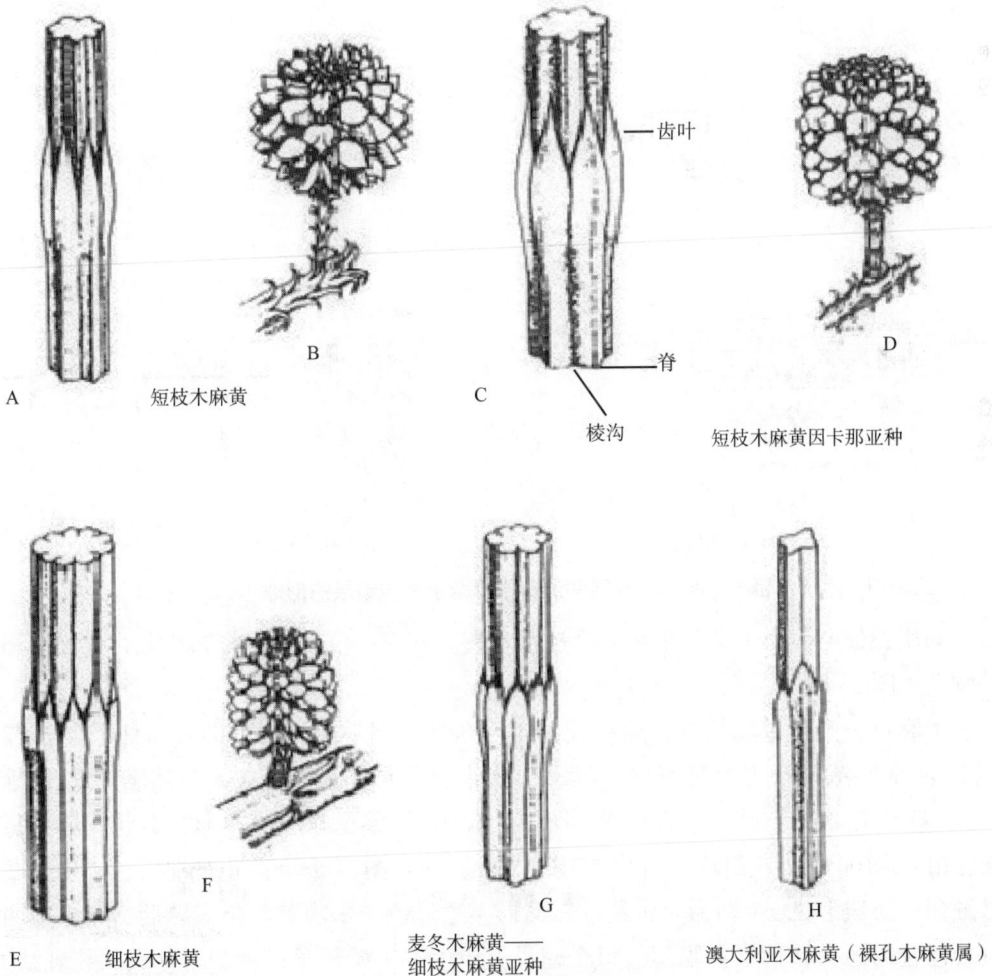

图 2-2 短枝木麻黄、细枝木麻黄和澳大利亚木麻黄（裸孔木麻黄属）小枝和蒴果形态
（Chew et al.，1989）

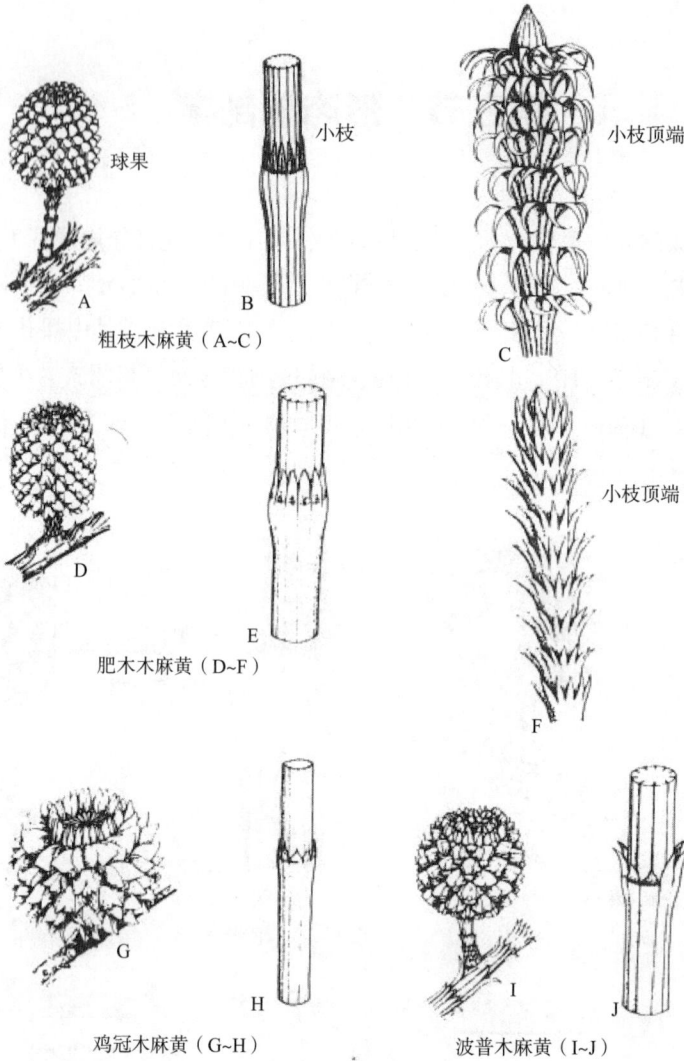

球果

小枝

小枝顶端

A

B

粗枝木麻黄（A~C）

C

D

E

小枝顶端

肥木木麻黄（D~F）

F

G

H

I

J

鸡冠木麻黄（G~H）　　　　波普木麻黄（I~J）

图 2-3　短枝、粗枝、肥木、鸡冠和波普木麻黄小枝和蒴果的形态（Chew et al.，1989）

　　利用扫描电镜对木麻黄小枝表面进行观察，发现小枝表皮上密布气孔，并长有稀疏的刚毛（图 2-4）。

　　木麻黄每个蒴果成熟裂开后释放出 40~100 粒翅果（samara，即带翅种子）（图 2-5 A~H）。木麻黄雄花为柔荑花序，具有 1~2 个呈盔形的鳞状花被，在花期脱落；雄蕊 1 枚，花粉囊 2 室，附在花的基部（图 2-5 J、K）。雌花球形或卵形，头状花序，每个花序由 40~100 朵小花组成，着生在枝上或叶腋内（图 2-5 I）；花被缺失，心皮为 2 并已融合；胚珠为 2，个别为 4；花柱二叉形，微红色。木麻黄蒴果成熟后，蒴果上两个苞片包着的翅果从蒴果上脱落，每个翅果上单生着 1 粒种子；种子子叶大，胚乳缺失，通常含有 1 个以上的胚。以短枝木麻黄为例，每个雌花序由 40~50 朵小花组成（图 2-6），每个雌花序发育成 1 个蒴果（图 2-6），每朵小花由 2 片对向的小苞片包裹；小花缺少花被，伸长的 2 个柱头底端各有 1 个心皮，柱头和心皮组成雌蕊（图 2-6）。

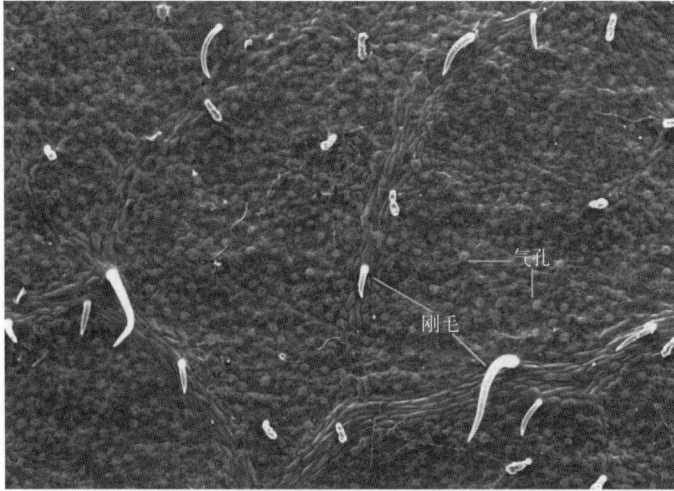

图 2-4　木麻黄小枝表皮上的气孔和刚毛（扫描电镜放大 180 倍）（拍摄：武冲）

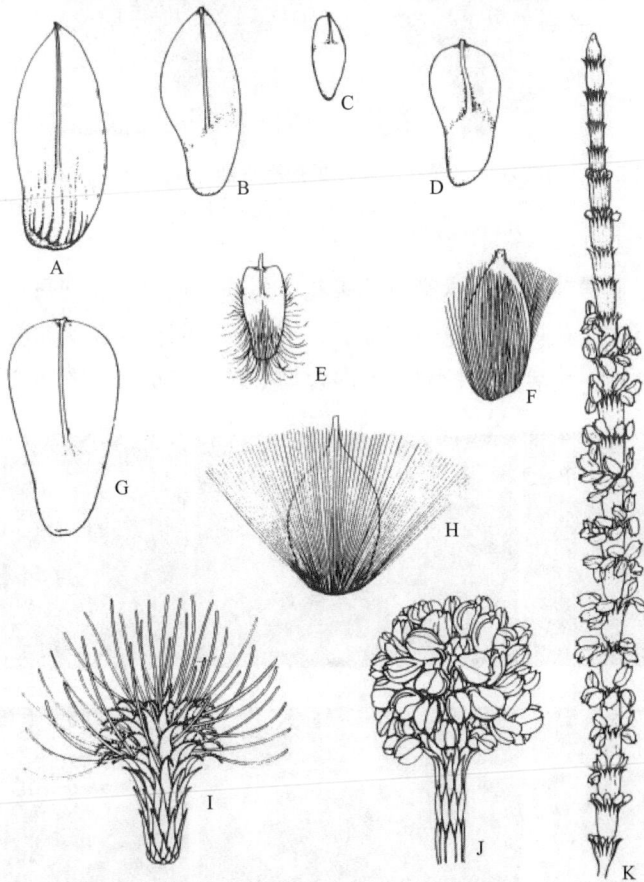

图 2-5　木麻黄翅果与花序（Chew et al., 1989）

注：A 为澳大利亚木麻黄翅果；B 为鸡冠木麻黄翅果；C 为细枝木麻黄翅果；D 为沼泽木麻黄翅果；E 为德拉蒙木麻黄翅果；F 为小穗木麻黄翅果；G 为双针木麻黄翅果；H 为格雷维尔木麻黄翅果；I 为沼泽木麻黄雌花序；J 为迪尔斯木麻黄雄花序；K 为轮生木麻黄雄花序。

图2-6　短枝木麻黄雌花序和蒴果形态解剖（Sogo et al.，2004）

注：1为授粉后的雌花序；2为雌花序受精后发育成蒴果；3为蒴果的纵向解剖图；4为蒴果的横向解剖图；bl为蒴果小苞片；br为蒴果苞片；ov为胚珠；pi为雌蕊。

　　利用扫描电子显微镜对短枝木麻黄的雄花花药进行观察，发现每枚花药有4个花粉室，花粉室内含有大量花粉粒；花粉粒球形，带有3个明显凸起的萌发孔；有活力的花粉粒内有大量内含物，无活力花粉粒则无内含物呈现干扁状态（图2-7）。

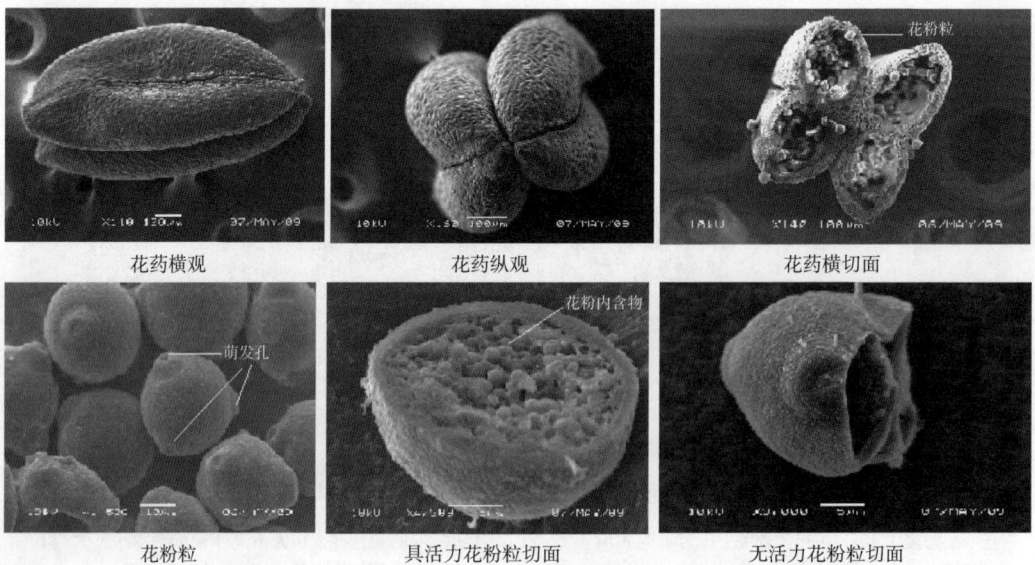

花药横观　　　　花药纵观　　　　花药横切面

花粉粒　　　　具活力花粉粒切面　　　　无活力花粉粒切面

图2-7　短枝木麻黄花药及花粉扫描电镜（拍摄：张勇）

第四节　生殖生物学

木麻黄科植物以风媒传粉为主，大多数属和种为雌雄异株（dioecy）。木麻黄属中常见的几个种（短枝木麻黄、粗枝木麻黄、山地木麻黄和细枝木麻黄）以雌雄异株为主，兼有少量雌雄同株（monoecy）现象，所以，木麻黄被认为是专性异交（obligatory xenogamy）树种（Barlow，1981）（附图 2-10~ 附图 2-13）。笔者在异木麻黄属的轮生木麻黄（*Allcasuarina verticillata*）天然林中也发现了 1 株雌雄同株个体，证实该属也存在雌雄同株现象（Zhang et al.，2022）。关于木麻黄雌雄性别比例的观测研究主要在短枝木麻黄中开展，结果发现在不同的地区其比例有较大差异，总的趋势是雄株比例高于雌株，雌雄同株比例低于 10%。如在印度较早的观测发现一片短枝木麻黄种子苗林中雄株、雌株和雌雄同株的比例分别是 56%、42% 和 2%~3%（Dorairaj & Wilson，1981），而在泰国发现该比例是 48% 雄株、35% 雌株和 8% 的雌雄同株（Luechanimitchit & Luangviriyasaeng，1996）。但也有例外，如在关岛地区的短枝木麻黄天然林中雌雄同株的比例高达 80%，雄株的比例只有 3%，而雌株比例为 10%（Schlub et al.，2011）。在澳大利亚，短枝木麻黄因卡那亚种在其自然分布区内同样以雌雄同株为主。在中国福建惠安赤湖林场 20 世纪 90 年代营造的木麻黄 3 个种（短枝木麻黄、粗枝木麻黄和细枝木麻黄）的种子苗人工林中，观测发现 3 个种都是雄株比例较大，均超过 50%，而雌株比例介于 24%~38%，雌雄同株在 2%~7%，与印度泰国的比例接近（表 2-2）。木麻黄雄花是柔荑花序，数量巨大的花粉粒由风力散播。木麻黄花粉粒近扁三角球形，（19~21）μm ×（22~30）μm 大小，三个角具有 3 个凸起的萌发孔（图 2-8）。雌花为头状花序，每个花序由 40~100 朵小花组成，着生在枝上或叶腋内。小花无花被，伸长的 2 个柱头底端各有 1 个心皮。雌蕊的 2 个心皮中只有 1 个心皮发育出 2 个胚珠，且两胚珠中仅有 1 个胚珠受精，最终发育成 1 粒种子（Sogo et al.，2004）。和大多数被子植物的珠孔受精（porogamy）方式不同，木麻黄植物是第一种被发现具有特殊的合点受精（chalazogamy）方式的植物。Swamy（1948）首次发现木麻黄具有较特殊的通过合点受精的生殖方式，即花粉管不通过珠孔，而是直接穿过合点进入胚囊受精。在短枝木麻黄的研究中，雌花授粉至受精的时间间隔长达 45~50 天，当花粉管到达雌花的合点时停止，等待雌花的胚囊发育成熟后再进入完成受精（Barlow，1958；Sogo et al.，2004）。

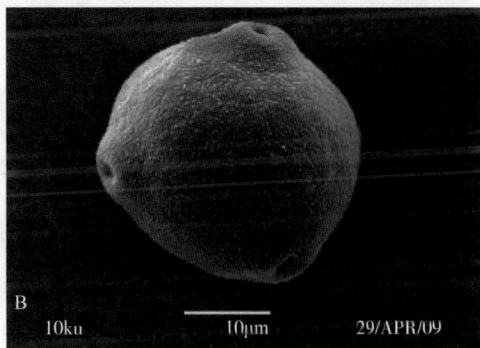

图 2-8　木麻黄花粉粒扫描电镜
（放大 2300 倍）（拍摄：张勇）

表 2-2　木麻黄属植物的性别比例

木麻黄种	国家（地区）	雄株比例（%）	雌株比例（%）	雌雄同株比例（%）	文献引用
短枝木麻黄	印度	56.0	42.0	2.0~3.0	Dorairaj & Wilson，1981
	泰国	48.0	35.0	8.0	Luechanimitchit & Luangviriyasaeng，1996
	关岛	3.0	10.0	80.0	Schlub et al.，2011
	中国	62.9	36.0	3.0	张勇，2013
粗枝木麻黄	中国	53.3	38.1	6.7	张勇，2013
细枝木麻黄	中国	62.2	24.4	2.2	张勇，2013

在木麻黄为数不多的生殖生物学研究文献中，涉及木麻黄开花生物学和繁育系统的研究更少，最早是 Moncur 等（1997）开展异木麻黄属中轮生木麻黄的开花生物学研究。研究结果发现轮生木麻黄的雌花序由超过 100 朵小花组成，花序寿命可长达 12 周，雌花从柱头受粉到胚珠受精的时间间隔长达 53~83 天；雄花寿命可达 3~9 周，根据气候条件不同有较大差异；花粉在 10~15℃时萌发率达到最大值；种子在 10~25℃时萌发率最高，在 30℃时萌发率显著下降；试验中，1 个花序中的 118 朵小花至少有 60% 的小花被成功授精，但只有 27.4%（26 粒种子）的种子能萌发，表明轮生木麻黄受精后胚的败育率较高。

短枝木麻黄开花生物学和繁育系统的研究中，雌花序寿命平均在 12.2 天，雄花序寿命平均 6.3 天；雌花序由 60~100 朵小花组成，花被已退化，每个子房只有 2 条线形的柱头伸出，且柱头表面会分泌黏性物质，有利于接触和捕捉到空气中的花粉粒，便于雌花的授粉成功（Swamy，1948；张勇，2013；Zhang et al.，2016）。研究发现，短枝木麻黄雌雄同株个体的雌雄花开花时间基本一致，自交亲和系数达到 0.94，属于自交完全亲和类型，在交配系统上属于兼性异交（facultative xenogamy）类型。利用微卫星（SSR）分子标记技术发现，在自由授粉状态下雌雄同株短枝木麻黄的自交率可高达 41.7%，且自交子代苗期表现出明显的近交衰退（inbreeding depression）现象（张勇，2013；Zhang et al.，2016）。

第五节　分类学

木麻黄科植物最开始被认为它在分类上属于裸子植物门（Gymnospermae），因其绿色小枝与松树的针叶相似，欧洲人最初给它命名为澳大利亚松（Australian pine tree）。但实际上木麻黄仍然是被子植物（angiosperm），它起光合作用功能的"针叶"实际是它的小枝条，它的叶子已退化为小齿状。木麻黄科植物中最常见的短枝木麻黄的学名是 *Casuarina equisetifolia*，它的属名来自英语单词 casuarius，是澳大利亚食火鸡（又名鹤驼）的称呼，意指木麻黄细长的小枝像食火鸡的羽毛。它的种名 *equisetifolia* 的意思是"像木贼叶的"，指短枝木麻黄小枝与木贼麻黄（*Ephedra equisetina*，又名山麻黄）的茎很相似，于是木麻黄就是"乔木状的麻黄"之意（附图 2-10~ 附图 2-17）。木麻黄植物种特点详见本书第十章。

一、分类地位

木麻黄科植物的分类到现在为止还存在着一些争议。恩格勒（Engler）分类学派最早认为木麻黄科是从麻黄科（Ephedraceae）演化出来的，是双子叶植物中最原始的科，但该分类现已基本被否定。目前已达成的共识是：木麻黄科植物是柔荑花序，它们和其他柔荑花序类成员一样具有进化的三沟花粉粒，木材解剖特征也属于相对进化的类型，其简单的花结构更可能是经进化简化的结果而非原始类型，它们还具有衍生的风媒传粉特征。在后来的柏施与哈钦松（Bessey & Hutehinson）、克朗奎斯特（Cronquist）、塔赫他间（Takhtajan）和诺·达格瑞（Dahlgren）的分类系统中，木麻黄都被独立划分为木麻黄目（Casuarinales），不同的是它们在门、纲和亚纲上的分类有所差别。再后来，基于花序和茎的解剖学和孢粉学，特别是分子系统学分类方法，发现木麻黄科植物与桦木科，特别是桦木属（*Betula*）植物非常相似（Steane et al.，2003），与胡桃科、杨梅科在分类系统上亦很接近，因此，索因（Thorne）和 APG Ⅱ（Angiosperm Phylogeny Groups，被子植物系统发育研究组）分类系统分别把木麻黄科植物划归为桦木目（Betulales）和壳斗目（Fagales）（Johnson & Wilson，1989；中国高等植物数据库全库，2009）（表 2-3）。利用 *matK* 基因序列对木麻黄科植物 4 个属的 70 个种或亚种进行了系统进化和发育树的构建，其结果表明了索因和 APG Ⅱ 的分类方法更为科学（Steane et al.，2003）。

表 2-3　木麻黄科植物在不同分类系统中的分类地位

分类群	分类系统					
	柏施与哈钦松	克朗奎斯特	塔赫他间	诺·达格瑞	索因	APG Ⅱ
门	被子植物门	木兰门	木兰门	木兰门	被子植物门	被子植物门
纲	双子叶植物纲	木兰纲	木兰纲	木兰纲	双子叶植物纲	双子叶植物纲
亚纲	单被花亚纲	金缕梅亚纲	金缕梅亚纲	木兰亚纲	金缕梅亚纲	金缕梅亚纲
系 +/ 超目	单性花系 +	—	木麻黄超目	蔷薇超目	金缕梅超目	真蔷薇超目
目	木麻黄目	木麻黄目	木麻黄目	木麻黄目	桦木目	壳斗目
科	木麻黄科	木麻黄科	木麻黄科	木麻黄科	木麻黄科	木麻黄科

注：引自古尔恰兰·辛格（2008）；APG 为被子植物系统发育研究组（Angiosperm Phylogeny Groups）。

二、植物系统发育

系统发育（phylogeny）是指某一个物种的形成和发展历史。通过构建该物种的进化历史，揭示它与其近缘物种的进化关系。通常都用系统发育树（又称系统进化树）来描述物种间的进化关系。

随着分子生物学的发展，大分子数据尤其作为一级信息分子的 DNA 序列数据，由于其分子数据丰富、信息量大、非遗传变异影响小，在植物分类进化研究中比形态学和生理学等更为可靠，受到研究者的广泛青睐。

植物 *rbc*L 基因是编码植物叶绿体 DNA 中核酮糖 1，5- 二磷酸羧化 / 加氧酶的大亚基，它的编码序列高度保守，因此被广泛用于被子植物科内、亚纲内甚至整个种子植物各主要类群之间的系统发育关系。*mat*K 基因位于植物叶绿赖氨酸 tRNA 基因高度保守的 2 个外显子之间的内含子中，是叶绿体基因组中进化较快的基因，其序列也被广泛用于植物的系统进化和发育树的构建。

在研究放线菌宿主木麻黄科植物的共生进化关系时，最早使用了叶绿体 DNA 的 *rbc*L 基因分析了异木麻黄属、木麻黄属和裸孔木麻黄属的系统发育关系，但当时只使用了 3 个属，每个属仅用了 1 个种，没有把隐孔木麻黄属包括进去（Maggia & Bousquet，1994）。Sogo 等（2001）使用 *rbc*L 和 *mat*K 基因开展了木麻黄科 4 个属共 15 个种（木麻黄属 5 个种、异木麻黄属 4 个种、隐孔木麻黄属 1 个种、裸孔木麻黄属 5 个种）的进化关系研究，并以近缘植物核果桦属（*Tricodendron*）、桦木属、榛属（*Corylus*）、杨梅属和胡桃属（*Juglans*）作为外类群（outgroup）一起构建了系统发育树。两种方法构建出的木麻黄属和种间的系统发育树虽然有一些差别，但都能很好地把相同属的种归类到一起，且清晰地表明了木麻黄科不同属间以及和其近缘植物的进化关系（图 2-9）。

Steane 等（2003）利用 *mat*K 基因序列对木麻黄科植物 4 个属的 70 个种或亚种（还有 36 个种或亚种因没获得样品而没被纳入）进行了系统进化发育树的构建，并和被认为进化关系上比较接近的桦木科、壳斗科、杨梅科等植物在系统发育和进化关系上进行了对比。由木麻黄科植物系统发育树的进化关系可以看出，裸孔木麻黄属是最古老的属，隐孔木麻黄属和木麻黄属处于中等进化地位，而异木麻黄属是最进化的属（图 2-10）。和木麻黄在进化关系上最接近的植物是桦木科桦木属和杨梅科杨梅属植物，这个结果与索因（Thorne）及 APG II 分类系统上的结果相一致。

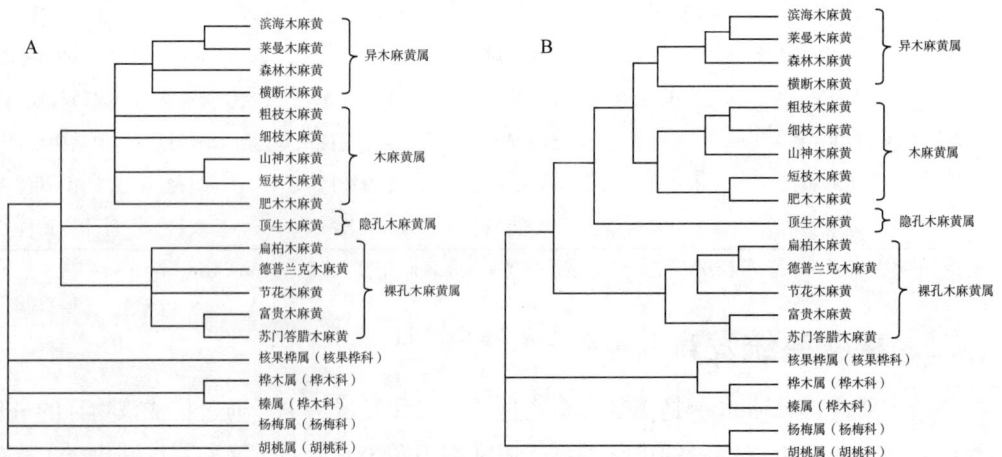

图 2-9　基于 *rbc*L（A）和 *mat*K（B）基因序列的木麻黄科植物系统发育树（Sogo et al.，2001）

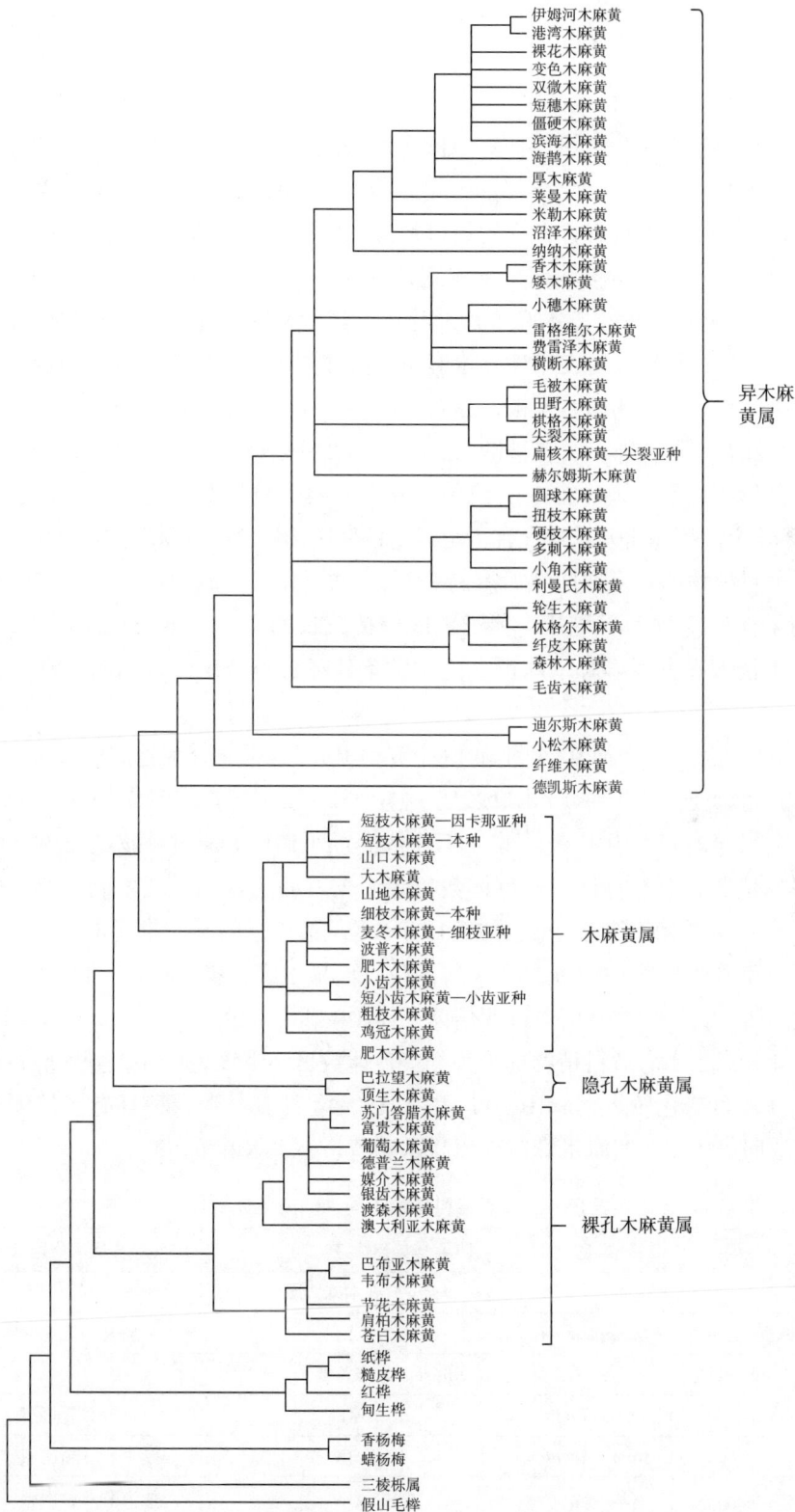

图 2-10 基于 *matK* 基因测序的木麻黄科植物系统发育树（Steane et al.，2003）

三、植物分类特征

木麻黄科植物为乔木或灌木，雌雄异株为主，兼有少量雌雄同株。叶已退化为小齿状，以针状小枝为光合作用器官。小枝条细长，具有 1 至多个长的分节和几个短的基部不分节，形似木贼（*Equisetum hyemale*），因而早期引种到国内的短枝木麻黄被称为木贼木麻黄。小枝条上具有脊，脊的数目和齿叶数目相同，这些脊被内着生气孔的棱沟分开（裸孔木麻黄属的棱沟浅而呈裸露式，其他 3 个属深而呈封闭式）。小枝条每个节轮生着 4~20 个退化小齿叶。木麻黄科的花序上齿状苞叶交互轮生，每片苞叶内有 2 枚侧生的鳞状苞片，宿存，但在雄性异木麻黄属上会偶尔脱落。雄性花是短或长的柔荑花序，具有 1~2 个呈盔形的鳞状花被，在花期脱落；雄蕊 1 枚；花粉囊 2 室，着生在雄花的基部。雌性花球形或卵形，花被缺失，心皮为 2 并已融合；胚珠 2 枚，个别 4 枚；胚乳为 2 分岔形，微红。果序为木质蒴果，原来的两个苞片发育成裂片。种子带翅（翅果），子叶较大，胚乳缺失，常含有 1 个以上的胚（附图 2-10~ 附图 2-17）。

木麻黄科植物的蒴果在成熟后容易张开，通常种子寿命较短。但异木麻黄属例外，它们的蒴果能保持数年不裂开，种子也能保持较长的寿命。生长在海岸边的条件下，一些种如粗枝木麻黄和滨海木麻黄会比正常条件下长得矮小、节间粗大和具有更多的齿叶。

木麻黄科植物由 4 个属 93 个种和 13 个亚种组成，4 个属分别是裸孔木麻黄属（18 个种）、隐孔木麻黄属（2 个种）、木麻黄属（17 个种）和异木麻黄属（69 个种）（附录 1）。最初这 4 个属都被归类为木麻黄属，直到 Johnson（1988）通过植物的解剖学特征、花序和果序的位置和形态特征、染色体数目等多个方面的特征，把木麻黄科划分为 4 个属。一般认为裸孔木麻黄属（染色体数目 n=8）是最古老的属，隐孔木麻黄属（染色体数目未知）和木麻黄属（n=9）处于中等地位，而异木麻黄属（n=10、11、12、13、14）是最进化的属，具有少数三倍体或四倍体个体（Barlow，1959）。

表 2-4 列出了木麻黄科植物部分种的染色体数目。由该表可知，异木麻黄属中不同种的染色体数目变化较大，n=10、11、12、13、14 都有，少数种具有三倍体（如纳纳木麻黄）或四倍体（如滨海木麻黄、沼泽木麻黄、小木木麻黄）。

表 2-4　木麻黄科植物不同种的染色体数目

树种名	学名	染色体数（2n）	样品采集地点
Gymnostoma 裸孔木麻黄属			
巴布亚木麻黄	*G. papuanum*	16	新几内亚戈罗卡
Casuarina 木麻黄属			
山神木麻黄	*C. collina*	18	新喀里多尼亚
细枝木麻黄	*C. cunninghamiana*	18	澳大利亚新南威尔士
鸡冠木麻黄	*C. cristata*	18	澳大利亚新南威尔士
短枝木麻黄	*C. equisetifolia*	18	菲律宾

（续表）

树种名	学名	染色体数（2n）	样品采集地点
短枝因卡那亚种	*C. equisetifolia* ssp. *incana*	18	新喀里多尼亚努美阿
粗枝木麻黄	*C. glauca*	18	澳大利亚新南威尔士
Allocasuarina 异木麻黄属			
尖裂木麻黄	*A. acutivalvis*	24	澳大利亚西澳
田野木麻黄	*A. campestris*	24	澳大利亚西澳
小角木麻黄	*A. corniulata*	39	澳大利亚西澳
德凯斯木麻黄	*A. decaisneana*	28	澳大利亚北领地
横断木麻黄	*A. decussata*	20	澳大利亚西澳
迪尔斯木麻黄	*A. dielsiana*	28	澳大利亚西澳
费雷泽木麻黄	*A. fraseriana*	26	澳大利亚西澳
赫尔姆木麻黄	*A.hellmsii*	24	澳大利亚南澳
休格尔木麻黄	*A.huegeliana*	26	澳大利亚西澳
纤皮木麻黄	*A. inophloia*	24	澳大利亚新南威尔士
利曼氏木麻黄	*A. luehmannii*	56	澳大利亚新南威尔士
小穗木麻黄	*A.microstachya*	20	澳大利亚西澳
小松木麻黄	*A. pinaster*	28	澳大利亚西澳
多纹木麻黄	*A. striata*	26	澳大利亚新南威尔士
香木木麻黄	*A. thuyoides*	44	澳大利亚西澳
森林木麻黄	*A. torulosa*	24	澳大利亚新南威尔士
毛齿木麻黄	*A. trichodon*	20	澳大利亚西澳
双针木麻黄	*A. distyla*	22	澳大利亚新南威尔士
莱曼木麻黄	*A. lehmanniana*	22	澳大利亚西澳
滨海木麻黄	*A. littoralis*	22	澳大利亚新南威尔士
		44	澳大利亚新南威尔士
米勒木麻黄	*A.muelleriana*	22	澳大利亚南澳
纳纳木麻黄	*A. nana*	22	澳大利亚新南威尔士
		33	澳大利亚新南威尔士
		44	澳大利亚新南威尔士
沼泽木麻黄	*A. paludosa*	22	澳大利亚维克多利亚
		44	澳大利亚新南威尔士
小木木麻黄	*A. pusilla*	22	澳大利亚南澳
		44	澳大利亚维克多利亚
僵硬木麻黄	*A. rigida*	22	澳大利亚新南威尔士
多纹木麻黄	*A. striata*	22	澳大利亚南澳

（一）四个属的分类特征

1.裸孔木麻黄属

乔木或高大灌木，雌雄异株或雌雄同株。嫩的多年生枝条和每年落叶枝条相似；所有的关节呈四边形。枝上棱沟浅而张开，气孔裸露。齿叶4枚，轮生。小枝上的雄性花序与小枝相似，小苞片宿存。雌性花生长在短或长的小枝上，和小枝相似。木麻黄的蒴果大部分生长在非木质化小枝上，苞叶向侧面扩展宽度大于高度。小苞片突起，在蒴果背上呈圆形但不裂开。带翅种子表面具细槽、无毛，黄褐或灰色，无光泽。染色体数n=8，无多倍体报道（Pinyopusarerk，2020）。

2.隐孔木麻黄属

目前，报道有2个种以前曾被划在裸孔木麻黄属内。目前已确定该属有2种乔木，分布于马来西亚和菲律宾。该属分类特征是小枝条上每轮有4个退化齿状叶，蒴果无柄。而木麻黄属和多数异木麻黄属植物的蒴果有柄。自然界中异木麻黄属植物叶齿为4~14个，木麻黄属植物为每轮5~20个。无天然多倍体报道（Pinyopusarerk，2020）。

3.木麻黄属

乔木，雌雄异株，短枝木麻黄具有部分雌雄同株；嫩的多年生小枝和每年落叶小枝不同，多年生小枝有更短的节，它们齿叶的形状大小也不同。关节圆柱形，平滑；枝上的沟槽深而呈关闭状，气孔隐藏。齿叶5~20枚，轮生。雄性花序为简单柔荑花穗；小苞片宿存。雌性花生长在短侧枝（花梗）上，和树枝明显不同。蒴果长在非木质化小枝上，未成熟时有柄、有毛；裸露部分的苞片薄，不垂直张开；小苞片从蒴果表面凸起，不会明显变厚，但是没有背部的凸起。带翅种子无毛，淡黄褐色或灰色，无光泽。染色体数n=9，无天然多倍体报道（Pinyopusarerk，2020）。

4.异木麻黄属

灌木或乔木，雌雄异株或雌雄同株。嫩的多年生小枝通常能和每年落叶小枝区别开。小枝节间有深的棱沟，气孔隐藏在内。叶轮生，4~14枚。雄性花由简单短花序到长的柔荑状花序，开花的小枝通常能明显区别于普通小枝。雌花序着生在短的侧枝或无花柄，果序（蒴果）有柄或无柄；暴露部分的苞片薄；小苞片相对厚而且常常分开，因此背部形成1个或多个不同的凸起。带翅种子褐色至黑色，有光泽、无毛或多毛。n=10、11、12、13或14，有天然多倍体报道（Pinyopusarerk，2020）。

（二）四个属主要特征分类检索表

1.小枝的棱沟浅而呈开放式，气孔裸露，齿叶4枚，轮生。蒴果苞叶阔而木质化，下方着生一双小苞片——裸孔木麻黄属

1：小枝的棱沟深而窄，气孔隐藏，齿叶4枚，轮生。露在外面的蒴果苞叶大部分显得薄而不明显；果着生在长枝条上，无果柄——隐孔木麻黄属

2.成熟的翅果灰色或黄褐色，无光泽：蒴果小苞片木质、薄而突起，超过果体本身，没有背部的突起。齿叶5~20枚，轮生——木麻黄属

　　2：成熟翅果红褐色或黑色，有光泽；蒴果小苞片木质、厚而突起，多数稍微超过果体本身，大部分具有一个张开的角度，具有分开的或多刺的背部凸起；齿叶 4~14 枚，轮生——异木麻黄属

第六节　共生菌

　　木麻黄科植物是一种较特殊的共生型植物，它可以与放线菌中的弗兰克氏菌共生形成固氮根瘤，也可以与外生菌根真菌（ectomycorrhizal fungus）和内生菌根真菌（endomycorrhizal fungus）形成共生联合体（symbiotic association）（附图 2-18~ 附图 2-20）。木麻黄形成弗兰克氏菌固氮根瘤是非豆科植物固氮的一个典型例子。它能在非常瘠薄干旱的土壤或沿海沙地上正常生长，很可能是由于固氮菌和菌根能分别帮助宿主木麻黄的根系固定空气中的氮素和吸收土壤中的磷钾等元素，在很大程度上解决了木麻黄对氮、磷、钾等养分的需求，从而使木麻黄能在养分贫乏的土壤或滨海沙丘地上能正常生长。

一、弗兰克氏菌

　　弗兰克氏菌是放线菌目（Actinomycetes）弗兰克氏菌科（Frankiaceae）弗兰克氏菌属（*Frankia*）的放线菌，能与非豆科植物共生形成根瘤并能固定大气中的氮（附图 2-18）。截至 2019 年，弗兰克氏菌属的放线菌已经有超过 10 余种，如 *Frankia alni*、*F. asymbiotica*、*F. californiensis*、*F. canadensis*、*F. casuarinae*、*F. coriariae*、*F. discariae*、*F. elaeagni*、*F. inefficax*、*F. irregularis*、*F. saprophyticai*、*F. torreyi* 等（Gtari et al., 2019）。至今已发现 8 个科 24 个属约 223 个种非豆科植物能与弗兰克氏菌共生，包括了木麻黄属、桤木属、胡颓子属、沙棘属、杨梅属、香蕨木属（*Comptonia*）、腊质果属（*Colletia*）、美洲茶属（*Ceanothus*）等（Maggia et al., 1992；陈启锋等，1998）。

　　最早在 1897 年就报道了木麻黄根系上生长有根瘤的现象（Janse，1897），然后Miehe（1918）和 McLuckie（1923）推测木麻黄上的根瘤可以固定空气中的氮素。在1883 年，印度尼西亚的喀拉喀托火山岛（Krakatau Island）火山喷发，把岛上的植物全部杀死。但在 36 年后即 1919 年，考察队在岛上发现短枝木麻黄成为岛上的自然恢复林分的主要乔木树种，最大的树高达 35m，胸围达 1.65m。Silvester（1977）认为短枝木麻黄是能在不利环境条件下进行植被恢复的独特树种，这是由它能和弗兰克氏菌属的放线菌形成共生关系，能固定空气中氮素的特性决定的。

　　1932 年，研究者对短枝木麻黄种子表面消毒后播种到沙盆中，施入不含氮素的营养液，然后接种根瘤研磨后的悬浮液，以不接种根瘤的处理为对照；苗木生长 15 个月

后，发现接种苗的根系长出大量根瘤，而没接种的则无根瘤；接种的苗木高生长是对照的 3 倍，干重是对照的 50 倍（Aldrich-Blake，1932）。1957 年，Bond 通过水培试验计算了每株细枝木麻黄苗在 6 个月内平均能固定约 50mg 大气中的氮素；而类似研究表明森林木麻黄单株苗木能在 12 个月内固定 430mg 氮元素（Rodriguex-Barrueco，1972）。1982 年和 1983 年，科学家们从木麻黄科植物的根瘤上分离出了弗兰克氏菌（Diem et al.，1982a，b；1983；Diem & Dommergues，1983），紧接着科学家从山地木麻黄上分离了弗兰克氏菌的根瘤并纯培养出了菌株。随后，越来越多的弗兰克氏菌纯培养菌株被从木麻黄科植物中分离出来，并回接到木麻黄植物上去研究它的侵染能力和固氮能力，开始了木麻黄植物共生固氮的广泛研究（Diem & Dommergues，1983；Shipton & Burggraat，1983；Torrey，1983；Lopez & Torrey，1984；Zhang et al.，1984）。从事木麻黄弗兰克氏菌研究较多的国家有法国、澳大利亚、美国、中国、印度、日本、埃及、突尼斯等。目前，科学家从木麻黄植物上分离出弗兰克氏菌菌株已超过几百个，筛选出了许多优良菌株，并建立了一套完整的分离、培养、接种验证体系，在弗兰克氏菌的功能、有效性、作用机理、保存方法等方面已获得了大量研究成果。

（一）弗兰克氏菌的形成

木麻黄根系与弗兰克氏菌共生形成的过程表明，当弗兰克氏菌的分生菌丝接触到根皮细胞时，根皮细胞的细胞壁被分解，皮层细胞在菌丝入侵的刺激下在新形成的皮层组织上长出了很多侧根原基，最后形成根瘤，意味着弗兰克氏菌已和木麻黄形成了共生关系。形成的根瘤一般为球形，直径为 0.5~30cm，多数生于根基部，也有少数分布在土壤下 10m 深处。研究发现，只有每个根瘤幼嫩的尖端部分才表现出明显的固氮作用，其他老化的根瘤不具有固氮能力，但木质根瘤存活时间较长，且最终仍要腐烂并向土壤中释放弗兰克氏菌的孢子和微粒，进一步侵染其他木麻黄的根系并形成新根瘤。宿主木麻黄的根毛与弗兰克氏菌形成共生联合体后，通过固定空气中的氮素为宿主提供了氮素营养，促进了宿主木麻黄的生长，而木麻黄通过根系向弗兰克氏菌提供了其生长繁殖所需的能量和碳水化合物等，是一种互利共赢的共生关系。

弗兰克氏菌形成根瘤的最佳土壤 pH 值为 6~8，少数情况下可在 pH=4 时形成根瘤。研究发现水分条件和土壤通气状况对根瘤形成影响很大。有些木麻黄也可在地下水位很高或周期性水淹的地方形成根瘤，如粗枝木麻黄和细枝木麻黄。弗兰克氏根瘤固氮过程中需要氧气，固定氮素也需要微量元素，如钼、钴和铜等。不过即使贫瘠的土壤上，通常也能提供这些必要的微量元素。值得注意的是，土壤中氮素含量过高会抑制弗兰克氏菌的固氮活性。木麻黄固氮的实际速率主要依赖于环境因子，木麻黄植物基因型以及共生的弗兰克氏菌菌株特性。

目前还不清楚一个单一的弗兰克氏菌菌株是否可侵染所有的木麻黄种，或一个木麻黄种是否能被多个弗兰克氏菌菌株侵染。但许多新试验表明不同的木麻黄种需要不同的弗兰克氏菌菌株来侵染并产生发育出良好的根瘤，即说明弗兰克氏菌菌株同木麻黄基因型共生有相对选择性。

共生固氮作用对木麻黄植物提高抗逆性有重要的生态学意义。Tani 和 Sasakawa（2003）的研究表明，短枝木麻黄接种弗兰克氏菌菌株后，宿主植物的抗盐胁迫的能力显著提高，虽然培养基质中 NaCl 浓度已达 500mmol，宿主植物组织中的钠离子浓度仍能保持在低于 30mmol 水平。优良的弗兰克氏菌菌株与木麻黄植物基因型最佳组合筛选对提高木麻黄生产力有着重要意义，在木麻黄人工林建立方面有广泛的应用前景。

（二）弗兰克氏菌的遗传多样性和共生专一性

研究表明，从木麻黄科植物中分离出的弗兰克氏菌菌株的遗传关系都很近，表现出很低的遗传多样性。研究人员利用放线菌特定的 23S rRNA 位点片段对来自不同宿主的大量弗兰克氏菌菌株进行序列比较分析，发现木麻黄科植物中分离出的菌株没有或只有很小的序列差异，但和其他宿主如桤木属、杨梅属的菌株有很大的差异（Hönerlage et al., 1994）。利用 16S–23S rDNA IGS 和 nifD–K IGS 扩增子对木麻黄属（短枝木麻黄和细枝木麻黄）和异木麻黄属黄（森林木麻黄和滨海木麻黄）中分离的 60 个弗兰克氏菌菌株进行遗传多样性分析，发现它们可以被分成 5 个不同的遗传群体，但各群体间的遗传分化仍然很小（Rouvier et al., 1996），表明能和木麻黄科共生的弗兰克氏菌菌株群体的遗传分化较小，但和其他植物共生的弗兰克氏菌有较大的遗传差异。这也说明木麻黄的弗兰克氏菌有较高的专一性，一般只有从木麻黄植物中收集分离的弗兰克氏菌才能成功回接到木麻黄植物中，其他植物收集或分离到的弗兰克氏菌菌株通常难以和木麻黄植物建立共生关系。

由表 2-5 可知，很多从某种木麻黄分离出来经纯培养后，用该菌株纯培养悬浮液再给同种的木麻黄进行回接，它的结瘤成功率并不高。只有少数几个菌株能和多数的木麻黄植物形成根瘤，如细枝木麻黄根瘤中分离的菌株 CcI3 和莱曼木麻黄（*A. lehmannia*）根瘤中分离的菌株 AllI1 和参试的木麻黄种都能接种后成功形成根瘤，建立共生关系。因此想要在生产上给木麻黄苗木大规模接种弗兰克氏菌，需要针对该种木麻黄苗木筛选出结瘤成功率高的菌株，然后在纯培养后对苗木接种，避免盲目接种造成接种失败。

表 2-5 从木麻黄分离出的弗兰克氏菌株名录和回接到木麻黄后的效果

菌株分离宿主植物		分离到的纯培养弗兰克氏菌株回接木麻黄的效果				
菌株号	登记号	短枝木麻黄	细枝木麻黄	粗枝木麻黄	巴布亚木麻黄	文献来源
短枝木麻黄						
CeI2	DDB020210	—				Baker, 1987
	DDB020510	—				Baker, 1987
CeI5	UFG		—	+/-	+	
D1	ORS020601					Diem et al., 1982a, b
D11	ORS020602	—				Gauthier et al., 1981

（续表）

菌株分离宿主植物		分离到的纯培养弗兰克氏菌菌株回接木麻黄的效果				
菌株号	登记号	短枝木麻黄	细枝木麻黄	粗枝木麻黄	巴布亚木麻黄	文献来源
G2	ORS020604	—				Gauthier et al.，1983
Ce D	ORS010606	+				
Ce F	ORS020607	+	+	+		
JCT287		+	+	+		Rosbrook & Bowen，1987
CeC14		+/−				Huang et al.，1985
粗枝木麻黄						
CAQP1				+		Chaudhary & Mirza，1987
CAQP2				+		Chaudhary & Mirza，1987
CAQP3				—		Chaudhary & Mirza，1987
CAQP4				—		Chaudhary & Mirza，1987
CAQP5				—		Chaudhary & Mirza，1987
CgI1	UFG			+/−	+	
细枝木麻黄						
CcI2	HFP020202	—	—	—	+	Zhang et al.，1984
CcI3	HFP020203	+	+	+	+/−	Zhang et al.，1984
R43	LLR02022	—	—			Lechevalier et al.，1987
山地木麻黄						
Cjl−82	ORS021001	+	+	+		
JCT295			+	+		
莱曼木麻黄						Zhang & Torrey，1985
AllI1	HFP022801	+	+	+	+/−	
巴布亚木麻黄						
GPI1	HFP021801	—	—	—	+	Racette & Torey，1989

注：+ 表示成功结瘤，+/ —表示不足 50% 的结瘤率，—表示未能结瘤，空白表示未测试。

（三）弗兰克氏菌在木麻黄上的接种应用

很多木麻黄的种已经被人工接种不同的弗兰克氏菌菌株后，再移栽到苗圃或野外继续生长，以便于观测它们接种后苗木的结留数量、固氮能力和生长表现。根据已有的文献，中国已经对 9 种木麻黄开展了种源、家系和无性系的接种试验（表 2-6）。谢一青（2009）利用短枝木麻黄、细枝木麻黄和山地木麻黄分别接种了 8 个弗兰克氏菌的菌株，观测了苗木接种后的固氮酶活性、菌丝直径、结瘤率等参数（表 2-7）。

表 2-6　人工接种弗兰克氏菌的木麻黄种

使用的木麻黄	试验地点	参试材料*	弗兰克氏菌株数量	引用文献
短枝木麻黄	苗圃	种源、无性系	1	仲崇禄等，1993，1995；仲崇禄，2000
短枝木麻黄	苗圃	树种	25	康丽华等，1997a
细枝木麻黄	苗圃、田间	树种	1	仲崇禄等，1995
细枝木麻黄	苗圃	树种	25	康丽华等，1997a，b
细枝木麻黄	苗圃、田间	树种	5	杨振寅等，2007；Zhong et al.，2010
粗枝木麻黄	苗圃	树种	25	康丽华等，1997a，b
粗枝木麻黄	苗圃	树种	7	康丽华等，1997
山地木麻黄	苗圃	树种	25	康丽华等，1997a，b
山地木麻黄	苗圃	家系	1	仲崇禄等，1993；仲崇禄，2000
山神木麻黄、鸡冠木麻黄、肥木木麻黄	苗圃	树种	—	李志真，2002
鸡冠木麻黄	人工气候箱	树种	4	秦敏等，1990
大木麻黄	苗圃	树种	—	仅观察到根瘤（仲崇禄未发表资料）
滨海木麻黄	人工气候箱	树种	4	秦敏等，1990
滨海木麻黄	苗圃	树种	25	康丽华等，1997a，b

注：* 表示种源为不同产地的种子或称种批；家系为单株树木的种子；无性系为经水培繁殖的无性系；树种为混合种源或家系的种子。

表 2-7　三种木麻黄接种 8 个弗兰克氏菌株后的观测性状参数

菌株编号	固氮酶活性 $[C_2H_2/(\mu mol \cdot mg \cdot h)]$	菌丝直径（μm）	植株结瘤率		
			细枝木麻黄	短枝木麻黄	粗枝木麻黄
FCc02	0.443	0.35~0.8	8/8	5/5	6/6
FCc64	1.923	0.55~1.0	6/6	6/6	11/11
FCc91	0.132	0.55~1.0	9/9	12/12	8/8
FCe19	0.519	0.55~1.0	6/9	5/8	6/8
FCe33	0.115	0.55~1.0	8/8	7/7	8/11
FCe42	1.241	0.55~1.0	11/11	6/10	6/10
FCg07	0.314	0.35~0.8	11/11	7/7	7/7
FCg08	0.252	0.35~0.8	3/8	7/7	6/12

二、木麻黄菌根

木麻黄是一个特殊类型的共生植物，它除了具有非豆科植物的固氮根瘤外，也兼有外生菌根和内生菌根。木麻黄菌根研究起步较晚，在 20 世纪 60 年代以前尚无人研究。直到 1964 年，Hsieh 等（1964）首次在短枝木麻黄的根系上发现有珊瑚菌（*Clavaria grandis*）共生，根系的解剖检查结果证明，根系确有外生菌根特有的菌套（mantle）及哈蒂氏网（Hartig net），而从证实木麻黄外生菌根的存在。Rose（1980）在研究短枝木麻黄和细枝木麻黄时发现，这两种木麻黄均有内生菌根存在，并记录了 2 个菌种，分别为 *Gigaspora gigantea* 和 *G. nigra*。研究表明，短枝木麻黄大树的根系上很少见到菌根的侵染，而 5 年生木麻黄根系中则发现有很多孢囊存在，在深层根系中有很多内生菌丝（Diem & Gauthier, 1981a, b）。在台湾，短枝木麻黄人工林内发现木麻黄根系有内生菌根菌感染，且感染率都在 85% 以上（Chung & Liu, 1986; Chung, 1989）。在印度，短枝木麻黄的根系上发现有内生菌根菌，经鉴定为 *Glomus fasiculatum* 和 *Scuttellospora calospora* 两种内生菌根菌（Sidhu, 1990）。

内生菌根除了改善宿主植物的营养状况外，Koske 和 Halvorson（1981）认为内生菌的菌丝网络能和沙粒互相结合形成聚集体，从而可以固定松散的沙粒。它的这个特性会常被人们忽略，但内生菌根菌丝对沙粒的聚集能力使得木麻黄在沿海沙丘固定中起到重要作用，从而共同增强了木麻黄作为防风固沙林在保护后沿农作物的效果。

木麻黄在同一株树上常被发现同时兼有内生菌根菌和弗兰克氏菌共生的双重共生现象（Gauthire et al., 1983; Chung & Liu, 1986; Khasa et al., 1990）。人们对这种双重共生现象的研究还较少，宿主植物和两种共生菌间的相互关系和作用机理的了解还不清楚，但研究表明双重接种却能大幅度提高宿主木麻黄的生产力。Raman 等（1991）应用外生菌根菌和弗兰克氏菌对短枝木麻黄实施双重人工接种，发现单接种外生菌根菌的处理，苗木生长量比不接种对照增加 206%；而单接种弗兰克氏菌的处理，苗木生长量比对照增加 337%；而实施双接种的苗木，其生长量竟比对照增加达 443%。

国内对木麻黄菌根的研究较少。弓明钦等（1997）1992—1993 年从广东西部木麻黄林中发现了 4 种外生菌根菌；仲崇禄等（1997）在开展华南地区木麻黄人工林下的生境调查时，收集了木麻黄内生菌根的大量标本，经北京市农科院张美庆先生鉴定有内生菌根菌 15 个种，隶属于 5 个属（Zhong et al., 2010）（附图 2-19、附图 2-20）。

表 2-8 是根据国内外的木麻黄菌根资源调查资料或接种试验资料整理而来。其中，外生菌根菌仅 14 种，隶属于 12 个属；内生菌根菌有 6 属共 31 种。球霉属（*Glomus*）仍是木麻黄菌根资源中的一个大属，共 18 种（Theodorou & Reddell, 1991; Vasanthakrishna et al., 1995; 弓明钦等, 1997; Duponnois et al., 2003; He & Critchley, 2008）。

表 2-8　木麻黄树种的内、外生菌根菌资源

序号	菌种	宿主树种	分布（国家或地区）
		外生菌根菌	
1	*Aminata* sp.	细枝木麻黄	—
2	*Clavaria grandis*	短枝木麻黄	—
3	*Cortinarius bolaris*（Pers.）Fr.	短枝木麻黄	中国广东
4	*Elaphomyces* sp.	短枝和细枝木麻黄	—

（续表）

序号	菌种	宿主树种	分布（国家或地区）
5	*Hysterangium* sp.	短枝木麻黄；细枝木麻黄	—
6	*Inocybemaritima*（Fr.）Heim	短枝木麻黄	中国广东
7	*Laccaria laccata*（Scop ex Fr.）Bk. & Br.	短枝和细枝木麻黄	—
8	*Paxillus albus* IR100 Bougher & Smith	轮生木麻黄	—
9	*P. involutus*（Batch ex Fr.）Fr.	木麻黄属	—
10	*Pisolithis tinctorius*（Pers.）Coker & Couch	短枝和细枝木麻黄	中国广东、台湾，印度
11	*Rhizopogon luteolus* Fr. & Nord	短枝和细枝木麻黄	—
12	*Scleroderma* sp.	短枝和细枝木麻黄	中国广东
13	*Suillus granulatus*（L. ex Fr.）Kuntze	短枝和细枝木麻黄	—
14	*S. piperatus*（Bull ex Fr.）O. Kuntze	短枝和细枝木麻黄	—
内生菌根菌			
1	*Acaulospora bireticulate* Rothwell & Trappe	木麻黄属	—
2	*A. laevis* Gerd. & Trappe	木麻黄属	中国台湾，印度
3	*A.mellea* Spain & Schenck	短枝木麻黄	中国福建
4	*A.morrowal* Spain & Trappe	细枝木麻黄	中国广东
5	*Gigaspora albida* Schenck & Trappe.	短枝木麻黄；木麻黄属	中国台湾，国外
6	*G. gigantea*（Nicol. & Gerd.）Gerd. & Trappe.	细枝及短枝木麻黄	塞内加尔，中国广东
7	*G.margarita*（Gerd. & Trappe）	木麻黄属	—
8	*G. nigra*	细枝和短枝木麻黄	—
9	*Glomus aggregatum* Schenck & Smith	木麻黄属	—
10	*G. albidum* Walder & Rhodes	木麻黄属	—
11	*G. claroideum* Schenck & Smith	短枝木麻黄；木麻黄属	中国福建；国外
12	*G. clarum* Nicolson & Schenck	木麻黄属	国外
13	*G. deserticda* Trappe et al.	木麻黄属	—
14	*G. dimerphicum* Boyetchko & Tewari	短枝木麻黄	中国广西
15	*G. fascidllatum*（Thaxter）Gerd. & Trappe	短枝木麻黄	印度
16	*G. formosanum* Wu & Chen	短枝木麻黄	中国福建
17	*G. geosporum*（Nicol. & Gerd.）Walkor	短枝木麻黄	中国福建
18	*G. geosporum*（Nicolson & Gerd.）Walker	木麻黄属	国外
19	*G. globiferum* Koske & Walker	短枝木麻黄	中国广西
20	*G. intraradices* Schenck & Smith	粗枝木麻黄	—
21	*G.macrocurpum* Tul. & Tul.	短枝木麻黄	中国福建
22	*G.microcarpum* Tul. & Tul.	木麻黄属	—
23	*G.mosseae*（Nicol. & Gerd.）Gerd. & Trappe	木麻黄属	中国台湾

序号	菌种	宿主树种	分布（国家或地区）
24	*G. occultum* Walker	短枝木麻黄	中国福建
25	*G. rubiforme*（Gerd. & Trappe）Almeida & Schenck	木麻黄属	国外
26	*G. versiforme*（Karsteu）Berch	短枝木麻黄	中国海南
27	*Scaulospora calospora*（Nicol. & Gerd.）Walker & Sanders	木麻黄属	印度，中国海南
28	*S. fulgida* Koske & Walker	木麻黄属	—
29	*Sclerocystis rubiformis* Gerd. & Trappe	木麻黄属	—
30	*Scutellospora calspora*（Nicol. & Gerd.）Walker & Sanders	短枝木麻黄	中国台湾、福建
31	*Scutellospora* sp. Gerd. & Trappe	木麻黄属	国外

注：资料引自 Theodorou & Reddell，1991；Vasanthakrishna et al.，1995；弓明钦等，1997；Duponnois et al.，2003；He & Critchley，2008。

第三章 种质资源引进与遗传多样性

第一节 种质资源引进与评价

世界各国引种木麻黄的历史悠久，印度于 1868 年开始引种，非洲和美洲地区大约从 19 世纪初开始引种，现已在世界各地的热带和亚热带地区广泛种植。

我国引种木麻黄也有 120 多年历史。有文献记录的最早于 1897 年，木麻黄被引种到台湾地区种植（杨政川等，1995）。1919 年，福建省泉州市华侨从印度尼西亚泗水引进了木麻黄，1929 年厦门市开始有木麻黄的种植。在 20 世纪 20 年代左右，木麻黄就被从东南亚国家引进到广州市栽植，30 年代后，广东省湛江市开始从越南引进了木麻黄，且种植数量较大；40 年代前后，海南岛就有了木麻黄种植，而且种类较多，在三亚和东方县还发现了木麻黄的天然杂交种，但具体引进时间不清楚。在 20 世纪 50 年代以前，木麻黄虽有种植，但都是作为行道树或庭园绿化等。新中国成立后，为了治理华南沿海地区的风沙灾害，当地政府开始组织大面积营造木麻黄沿海防护林（以短枝木麻黄为主），并在广东的电白、雷州半岛、吴川，福建的东山岛、平潭岛，海南的文昌、昌江等地获得了巨大的成功，成功根治了这些地区恶劣的风沙灾害。20 世纪 50 年代福建省东山县的县委书记谷文昌利用木麻黄成功治理了东山岛一年中有 150 天的风沙肆虐，当地人民在东山县赤山林场捐资修建了谷文昌纪念馆，以缅怀他对东山岛人民作出的巨大贡献。此后，广东、海南、福建、广西、浙江等地沿海地区先后建立了沿海木麻黄防护林，面积最大时达到了 100 万 hm²。但由于采矿、海水养殖、旅游开发等的破坏，木麻黄沿海防护林的面积大大减少，现存的面积不足 30 万 hm²，但在华南和东南沿海地区 6000 多千米的海岸线上形成了一座"绿色长城"，是我国六大林业生态工程之一，庇护着我国华南、东南沿海人民的生命和财产安全。

我国在 20 世纪 80 年代才开始系统地开展木麻黄种质资源引种工作。借助国际合作项目，如中澳合作的"澳大利亚阔叶树种引种与栽培"ACIAR8457、ACIAR8848、中澳 CSIRO-IPTC 项目，中国与法国发展研究院（IRD，前身为 OSTOM）合作执行的国际粮农组织（FAO）的 GCP/CRP/005/FRA 项目等，从澳大利亚林木种子中心引进了 21 个国家的 2 个属（木麻黄属和异木麻黄属）的 20 多个种、260 多个种源和 600 多个家系的种子，其中以木麻黄属中的短枝木麻黄、细枝木麻黄、粗枝木麻黄和山地木麻黄为主。短枝木麻黄共引进了 107 个种源、519 个家系，细枝木麻黄共引进了 35 个种源，粗枝木麻黄共引进了 28 个种源，山地木麻黄共引进了 38 个种源（表 3-1）（Zhong et al., 2020）。这些引种的种质资源中，只有短枝木麻黄、粗枝木麻黄和少量细枝木麻黄种源被广泛用于我国沿海防护林的建设，其他大多数的种只是用于建立种源家系试验林和种质资源收集圃，或用于部分困难立地植被修复试验，并没有在人工林建立中大规模应用（附图 3-1、附图 3-2）。

表 3-1　我国已引种木麻黄的种、种源和家系及其引种或种植区　　　　个

序号	种	种源数	家系数 *	主要引种或种植区
木麻黄属 *Casuarina*				
1	短枝木麻黄	107	519	广东、福建、海南、浙江、云南、四川、台湾
2	粗枝木麻黄	28	—	广东、福建、海南、浙江、云南、台湾
3	细枝木麻黄	35	—	广东、福建、海南、浙江、云南、台湾
4	山地木麻黄	38	101	广东、福建、海南、广西、云南、台湾
5	肥木木麻黄	9	—	广东、福建、海南
6	山神木麻黄	2	—	广东、福建
7	鸡冠木麻黄	5	—	广东、福建、海南、云南、台湾
8	大木麻黄	1	—	广东、福建、海南
9	小齿木麻黄	3	—	广东、福建、海南、台湾
异木麻黄属 *Allocasuarina*				
1	田野木麻黄	2	—	广东、福建
2	迪尔斯木麻黄	1	—	广东、福建
3	纳纳木麻黄	1	—	广东、云南、浙江
4	费雷泽木麻黄	1	—	广东、福建
5	休格尔木麻黄	3	—	广东、福建
6	矮木麻黄	2	—	广东、福建
7	滨海木麻黄	5	—	广东、福建、海南、台湾
8	利曼氏木麻黄	2	—	广东、福建
9	双针木麻黄	1	—	广东、福建、浙江
10	沼泽木麻黄	2	—	广东、福建
11	小松木麻黄	1	—	广东、福建
12	多纹木麻黄	1	—	广东、福建、海南、台湾
13	森林木麻黄	5	—	广东、福建、海南
14	轮生木麻黄	5	—	广东、福建、海南
15	德凯斯木麻黄	1	—	广东、福建、海南
裸孔木麻黄属 *Gymnostoma*				
1	巴布亚木麻黄	1	—	广东、福建
2	德普兰克木麻黄	1	—	广东、福建
合计		263	620	

注：* 表示部分数据由澳大利亚林木种子中心提供。

一、短枝木麻黄

短枝木麻黄具有速生、抗风性强、耐高温干旱，但抗寒性较差等特点，是福建、广东、海南、广西4个省份沿海防护林的主要树种。从1985年开始，利用引进的短枝木麻黄种源，超过15个国际种源试验先后被建立于广东、海南、福建和广西。1986年，热林所在海南省琼海县建立了木麻黄树种、种源试验林（Zhong，1990）。1994年，热林所在福建省东山岛和广东省阳西县2个试验点进行了短枝木麻黄种源试验，其中以从中国广东、海南和福建收集的3个本地种源（次生种源landrace）为对照，通过测定4年生试验的树高、胸径、保存率和主干通直度等性状，筛选出17个综合性状表现优良的种源，这些种源分别来自于贝宁（CSIRO种源号18355）、斯里兰卡（18288）、越南（18086、18127、18128）、印度（18118、18013、18119、18015）、马来西亚（18244、18348）、澳大利亚（18008）、菲律宾（18154）、肯尼亚（18143、18134）、巴布亚新几内亚（18153）、泰国（14233）（仲崇禄等，2001；Pinyopusarerk et al.，2004）。在29个国家同时开展的短枝木麻黄国际种源试验结果表明，不同种源间及种源内不同家系的遗传差异非常显著，种源或家系选择能显著提高木麻黄人工林的生产力（Pinyopusarerk et al.，2000，2005）。2006年，热林所开展了华南沿海地区（福建、广东和海南）的短枝木麻黄次生种源的大规模收集工作，共收集到沿海3省20多个县（区）的短枝木麻黄优树家系种子56份。我们将该批次生种源与国外引进的42个种源86个家系建立种源家系试验进行比较，发现除了马来西亚种源在生长、干形和保存率方面优于国内的次生种源外，其他国家的种源的表现都比不上国内收集的次生种源（张勇，2013），进一步利用微卫星（SSR）分子标记技术对这些国内次生种源的天然分布区来源进行分析，发现中国次生种源和马来西亚、泰国等天然种源的遗传关系上最接近，意味着中国现有的木麻黄遗传资源很可能多数来源于东南亚国家的木麻黄天然林（Zhang et al.，2020）。

到目前为止，根据掌握的数据，已经有21个国家（包括中国）的短枝木麻黄种源被引进或收集，种源数达到了107个，家系数达到519个。中国引进的短枝木麻黄种源家系绝大多数都是通过澳大利亚林木种子中心收集并引进（表3-2）。

表3-2　短枝木麻黄来源国家（地区）与引进（收集）种源数量　　　　　个

区域	国家（地区）	种源数	家系数
大洋洲天然分布区	澳大利亚	21	49
	巴布亚新几内亚	2	7
	关岛	2	11
	汤加	1	11
	瓦努阿图	1	1
	斐济	3	12
	所罗门群岛	2	20

（续表）

区域	国家（地区）	种源数	家系数
亚洲天然 分布区	泰国	10	100
	马来西亚	7	32
	菲律宾	5	22
	印度尼西亚	3	10
亚洲引种区	中国	18	84
	越南	6	19
	印度	6	55
	孟加拉国	1	5
	斯里兰卡	2	2
非洲引种区	肯尼亚	9	42
	埃及	5	18
	贝宁	1	14
	毛里求斯	1	4
美洲引种区	古巴	1	1
总数	21	107	519

注：亚洲引种区、非洲引种区和美洲引种区引进（收集）的为次生种源。

二、粗枝木麻黄

粗枝木麻黄具有耐盐碱、抗寒性强的特性，但抗风性和生长速度较短枝木麻黄差，是浙江省沿海防护林的主要树种之一，在福建省也有广泛种植。从1984年开始，共有28个粗枝木麻黄种源通过国际合作项目从国外（主要是澳大利亚）引进（表3-3）。4年生的种源试验结果表明，种源13141、13139、13128、15218和15932的生长表现高于所有种源的平均值。通过Smith-Hazel指数选择并按20%的入选率，种源13141、13139、15935、13146和19242共5个种源的综合表现优良，可从中选择优良家系或单株，作为下一步开展种内和种间杂交育种的材料，或经无性繁殖后进行无性系测定和选择。在华南地区的种源试验中，发现粗枝木麻黄天然分布区的北部种源比南部种源生长表现更好（马妮等，2014）。

表3-3　粗枝木麻黄国际种源信息

编号	种源号	采种地点	纬度	经度	海拔（m）
G01	13128	E of Singleton，NSW	32° 32′ S	151° 17′ E	90
G02	13139	8 km N of Woolgoolga，NSW	30° 03′ S	153° 11′ E	10
G03	13141	22km S of CoffsHarb，NSW	30° 26′ S	153° 01′ E	20
G04	13142	Dawsonr E of Taree，NSW	31° 54′ S	152° 29′ E	15
G05	13143	Mangrove Creek，NSW	33° 23′ S	151° 09′ E	20

（续表）

编号	种源号	采种地点	纬度	经度	海拔（m）
G06	13144	S of Burril Inlet，NSW	35° 24′ S	150° 26′ E	20
G07	13146	Tuross Lake N Bodalla，NSW	36° 02′ S	150° 05′ E	20
G08	13987	Coffs Harbour，NSW	30° 18′ S	153° 08′ E	1
G10	15218	Caloundra，QLD	26° 48′ S	153° 09′ E	5
G12	15928	Tomago R，Nossy P T，NSW	35° 41′ S	150° 01′ E	1
G13	15929	Tuross Lake，NSW	36° 03′ S	150° 07′ E	1
G14	15930	Jervis Bay，NSW	35° 08′ S	150° 38′ E	1
G15	15932	Royal NP，NSW	34° 05′ S	151° 05′ E	1
G16	15934	Myall Lake NP，NSW	32° 25′ S	152° 19′ E	2
G17	15935	S of Portmacquarie，NSW	31° 30′ S	152° 40′ E	1
G18	15938	Yurangir NP，NSW	29° 52′ S	153° 15′ E	2
G19	15939	Tuczean，Swamp，NSW	28° 59′ S	153° 23′ E	30
G20	15941	Burrcm Heads，QLD	25° 12′ S	152° 37′ E	1
G21	16361	Wagong Inlet，NSW	36° 13′ S	150° 04′ E	1
G22	16362	Singleton，NSW	32° 34′ S	151° 10′ E	80
G23	16363	Upper Eawksbury，River，NSW	33° 45′ S	150° 47′ E	40
G24	17200	Aberdare，Collieery，QLD	27° 37′ S	152° 51′ E	63
G25	19242	Kabiruini，肯尼亚	0° 23′ S	36° 56′ E	1800

注：NSW 为澳大利亚新南威尔士州，QLD 为澳大利亚昆士兰州；部分粗枝木麻黄种源信息缺失没列入本表中；下同。

三、细枝木麻黄

　　细枝木麻黄具有干形通直、耐寒性强的优点，但其耐盐性、抗风性和生长速度较慢。从 1985 年开始，大约有 35 个细枝木麻黄种源通过国际合作项目被引进中国（表 3-4）。根据种源试验结果，种源号为 13513、13514、13515、13516、13518、13519、13520 和 15574 的种源生长表现较好，总体趋势是澳大利亚北昆士兰的种源比南昆士兰和新南威尔士的种源表现更好。

表 3-4　细枝木麻黄国际种源信息

编号	种源号	采种地点	纬度	经度	海拔（m）
C3	13129	Tenterfield，NSW	29° 01′ S	151° 32′ E	320
C4	13149	Uriarra crossing，QLD	35° 14′ S	148° 57′ E	520
C5	13508	1km of Augathella，QLD	25° 47′ S	146° 36′ E	370
C8	13516	West Normanby R，QLD	15° 46′ S	144° 59′ E	110
C10	13519	9km N Rollingstone，QLD	19° 01′ S	146° 20′ E	20
C11	14005	肯尼亚农业研究所（KARI），肯尼亚	—	—	

（续表）

编号	种源号	采种地点	纬度	经度	海拔（m）
C12	14997	Lanchlan Rive Cowra，NSW	33°53′S	148°44′E	330
C13	15002	Blaxlands Ck Grafton，NSW	29°50′S	152°53′E	140
C14	15004	14 km W Singleton，NSW	32°34′S	151°01′E	140
C15	15005	Shoalhaven R Nowra，NSW	34°52′S	150°27′E	70
C16	15574	Clairview，QLD	22°4′S	149°30′E	10
C17	15577	Marlborough，QLD	22°51′S	149°59′E	80
C18	15600	17.5 km EseArmidale，NSW	30°36′S	151°48′E	900
C19	17186	Flagstone CK RD，QLD	27°38′S	152°03′E	200
C20	20477	Annan River，QLD	15°40′S	145°12′E	137

注：部分细枝木麻黄种源信息缺失没能列入本表中。

四、山地木麻黄

山地木麻黄主要天然分布在山地壤土上，其特点是生长速度快和干形通直，但对沙地上的适应性较差，抗风性、耐寒性和耐盐性也较低。从1985年开始，共有36个山地木麻黄种源通过国际合作项目从东南亚地区引种至中国，主要种植在华南地区的非沙质黄壤土上。5个山地木麻黄国际种源试验分别于1986年、1991年和1996年分别建立于海南、广东和福建三省，试验结果表明种源号为17877、18844、18847、18852、18853、18949、18950、19238、19239、19240、19489、19490和19491的种源生长表现高于所有种源的平均值（仲崇禄和陈祖沛，1995；仲崇禄和白嘉雨，1998；仲崇禄等，2002；林什权等，2003；韩强等，2017a）。2008年在海南临高县重新建立了27个种源的山地木麻黄种源试验林（表3-5），造林后5年生时平均保存率为74.1%，平均树高为6.7m，平均胸径6.1cm，单株材积$8.8 \times 10^{-3} m^3$，经多性状综合评定，筛选出17877、19489和19490等3个优良种源（韩强等，2017b）。

表3-5 山地木麻黄国际种源信息

编号	种源号	采种地点	纬度	经度	海拔（m）
J01	17877	25km SW Soe，帝汶岛	9°54′S	124°14′E	550
J02	17878	Noelmina river，帝汶岛	9°59′S	124°06′E	170
J03	18844	Mt Tapak，巴厘岛	8°45′S	115°15′E	1500
J04	18845	Mt Pohen，巴厘岛	8°40′S	115°05′E	2000
J05	18846	Mt Pengalongan，巴厘岛	8°50′S	115°15′E	1500
J06	18848	Mt Abang，巴厘岛	8°55′S	115°25′E	1500
J07	18849	Kintamani，巴厘岛	8°13′S	115°20′E	1500
J08	18850	Mt Santong，龙目岛	8°25′S	116°28′E	1500
J09	18851	Mt Lamore，龙目岛	8°25′S	116°45′E	1500

（续表）

编号	种源号	采种地点	纬度	经度	海拔（m）
J10	18852	Mt Tambora，松巴哇岛	8° 20′ S	117° 55′ E	1500
J11	18853	Kwai Mission，Tanga，坦桑尼亚	4° 19′ S	38° 14′ E	1600
J12	18947	East BatuKawu，巴厘岛	8° 40′ S	115° 05′ E	1500
J13	18948	Mt Kawi，东爪哇岛	7° 55′ S	112° 25′ E	2000
J14	18949	Mt Agropuro，东爪哇岛	8° 00′ S	113° 35′ E	1500
J15	18950	Mt Bromo，东爪哇岛	7° 55′ S	112° 55′ E	1600
J16	18951	Mt Arjuno，东爪哇岛	7° 45′ S	112° 35′ E	1350
J17	18952	Mt Willis，东爪哇岛	7° 50′ S	111° 47′ E	1500
J18	18953	Mt Arjuno，东爪哇岛	7° 42′ S	112° 33′ E	1350
J19	18954	Mt Bromo，东爪哇岛	7° 55′ S	112° 55′ E	2500
J20	19237	Meru，肯尼亚	0° 07′ S	37° 37′ E	1750
J21	19238	KEFRI Headquarters，肯尼亚	1° 13′ S	36° 39′ E	2080
J22	19239	Kari-Muguga，肯尼亚	1° 16′ S	36° 36′ E	2060
J23	19241	Thika，肯尼亚	1° 02′ S	37° 12′ E	1440
J24	19242	Kabiruini，肯尼亚	0° 23′ S	36° 56′ E	1800
J25	19489	Kapan，Kupang，帝汶岛	10° 13′ S	123° 38′ E	600
J26	19490	Camplong，帝汶岛	10° 05′ S	123° 57′ E	600
J27	19491	Buat，Soe，帝汶岛	9° 51′ S	126° 16′ E	800

注：来源于肯尼亚的为次生种源；除肯尼亚种源外，其余种源均来自于印度尼西亚。

第二节　遗传多样性研究方法

随着生物学研究水平的提高和技术手段的不断更新，检测遗传多样性的方法也从最初的形态学标记方法、细胞学标记方法、生理生化标记方法发展到目前的分子标记方法。分子标记方法是以遗传物质 DNA 上碱基序列差异为基础的遗传标记，是生物 DNA 水平上遗传变异的直接体现，不受生物体发育阶段、不同器官或组织以及生长环境的影响，具有数量多、多态性高、结果稳定可靠等优点。分子标记方法从最早的基于 Southern 杂交技术的限制性内切酶片段长度多态性标记（RFLP），发展到基于 PCR 技术的随机扩增多态性标记（RAPD）、简单重复序列标记（SSR）、简单重复序列间区标记（ISSR）、扩增片段长度多态性标记（AFLP）等，以及第三代基于 DNA 测序技术的表达序列标签（EST）标记、单核苷酸多态性（SNP）标记等，其能检测到的遗传多态性变异越来越丰富，但对实验仪器和实验条件的要求也越来越高。

一、形态学标记法

随着对木麻黄树种在生态防护和经济价值上认识的加深，以及木麻黄遗传改良和抗性选育研究的开展，其遗传多样性的重要性越来越受到重视。研究表明，不同地理来源的短枝木麻黄中存在较高的遗传变异，林木个体之间易发生杂交，子代存在显著的遗传分化和变异现象（Moore et al.，1989；Morna et al.，1989；仲崇禄等，2003）。在表型变异和多样性上，大量研究表明，木麻黄在果实大小、千粒重、发芽率、分枝角度、节间长度、水培生根能力及生长、抗性上都有巨大差异。短枝木麻黄树冠存在两种类型，即密冠型和疏冠型，枝条可分密节细枝、稀节粗枝等类型（徐燕千和劳家骐，1984）。对大洋洲天然分布区、亚洲天然分布区、亚洲引种区和非洲引种区4个区域12个国家共20个短枝木麻黄种源苗期的表型多样性研究，结果表明：①短枝木麻黄种子千粒重在区域间和区域内种源间差异极显著，且千粒重具有显著的地理变异模式，随经度的增大而降低；②当年生幼苗苗高、地径在不同区域内种源间均存在极显著差异，其中泰国干东港种源幼苗生长最好，而汤加种源的幼苗生长最差；③当年生幼苗一级侧枝粗度、一级侧枝长度、二级侧枝长度、每小枝节数和齿叶数在不同区域间及区域内种源间均存在极显著差异，其中齿叶数在区域间的变异系数最大；④通径分析表明，幼苗一级侧枝长度对苗高具有显著的正向影响作用，而一级侧枝粗度和二级侧枝长度对地径具有显著正向影响作用，它们可作为短枝木麻黄优良新品种筛选的参考因子（胡盼等，2015）。

二、生理生化标记法

表型变异是形态水平上检测遗传多样性的最直接也最简便易行的方法，但表型变异很大程度上受到生长环境的影响，在遗传上是不稳定的，因此人们开始尝试利用生化标记更直接地研究基因上的变异。利用等位酶技术对源自澳大利亚索卡河（Shocka river）的20个细枝木麻黄种群进行了遗传分析，结果表明，相比其他许多植物，细枝木麻黄种群总遗传多样性较高，种群间遗传分化度为2.64%，且种群间的遗传变异为非随机状态，位于东部区域种群的遗传多样性与纬度有较强相关性（$r=0.91$）；在种群水平上，遗传多样性与1年生树高生长存在正相关性显著。此外，经验证细枝木麻黄在该区域的西北部存在一个渐变群（Morna et al.，1989）。利用等位酶分析技术，通过4种酶共7个位点，研究了短枝木麻黄种群的遗传多样性水平和遗传分化程度，结果表明，木麻黄种群具有较高的遗传多样性，种群间的遗传分化程度较低，且正常种群和衰退种群之间的遗传多样性差异不大（李春蕊等，1998）。利用水平切片淀粉凝胶电泳技术对厦门市3种木麻黄，即短枝木麻黄、粗枝木麻黄和细枝木麻黄种内遗传变异和种间亲缘关系进行了研究，共检测出6个酶系统12个酶位点，结果表明，3种木麻黄种内都维持着较高的遗传变异水平（葛菁萍和林鹏，2002）。利用等位酶技术对厦门木麻黄种群的交配系统中近交衰退的情况进行了研究，发现厦门地区木麻黄的异交率仅为62.2%，近交衰退现象比较严重，遗传多样性不断下降（陈小勇和林鹏，2002）。

三、分子标记法

20世纪80年代以来，分子生物学技术的快速发展为遗传多样性检测提供了更直接、更精确的方法，即直接检测DNA本身的序列变化。它不受生物体发育阶段、不同器官或组织以及生长环境的影响，具有数量多、多态性高、结果稳定可靠等优点。何坤益等（2001）采用RAPD技术对19个木麻黄种源的遗传变异进行研究，结果表明，种源内的变异为主要变异，在总变异中所占比例为60.72%，种源间的变异仅占总变异的39.28%，说明种源的变异主要来自种源内个体间。郭启荣等（2003）则利用RAPD技术对短枝木麻黄、粗枝木麻黄、细枝木麻黄和滨海木麻黄的亲缘关系进行鉴定，结果显示短枝木麻黄与山地木麻黄表现出较近的亲缘关系，且该结果与血清学和化学分类学的结果一致。Yasodha等（2004）利用ISSR（inter-simple sequence repeat）和FISSR（fluorescent-ISSR）技术研究异木麻黄属的6个种、木麻黄属的5个种以及12个优选短枝木麻黄种源的遗传差异，结果表明木麻黄基因组简单序列重复的频率不同，2个核苷酸重复的比率较高，其中以CA和GT重复序列扩增的条带最多，平均值分别是6.0 ± 3.5和6.3 ± 1.8，种群间遗传相似性系数为0.251。同样的，利用ISSR技术，杨政川等（2004）研究了山地木麻黄群体间及地理区域间的遗传多样性水平和亲缘关系。黄桂华等利用AFLP（amplified fragment length polymorphism）技术研究了短枝木麻黄7个天然种源及11个引种种源的遗传变异及地理结构，表明天然种源间存在着极为丰富的遗传差异，但天然种源谱系关系与地理分布模式间关联不显著（Huang et al.，2009）。Ho等（2011）利用ISSR标记分析比较了中国台湾3种木麻黄，即短枝木麻黄、粗枝木麻黄及细枝木麻黄与澳大利亚天然木麻黄种群的遗传多样性，发现台湾生长的木麻黄树种在亲缘关系上更接近于短枝木麻黄，结合分子遗传变异以及小枝形态，说明台湾沿海生长的木麻黄可能是短枝木麻黄与粗枝木麻黄或细枝木麻黄杂交种的后代。罗美娟等（2005）利用RAPD技术对来源于澳大利亚和太平洋地区的原生种群（5个国家7个种源）、东南亚地区的原生种群（5个国家6个种源）、亚洲的次生种源（4个国家15个种源）和非洲的次生种群（3个国家7个种源）的遗传关系和多样性进行分析，发现遗传多样性由高到低排列为澳大利亚太平洋原生种群＞东南亚原生种群＞亚洲次生种源＞非洲次生种源。UPGMA聚类分析表明东南亚原生群体与亚洲次生群体亲缘关系更近，澳大利亚和太平洋群岛的群体与非洲引种群体亲缘关系更近，表明了亚洲次生群体很可能引种自东南亚原生群体，而非洲次生群体可能来源于澳大利亚或太平洋群岛地区。

简单重复序列标记（SSR）技术因具有共显性、多态性高、基因组覆盖性好、稳定性高、操作简单、费用低、检测方法方便快捷，对DNA数量及质量（纯度）要求不高等优点，是遗传多样性分析中费效比最佳的分子标记方法之一。由于早期的SSR标记引物的开发成本较高和耗时耗力，应用相对较少。但随着基因组测序技术的快速发展，大量物种的ESTs被上传到公共基因数据库供人们使用分享，研究人员可以下载这些序列用于该物种SSR标记引物的开发，使得SSR标记技术在遗传多样性分析中得到了广泛使用。

第三节　种质资源遗传多样性

　　遗传多样性是指某一物种种群间或种群内不同个体之间的遗传变异总和，它包括遗传变异程度和遗传分布格局（遗传结构）两部分，它是物种长期进化的产物，也是其生存适应和发展进化的前提。一个物种或种群的遗传多样性越高或遗传变异越丰富，它对环境变化的适应能力就越强，更容易扩展其分布范围和开拓新的生境。

　　遗传多样性研究，其目的在于了解物种种群生长环境及种群自身遗传对种群结构的影响，揭示其地理分布模式及种群间的遗传结构和遗传关系，这对于收集并保存种质资源，确定物种的遗传多样性中心，并建立核心种质等具有重要的指导意义。同时，开展种质资源遗传多样性研究对于指导育种实践也具有重要意义。分析种质资源遗传多样性，有助于了解育种群体的遗传基础、遗传结构以及育种群体之间的遗传关系，为育种材料的选择提供遗传学方面的背景信息，从而根据育种群体之间的亲缘关系远近，建立杂交优势强的组合，降低育种工作中亲本选择和配对的盲目性，提高育种效率。

一、木麻黄国际种源遗传多样性

　　利用 13 对前期开发的 EST–SSR 位点引物对来自 4 个区域（大洋洲天然分布区、亚洲天然分布区、亚洲引种区和非洲引种区）18 个国家的 27 个种源（14 个原生种源，13 个次生种源）（表 3–6）的遗传变异和多样性、各种源间的遗传结构和相互关系、次生种源的可能起源地进行分析（Hu et al.，2013；Zhang et al.，2020）。

表 3–6　27 个短枝木麻黄国际种源在 13 个 SSR 位点的遗传多样性参数

种源	N	N_a	N_e	AR	H_o	H_e	F_{IS}
AU1	31	6.00	3.32	1.64 [g]	0.74	0.63 [g]	−0.17
AU2	25	4.08	1.76	1.39 [bcdef]	0.39	0.39 [cdefg]	0.00
GU	57	3.92	1.67	1.33 [bcde]	0.09	0.33 [bcdefg]	0.73
PNG	30	2.23	1.17	1.13 [a]	0.11	0.13 [a]	0.13
SB	30	5.77	2.58	1.53 [fg]	0.49	0.52 [fg]	0.06
TO	30	3.54	1.71	1.29 [abcd]	0.21	0.27 [abcd]	0.22
VU	28	4.31	1.92	1.43 [bcdef]	0.41	0.42 [bcdef]	0.02
ON	231	13.85	2.71	1.39	0.42	0.58	0.28
MY1	29	6.54	2.66	1.59 [g]	0.46	0.57 [fg]	0.19
MY2	30	5.54	2.85	1.34 [bcde]	0.24	0.33 [bcde]	0.27
PH1	15	6.39	2.41	1.11 [a]	0.04	0.10 [a]	0.60
PH2	16	1.92	1.22	1.52 [defg]	0.30	0.49 [defg]	0.39

（续表）

种源	N	N_a	N_e	AR	H_o	H_e	F_{IS}
PH3	41	4.46	2.07	1.56 [g]	0.41	0.56 [fg]	0.27
TH1	15	6.00	2.69	1.16 [ab]	0.12	0.14 [ab]	0.14
TH2	32	4.23	1.67	1.59 [g]	0.65	0.58 [fg]	−0.12
AN	201	13.62	3.63	1.41	0.35	0.65	0.46
BD	13	1.77	1.28	1.22 [abc]	0.17	0.22 [abc]	0.23
CN1	30	5.00	2.51	1.53 [efg]	0.45	0.51 [ef]	0.12
CN2	30	5.31	2.64	1.51 [defg]	0.45	0.49 [def]	0.08
IN1	39	5.54	2.51	1.51 [defg]	0.50	0.50 [defg]	0.00
IN2	46	5.54	2.56	1.52 [fg]	0.32	0.52 [fg]	0.38
IN3	30	5.00	1.93	1.43 [cdefg]	0.38	0.42 [cdef]	0.10
LK	15	3.00	2.18	1.52 [fg]	0.61	0.47 [cdef]	−0.30
VN	30	4.54	1.89	1.41 [cdef]	0.39	0.40 [cdef]	0.03
AI	233	11.31	3.08	1.46	0.40	0.40	0.00
BJ	65	5.85	2.06	1.45 [cdef]	0.36	0.44 [cdef]	0.18
EG	30	4.31	1.87	1.38 [bcdef]	0.30	0.37 [bcdef]	0.19
KE1	30	4.00	1.69	1.36 [bcdef]	0.29	0.35 [bcdef]	0.17
KE2	30	6.15	3.11	1.66 [g]	0.87	0.65 [g]	−0.34
MU	30	5.00	2.45	1.55 [fg]	0.57	0.54 [fg]	−0.06
AFI	185	11.62	3.24	1.48	0.34	0.66	0.48
总计 / 平均值	840	4.66	2.16	1.44	0.38	0.41	0.07

注：N 为样本数；N_a 为等位基因数；N_e 为有效等位基因数；AR 为基因丰富度；H_o 为观测杂合度；H_e 为期望杂合度；F_{IS} 为近交系数；在 AR 和 H_e 多重比较中，具有相同字母的种源表示没有显著差异（$P < 0.05$）；ON 为大洋洲天然分布区；AN 为亚洲天然分布区；AI 为亚洲引种区；AFI 为非洲引种区。

在 27 个短枝木麻黄种源中，13 个 SSR 位点遗传分型获得的等位基因数、有效等位基因数、等位基因丰富度、观察杂合度、期望杂合度和近交系数都有明显差异。关岛（GU）和菲律宾（PH1）种源的近交系数高达 0.73 和 0.60，观察杂合度分别只有 0.09 和 0.04，表明这两个天然种源很可能产生了大量的近交子代（表 3-6）。

虽然不同种源间有较大的遗传变异，但总体上天然分布区种源和引种区种源的遗传多样性处于中等水平，但在一些种源上其遗传多样性显得特别低，如关岛（GU）、巴布亚新几内亚（PNG）、菲律宾（PH1）、泰国（TH1）。造成这种结果可能与其雌雄同株比例高、生境破碎化、人工选择等原因有关。分子方差分析（AMOVA）表明，大部分的遗传变异来源于种源内的个体间（70.1%），种源间的遗传变异只占 28.3%，而不同区域间的遗传变异仅占 1.6%。

种源间的两两比较中，平均遗传分化指数为 0.325，遗传分化最小的是中国的两个次生种源（CN1、CN2）（0.024），分析可能原因是这两个林分使用相同的种子来源或一个林分由另一林分采集的种子建立（表3-7）。原生种源和次生种源间遗传分化指数小，或原生种源和次生种源间的遗传距离近，意味着这些原生种源很可能就是这些次生种源的最初来源地。表3-8和图3-1均表明，中国的次生种源很可能来源于马来西亚（MY1）或泰国（TH1）这些东南亚国家，而最不可能来源于巴布亚新几内亚（PNG）、澳大利亚（AU1、AU2）、汤加（TO）、瓦努阿图（VU）这些大洋洲国家或地区。这为今后进一步引进木麻黄种质资源、拓宽遗传基础和增加遗传多样性提供了理论依据。

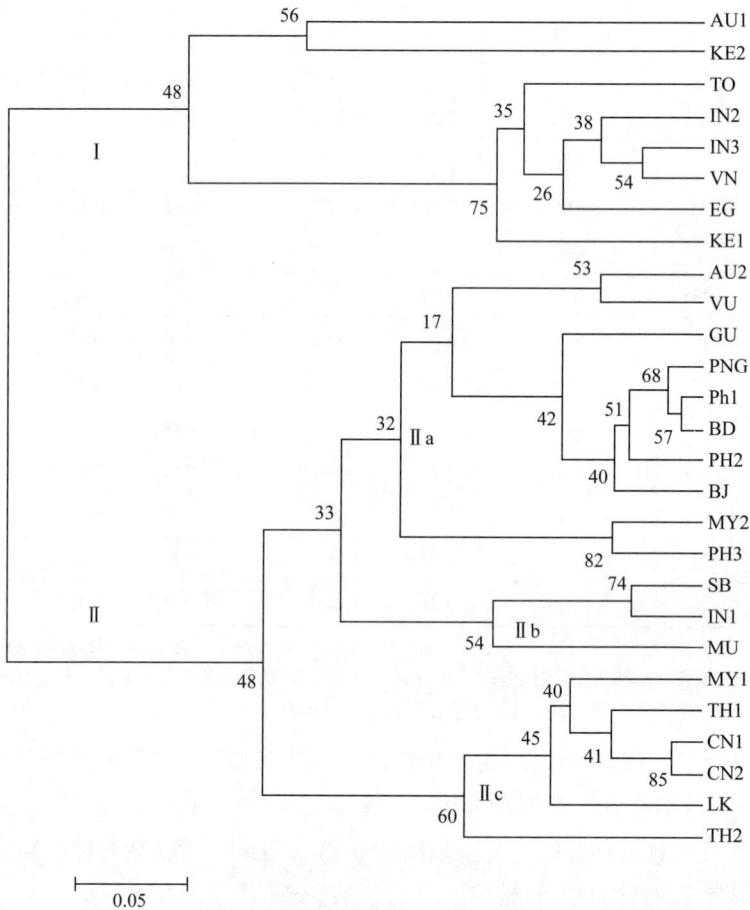

图3-1　短枝木麻黄国际种源Nei's遗传距离UPGMA聚类

二、木麻黄无性系遗传多样性

目前，我国木麻黄沿海防护林的种植材料主要是无性系。木麻黄无性系的大规模应用使得我国木麻黄防护林的成林速度加快，林分整齐划一，经济和防护效益也迅速发挥，但大面积使用单一无性系或少数无性系营造的木麻黄人工林的遗传多样性是极低的，一旦有遭遇严重的生物或自然灾害，这些基因型完全一致的无性系很可能会遭受灭顶之灾。如粤西地区的木麻黄防护林均使用A13无性系，2014年和2015年的台风过后

表3-7　短枝木麻黄国际种源信息

CSIRO种源号	缩写	种子收集地点（地区）	来源国家（地区）	纬度	经度	海拔（m）	降水量（mm）	家系数（个）
大洋洲天然分布区								
17862	AU1	Wagait, Northern Territory	澳大利亚	12°25'S	130°44'E	3	1740	6
18345	AU2	Chili Beach, Queensland	澳大利亚	12°39'S	143°25'E	1	1600	5
21311	GU	Inarajan Beach	关岛	13°15'N	144°44'E	3	2100	9
20586	PNG	Horno Is.manus	巴布亚新几内亚	02°19'S	147°49'E	1	1800	混合种子
18402	SB	Kolombangara	所罗门群岛	08°07'S	157°08'E	2	3500	10
18040	TO	Navutoka, Tongatapu	汤加	21°04'S	175°04'E	1	1800	10
18312	VU	Efate	瓦努阿图	17°45'S	168°18'E	30	2400	混合种子
亚洲天然分布区								
18244	MY1	Bako, Sarawak	马来西亚	01°44'N	110°30'E	50	4000	4
18376	MY2	TangjongBalau, Johor	马来西亚	01°36'N	104°16'E	15	2600	4
18357	PH1	Narra, Palawan	菲律宾	09°19'N	118°29'E	10	2500	6
18117	PH2	San Jose, Mindoro	菲律宾	12°25'N	121°03'E	20	2000	混合种子
18154	PH3	Aklan, Panay Island	菲律宾	11°55'N	121°23'E	30	2100	5
18257	TH1	Ban Kamphuam, Ranong	泰国	09°21'N	98°16'E	10	3000	8
18298	TH2	Had Chaomai, Trang	泰国	07°33'N	100°37'E	2	1600	9
亚洲引种区								
18267	CN1	广东阳江	中国	23°00'N	113°03'E	4	1500	10
18268	CN2	海南岛东	中国	19°58'N	110°59'E	10	1700	14
18013	IN1	Cuttack, Orissa	印度	20°12'N	86°38'E	7	1400	6
18015	IN2	Balasore, Orissa	印度	21°30'N	84°53'E	2	1600	4

（续表）

CSIRO 种源号	缩写	种子收集地点（地区）	来源国家（地区）	纬度	经度	海拔（m）	降水量（mm）	家系数（个）
18119	IN3	Rameswaram, Tamil Nadu	印度	09°15′N	79°20′E	5	900	8
18287	LK	Hambantota	斯里兰卡	06°08′N	81°07′E	16	1000	混合种子
18128	VN	Hai Thinh, Ha NamNinh	越南	20°22′N	106°21′E	2	2000	7
21331	BD	Parki Beach, Chittagong	孟加拉国	21°11′N	91°48′E	5	1700	5
非洲引种区								
18355	BJ	Cotonou	贝宁	06°24′N	02°31′E	8	1300	8
18122	EG	Montazah	埃及	31°16′N	30°05′E	13	200	8
18135	KE1	Malindi	肯尼亚	03°15′S	40°09′E	7	900	10
18142	KE2	Kilifi	肯尼亚	03°38′S	39°95′E	20	1000	5
18565	MU	Isle D'Ambre	毛里求斯	20°03′S	57°39′E	2	1700	4

表3-8　短枝木麻黄27个种源的两两遗传分化指数

天然种源　次生种源：AU1 AU2 GU PNG SB TO VU MY1 MY2 PH1 PH2 PH3 TH1 TH2 BD CN1 CN2 IN1 IN2 IN3 LK VN BJ EG KE1 KE2 MU AU1

	AU1	AU2	GU	PNG	SB	TO	VU
AU1	0						
AU2	0.162	0					
GU	0.241	0.170	0				
PNG	0.320	0.198	0.124	0			
SB	0.159	0.099	0.186	0.206	0		
TO	0.240	0.305	0.359	0.465	0.328	0	
VU	0.173	0.055	0.127	0.149	0.077	0.303	0

（续表）

	天然种源																				次生种源				
																					PH1	MY1	MY1	TH1	TH2
MY1	0.121	0.135	0.173	0.237	0.103	0.221	0.105	0
MY2	0.157	0.138	0.197	0.234	0.109	0.295	0.109	0.114	0
PH1	0.331	0.198	0.127	0.053	0.218	0.502	0.146	0.250	0.261	0
PH2	0.134	0.106	0.105	0.109	0.099	0.268	0.064	0.093	0.128	0.129	0
PH3	0.144	0.104	0.128	0.180	0.086	0.243	0.077	0.111	0.196	0.085	0
TH1	0.119	0.124	0.189	0.225	0.110	0.237	0.067	0.242	0.102	0.094	0
TH2	0.131	0.144	0.192	0.231	0.070	0.271	0.122	0.099	0.059	0.242	0.121	0.086	0.057	0
BD	0.334	0.321	0.149	0.321	0.347	0.499	0.271	0.299	0.311	0.042	0.260	0.244	0.284	0.288	0
CN1	0.136	0.126	0.200	0.246	0.094	0.212	0.099	0.036	0.130	0.251	0.093	0.135	0.079	0.115	0.342	0
CN2	0.143	0.123	0.203	0.240	0.102	0.215	0.105	0.050	0.137	0.248	0.110	0.131	0.081	0.119	0.338	0.024	0
IN1	0.168	0.132	0.183	0.218	0.030	0.312	0.077	0.089	0.096	0.222	0.107	0.093	0.098	0.065	0.323	0.084	0.094	0
IN2	0.112	0.116	0.174	0.229	0.140	0.110	0.089	0.121	0.089	0.241	0.100	0.084	0.103	0.122	0.274	0.097	0.090	0.140	0
IN3	0.158	0.186	0.254	0.337	0.224	0.077	0.209	0.131	0.193	0.349	0.178	0.159	0.149	0.189	0.346	0.123	0.134	0.219	0.051	0
LK	0.169	0.186	0.271	0.301	0.140	0.292	0.162	0.084	0.134	0.340	0.153	0.157	0.069	0.099	0.392	0.077	0.074	0.127	0.141	0.179	0
VN	0.166	0.155	0.251	0.303	0.205	0.119	0.187	0.124	0.180	0.320	0.162	0.151	0.132	0.172	0.354	0.105	0.105	0.216	0.054	0.037	0.147	0
BJ	0.175	0.102	0.088	0.091	0.089	0.280	0.049	0.103	0.088	0.096	0.053	0.066	0.088	0.085	0.226	0.112	0.073	0.102	0.190	0.147	0.164	0
EG	0.145	0.216	0.321	0.400	0.270	0.149	0.261	0.180	0.247	0.445	0.206	0.204	0.181	0.210	0.452	0.171	0.172	0.286	0.086	0.075	0.214	0.061	0.238	0
KE1	0.179	0.235	0.333	0.414	0.258	0.159	0.274	0.185	0.264	0.450	0.213	0.210	0.200	0.216	0.464	0.157	0.179	0.274	0.116	0.076	0.243	0.076	0.251	0.101	0
KE2	0.080	0.193	0.247	0.335	0.173	0.216	0.188	0.107	0.171	0.353	0.135	0.156	0.139	0.137	0.333	0.121	0.137	0.170	0.113	0.144	0.166	0.183	0.160	0.139	0
MU	0.113	0.120	0.179	0.235	0.071	0.324	0.107	0.099	0.109	0.234	0.110	0.101	0.104	0.068	0.315	0.110	0.117	0.071	0.124	0.208	0.184	0.150	0.091	0.204	0.243	0.139	0

注：对角线右上方和次生种源具有最小遗传分化指数的天然种源。

木麻黄防护林受到青枯病感染，90%以上的木麻黄防护林死亡。防护林的遗传多样性关系到其防护效能的发挥和防护林本身的生态安全性，因此，很多沿海地区的林业主管部门已要求最靠海的木麻黄基干林带防护林必须使用实生种子苗造林。另外，我国从20世纪90年代起，一些大学或地方科研单位都开展了木麻黄无性系的选育研究，一批优良的无性系在生产中被大规模推广应用，如广东的501、701、A8、A13等，福建的平潭2号、惠安1号等，海南的宝9、东2、真4等。但在华南沿海省份具体有多少无性系品种正被使用并没有人作过具体的详细调查；很多无性系品种被引种到其他省份或地区后会被另外命名，造成重复命名、命名混乱的问题，需要通过分子标记技术进行鉴别和区分。另外，这些主栽木麻黄无性系品种的遗传多样性如何？相互间的遗传距离（亲缘关系）如何？因此，有必要利用EST-SSR分子标记技术对华南沿海几个省份的主栽木麻黄无性系品种的遗传多样性进行评价，解决我国主栽短枝木麻黄无性系命名混乱的问题，并构建短枝木麻黄主栽无性系品种指纹图谱，为木麻黄品种的鉴定和保护提供技术支持。

短枝木麻黄无性系的样本材料采集于华南三省（福建、广东、海南）沿海地区木麻黄防护林，在41个县（区）采集到短枝木麻黄无性系单株样品共109个。利用12个EST-SSR位点对这109个短枝木麻黄无性系单株进行遗传分型，利用软件CERVUS 3.0对109个无性系样品的基因型进行比对分析，发现总共被鉴定了22个无性系基因型，属于同一无性系的每个样品在12个微卫星位点的基因型都完全一致。如表3-9所示，这鉴定出的22个无性系中有9个无性系的基因型与已知的参考无性系的基因型完全一致，可以确定为这9个已知的木麻黄无性系。剩下的13个无性系未能与已知的无性系的基因型完全相匹配，被命名为UC-1至UC-13。由表中可知，有11个、19个和12个无性系分别被广泛使用在福建、广东和海南的沿海木麻黄防护林中。无性系A-8、平潭-2、保-9、东-2、601和UC-1在3个省份都有使用，表明有很多无性系已经被华南沿海省份相互引进应用。在无性系鉴定的过程中，一些具有当地名字的无性系被确定其实际和某个已知无性系品种是同一品种，表明了在木麻黄无性系的引进过程中，错误命名或重复命名在木麻黄无性系品种的推广种植过程中是经常存在的（Yu et al.，2019）。

表3-9　沿海木麻黄人工林109个无性系样品的鉴定

无性系	在12个SSR位点上具有一致基因型的无性系样品	样品数
参考无性系		
保-9	13，39，82，85，87，91，94，95，97，98，100，104，108	13
A-8	3，7，8，10，11，22，27，61，70，81，89，96，99，101，103，107	16
501	4，38，68，69，71	5
东-2	24，46，47，83	4
短杂-1	18，42，43	3
A-13	45，50，52	3
601	30，36，40，41，44，48，84	7

（续表）

无性系	在 12 个 SSR 位点上具有一致基因型的无性系样品	样品数
平潭 -2	2，17，19，20，23，25，28，29，31，72，106	11
惠 -1	5，6，9，12，14，15，16，102	8
未知无性系		
UC-1	21，62，86	3
UC-2	26，93	2
UC-3	33，88	2
UC-4	34，37，67	3
UC-5	35，65，105	3
UC-6	32，54，56，74	4
UC-7	49，75，109	3
UC-8	51，76，77	3
UC-9	55，57，58，73	4
UC-10	63，66	2
UC-11	1，59，60，64，78，80	6
UC-12	90，92	2
UC-13	53，79	2

12 个 EST-SSR 位点在 109 个短枝木麻黄无性系样品共扩增产生 49 个等位基因，平均每个位点 4.08 个，有效等位基因平均 2.97 个；观测杂合度 H_o 和期望杂交度 H_e 在 12 个位点间介于 0.23~1.00 和 0.36~0.76；多样性信息指数 I 介于 0.55~1.48，平均值为 1.17；多态性信息含量 PIC 介于 0.35~0.72，平均值为 0.58。这些参数均说明这 109 个沿海木麻黄无性系样品存在着较低的遗传多样性（表 3-10）。

表 3-10　沿海 109 个木麻黄无性系样品的遗传多样性参数

引物	N_a	N_e	H_o	H_e	I	PIC	PI
C-13	2	1.57	0.23	0.36	0.55	0.35	0.39
M-03	3	2.31	0.84	0.57	0.95	0.50	0.27
M-26	5	3.80	0.72	0.74	1.44	0.69	0.10
M-27	6	3.41	1.00	0.71	1.44	0.66	0.09
M-32	3	2.94	0.94	0.66	1.09	0.59	0.19
M-46	5	3.47	1.00	0.71	1.39	0.67	0.11
M-36	3	2.44	1.00	0.59	0.97	0.50	0.21
M-37	6	4.10	1.00	0.76	1.53	0.72	0.08
M-38	4	2.24	0.78	0.55	0.97	0.50	0.24
M-39	3	2.50	0.94	0.60	1.00	0.53	0.23
M-40	5	3.91	1.00	0.74	1.48	0.70	0.09
M-41	4	2.89	1.00	0.65	1.21	0.60	0.16
平均值（累积）	4.08	2.97	0.86	0.64	1.17	0.58	（2.88×10^{-10}）

注：N_a 为等位基因数；N_e 为有效等位基因；H_o 为观测杂合度；H_e 为期望杂合度；I 为多样性信息指数；PIC 为多态性信息含量；PI 为一致性概率。

对 109 个木麻黄无性系样品中鉴定出的 22 个无性系品种进行 UPGMA 聚类分析，其形成的 UPGMA 聚类图表明：这 22 个无性系被分成了 2 个主要类群，第一个类群由 12 个无性系组成，第二个类群由 10 个无性系组成。一些无性系表现出很近的亲缘关系，如 A–8 和 UC–1、东 –2 和 UC–12。此外，大多数无性系的 Nei's 遗传距离小于 0.2，2 个主要类群之间的最大 Nei's 遗传距离为 0.78，说明 22 个短枝木麻黄无性系中的大多数无性系间的遗传距离很近，且总体的遗传多样性较低（图 3–2）。

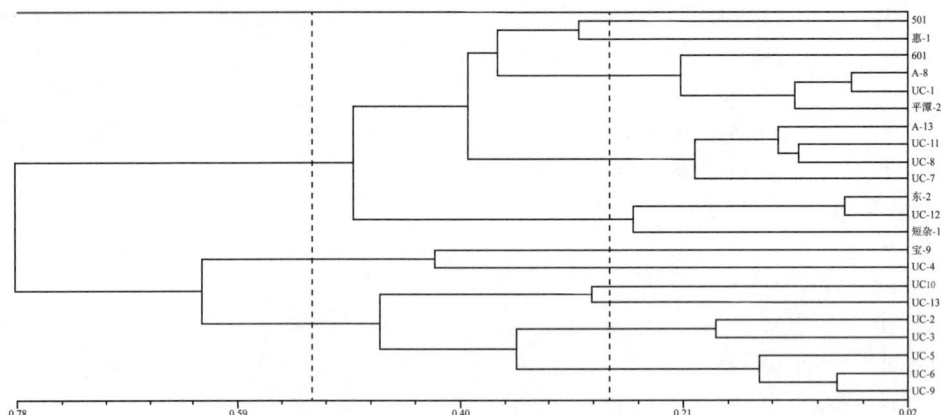

图 3–2　基于 Nei's 遗传距离的 22 个短枝木麻黄无性系的 UPGMA 聚类分析

众所周知，因为遗传多样性不足导致适应性低的问题，无性系人工林比实生苗人工林面临着生物或非生物的更大威胁。Roberds 和 Bishir（1997）认为使用 30~40 个没有遗传相关的无性系建立的人工林能避免由生物或非生物造成的灾难性失败。通过基于 SSR 分子标记技术的研究，我们发现在华南沿海的木麻黄无性系人工林中至少有 22 个无性系正在被使用，用这些数量不足且相互间遗传关系密切的无性系建立的沿海防护林在遗传多样性上还远不能保证沿海木麻黄防护林的生态安全。2014 年、2015 年强台风后粤西地区木麻黄青枯病的大暴发，造成 90% 以上木麻黄防护林的死亡就充分证明这一点。针对该问题，我们除了要加强木麻黄无性系品种的选育之外，还要增加遗传品质优良的木麻黄实生苗在沿海防护林建设中的应用，切实提高沿海木麻黄防护林的遗传多样性。

三、木麻黄天然更新群体遗传多样性

在我国，木麻黄的更新方法主要以人工更新为主，其天然更新能力很低。研究认为木麻黄人工林天然更新困难的主要原因林地内凋落物多、光照和水分不足，落下的种子难以接触到土壤，或即便在土壤中发芽后由于光照和水分不足幼苗也很快死亡（杨彬，2019；王玉，2020）。但观测和研究表明，当木麻黄实生苗人工林的表土被人为扰动后，如间伐或皆伐后的翻土整地等扰动，木麻黄可以通过自由落种进行天然更新。通过人工辅助方法实现木麻黄实生苗人工林的天然更新，减少因传统皆伐全垦的人工更新方式对沿海地区造成的水土流失、地力损耗、生物群落破坏等不利影响，在沿海防护林建设中具有很大的实践价值。通过天然更新形成的木麻黄群体的遗传多样性高低，对该群体的适应性和抗逆性有很大影响。因此，通过了解这类由种子自由落种形成的天然更新群体的遗传多样性，以及其种子的散布模式、散布距离等，对于指导木麻黄防护林的人工辅助天然更新，减少因传统皆伐全垦人工更新方式造成的水土流失、地力损耗、生物群落破坏等不利后果的影响有较大的理论意义和实践价值。

在福建省惠安县赤湖国有防护林场，一片长宽为 60m×40m 的木麻黄实生苗人工林被砍伐后，表土被人为扰动，由周边 20~25 年生的实生苗木麻黄林母株撒播的种子萌发后长成一片自然更新林。采集天然更新林的个体样品和周边实生苗人工林的候选母本样品，采用 SSR 分子标记方法开展天然更新群本的遗传多样性分析，以及对天然更新群体进行母本分析揭示种子的散布距离和模式。

利用 11 个 SSR 位点开展天然更新群体、母本群体和实生人工林群体的遗传多样性比较。结果显示，子代群体的平均等位基因数、有效等位基因数、观测杂合度、期望杂合度、多态性信息含量、Shannon's 信息指数和 Nei's 遗传多样性指数都略低于母本群体和实生人工林群体，而母本群体的遗传多样性参数除了等位基因数外（10.00 VS 9.55）也均稍低于实生人工林群体。短枝木麻黄天然更新群体的遗传多样性与母本群体、实生人工林群体相比虽然略有降低，但其观测杂合度和期望杂合度仍远高于 0.5，说明其仍然保持了较高的遗传多样性水平（表 3-11）。

表 3-11　短枝木麻黄不同群体遗传多样性分析

遗传多样性参数	天然更新群体	母本群体	实生人工林群体
N_a	9.00	10.00	9.55
N_e	4.65	4.83	5.15
H_o	0.73	0.82	0.84
H_e	0.72	0.76	0.77
PIC	0.69	0.72	0.73
I	1.62	1.72	1.74
h	0.72	0.75	0.76

注：N_a 为等位基因数，N_e 为有效等位基因数，H_o 为观测杂合度，H_e 为期望杂合度，PIC 为多态性信息量，I 为 Shannon's 信息指数，h 为遗传多样性指数。

对已确定母本的子代和其相对应的母本进行了定位，分析了短枝木麻黄种子散布的有效距离。结果表明短枝木麻黄种子散布的范围较宽，有效散布距离为 10~130m，平均散布距离为 71m。随着散布距离的增加，确定子代的个数出现了两个峰值，分别集中在 50~80m 和 90~110m 两个区间，各确定了 69 株和 31 株子代；散布距离在 20~120m 的范围内，共有 143 株子代可以确定母本，占已确定母本子代群体的 96.6%。散布距离超过 120m，确定母本的子代数量明显减少，如在 120~130m 内仅发现了 3 株子代，超过 130m 后没有可以确定母本的子代。已确定子代的母本有 72.6% 位于样地东北和东部，共鉴定出 110 株子代。天然更新群体样本中未能确定母本的个体占 27.8%，推测种子可能由更远的木麻黄林通过风或野生动物散布过来（表 3-12、图 3-3）。

表 3-12　短枝木麻黄实生人工林种子散布子代母本分析

母本	子代个数	距离（m）	母本	子代个数	距离（m）	母本	子代个数	距离（m）	母本	子代个数	距离（m）
M5	4	25–62	M68	2	65–95	M10	1	54	M69	1	110
M9	4	60–76	M76	2	66–92	M16	1	38	M73	1	66
M109	4	35–62	M78	2	76–99	M21	1	55	M77	1	112
M111	4	53–65	M83	2	110–114	M23	1	44	M86	1	112
M115	4	17–59	M97	2	94–96	M24	1	58	M89	1	92
M124	4	57–74	M108	2	55–57	M25	1	66	M90	1	105
M132	4	94–108	M110	2	25–62	M26	1	77	M94	1	122
M39	3	33–87	M117	2	17–37	M34	1	79	M96	1	130
M48	3	57–79	M118	2	27–28	M38	1	79	M107	1	42
M70	3	99–112	M119	2	22–39	M43	1	97	M112	1	32
M74	3	72–80	M12	2	42–67	M44	1	85	M113	1	53
M125	3	53–70	M122	2	23–33	M46	1	98	M134	1	82
M129	3	45–60	M123	2	47–58	M51	1	63	M138	1	68
M137	3	72–95	M126	2	51–56	M53	1	67	M139	1	101
M140	3	87–95	M128	2	39–54	M56	1	67	M143	1	119
M154	3	90–103	M130	2	60–61	M59	1	65	M144	1	123
M1	2	30–35	M133	2	71–98	M60	1	78	M147	1	105
M6	2	65–66	M135	2	100–103	M61	1	46	M153	1	74
M58	2	59–94	M141	2	73–88	M64	1	46	M155	1	102
M62	2	68–83	M160	2	86–87	M66	1	76	M158	1	79
M65	2	80–110	M2	1	49	M67	1	93	M161	1	113

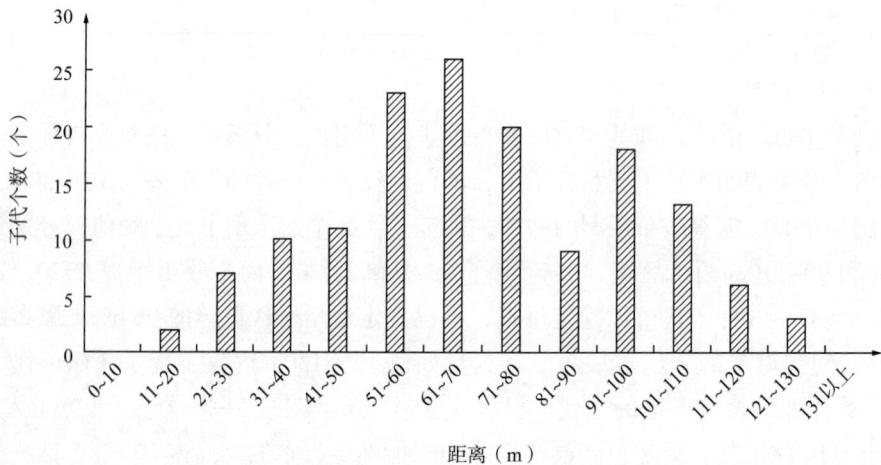

图 3-3　不同距离内短枝木麻黄实生人工林子代个数

　　林木遗传改良（tree genetic improvement）是在研究林木遗传变异的基础上来改良林木的遗传组成，进而培育具有目标性状的林木新品种的过程。林木遗传改良的基本任务是为林业生产不断提供产量高、品质好、适应性强的大量繁殖材料。林木长时间的进化和演变导致了大量的自然遗传变异，对这些自然遗传变异进行选择利用便可获得较大的遗传增益。因此，人类对林木遗传育种的研究工作通常始于树种种源选择。法国学者 De Vilmorin 于 1823 年首次进行了欧洲赤松种源试验。当林木的自然遗传变异被充分发掘和利用后，要进一步获得遗传增益，就需要利用这些已选择的优良遗传基因进行重新组合（即杂交），并从中选择最佳的基因组合应用到生产中。植物常用的遗传改良方法有引种、种源选择、杂交育种、诱变育种、倍性育种、细胞工程育种、基因工程育种等，但对于生长周期长、遗传杂合度高的林木来说，引种、种源选择和杂交育种在相当长的时期内仍将是林木遗传改良的主要途径。因此，人类对林木遗传育种的研究工作通常始于树种种源选择。最早的林木种源试验发生在 1745 年，法国人 H. L. 杜蒙首次进行了欧洲赤松的不同来源种子的栽培试验。法国学者 De Vilmorin 于 1823 年首次较规范地进行了欧洲赤松种源试验。

第一节　种源试验与选择

　　种源（provenance）通常是指树种从它的自然分布区内不同地点的天然群体中收集的种子或其他繁殖材料。种源间的遗传差异相当大，尤其是那些占据多种不同气候带、分布广的树种，在其进化过程中，自然选择导致了不同种源间显著的遗传差异。例如欧洲云杉（*Picea abies*）在欧洲和亚洲具有非常广泛的自然分布区，跨越不同海拔、气候和土壤类型。与起源于较温暖地区的种源相比，起源于较寒冷地区的种源生长慢、春季抽梢晚、秋季封顶早、树冠窄及树枝扁平，这是对寒冷气候条件的适应（Morgenstern，1996）。了解不同种源的地理变异规律，分析引起林木地理变异的遗传因素和环境因素的相对重要性，对于林木的遗传改良和基因资源保存都有重要意义，因此，需要通过栽培对比试验（种源试验）来揭示由遗传因素引起的地理变异特征。种源试验

（provenance test）是指把一个树种不同地理来源的种子或其他繁殖材料种植在同样条件的林地上作比较的栽培试验。

20世纪70年代末至80年代初，中国、泰国、印度等国家开始了短枝木麻黄等树种的种源试验。1992年，由国际林联资助，澳大利亚联邦科学与工业组织主持，包括中国在内共有29个国家和地区开始了短枝木麻黄国际种源试验（Pinyopusarerk et al.，2004）。1996年，热林所开始参加山地木麻黄国际种源试验（仲崇禄等，2002）（附图4-1、附图4-2）。

一、木麻黄选育的性状和综合选择方法

木麻黄的种源试验中调查的性状一般有树高、胸径、单株材积、主干通直度、主干分叉习性、保存率等，但在一些特殊立地条件或经历了特殊气候或环境条件下会对它的抗性进行测定，如抗风性（台风袭击后）、抗病性（青枯病暴发后）、抗虫性、耐盐碱性（在一些盐碱地）。

（一）木麻黄筛选的数量性状和质量性状

主要包含如下性状（Pinyopusarerk，1995；仲崇禄和白嘉雨，1998）。

树高（H_t，m）：指单株树木从地面至主干枝条顶部最高处的高度，如果树木具有不止1株主干，仅测定最高主干的高度；

胸径（DBH，cm）：指树木主干距地面1.3m处的直径，通常取小数点后1位观测数值。如果树木具有多个主干，仅观测大于最大主干直径一半以上的主干，多主干胸径的计算用以下公式：$DBH=(d_1^2+d_2^2+\cdots+d_n^2)^{1/2}$；

保存率：存活的总株数 / 种植总株数；

单株材积：$V=3.1415926 \times DBH \times DBH \times H/120000$（m³/ 株）（仲崇禄，2000）；

主干通直度，分6级：

    1——树干有2段以上呈明显弯曲；

    2——树干有2段以上稍弯；

    3——树干有1~2段呈明显弯曲；

    4——1~2段稍微弯曲；

    5——整个树干较直；

    6——整个树干通直。

主干分叉习性，分6级（图4-1）：

    1——主干在地表有分叉；

    2——主干在地表至1/4树高之间有分叉；

    3——主干在1/4至1/2树高之间有分叉；

    4——主干在1/2至3/4树高之间有分叉；

    5——主干在3/4至1树高之间有分叉；

    6——主干无分叉。

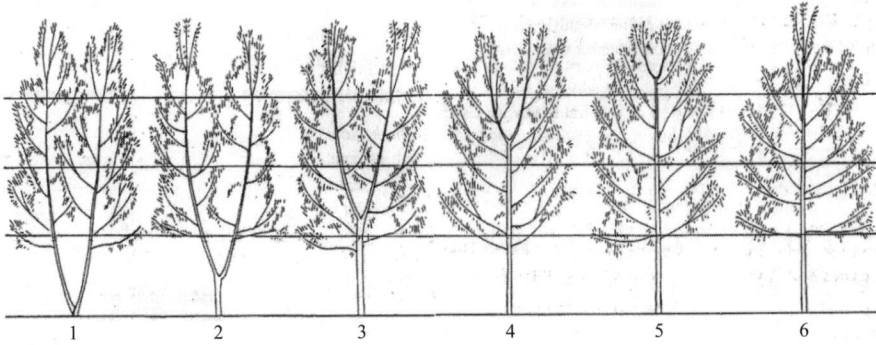

图4-1 主干分叉习性分级方法

侧枝密度，分4级（从1/2树高向上记录侧枝密度）：

1——极密，主干上侧枝间距较均匀且 ≤ 15cm；

2——密，主干上侧枝间距不均匀且多数 ≈ 15cm；

3——疏，主干上侧枝间距不均匀且多数 ≈ 30cm；

4——极疏，主干上侧枝间距极稀疏且通常 > 30cm。

侧枝粗细，分4级：

1——极粗，有3个以上侧枝直径 > 邻近主干直径的1/3；

2——粗，有1~3个侧枝直径 > 邻近主干直径的1/3；

3——细，所有侧枝直径 ≤ 邻近主干直径的1/3；

4——极细，所有侧枝直径 < 邻近主干直径的1/4。

侧枝分枝角，分2级：

1——侧枝向上，与主干夹角 < 60°；

2——侧枝平展，与主干夹角 > 60°。

侧枝长度，分2级：

1——大于1/4树高；

2——小于1/4树高。

绿色小枝长度，分2级：

1——长度 > 15cm；

2——长度 < 15cm。

绿色小枝粗细，分2级：

1——粗；

2——细。

树木生长势，分4级：

1——差，主干枯梢、枯枝，或枝干叶病虫危害严重；

2——中，树木长势一般，小枝枯黄或小枝枯梢，枝干叶有少量病虫危害；

3——良，树木长势良好，枝干叶无病虫危害或病虫危害极轻；

4——优，树木长势极好，枝干叶无病虫危害，小枝浓绿色。

抗风性，分 4 级：

　　1——树干倾斜角度 > 45°或折断；

　　2——树干倾斜角度 30°~45°；

　　3——树干倾斜角度 15°~30°；

　　4——树干倾斜角度 <15°。

抗虫性（抗星天牛幼虫），分为 2 级：

以是否发现有星天牛幼虫蛀道为受虫害判别标准：

　　1——有虫害；

　　2——无虫害。

2. 多性状综合选择方法

　　种源试验中需要测量和评价的性状较多，根据育种目标的要求，需要对种源开展多性状综合选择。综合选择的方法较多，如直接选择法、独立淘汰法、多目标决策法、指数选择法等。Smith-Hazel 指数选择法（Cotterill & Dean，1990）结合了性状，按遗传力、经济价值和相互间的表型和遗传相关关系等因素，构成一个总的指数作为选择的唯一指标，是动植物育种中较为理想的多性状综合选择方法，近年来林木育种选择中得到广泛的应用。指数选择函数公式为：

$$I = \sum_{i=1}^{n} b_i x_i = B'x$$

式中，I 为选择指数值，b_i 为 i 性状的指数系数，x_i 为 i 性状的表型值；$B'=P_2^{-1} \cdot G_{21} \cdot A$，$P_2$ 为选择性状的表型协方差矩阵，G_{21} 为选择性状的遗传协方差矩阵，A 为选择性状的相对经济权重。

　　在木麻黄选育种上，许多其他综合方法也得到了广泛应用。

二、短枝木麻黄种源试验

　　1992—1994 年，澳大利亚种子中心组织了一次共有 20 多个国家参与的短枝木麻黄国际种源试验，参试的种源共有 60 个，包括了来自 5 个区域的天然分布区种源或引种区次生种源，分别是大洋洲天然分布区、东南亚天然分布区、亚洲引种区、非洲引种区和中美洲引种区。这些国际种源试验的结果发现，东南亚天然分布区和亚洲引种区的种源或次生种源的长势更好，而大洋洲天然分布区的种源生长速度最慢；大部分的种源表现了很好的主干通直度，但通常引种区的次生种源表现了更通直的主干；虽然不同种源间的分枝习性有差异，但多数种源的树体均具有密而平展的分枝角度；虽然关于种源开花习性变异方面的证据很少，但发现引种到亚洲和非洲的次生种源比其他区域的种源，特别是大洋洲和东南亚自然分布区的种源开花更频繁。

　　来源于 15 个国家的 42 个种源、86 个家系的短枝木麻黄被划分成了 4 个来源区域（即大洋洲天然分布区、亚洲天然分布区、亚洲引种区和非洲引种区），通过种源试验分析不同种源家系在树高、胸径、单株材积、主干通直度和保存率 5 个性状上的遗传变异（张勇，2013）。研究结果表明，来源于 4 个地区、15 个国家的 42 个种源和 86 个家系的短枝木麻黄在生长、干形和适应性上都存在极显著差异（显著水平 $P \leq 0.01$）（表4-1）。亚洲引种区的短枝木麻黄种源在树高、胸径、单株材积、主干通直度和保存率5个性状上都比其他地区的表现要好，只有主干分叉习性上稍差于非洲引种区，但没有达到统计学上的显著水平。另外，亚洲天然分布区的短枝木麻黄种源在生长性状（树高、胸径和单株材积）比非洲引种区和大洲区分布区表现好，说明了来源于亚洲的种源在生长上明显优于来源于非洲和大洋洲的种源。大洋洲分布区种源除了保存率表现较好之外，其他无论是生长还是干形性状都是表现最差的。而在国家之间的比较中，马来西亚2个种源的生长和保存率都是表现最好的，其次为印度和中国收集的次生种源。但是来源于马来西亚的只有2个种源、每种源只有1个家系，因此，试验的结果并不能全面代表马来西种源在中国的生长表现。相对来说，中国和印度的次生种源较好地表现了这两个国家木麻黄种源在试验点的生长表现。中国的短枝木麻黄有超过120年的引种栽培历史（杨政川等，1995），其经过自然选择与人为淘汰，演变成比新引进种源更适应当地生长环境的次生种源（landraces）；另外，中国与印度都是在世界范围内开展短枝木麻黄遗传改良研究较多的国家，木麻黄人工林都是利用获得一定遗传改良的种植材料建立的，特别是在中国，大部分的人工林都是利用经过选育后的种源、家系或无性系建立的，因此，从这些人工林收集的种源子代在生长、干形和保存率高于其他国家种源是合理的。而大洋洲地区的种源都是从未经改良的天然林中采种，种源间和种源内家系间的变异很大，虽然有个别种源或家系生长表现较好，但总体的平均生长表现要差于亚洲引种区，特别是中国和印度这两个木麻黄遗传改良工作开展较早国家的种源。

表4-1 短枝木麻黄国际种源试验国家与地区间6个生长性状5年生的平均值

区域	国家（地区）	树高（m）	胸径（cm）	单株材积（m³）	主干分叉习性	主干通直度	保存率（%）
亚洲引种区	中国	7.79	6.53	0.0087	4.83	3.33	83.3
	印度	7.70	6.93	0.0097	4.79	3.31	57.1
	越南	6.36	4.89	0.0040	4.98	3.22	68.8
	斯里兰卡	7.58	6.11	0.0074	5.09	2.87	27.1
非洲引种区	埃及	5.95	4.03	0.0025	5.05	3.38	52.5
	肯尼亚	5.03	3.15	0.0013	4.87	3.04	34.0
	贝宁	6.10	4.22	0.0028	4.90	3.39	77.1
亚洲分布区	菲律宾	5.45	4.28	0.0026	4.26	3.07	22.9
	泰国	7.03	6.12	0.0069	4.50	3.10	62.5
	马来西亚	8.52	7.33	0.0120	5.02	3.48	92.7
大洋洲分布区	澳大利亚	4.91	3.30	0.0014	4.04	3.00	39.6
	关岛	6.18	4.21	0.0029	4.88	3.21	95.8
	巴布亚新几内亚	6.21	5.19	0.0044	4.83	2.48	85.4

（续表）

区域	国家（地区）	树高（m）	胸径（cm）	单株材积（m³）	主干分叉习性	主干通直度	保存率（%）
大洋洲分布区	汤加	4.12	2.22	0.0005	3.88	2.13	77.1
	瓦努阿图	3.71	1.86	0.0003	4.04	3.37	27.1
亚洲引种区		7.64	6.40	0.0082	4.88	3.32	79.1
非洲引种区		5.48	3.58	0.0018	4.95	3.20	43.9
亚洲分布区		6.90	5.77	0.0060	4.60	3.15	52.1
大洋洲分布区		5.00	3.35	0.0015	4.28	2.87	60.8
总平均		6.83	5.41	0.0052	4.81	3.24	65.4

三、粗枝木麻黄种源试验

2008 年在海南省临高县林木良种场建立的粗枝木麻黄种源试验林的结果分析表明，粗枝木麻黄 23 个国际种源造林 4 年后的平均树高为 5.66m，胸径 5.30cm，单株材积为 $5.6 \times 10^{-3} m^3$，保存率为 75.7%。通过多性状指数选择法按 20% 的入选率筛选了 5 个优良种源用于下一步的遗传改良研究（马妮等，2014）（表 4-2）。

表 4-2　粗枝木麻黄种源各性状均值、标准差及变异系数

种源	树高（m）	胸径（cm）	单株材积（m³）	主干分叉习性	主干通直度	保存率（%）
G19	6.74	6.18	0.0079	3.82	2.29	79.2
G02	6.13	5.95	0.0071	4.07	2.35	85.4
G03	5.99	5.81	0.0063	4.32	1.95	91.7
G13	5.85	5.64	0.0064	3.72	2.53	81.3
G10	5.93	5.62	0.0066	3.95	2.63	72.9
G15	5.83	5.59	0.0066	4.44	2.02	81.3
G01	6.08	5.54	0.0070	4.07	2.20	31.3
G23	5.67	5.53	0.0055	4.40	2.33	85.4
G07	5.56	5.48	0.0064	3.69	2.50	87.5
G05	5.70	5.48	0.0056	4.02	2.18	89.6
G06	5.86	5.40	0.0056	4.23	2.14	89.6
G18	5.76	5.33	0.0056	4.00	2.17	85.4
G21	5.97	5.28	0.0053	4.15	2.71	64.6
G25	6.00	5.23	0.0065	4.47	2.21	83.3
G08	5.37	5.02	0.0048	4.24	2.05	79.2
G17	5.01	4.95	0.0045	4.23	2.09	75.0
G22	5.21	4.94	0.0042	4.03	2.39	70.8
G20	5.35	4.87	0.0055	4.14	1.94	66.7
G24	4.86	4.84	0.0036	4.42	2.50	25.0

（续表）

种源	树高（m）	胸径（cm）	单株材积（m³）	主干分叉习性	主干通直度	保存率（%）
G16	5.47	4.81	0.0045	4.40	2.31	85.4
G04	5.15	4.74	0.0042	4.11	1.89	77.1
G14	4.98	4.62	0.0036	3.81	2.26	87.5
G12	5.10	4.45	0.0038	3.69	2.41	56.3
总平均	5.66	5.30	0.0056	4.10	2.25	75.7
标准差	2.17	1.73	0.0051	1.41	0.86	23.8
变异系数（%）	38.4	32.7	91.8	34.3	38.4	31.5

四、细枝木麻黄种源试验

对造林 4 年后细枝木麻黄 15 个种源的试验表明，除保存率外，树高、胸径、单株材积、主干分叉习性和主干通直度在不同种源间均存在极显著差异，表现最好的种源在树高、胸径、单株材积、主干分叉习性、主干通直度和保存率比所有种源的平均值分别增加了 27.6%、44.3%、183.1%、13.0%、15.2% 和 25.5%。遗传参数估算结果表明，这 6 个性状的遗传力较高，介于 0.54~0.91（张勇，2013），说明各性状的差异主要由遗传因素所致，均具有较强的遗传选择潜力（表 4-3）。

表 4-3 细枝木麻黄种源各性状均值、标准差及变异系数

种源	树高（m）	胸径（cm）	单株材积（m³）	主干分叉习性	主干通直度	保存率（%）
C11	6.89	8.17	0.0195	4.14	3.46	77.1
C08	6.65	7.22	0.0098	4.60	3.80	83.3
C20	6.70	6.96	0.0105	4.05	3.80	83.3
C14	6.14	6.90	0.0109	4.11	3.31	75.0
C10	5.99	6.17	0.0077	4.61	3.75	91.7
C13	6.34	6.13	0.0091	4.18	3.25	58.3
C16	5.72	5.77	0.0064	4.20	3.64	91.7
C17	5.95	5.48	0.0061	4.38	3.56	76.2
C15	4.57	5.19	0.0044	3.37	3.00	72.9
C12	4.58	5.17	0.0046	3.64	2.94	78.6
C03	4.81	5.10	0.0044	4.17	3.08	75.0
C04	4.26	4.92	0.0038	3.69	2.67	100.0
C05	4.90	4.67	0.0037	4.38	3.31	60.4
C19	4.16	3.68	0.0020	4.03	3.16	90.5
C18	3.68	3.64	0.0016	3.76	2.88	81.0
平均	5.40	5.66	0.0069	4.08	3.30	79.7
标准差	2.46	2.07	0.0045	1.22	0.70	10.9
变异系数（%）	45.7	36.7	65.6	29.9	21.1	13.7

五、山地木麻黄种源试验

仲崇禄（2002）利用参加"国际山地木麻黄种源试验"项目的机会开展了山地木麻黄在华南地区两地点的种源试验。研究结果发现山地木麻黄树高、胸径和单株材积在地点间、种源间和地点 × 种源间互作间均有显著或极显著差异。种源树高、胸径、单株材积和保存率性状间均表现出极显著的正相关，特别是树高的早期表型和遗传相关达到极显著（表4-4），可用于种源的早期选择。在入选率为20%时，树高、胸径和单株材积的遗传增益可达24.0%、22.4% 和60.9%。

表 4-4　山地木麻黄树高早晚期遗传相关系数（右上角）和表型相关系数（左下角）

造林时间	5个月	12个月	26个月	35个月	48个月	60个月
5个月	—	0.985	0.892	0.912	0.905	0.890
12个月	0.976	—	0.937	0.959	0.963	0.952
26个月	0.875	0.919	—	0.991	0.978	0.965
35个月	0.874	0.919	0.966	—	0.995	0.986
48个月	0.867	0.919	0.949	0.988	—	0.998
60个月	0.853	0.908	0.932	0.975	0.993	—

注：$r_{0.01}=0.108$。

利用 2008 年在海南省临高县林木良种场建立的山地木麻黄 28 个种源试验林，韩强等（2017a）开展了山地木麻黄的材性遗传变异的种源选择。研究结果表明，造林 7 年后，山地木麻黄的木材密度和纤维长度在种源间存在极显著差异（$P<0.01$）。纤维长宽比在种源间存在显著差异（$P<0.05$），纤维宽度在种源间差异不显著。种源间木材密度、纤维长度、纤维宽度和纤维长宽比的平均值分别为 $0.62g/cm^3$、0.80mm、17.39μm 和46.41，变幅范围分别为 $0.48\sim0.70g/cm^3$、$0.68\sim0.87mm$、$15.98\sim20.02μm$ 和 $39.15\sim50.07$。遗传方差分析表明，山地木麻黄种源遗传力除了纤维宽度较小之外，木材密度、纤维长度和纤维长宽比分别为 42.1%、18.1% 和 10.9%，表明山地木麻黄的材性受到中等以上程度的遗传控制。通过选择指数法选择了种源号为 17877、19490、19489 和 18849 这 4 个综合性状优良的种源。

第二节　杂交育种

杂交育种（cross breeding）是通过有性交配，将 2 个或多个不同遗传型亲本的优良性状结合在一个杂种个体中，再经过选择、测定、繁殖而育成新品种的一种育种方法。对于生长期长、遗传杂合度高、半野生状态的乔木树种，传统的杂交育种仍是其改良性状、提高生产力和创制新品种的主要方法。传统的杂交技术是选择具有目标性状（速生、抗性、干形优良等）的父母本优树，先采集父本优树花粉贮藏，然后在母本开花前对雌花进行去雄和套隔离袋，雌花开放后利用已收集的花粉进行人工控制授粉，授粉成功后摘去隔离袋，杂交种子成熟后收获种子，育苗后在野外进行子代遗传测定，从子代中选择符合目标性状的子代进行无性化推广应用，或利用杂交子代的表现反向选择配合力高的父母亲本，建立杂交种子园生产杂交种子用于大规模造林。

　　研究已表明，木麻黄属内的种间杂交较容易，如 Gaskin 等（2009）在美国的加利福尼亚州用 AFLP 分子标记的方法发现了木麻黄属中的短枝木麻黄、细枝木麻黄和粗枝木麻黄的天然杂交种是广泛存在的。在埃及，研究人员获得了细枝木麻黄 × 粗枝木麻黄的天然杂交种，发现这个杂交种具有明显的杂交优势（El-Lakany，1981）；印度森林遗传和树木育种研究所（IFGTB）通过控制授粉获得了短枝木麻黄和山地木麻黄的杂交种，田间测定发现 2 年的平均材积生长比自由授粉对照增加 88%~108%（Nicodemus et al.，2011）。在我国，湛江林业科学研究所和汕头市林业科学研究所在 20 世纪七八十年代进行了短枝木麻黄和粗枝木麻黄的种间杂交研究，获得了一些优良杂交子代并进行无性系繁殖推广应用，但该项工作因缺乏经费的支持而未能持续下去。

　　达到生理成熟期后的木麻黄树体高大，无论是花粉采集还是套袋授粉都很困难和不安全，常用的优树搭架等授粉的方法成本很高，在野外复杂的环境下易被频繁的台风或人畜破坏，且安全性低。野外露天的环境下，人工套袋易被沿海地区的强风或枝条刮破，且木麻黄花粉易受雨水或露水的冲刷而影响授粉效率；进行花粉收集贮藏、雌花套袋和人工授粉等都需要付出庞大的劳动和材料成本。这些因素都使得传统的杂交育种方法用在木麻黄树上成本高、效率低、安全性差和可操作性差。因此，有必要对木麻黄杂交亲本进行矮化和盆栽，使得木麻黄控制授粉能在更易于操作的环境下进行，避开野外露天这些恶劣环境对控制授粉前后的影响。另一方面，解决常规人工套袋授粉方法造成的低坐果率和结实率的问题，提高控制授粉的效率（附图 4-3~ 附图 4-6）。

一、三种木麻黄的开花物候及雌雄株比例的观测

　　在我国引种和应用较多的木麻黄科植物就只有木麻黄属的 3 个种，即短枝木麻黄、粗枝木麻黄和细枝木麻黄，其中短枝木麻黄的栽种面积最大，在广东、海南、福建和广西的木麻黄沿海防护林树种均主要以短枝木麻黄为主；其次是粗枝木麻黄，因其抗寒性较高，主要栽种在浙江和福建部分沿海地区；而细枝木麻黄的栽种面积更小，在上述的几个省份均有少量栽种。但这 3 种木麻黄的开花物候期如何？是否会因为它们开花期的重叠而产生种间天然杂交的可能？另外，木麻黄属是以雌雄异株为主，兼有少量雌雄同株的植物，这 3 种木麻黄在自由授粉子代人工林中各自雌株、雄株和雌雄同株所占的比例如何？我们利用 1996 年在福建省惠安县赤湖国有防护林场建立的木麻黄国际种源试验林（现已改建成滨海森林公园）设立短枝木麻黄、细枝木麻黄和粗枝木麻黄 3 个树种的观测样地各 3 个，每个 0.2hm^2（50m×40m，每个样地约有木麻黄 100 多株），在春秋开花季节观测记录 3 种木麻黄的开花物候和性别比例。

在华南地区，木麻黄的开花期集中在晚冬至春天，其中细枝木麻黄开花期最早，从年底 12 月开始就已大量开花，持续到次年的 2 月底；短枝木麻黄从早春（2 月早旬）开始大量开花，3 月为旺盛花期，持续到 5 月初；粗枝木麻黄的开花期最晚，从 2 月底开始，持续到 5 月底，3 月底至 4 月初是旺盛花期。根据我们的观察，温度较高的地区（如海南）木麻黄开花较早，而温度较低的地区（福建和浙江）木麻黄的花期相对较晚。天气状况对花期会产生较大影响，如果春天气温较低木麻黄的花期也会推迟。由图 4-2 可知，三种木麻黄的花期虽然不完全一致，但具有明显的重叠期，说明这三种木麻黄具有种间天然杂交的潜在可能。在我国，一些通过实生林中选优而获得的木麻黄优良无性系明显兼有短枝木麻黄与粗枝木麻黄或短枝木麻黄与细枝木麻黄的一些表型特征，可能是 3 个种间的天然杂交种，但还未有研究者利用分子标记技术对它们进行鉴定。

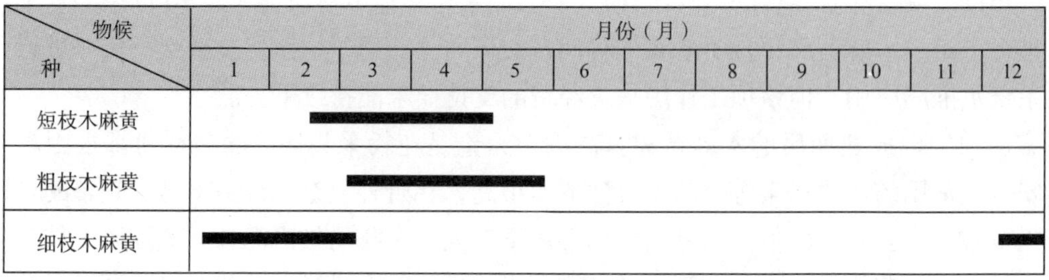

物候 种	月份（月）											
	1	2	3	4	5	6	7	8	9	10	11	12
短枝木麻黄		▬▬▬▬▬▬▬										
粗枝木麻黄			▬▬▬▬▬▬									
细枝木麻黄	▬▬▬▬▬▬											▬▬

图 4-2　木麻黄 3 个种的开花物候期

3 个样地的观测结果表明（表 4-5），木麻黄 3 个种都以雌雄异株为主，其比例都超过 90%，雌雄同株仅占 1.1%~6.7%，其中粗枝木麻黄的雌雄同株占比例最大，为 6.7%，短枝木麻黄雌雄同株的比例最小，仅为 1.1%。短枝木麻黄的雌雄同株比例远低于 Pinyopusarerk 等（1996）在印度调查的 10%~15% 的比例。3 种木麻黄都是雄株的比例明显高于雌株的比例，这与其他分布区或引种区的雌雄比例是基本一致的。例如短枝木麻黄的雄株和雌株的比例在印度是 56%：42%（Dorairaj & Wilson，1981），在泰国是 48%：35%（Luechanimitchit & Luangviriyasaeng，1996），其原因可能是因为风媒传粉成功率很低（Whitehead，1969），且木麻黄花粉的活力普遍较低，新鲜花粉仅有 13.2% 活力（Zhang et al.，2011），木麻黄为了达到生殖保障（reproductive assurance）的目的而在长期进化过程中形成的一种适应机制（McKone，1987；Pannell，1997）。

表 4-5　木麻黄 3 个种的雌雄比例　　　　　　　株

木麻黄树种	调查总数	雄株数 （比例%）	雌株数 （比例%）	雌雄同株 （比例%）	雌雄未知 （比例%）
短枝木麻黄	267	168（62.9）	96（36.0）	3（1.1）	0（0）
粗枝木麻黄	315	168（53.3）	120（38.1）	21（6.7）	6（1.9）
细枝木麻黄	270	168（62.2）	66（24.4）	6（2.2）	30（11.1）

二、木麻黄亲本嫁接矮化技术

木麻黄优树矮化的方法有两种，一种是采集木麻黄优树的接穗进行嫁接，从而矮化优树；另一种是对木麻黄优树的枝条进行空中压条，枝条生根后剪下移栽，也能矮化优树。因为一般达到生理成熟期的优树都很高大，进行空中压条操作起来很困难，所以，我们在进行优树矮化时一般都通过嫁接的方法进行矮化。

木麻黄嫁接通常采用切接方法，具体操作是把采集的穗条去掉梢头，削成接穗，在接穗下芽背面1cm处斜削一刀，削掉三分之一的木质部，斜面长约2cm，再在斜面的背面斜削个小削面，稍削去一些木质部，小削面长0.8~1cm，在需嫁接处剪除砧木，选皮厚、光滑、纹理顺的地方，用刀垂直从砧木切口往下略削少许，再在皮层内略带木质部垂直切下2cm左右，将接穗插入砧木的切口中，使接穗的长斜面两边的形成层和砧木切口两边的形成层对齐、靠紧，如果接穗细，必须保证一边的形成层对齐（图4-3）。采用家庭用的保鲜膜卷捆绑接穗，首先将其用刀切成3cm长的保鲜膜卷，再用这些保鲜膜卷由下向

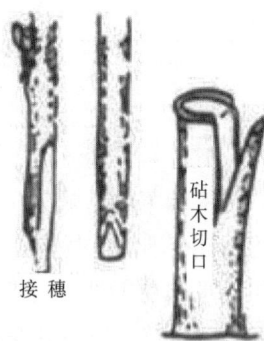

图 4-3 切接示意图

上捆绑和包裹接穗，防止下雨或浇水时水分进入嫁接接口处，造成接口发霉或腐烂，影响成活率。

以短枝木麻黄无性系惠1为砧木，试验了木麻黄种内、种间（短枝×粗枝，短枝×细枝）和属间（木麻黄属：短枝木麻黄×异木麻黄属：滨海木麻黄）嫁接的成活率，研究木麻黄种内、种间和属间嫁接的亲和力，以及嫁接后接穗的开花率。

木麻黄种内嫁接的成活率很高，其中的短枝木麻黄种内无性系间嫁接成活率最高，而短枝木麻黄实生苗接穗和相同种无性系砧木间的嫁接成活率稍低。接穗为细枝木麻黄或粗枝木麻黄，砧木为短枝木麻黄的种间嫁接成活率显著低于短枝木麻黄的种内嫁接成活率。异木麻黄属的滨海木麻黄和短枝木麻黄的属间嫁接没发现有成活的例子，说明木麻黄不同属间的遗传距离太远，嫁接不亲和。同一属内的种间嫁接可能是木麻黄嫁接能亲和的极限遗传距离。

嫁接后的次年春天，部分嫁接苗的接穗就开始大量开花（附图4-5）。根据表4-6可知，种内、种间嫁接的开花率有明显差异，相同种的短枝木麻黄无性系间嫁接的开花率最高（74.2%），短枝木麻黄、细枝木麻黄和粗枝木麻黄实生优树接穗与短枝木麻黄砧木种内或种间嫁接的次年开花率并没有显著差异。通常情况下，木麻黄实生苗需要3~5年，无性系苗需要2~3年进入生理成熟期。木麻黄采集成熟枝条作为接穗进行嫁接，次年春天接穗便可大量开花，大大缩短了木麻黄的育种周期。优树经过嫁接矮化后，作为杂交亲本栽种到苗圃或种子园中，可以更方便地控制亲本的人工授粉环境。另外，还可以把嫁接苗移栽到花盆中，根据杂交育种的需要，把嫁接亲本移入室内或在室外开展花期控制、花粉收集、人工授粉等工作。

表 4-6　木麻黄种内、种间和属间嫁接成活率、次年开花率

砧木	接穗	嫁接类型	嫁接成活率（%）	次年开花率（%）
惠 1 （短枝木麻无性系）	短枝木麻黄无性系	种内嫁接	91.4 [a]	74.2 [a]
	短枝木麻黄		87.0 [a]	42.3 [b]
	细枝木麻黄	种间嫁接	36.0 [c]	39.8 [b]
	粗枝木麻黄		45.0 [b]	35.6 [b]
	滨海木麻黄	属间嫁接	0.0 [d]	—

注：Duncan 多重比较中标注有相同字母表示没有显著差异（$P < 0.01$）。

三、木麻黄花粉收集、贮藏和活力测定

木麻黄的常规人工控制授粉杂交必然要涉及到杂交父本的花粉收集问题。木麻黄达到性成熟后的优树往往树体高大，雄花一旦成熟后花药的花粉囊张开，花粉即随风散播，难以在野外进行花粉收集。我们通常是观察雄株亲本的花序即将成熟散粉的前几天，就将花序所在的花枝剪下，带回室内插入装有干净清水的桶中，并放在光线充足的室内进行培养，地上铺上大张的白纸，用于收集散落的花粉粒。待花序的花粉囊张开后，轻轻抖动花枝，让花粉散落在白纸上，然后把纸上的花粉收集起来，用筛子筛掉杂质后装入干净的玻璃瓶子或离心管，做好标记后放入装有硅胶的乐扣盒子中保持花粉干燥状态，放入 -20℃冰箱中贮存待用（附图 4-4）。

为了解决木麻黄杂交育种中父母亲本花期不遇或花粉的长距离运输等问题，对木麻黄花粉进行贮藏保存和花粉活力测定的研究具有非常重要的实践意义。影响贮藏花粉活力的主要因素有温度、湿度和氧气，低温、低湿和低氧气浓度的环境下可使花粉中的酶活性减弱，呼吸作用降低，代谢受到抑制，从而可使花粉长时间保持较高的活力。花粉活力的检测方法主要有染色法和萌发法，但染色法虽然简单快捷，但受花粉的特性影响较大，不能完全反映花粉的实际萌发活力。而离体萌发法是最接近花粉的实际活力，而且观察指标明显，易于区分花粉的活力，在实际应用中使用最多。花粉萌发培养基中，糖浓度、硼和钙离子浓度、pH 值、培养温度等都对花粉的萌发有影响，而与木麻黄亲缘关系较近的西南桦（*Betula alnoides*）的花粉离体萌发的最适温度是 30℃，最佳蔗糖浓度是 15%，硼酸浓度是 200mg/kg。

我们采用离体萌发法，利用 1% 的琼脂培养基（pH 值调为 6.8）诱导短枝木麻黄的花粉萌发，筛选离体萌发培养基中营养元素（蔗糖和硼酸）的最佳浓度和最佳培养条件（温度）。利用获得的最佳培养基和培养条件，在室温（25℃）、4℃和 -20℃的贮藏条件下，分别在 3 天、7 天、15 天和 30 天时测定花粉的萌发率；用扫描电子显微镜观察短枝木麻黄新鲜花粉和 4℃贮藏 1 个月后花粉的形态差异。

由图 4-4 可见，不同浓度的蔗糖对短枝木麻黄花粉的萌发率有显著影响，当蔗糖浓度为 15% 时花粉萌发率最高，为 7.0%，而蔗糖浓度高于或低于 15% 时花粉的萌发率相应降低，没有蔗糖时萌发率最低，只有 1.2%。SAS 方差分析 Duncan 多重比较表明，培

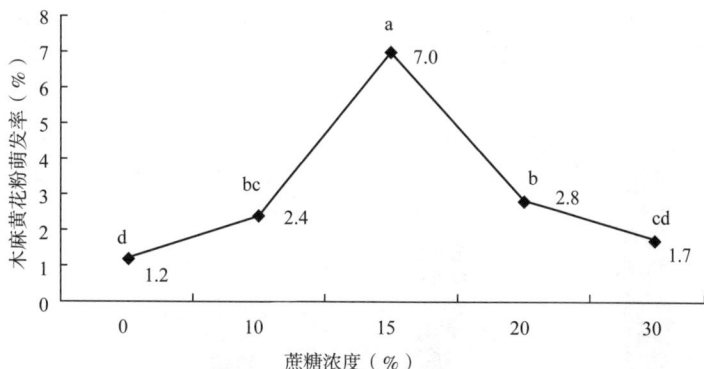

图 4-4　蔗糖浓度对短枝木麻黄花粉萌发率的影响

养基蔗糖浓度为 15% 时的花粉萌发率显著高于其他浓度处理。这说明 15% 的蔗糖浓度是最适合短枝木麻黄花粉萌发的浓度。

在含 15% 蔗糖的培养基中加入不同浓度的硼酸，由图 4-5 可知，硼酸对木麻黄花粉萌发的影响非常明显。不加硼酸的萌发率只有 7.0%，加入硼酸时，最高可以达到13.2%。硼酸浓度为 0~250mg/kg 时，木麻黄花粉的萌发率随着硼酸浓度的增加而提高，当超过 250mg/kg 时，花粉的萌发率显著降低，说明过高的硼酸抑制了花粉的萌发。SAS方差分析和 Duncan 多重比较表明，硼酸浓度为 250mg/kg 时的花粉萌发率与其他浓度处理有显著差异，是木麻黄花粉萌发培养基的最佳硼酸浓度。

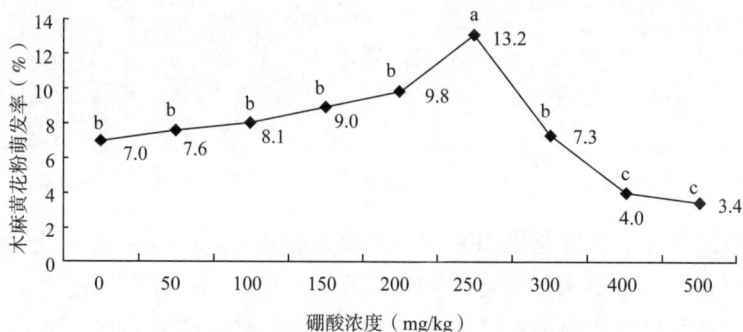

图 4-5　硼酸对木麻黄花粉萌发率的影响

试验结果（图 4-6、图 4-7）表明，木麻黄花粉萌发率在各种贮藏温度下都随贮藏时间的延长而下降，但下降速度差异很大。在室温下，花粉贮藏 3 天的萌发率只有 0.79%，贮藏 7 天已不见有萌发的花粉粒；在 4℃ 冷藏的花粉贮藏 3 天的萌发率为11.20%，贮藏 7 天的萌发率为 8.47%，贮藏 15 天的降低到 4.79%，贮藏 30 天后只有2.33%；而在 -20℃ 冷冻的花粉贮藏 3 天的萌发率高达 13.16%，贮藏 7 天的达 10.32%，贮藏 15 天下降为 9.86%，贮藏 30 天的萌发率仍有 8.32%。这说明木麻黄花粉在室温下的贮藏时间很短，3 天后绝大部分花粉失去了活力。低温能非常有效地保持木麻黄花粉的生活力，如 -20℃ 贮藏 30 天的花粉比贮藏 7 天的萌发率仅降低了 2.0%。

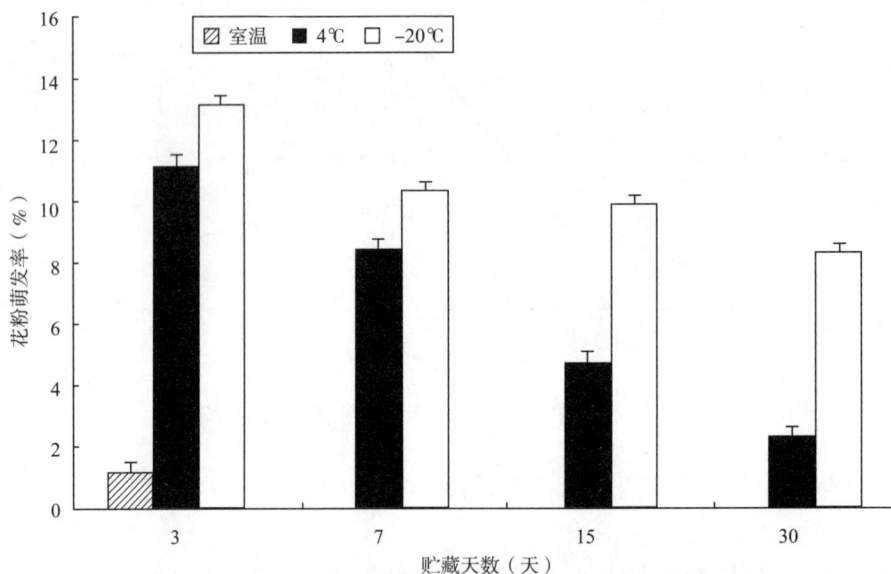

图 4-6　贮藏温度和时间对木麻黄花粉萌发率的影响

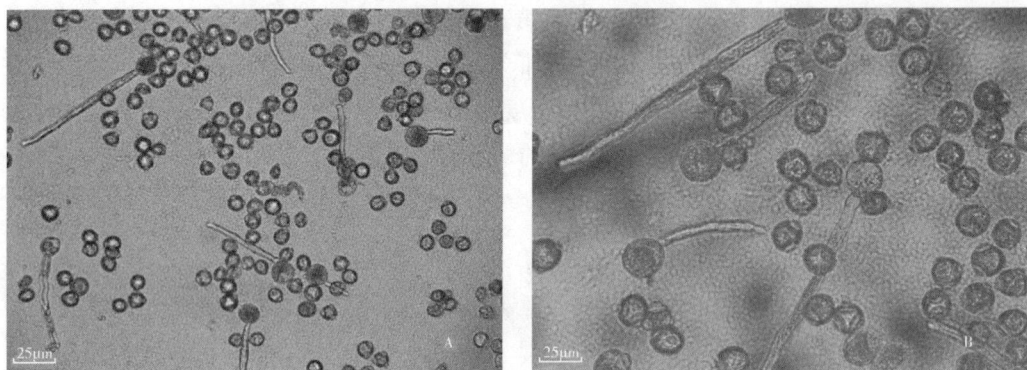

图 4-7　花粉在 15% 蔗糖（A）和 250mg/kg 硼酸（B）培养基上的萌发（拍摄：武冲）

　　在电子显微镜下观察新鲜花粉和 4℃贮藏 30 天的花粉，可以明显看出新鲜花粉粒多数形态饱满，而 4℃储藏 30 天后大部分花粉粒收缩变形，说明在贮藏过程中水分及养分的消耗使得木麻黄花粉粒收缩变形，失去活力，而低温低湿低氧的环境可使得木麻黄花粉中的酶活性减弱，呼吸作用降低，代谢受到抑制，从而更长时间地保存花粉的活力。

　　综上所述，利用离体萌发法所测得的短枝木麻黄花粉活力总体活力较低，最高也只达到了 13.2% 的萌发率。虽然花粉离体培养的萌发率并不能完全反映花粉在柱头上的实际萌发率，但扫描电子显微镜观察也发现短枝木麻黄花药中萎缩变形的花粉比例较高，说明木麻黄花药产生小孢子时的败育率较高。但由于木麻黄花粉量非常大，数量巨大的花粉弥补了花粉活力不足的缺陷，保证了木麻黄雌花正常的传粉受精需求。短枝木麻黄花粉在不同温度下贮藏，花粉活力下降速度差异极为显著。在室温下贮藏 3 天后大部分的花粉已丧失活力，但在 −20℃贮藏下花粉活力下降速度缓慢，30 天花粉萌发率仍达到 8.3%，完全可以满足木麻黄杂交育种中花期不遇和异地授粉的要求（图 4-8）。

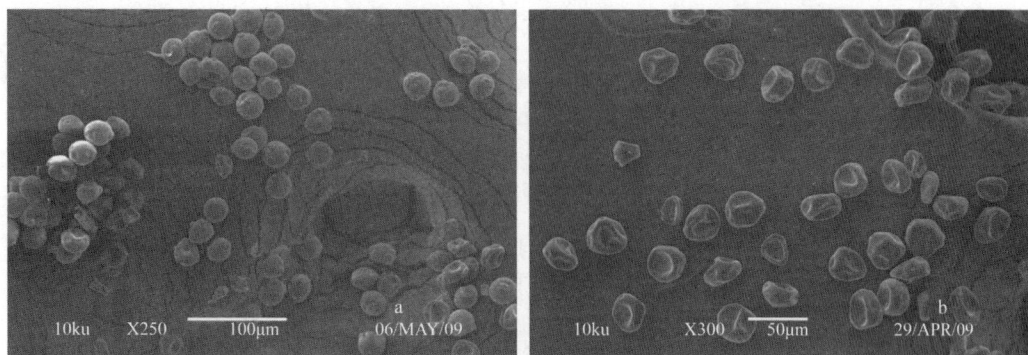

图 4-8　扫描电镜下的短枝木麻黄花粉形态（拍摄：武冲）

注：a 为短枝木麻黄新鲜花粉粒；b 为 4℃贮藏 30 天的花粉粒。

四、木麻黄控制授粉杂交

木麻黄的控制授粉杂交最开始是选择好母本后，通过搭建脚手架或站梯子上对母本的雌花进行套袋人工授粉。由于达到生理成熟期后的木麻黄树体高大，无论是花粉采集还是套袋授粉进都成本高昂、费时费力且不安全（附图 4-3），搭建的脚手架或控制授粉的套袋在野外也容易被沿海地区频繁的强风或台风破坏。后来经过嫁接矮化后，把矮化后的杂交亲本栽种到苗圃中，仍通过套袋控制授粉的方法进行杂交，大大提高了操作的安全性和便利性，并降低了成本、提高了效率（附图 4-5）。

木麻黄杂交亲本矮化后方便了人工控制授粉杂交的操作。但在木麻黄育种中，已有的研究发现常规套袋授粉杂交获得的坐果率和结实率都较低（Nicodemus et al., 2011；Zhang et al., 2014），在一些杂交组合中很难获得足够多的杂交种子用于下一步的子代测定和选择。根据对短枝木麻黄人工控制授粉时套袋内温室和湿度的测量，我们认为人工控制授粉时套袋内的高温高湿环境可能是导致木麻黄杂交低坐果率和结实率的主要原因。因此，我们设计了控制授粉室授粉的方法，即在温室内利用透明的塑料薄膜隔离出几个临时性的长方体空间作为木麻黄的控制授粉室，其功能类似于常规控制授粉的透明袋子来隔绝外来的花粉。授粉室的长 × 宽 × 高是 1.5m×1.5m×2m，每个控制授粉室都设有一个独立的门。在春天短枝木麻黄的雌雄株即将开花的时候，把杂交的雌雄亲本盆栽嫁接苗移入控制授粉室，待雌雄花开放时人工抖动雄花花枝，让同一授粉室内的雌花充分接触到花粉。待到授粉室内的母本雌花完全枯萎后，把母本移出授粉室继续生长。我们将这个控制室控制授粉与常规套袋人工授粉方法进行比较，以自由授粉方法为对照，观测指标包括坐果率、结实率和球果结籽数（表 4-7）。

表 4-7　3 种授粉方法获得的坐果率、结实率和球果结籽数

授粉方法	坐果率（%）	结实率（%）	球果结籽数（粒）
控制授粉室授粉	89.9 ± 12.0a	51 8 ± 10.1a	81.8 ± 16.1a
套袋人工授粉	7.0 ± 6.2c	8.1 ± 5.9c	68.3 ± 13.3b
自由授粉（对照）	69.5 ± 13.8b	28.3 ± 9.9b	74.5 ± 15.2ab

　　根据表 4-7 显示的结果，控制授粉室授粉方法和另外两种常规授粉方法获得的坐果率、结实率都有显著差异，但在球果结籽数上的差异较小。控制授粉室授粉方法能分别获得 89.9% 的坐果率和 51.8% 的结实率，显著高于套袋授粉方法（坐果率和结实率分别为 7.0% 和 8.1% 的）和自由授粉方法（坐果率和结实率分别为 69.5% 和 28.3%）。

　　在太阳直晒条件下从 8：30 到 15：30，3 种授粉方法测得的温度有明显的差异。常规套袋授粉的套袋内记录的最高温度可达到 39℃，而在控制授粉室内和室外自由授粉记录到的最高温度分别是 35.8℃ 和 33.5℃（图 4-9）。

　　根据图 4-10 所示，套袋授粉方法和控制授粉室授粉方法，或套袋授粉方法和自由授粉方法内的相对湿度都有相当大的差异，但控制授粉室授粉方法和自由授粉方法的相对湿度差异则较小。

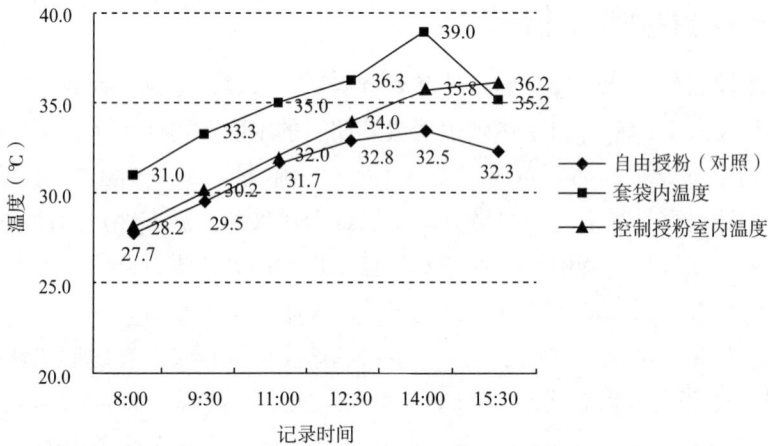

图 4-9　3 种木麻黄授粉方法内部的温度对比

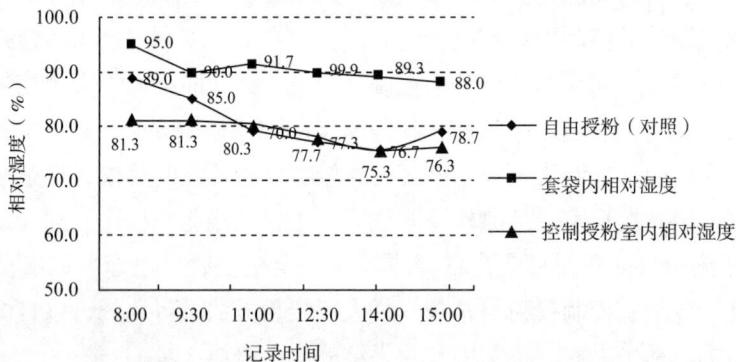

图 4-10　3 种木麻黄授粉方法内部的湿度对比

　　根据前面获得的试验结果，我们设计了一个新的木麻黄控制授粉室，利用前面的控制授粉室方法进行木麻黄杂交，用于一次性生产大量组合的木麻黄杂交种子（图 4-11）。控制授粉室利用钢管和玻璃建造，里面有 10 个分隔的小室，授粉室顶部装有遮阴设施，阳光强烈时用于防止授粉室内温度过高。每个小室的长、宽、高分别是 3.0m、3.0m 和

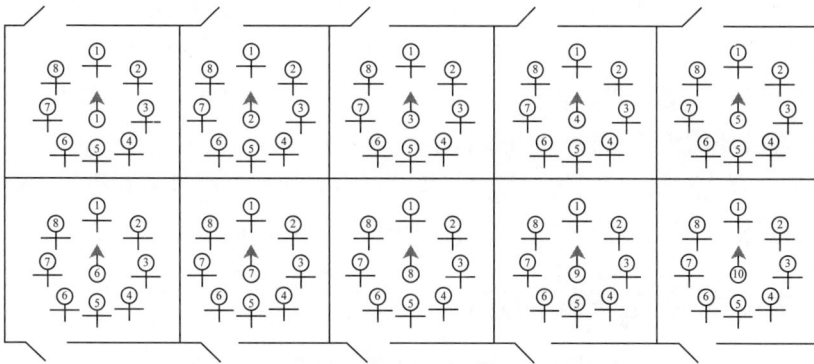

图 4-11 木麻黄盆栽嫁接亲本杂交控制授粉室示意图

注：♂ 和 ♀ 分别为亲本中的父本和母本。

2.0m，每个小室装有单独的门，同时每个小室内安装一个小电风扇，用于模拟室外的自然环境，产生气流，为授粉室内风媒的木麻黄传粉，避免了人工抖动花序的麻烦和造成花粉污染的可能性，同时节省了人力。在本设计中使用了析因交配设计，10 个控制授粉小室意味着一次控制授粉最多可使用 10 个不同的候选父本，每个候选父本周围的 7 个母本意味着单次的控制授粉室授粉杂交可获得最多 70 个杂交组合的杂交种子用于子代测定应用。

4—5 月是华南地区木麻黄的主要开花期。在这个时期内，室外太阳直射下的温度可达到 30℃或更高，但套袋授粉的隔离袋内的温度会因为温室效应（greenhouse effect）而比室外更高（高达 39℃）。另外，植物在阳光下强烈的蒸腾作用会导致隔离袋内比外界具有更高的湿度。这些高温和高湿环境会加速木麻黄花粉的呼吸代谢作用，从而导致花粉活力的迅速降低（Gudin et al., 1991；Wang & Lu, 2002）。在前面的研究中，已经证实木麻黄花粉在室温下贮藏 3 天的萌发率会迅速从 13.2% 下降至 0.8%（Zhang et al., 2011），且通过利用荧光技术观察花粉管在柱头上的运动，发现木麻黄花粉粒在柱头上最少需要 6 个小时来萌发（未发表数据）。隔离袋内的高温和高湿环境，加上木麻黄花粉粒萌发所需要的较长时间，可能使得大部分的花粉粒在萌发前就失去了活力，从而导致了常规套袋授粉方法获得坐果率和结实率很低。另外，木麻黄花枝上的不同雌花花序或雌花花序上不同位置的小花开放时间并不完全同步，一或两次的人工授粉使得许多处于未可授期内（unreceptive period）的花序或小花未能成功接受花粉，这样可能也导致了套袋授粉方法的低坐果率和结实率。

在 8：00~15：30 的大部分时间里，控制授粉室内和室外的温度和相对湿度的差异是很小的，这些相似的环境条件确保了木麻黄雌花序和雄花序能在合适的温湿度环境下进行授粉和受精。当保持未授粉的状态下，木麻黄的雌花的可授期（receptive period）能持续长达 28 天（张勇，2013；Zhang et al., 2016），在这个时间内，连续开放的雄花序散发出的新鲜花粉能及时接触到大部分处于可授期内的柱头，从而比常规套袋授粉方法获得更高的坐果率和结实率。

一般情况下，木麻黄在华南地区自然环境下能正常授粉和受精。但实际上，木麻黄的授粉和受精会受到很多环境因素的干扰，如风、雨水、露水和昆虫等，而且室外开放的环境下空气中花粉密度低，使得有活力的花粉粒接触到木麻黄雌花柱头的概率很低，从而造成了雌花序的传粉限制（pollination limitation）现象（Jennifer et al.，2001）。相比之下，在控制授粉室小而封闭的空间内，雄花序散发出的高密度的花粉使得更多有活力的花粉粒能接触到柱头，理所当然会比自由授粉获得更高的坐果率和结实率。

五、木麻黄杂交子代测定

利用上述的控制授粉室技术，我们在 2010 年开展了以短枝木麻黄为母本（包括无性系和实生优树），短枝木麻黄、粗枝木麻黄或细枝木麻黄为父本的种间和种内控制授粉杂交（表 4-8），获得了一批杂交组合的种子，利用这些杂交组合的种子在热林所苗圃育苗后进行了杂交子代的苗期测定。

表 4-8　木麻黄杂交组合子代信息

序号	杂交组合子代	母本♀	父本♂
1	H04	无性系 No.10	东山 2 号
2	H05	无性系 No.10	惠 45
3	H06	无性系 No.10	粗枝 1 号
4	H08	无性系 No.10	自由授粉
5	H10	无性系 No.4	自由授粉
6	H12	无性系 No.4	惠 45
7	H16	无性系 No.4	粗枝 1 号
8	H17	短优 1 号	粗枝 1 号
9	H18	短优 1 号	东山 2 号
10	H19	短优 1 号	惠 45
11	H21	短优 1 号	自由授粉
12	H23	湛江 3 号	惠 45
13	H25	湛江 3 号	粗枝 1 号
14	H27	湛江 3 号	自由授粉
15	H28	雌雄同株	自由授粉
16	H29	雌雄同株	雌雄同株（自交）

注：杂交组合中母本均为短枝木麻黄，父本中东山 2 号为短枝木麻黄，惠 45 为细枝木麻黄，粗枝 1 号为粗枝木麻黄，雌雄同株为短枝木麻黄。

从杂交子代芽苗移栽到营养袋后的 40 天开始进行 6 次苗高测定，表 4-9 的结果可以看出，随着时间的推移，苗高的标准差和变异系数越来越大，说明不同交配组合间的苗高差异越来越大；在这 16 个组合中，无论是种间杂交还是种内杂交，其子代的苗高生长总体上优于自由授粉子代，说明利用经过选择的优树亲本进行杂交获得的子代在苗

表 4-9　木麻黄杂交子代苗期苗高生长表现　　　　　　　　　cm

杂交组合	40 天苗高	50 天苗高	60 天苗高	70 天苗高	80 天苗高	90 天苗高
H16	40.47	44.16	45.88	48.27	51.12	54.23
H18	28.70	32.03	34.43	36.86	39.81	42.63
H23	28.23	30.85	34.80	39.51	44.15	48.86
H08	28.07	31.51	33.78	37.24	42.06	46.20
H17	27.52	29.42	31.34	33.12	35.81	37.61
H06	27.51	31.27	33.33	35.63	39.26	40.96
H04	26.53	30.20	32.85	35.37	39.46	43.72
H05	24.13	26.48	28.43	30.57	34.05	37.85
H27	23.48	25.72	29.03	30.14	36.46	40.89
H21	23.45	25.72	26.97	30.14	31.89	34.72
H12	23.00	24.84	26.44	28.67	32.27	35.39
H10	22.97	25.31	27.35	29.24	33.28	36.74
H19	22.52	25.56	28.53	31.82	35.33	38.51
H25	18.65	21.94	24.51	27.98	31.40	32.90
H28	15.46	16.51	17.95	19.63	21.87	24.53
H29	12.77	13.80	14.60	15.57	16.78	18.41
平均	24.48	27.04	29.24	31.82	35.12	38.24
LSD	4.57	5.55	5.77	6.40	5.09	6.12
标准差	9.55	10.60	11.72	12.73	14.20	15.63
变异系数（%）	30.46	31.82	32.37	32.43	33.30	34.25

期获得了明显的杂种优势，但种间杂交子代和种内杂交子代的苗高差异则没有发现明显的规律。另外，交配组合子代中苗期生长表现最差的是 H29（雌雄同株自交），且显著低于它的对照 H28（雌雄同株自由授粉），说明木麻黄存在着显著的近交衰退现象。杂交组合 H16（701-2×粗枝 1 号）在 6 次的苗高测定中都是表现最好的组合，且极显著高于其他所有的组合处理，表明该杂交组合的雌雄亲本可能是具有较高特殊配合力的亲本组合。

利用控制授粉室技术，2007 年获得了种内和种间杂交组合 12 个（表 4-10）。杂交种子育苗后，2008 年 9 月台风雨季节在海南省临高县建立子代测定林。试验地位于海南省临高县临城镇林木良种场，海拔 5m，年均温 23.5℃，年降水量 1700mm，土壤类型为赤红壤。试验地前茬为桉树，挖掉树头后采用机耕全垦的方式整地。试验采用随机完全区组设计，6 株小区，8 次重复，株行距 2m×3m。每穴施用基肥（复合肥）100g，试验地四周种 3 行木麻黄无性系 A8 作为保护行。造林 4 年后对各试验点的种源/家系进行每木调查，观测性状包括树高、胸径、主干分叉习性、主干通直度和保存率，通过树高和胸径计算单株材积。

表 4-10　木麻黄杂交组合子代信息

序号	杂交组合子代	母本♀	父本♂
1	Z01	平潭 2 号	自由授粉
2	Z02	平潭 2 号	WC9
3	Z03	平潭 2 号	惠 65
4	Z04	平潭 2 号	惠 86
5	Z09	平潭 2 号	吴阳 1 号
6	Z05	8 年生粗枝木麻黄	WC9
7	Z07	8 年生粗枝木麻黄	自由授粉
8	Z08	8 年生粗枝木麻黄	吴阳 1 号
9	Z12	8 年生粗枝木麻黄	惠 65
10	Z10	10 年生短枝木麻黄	吴阳 1 号
11	Z06	10 年生短枝木麻黄	WC9
12	Z13	10 年生短枝木麻黄	自由授粉

注：平潭 2 号为短枝木麻黄，WC9 为短枝木麻黄，惠 65 为细枝木麻黄，惠 86 为粗枝木麻黄，吴阳 1 号为短枝木麻黄。

　　从表 4-11 的方差分析可知，12 个组合的木麻黄杂交子代在 5 个性状间均存在极显著差异，说明不同杂交组合的子代能产生显著的遗传差异。如表 4-12 所示，在树高方面，杂交组合 Z10（10 生短枝木麻黄 × 吴阳 1 号）表现最好，4 年生平均树高达到了 8.04m，比它的自由授粉对照（Z13）增加了 39.1%，但和另一个母本相同的杂交组合 Z06 的差异不显著。母本为平潭 2 号的组合 Z02（平潭 2 号 × WC9）树高生长表现好于自由授粉对照（Z01）和其他母本相同的杂交组合（Z03、Z04 和 Z09），但达不到统计学上的显著程度。母本为 8 年生粗枝木麻黄的 3 个杂交组合（Z05、Z08 和 Z12）的平均树高都比自由授粉（Z07）的对照高，但都没有达到显著程度。在胸径方面，杂交组合 Z08 表现最好，显著大于自由授粉的对照组合（Z07），增加了 34.2%，但和其他母本相同的组合的差异达不到显著程度。母本为平潭 2 号的杂交组合中以 Z02 的胸径表现最好，自由授粉对照（Z01）表现最差，但各组合间的差异均达不到显著程度。母本为 10 年生短枝木麻黄的组合中，杂交组合 Z10 的平均胸径显著大于自由授粉的对照 Z13，但和相同母本的杂交组合 Z06 没有显著差异。在单株材积方面，只有杂交组合 Z10 的单株材积显著大于自由授粉对照 Z13，增加量高达 233.3%，但其他相同母本的组合间均没有显著差异。在主干分叉习性方面，杂交组合 Z03 的得分最高（5.11），且显著高于母本相同的杂交组合 Z02（3.72），而和其他 3 个母本相同的组合没有显著差异；其他杂交组合间的主干分叉习性得分虽然存在差异，但均达不到显著程度。在主干通直度和保存率方面，所有的交配组合均没有显著差异。

表 4-11　木麻黄各交配组合子代各性状的方差分析

变异来源	自由度	总方差	均方	F 值	Pr>F
树高	11	178.89	16.26	4.17	<0.0001

（续表）

变异来源	自由度	总方差	均方	F 值	$Pr>F$
胸径	11	176.54	16.05	2.73	0.0021
单株材积	11	0.0033	0.00029	2.92	0.0011
直干分叉习性	11	90.19	8.199	3.25	0.0003
主干通直度	11	15.18	1.38	1.42	0.0693
保存率	11	3675.43	334.13	1.12	0.0832

表 4-12　木麻黄交配组合各性状均值、多重比较、标准差和变异系数

杂交组合	树高（m）	胸径（cm）	单株材积（m³）	主干分叉习性	主干通直度	保存率（%）
Z10	8.04	7.22	0.016	5.09	2.64	93.8
Z08	7.17	8.83	0.016	4.00	2.67	87.5
Z02	8.00	7.66	0.016	3.72	3.00	91.7
Z03	7.54	6.46	0.014	5.11	3.11	91.7
Z04	7.65	6.72	0.012	4.92	3.23	83.3
Z01	7.17	6.56	0.012	4.68	3.28	79.2
Z12	7.22	6.96	0.011	4.36	3.28	83.3
Z09	7.64	6.16	0.010	4.00	2.67	95.8
Z06	7.02	6.48	0.010	4.47	3.19	89.6
Z05	6.59	6.71	0.0092	4.14	2.92	77.1
Z07	6.06	6.58	0.0082	3.61	2.70	91.7
Z13	5.78	4.87	0.0048	4.07	3.09	95.8
平均	6.99	6.55	0.011	4.34	3.06	88.4
LSD	1.98	2.42	0.011	1.39	ns	ns
标准差	0.71	0.93	0.010	1.59	0.25	6.31
变异系数（%）	28.2	37.0	94.5	36.6	25.2	7.1

注：ns 表示无显著差异，下同。

　　在本研究中，我们利用获得的木麻黄控制授粉新技术，前后开展了 2 次木麻黄属的种内和种间控制授粉杂交育种，获得的杂交种子分别用于苗圃的苗期测定和田间的子代遗传测定，目的是验证木麻黄控制授粉技术在杂交育种实践中的应用。

　　杂交子代的苗期测定结果表明，母本优株和经过选优的父本进行杂交获得的子代在苗期生长明显优于母本的自由授粉子代，说明利用经过选优的亲本进行杂交能显著提高杂交子代的杂种优势。而雌雄同株自交（H29）的子代苗期生长最差，表明木麻黄和其他很多树种一样，存在着较严重的近交衰退现象。

　　已有很多文献报道林木苗期选择（饶显生等，2001；王庆斌等，2002；周永学等，2004），但通常认为较短时间的苗期生长不能全面反映林木的后期生长潜力和其他性状（如干形、抗性等）特征，不提倡对林木进行高强度的苗期选择。但在实际的杂交育种工作中，我们可以通过苗期测定淘汰一些苗期生长表现很差的杂交组合（可能是由于近交衰退等原因造成），从而减少田间试验的规模，降低试验成本和工作量，但又不会造

成遗传增益的损失（Beaulieu et al.，1996），在育种工作中有重要的实践意义。

在林木育种中，一般是利用 1/5~1/2 的轮伐期对子代进行早期选择（Lambeth，1983；马常耕，2000；孙晓梅等，2004；金国庆等，2011），个别树种甚至从 1/7 的轮伐期进行早期选择（胡德活等，2001）。木麻黄工业用材林的轮伐期一般为 7~10 年（Pinyopusarerk，1996），我们的杂交子代田间试验的 4 年生长期已基本达到木麻黄 1/2 的轮伐期，完全可以通过早期选择获得杂交组合中的优良家系和单株。木麻黄控制授粉杂交子代的测定中，我们采用了 6 个性状进行了观测，但在进行育种选择时，对过多的性状指标同时进行选择会造成各个性状遗传增益的降低，因此我们在选择时应针对事先确立的育种目标，采用合适的选择方法。例如我们把速生作为最重要的育种目标，但同时要兼顾有较好的干形和适应性等，可以采用选择方法中的独立淘汰法（independent cullingmethod）（Hazel & Lush，1942），给除了速生指标（如树高或胸径）外的其他指标设定一个最低标准值（如选择标准为性状平均值加上 1 个标准差），如果达到这些标准值就可入选，然后从这些入选的杂交组合或个体中再进行速生指标的选择。

本试验利用少数的亲本进行控制杂交表明，利用经过选优的亲本进行控制授粉杂交，其杂交子代的生长表现明显优于作为对照的自由授粉子代，说明经过选择的杂交亲本可显著提高杂交子代的遗传增益。在下一步的育种中，我们将利用种源试验等收集和筛选出来的育种材料，通过控制授粉新技术，大量开展木麻黄种内和种间控制杂交育种，并对杂交子代进行选择，为生产不断提供优良的种植材料。

第三节　无性系选育

在 1982 年以前，木麻黄主要是以种子的形式进行有性繁殖。因为有性繁殖时的父本和母本基因的重新组合，使得子代的遗传品质产生分化，子代生长表现参差不齐，父本或母本优树具有的优良性状很难在大规模的人工林生产中得到保持和充分利用。木麻黄的水培扦插生根技术被发明后（梁子超和岑炳沾，1982），幼枝水培扦插生根技术大大降低了木麻黄无性繁殖的成本，优良无性系可在生产上快速大量生产和推广，使得我国木麻黄人工林的生产力得到迅速提高，轮伐期也大大缩短。

种源选择试验中筛选出优良家系并获得优良单株后，或经过人工控制杂交或自由授粉杂交，从获得的杂交子代中选出优良单株后，经过无性化繁殖把优良单株变成无性系苗木，再在田间进行无性系测定和选择，最终选育出优良无性系用于大规模推广，提高木麻黄人工林的生产力和防护效益（附图 4-7、附图 4-8）。

一、无性系测定

利用在海南、广东和福建 3 个省选育的 17 个短枝木麻黄无性系，在海南省岛东林场和文昌市林科所 2 个试验点开展了无性系测定试验。无性系测定林造林后第 7 年，对无性系的树高、胸径、单株材积、主干分叉习性、主干通直度和保存率 6 个性状进行观测和分析。参试无性系信息见表 4-13。

表 4-13　2 个试验点 17 个短枝木麻黄无性系信息

无性系号	选育地点	无性系号	选育地点
3	广东	17	福建
4	广东	20	福建
6	广东湛江	21	福建
7	广东湛江	27	福建
9	广东湛江	28	福建
10	广东湛江	34	广东湛江
14	福建	36	福建
15	福建	38	海南岛东
16	福建		

方差分析表明（表 4-14），无性系间的 6 个性状均有显著差异，说明通过选择，能从这些无性系中获得显著的遗传增益；无性系和地点的交互作用除了主干分叉习性以外差异均极显著，说明了无性系在不同环境的生长表现是不完全一致的。

表 4-14　木麻黄无性系 6 个性状方差分析

性状	变异来源	自由度	总方差	均方	F 值	$Pr>F$
树高	无性系	16	2375.29	148.46	18.36	<0.0001
	无性系 × 地点	16	1196.63	74.79	9.93	<0.0001
胸径	无性系	16	2712.29	169.52	16.28	<0.000
	无性系 × 地点	16	1267.469	79.217	8.05	<0.0001
单株材积	无性系	16	0.425	0.0265	15.99	<0.0001
	无性系 × 地点	16	0.194	0.0121	7.72	<0.0001
主干分叉习性	无性系	16	98.42	6.15	2.04	0.0002
	无性系 × 地点	16	599.36	37.46	1.57	0.035
主干通直度	无性系	16	65.73	4.11	9.42	<0.0001
	无性系 × 地点	16	774.4	48.40	3.54	<0.0001
保存率	无性系	16	1698.5	106.16	8.76	<0.0001
	无性系 × 地点	16	2632.32	164.52	4.52	<0.0001

注：数据引自张勇等（2011）。

由表 4-15 可知，文昌试验点表现最好的无性系（21 号）在树高、胸径和单株材积比最差无性系（38 号）分别高了 69.9%、68.8% 和 390.0%，比平均值分别高了 12.6%、15.3% 和 46.3%。岛东试验点生长表现最好的无性系（4 号）在树高、胸径和单株材积比最差无性系（3 号）分别高了 60.7%、54.4% 和 147.5%，比平均值分别高了 10.1%、13.1% 和 22.2%。由于无性系在两试验点存在着显著的无性系与试验点的互作关系，各无性系在两试验点的表现并不完全相同，如在文昌试验点，单株材积高于平均值的 8 个

表4-15　2个试验点木麻黄无性系各性状均值、多重比较、标准差和变异系数

无性系	文昌试验点						岛东试验点					
	树高(m)	胸径(cm)	单株材积(m³)	主干通直度	分叉习性	保存率(%)	树高(m)	胸径(cm)	单株材积(m³)	主干通直度	分叉习性	保存率(%)
21	16.46	14.28	0.098	5.23	3.41	87.5	16.05	14.46	0.093	5.80	3.85	85.9
4	15.17	13.60	0.082	4.80	3.23	88.8	15.98	15.04	0.099	4.52	3.80	82.8
17	15.91	13.40	0.081	4.82	3.85	95.0	15.25	14.46	0.087	5.86	3.76	98.4
34	15.21	13.37	0.076	5.44	3.64	93.8	16.19	14.85	0.099	4.25	3.64	95.3
36	15.54	13.36	0.081	4.65	3.12	85.0	15.98	14.09	0.096	5.85	3.84	48.4
27	15.03	13.35	0.077	3.23	2.74	73.8	15.25	13.65	0.079	3.26	3.76	89.1
20	15.83	13.17	0.079	5.87	2.23	92.5	16.70	14.06	0.091	5.26	3.50	82.8
16	15.03	13.13	0.068	4.86	3.65	88.8	15.97	14.74	0.095	4.52	3.26	92.2
7	13.88	12.61	0.064	4.20	2.32	87.5	14.94	12.13	0.062	5.68	3.64	96.9
14	14.63	12.12	0.061	5.88	2.53	95.0	14.55	12.01	0.061	3.45	3.54	100.0
15	13.00	11.89	0.062	4.62	3.70	55.0	10.39	10.14	0.043	2.16	3.80	65.6
28	14.86	11.46	0.056	5.25	2.22	77.5	15.60	12.99	0.078	5.50	3.62	54.7
9	13.37	11.19	0.048	4.36	1.80	75.0	15.14	15.33	0.098	4.52	1.42	93.8
6	13.07	10.62	0.042	5.64	3.34	72.5	15.56	13.98	0.084	5.65	3.20	96.9
3	13.38	10.36	0.044	5.47	3.82	85.0	12.38	9.95	0.040	5.82	3.45	68.8
10	13.73	10.18	0.042	4.58	3.24	50.0	15.26	14.00	0.087	4.53	2.41	78.1
38	9.69	8.46	0.018	5.82	3.52	35.0	15.52	12.93	0.077	5.90	3.68	81.3
总平均	14.61	12.39	0.067	5.04	3.08	78.7	15.17	13.55	0.081	4.85	3.54	83.0
LSD	1.05	1.48	0.016	1.34	0.68	25.4	1.14	1.68	0.020	1.68	0.54	21.6
标准差	2.45	3.17	0.039	0.76	0.65	17.3	2.50	3.04	0.041	1.10	0.35	15.5
变异系数(%)	16.78	25.55	57.23	15.14	20.98	21.9	16.46	22.42	50.01	22.68	9.86	18.7

无性系由大到小的排列为 21 > 4 > 17 > 36 > 20 > 27 > 34 > 16，而在岛东试验点单株材积高于平均值的 10 个无性系由大到小的排列为 4 > 34 > 9 > 36 > 16 > 21 > 20 > 17 > 10 > 6。在无性系的干形性状上，除了个别无性系的得分特别低之外（如 9 号无性系的主干通直度在两个试验点分别是 1.80 和 1.42），多数的无性系没有显著差异。在保存率方面，文昌试验点保存率最高的无性系为 95.0%，最低仅为 35.0%，而岛东试验点保存率最高的无性系达到 100.0%，最低为 54.7%，总体上比文昌试验点高。

两个地点 17 个木麻黄无性系 7 年生的平均材积为 185.0m³/hm²，年平均生长量为 26.4m³/hm²，其中最好无性系的年平均生长量达到 34.3m³/hm²。我国林木中生长速度最快的桉树的年平均生长量为 25~35m³/hm²（项东云和兰保国，1997），这是在高投入、高水平的施肥管理措施下取得的，而目前绝大多数的木麻黄人工林还处于低投入和粗放的管理模式，所以木麻黄是一种不逊于桉树的热带速生树种，通过加大投入和提高管理水平，进行优良无性系的选育和推广，木麻黄人工林的生长量仍有很大的上升空间。

二、无性系选择和遗传增益

进行林木育种个体的野外测定时，开展观测的性状往往会有多个，最终对林木的个体或无性系选择时要求进行多性状的综合选择。对林木进行多性状综合选择的方法有很多，包括有单项排列选择法、独立淘汰法、主成分遗传分析法、综合评分法和指数选择法等，这些选择方法各有利弊。其中 Smith-Hazel 指数选择法（Cotterill & Dean，1990）结合了性状按遗传力、经济价值和相互间的表型和遗传相关关系等因素，构成一个总的指数作为选择的唯一指标，是动植物育种中较为理想的多性状综合选择方法，近年来在林木育种选择中得到广泛的应用。

评价林木无性系的优劣，除了要有高的生长速度外，该无性系的适应性、抗性（在台风频发的沿海地区强调抗风性和抗病性）、干形等都是需要进行评价的性状。在海南省，木麻黄除了用于防风固沙、固碳增汇、调节小气候等生态用途外，其木材被大量用于旋切板材、造纸等工业用途，因此，把无性系的树高和胸径（生长量）、保存率（适应性）、主干分叉习性和主干通直度（干形）加入了综合评价的指标中，采用指数选择法进行综合选择，从而选择出一些兼顾生长速度、适应性和干形优良的无性系用于华南沿海地区的生态防护和工业用材等多用途人工林的生产。

遗传选择获得的遗传增益除了和候选材料的遗传变异大小有关系外，也跟选择强度有很大关系。在选择强度的确定上，育种工作者一般会根据育种工作的需要确定入选率。如在短枝木麻黄的种源/家系试验中（第三章），因为家系数较多（86 个），因此，可以加大选择强度，把入选率定为 10%，从而获得更高的选择差和遗传增益；而细枝木麻黄、粗枝木麻黄和木麻黄无性系的种源数或无性系数较少（分别是 15 个、23 个和 17 个），入选率只能加大至 20%，从而获得更多的优良育种材料，但其选择差和遗传增益会相应降低。也有的研究者在确定入选标准时，把选择指数的平均值加上一个选择指数标准差定为入选标准值（陆钊华等，2009）。按照这个入选标准，短枝木麻黄种源家系达到入选标准的家系有 15 个，入选率为 17.4%；无性系达到入选标准的无性系仅有 2 个，入选率为 11.8%。因此，作者认为入选率的确定最好是综合考虑家系、种源或无性系的具体数量和选择差，平衡优良育种材料的遗传多样性和期望遗传增益后进行确定，供选择种源或家系数量多的话可加大选择强度，种源或家系数少的话可适当降低选择强度，保证各个种的木麻黄有较宽的遗传基础用于进一步的杂交育种。

利用已获得的家系和种源遗传力或无性系的重复力，以及入选种源、家系和无性系均值和总均值的选择差，可计算各个种木麻黄和木麻黄无性系选择后的遗传增益。表 4-16 是短枝木麻黄、细枝木麻黄、粗枝木麻黄和木麻黄无性系通过单性状选择和多性状指数选择后，获得的遗传增益进行比较的结果。由表中结果可知，由单性状选择获得的遗传增益通常高于由多性状指数选择获得的遗传增益。细枝木麻黄不同种源的树高、胸径和单株材积的遗传变异较大，从而造成了选择差也较大，导致了无论是通过单性状选择还是多性状指数选择，从树高、胸径和单株材积上获得的遗传增益都较高。无性系单性状选择的遗传增益均高于指数选择，特别是在主干通直度性状上，说明该性状与其他性状存在着一定的负相关关系。

表 4-16　木麻黄单性状选择和多性状指数选择遗传增益的比较　　%

种或无性系	选择方法	树高	胸径	单株材积	主干分叉习性	主干通直度	保存率
短枝木麻黄	单性状选择	9.72	4.99	18.19	2.03	1.73	20.42
	指数选择	9.00	3.96	14.76	1.16	1.13	18.20
细枝木麻黄	单性状选择	21.70	25.93	81.00	6.95	13.33	10.01
	指数选择	21.70	25.93	76.58	2.83	10.66	—
粗枝木麻黄	单性状选择	2.61	1.73	2.57	0.16	7.92	8.55
	指数选择	2.10	1.38	2.21	—	0.24	6.16
无性系	单性状选择	7.91	7.09	15.83	5.70	6.04	13.13
	指数选择	6.53	4.79	10.91	3.74	1.53	8.11

第四节　抗性育种

木麻黄成为沿海防护林建设使用的主要树种，有赖于它具有在贫瘠、干旱、高盐碱、保水能力差的沿海沙荒地上能正常生长的能力，且能抵抗沿海的盐沫、强风（台风）、冬季干冷风、沙埋沙击等的侵害，在华南沿海的防风固沙、水土保持、农田防护、改善小气候等方面起到不可替代的作用。

因为木麻黄的天然分布范围广，木麻黄在长期进化演变过程中为适应不同的地理气候和各种生境，形成了各种各样、遗传变异丰富的种源或地理小种（geographic race）。这些种源或地理小种对一些特定的逆境或胁迫（如盐碱、低温、干旱、强风、病虫害等）有很强的抗性。根据这些特性，以它们为育种材料，可以选育出抗性品种用于一些特定生境的造林应用。

一、短枝木麻黄抗青枯病种源、家系和无性系的选择

木麻黄青枯病是由青枯雷尔氏菌（*Ralstonia solanacearum*）所引起的一种毁灭性的土传细菌性病害，主要由感染了青枯病的农作物（茄科作物、花生、番薯等）通过土壤、雨水等途径传染到木麻黄，能够堵塞寄主的输导组织，造成木麻黄树体水分的蒸腾量大于吸收量而导致树体干枯死亡。广东粤西地区的木麻黄沿海防护林是木麻黄青枯病暴发最严重的地区，而台风过后是木麻黄青枯病的高发期。近几年的台风"威马逊""海鸥"和"彩虹"袭击后引发的大规模青枯病暴发对粤西地区的木麻黄防护林造成了毁灭性的破坏，90%以上的木麻黄防护林发病死亡。

热林所木麻黄课题组于2014年春在广东省徐闻县的湛江国营防护林场建立了一个短枝木麻黄国际种源试验林，包括来源于10个国家的21个种源共84个家系（表4-17、表4-18）。该国际种源试验林建立后，经历了2014年7月的超强台风"威马逊"、2014年9月的强台风"海鸥"、2015年10月超强台风"彩虹"的袭击。台风袭击后粤西地区的木麻黄人工林都大规模暴发了青枯病，该种源试验林也发生了较严重的青枯病。但我们的调查发现，不同种源间的青枯病发病率有显著差异，如最高的贝宁种源（次生种源）的发病率高达75.0%，而泰国种源（原生种源）只有40.0%。来源于同一个国家的种源它们对青枯病的抗性也有很大的遗传差异，如泰国种源（原生种源）18298、21199和19297的发病率分别为40.0%、45.9%和56.8%，印度种源（次生种源）18013、18119和18040的发病率分别为42.5%、54.7%和58.2%；中国种源（次生种源）中的4个种源的抗病性的差异较小（47.7%、49.7%、47.8%和54.3%），这与我们研究发现中国短枝木麻黄种源的遗传多样性低、亲缘关系近、遗传基础狭窄的研究结果是一致的（Zhang et al.，2020）。这种遗传基础不利短枝木麻黄抗病性或其他性状的选育，必须要引进国外的种质资源，拓宽短枝木麻黄的遗传基础。相关性分析发现，不同种源间对青枯病的抗性与生长速度间并没有显著的相关性（未列出分析表），说明短枝木麻黄控制抗病性和生长速度的遗传基因是相互独立非连锁的状态，这对于遗传育种上选育兼顾抗病性和生长速度的木麻黄新品种是非常有利的。

表4-17　短枝木麻黄国际种源信息

序号	种源号	来源国家	家系数	纬度	经度	海拔（m）
1	18013	印度	2	19°50′N	85°53′E	3
2	18040	印度	1	20°20′N	86°06′E	10
3	18119	印度	3	9°15′N	79°20′E	5
4	18122	埃及	1	31°16′N	30°05′E	13
5	18128	越南	3	16°06′N	106°20′E	2
6	18135	肯尼亚	3	3°15′S	40°09′E	25

（续表）

序号	种源号	来源国家	家系数	纬度	经度	海拔（m）
7	18142	肯尼亚	3	3° 15′ S	40° 09′ E	25
8	18144	肯尼亚	2	4° 20′ S	37° 10′ E	5
9	18267	中国	6	20° 20′ N	110° 42′ E	5
10	18268	中国	11	19° 58′ N	110° 59′ E	10
11	18269	中国	10	24° 24′ N	118° 06′ E	6
12	18297	泰国	4	9° 21′ N	98° 27′ E	10
13	18298	泰国	3	7° 33′ N	100° 37′ E	2
14	18312	瓦努阿图	1	17° 45′ S	168° 18′ E	30
15	18355	贝宁	1	6° 24′ S	2° 13′ W	8
16	18357	菲律宾	1	9° 19′ N	118° 29′ E	10
17	18402	所罗门群岛	7	8° 07′ S	157° 08′ E	2
18	18403	所罗门群岛	6	8° 07′ S	157° 08′ E	2
19	18565	瓦努阿图	2	20° 07′ S	57° 44′ E	2
20	18586	中国	3	21° 35′ N	109° 00′ E	2
21	21199	泰国	10	7° 33′ N	100° 37′ E	2

表 4-18 短枝木麻黄不同国际种源对青枯病的抗病性差异

序号	种源号	来源国家	发病率（%）	胸径（cm）	树高（m）	保存率（%）
1	18013	印度	42.5	9.4	11.1	78.1
2	18312	瓦努阿图	43.4	4.7	6.0	83.3
3	18269	中国	47.7	5.2	6.9	43.9
4	18403	所罗门群岛	44.6	8.7	10.2	64.4
5	18402	所罗门群岛	47.9	7.9	8.9	60.0
6	18298	泰国	40.0	12.6	13.8	36.5
7	21199	泰国	45.9	11.5	12.3	49.2
8	18268	中国	49.7	9.9	12.1	67.6
9	18586	中国	47.8	9.2	12.4	68.1
10	18119	印度	54.7	9.9	11.7	70.3
11	18357	菲律宾	47.5	5.8	7.9	37.5
12	18267	中国	54.3	9.6	10.8	77.1
13	18040	印度	58.2	7.2	9.0	41.7
14	18142	肯尼亚	60.6	6.1	7.6	46.5
15	18297	泰国	56.8	8.8	9.4	39.5
16	18135	肯尼亚	58.3	6.1	8.6	52.8
17	18128	越南	57.8	10.1	12.3	66.8
18	18122	埃及	65.0	4.7	7.1	62.5

（续表）

序号	种源号	来源国家	发病率（%）	胸径（cm）	树高（m）	保存率（%）
19	18565	瓦努阿图	66.9	6.2	7.8	52.8
20	18144	肯尼亚	70.0	4.1	6.5	75.6
21	18355	贝宁	75.0	7.6	10.1	62.5
平均	—	—	54.0	7.9	9.6	58.9

短枝木麻黄除了不同种源对青枯病抗性存在显著差异外，其种源间或种源内的家系的抗病性存在更大的遗传差异。如表4-19所示，青枯病发病率最低的家系其发病率只有20.9%（中国次生种源18269），而最高家系的发病率达到85.9%（贝宁次生种源18355）。这种遗传差异表明，可以从种源和家系两个遗传水平进行短枝木麻黄抗病新品种的选育，再从这些抗病家系中选择兼有其他优良性状的单株，通过基部砍伤促萌，或采集穗条嫁接，利用新萌发的嫩枝进行水培生根后移栽进营养袋中生长，形成无性系。这些优良单株无性系经过室内的切枝水培接种青枯病的抗病性初筛、苗圃接种青枯病的抗病性选择和田间发病区的抗病性测定和验证后，最终选育出抗青枯病且兼有其他优良性状的无性系用于生产推广。

表4-19　短枝木麻黄国际种源中不同家系的青枯病发病率

序号	种源号	家系号	发病率（%）	序号	种源号	家系号	发病率（%）
1	18269	219	20.9	20	21199	449	40.0
2	18267	202	23.4	21	18268	213	40.9
3	18298	283	24.1	22	18297	268	40.9
4	18402	378	25.0	23	18402	372	42.5
5	18268	211	26.0	24	18312	307	43.4
6	18269	221	26.6	25	18403	386	43.4
7	21199	437	30.9	26	21199	448	44.2
8	18013	32	32.5	27	18128	130	45.0
9	18268	208	32.5	28	18268	214	45.0
10	18269	226	32.5	29	18402	373	45.0
11	21199	441	32.5	30	18119	78	45.9
12	21199	446	32.5	31	18586	394	45.9
13	18403	381	35.9	32	18297	270	46.0
14	18269	227	37.5	33	18269	220	46.6
15	21199	442	37.5	34	21199	439	46.6
16	18298	287	38.4	35	18268	218	47.5
17	18403	389	38.4	36	18357	349	47.5
18	18267	201	39.1	37	18403	383	47.5
19	18403	388	40.0	38	18586	396	47.5

（续表）

序号	种源号	家系号	发病率（%）	序号	种源号	家系号	发病率（%）
39	18135	138	48.4	62	21199	477	59.2
40	18135	134	49.1	63	18142	146	60.0
41	18268	210	50.0	64	18402	379	61.7
42	18586	397	50.0	65	18403	127	62.5
43	18142	144	50.1	66	18403	387	62.5
44	18267	194	50.9	67	18355	337	64.1
45	18402	376	51.1	68	18122	93	65.0
46	18013	30	52.5	69	18267	192	65.0
47	18144	147	55.0	70	18128	129	65.9
48	18267	198	55.0	71	18297	267	68.4
49	18268	207	55.0	72	18297	265	70.0
50	18269	224	55.0	73	18142	142	71.6
51	18298	288	55.0	74	18267	203	71.6
52	18268	216	56.6	75	18565	392	73.2
53	18269	228	56.6	76	18267	195	75.0
54	18565	391	56.7	77	18269	222	75.9
55	18040	58	58.2	78	21199	445	75.9
56	18268	205	58.2	79	18135	132	77.5
57	18565	390	58.4	80	18269	223	77.5
58	18119	80	59.1	81	18565	393	79.1
59	18119	81	59.1	82	18268	206	80.0
60	18402	374	59.1	83	18144	148	85.0
61	21199	440	59.2	84	18355	341	85.9

热林所在前期选育出的 94 个无性系的基础上，经过实验室和苗圃试验的筛选，选出了 28 个抗风性比较好的无性系，分别在徐闻、吴川、电白、饶平等木麻黄青枯病的高发区建立野外试验和示范林（表 4-20）。2019 年 11 月，对吴川市吴阳镇的试验林调查发现，测定林四周的木麻黄无性系人工林已经发生了严重的青枯病危害，而我们复选出的 9 个无性系平均发病率为 1.2%~11.5%（对照无性系 A13 的发病率高达 42.1%），都表现了对青枯病的优良抗性，达到了抗病无性系选育的理想效果。这些抗青枯病无性系在病区种植 5.5 年时，经对活树体检测均没感染青枯病菌，而对照无性系活树体检测出了青枯病菌。前 5 个号的青枯病发病率小于 3.0%，其中已获新品种权的短杂 34 号发病率仅为 1.6%，且具有速生、干形优良等优良性状，具有很高的推广应用价值（表 4-21、附图 4-10）。其他抗青枯病研究结果见第九章。

表 4-20　热林所用于野外多点测定的无性系

序号	无性系号	来源或种源	序号	无性系号	来源或种源
1	34 号	海南	16	E-48	福建惠安
2	4 号	广东	17	E-49	马来西亚
3	7 号	广东	18	E-54	印度
4	16 号	海南	19	短枝 1 号	福建惠安
5	17 号	海南	20	短枝 4 号	福建惠安
6	20 号	福建	21	短枝 5 号	福建惠安
7	21 号	福建	22	短枝 6 号	福建惠安
8	27 号	福建	23	短枝 7 号	福建惠安
9	BF3	海南	24	粗枝 2 号	福建惠安
10	宝 9	海南	25	海口 1 号	海南
11	东 2	海南	26	惠安 1 号	福建惠安
12	E-7	广东电白	27	平潭 2 号	福建平潭
13	E-33	海南乐东	28	真 4	海南
14	E-34	海南乐东	29	A13（对照 1）	湛江
15	E-38	马来西亚	30	A8（对照 2）	湛江

表 4-21　吴川 6 年生木麻黄无性系抗青枯病野外测定结果

序号	无性系	胸径（cm）	树高（m）	发病率（%）
1	16 号	10.5	15.2	9.5
2	20 号	9.6	15.2	6.8
3	21 号	9.2	14.9	1.3
4	27 号	5.2	12.3	2.5
5	34 号	9.0	14.9	1.6
6	7 号	9.6	14.9	1.2
7	BF3	9.0	15.4	1.1
8	宝 9	10.9	15.8	6.4
9	东 2	8.86	14.6	11.5
10	A13（对照）	8.6	14.6	42.1

二、短枝木麻黄抗盐种源的选择

　　沿海地区因其特殊的地理环境，存在大量的盐渍土，特别是 些区域的盐度特别高，对木麻黄生长有明显的胁迫抑制作用，盐胁迫已成为木麻黄沿海防护林建设的重要限制因子。为了研究短枝木麻黄不同种源的抗盐性，以 9 个国家的 10 个短枝木麻黄种源种子小苗为材料（表4-22），通过研究5个浓度（0、50mmol/L、100mmol/L、150mmol/L、200mmol/L）NaCl胁迫下小苗的生长、生理生化的变化，探讨木麻黄不同种源抗盐性的遗传差异。

表4-22　参试的短枝木麻黄种源信息

种源号	种源	国家	纬度	经度	海拔（m）	年降水量（mm）
17862	Northern Territory	澳大利亚	12° 25′ S	130° 44′ E	3	1500
18015	Chandipur，Balasore，Orissa	印度	21° 30′ N	84° 53′ E	2	1600
18128	Hai Thinh，Ha Nam Ninh	越南	20° 22′ N	106° 21′ E	2	2000
18142	Kilifi	肯尼亚	3° 38′ S	39° 51′ E	20	1000
18244	BakoNationalPark，Sarawak	马来西亚	1° 44′ N	110° 30′ E	50	4000
18268	海南岛东	中国	19° 58′ N	110° 59′ E	10	1700
18297	Ban Kamphuam，Ranong	泰国	9° 21′ N	98° 27′ E	10	3000
18355	Cotonou	贝宁	6° 24′ N	2° 13′ E	8	1300
18402	Kolombangara	所罗门群岛	8° 07′ S	157° 08′ E	2	3500
18586	广西北海	中国	21° 35′ N	109° 00′ E	2	1500

（一）NaCl胁迫对短枝木麻黄种源种子发芽率的影响

种子的发芽率对林木出苗率有重要的影响。自然条件下，种子萌发受到温度、光、水分、空气的因素影响，逆境会抑制种子的萌发。从表4-23中可看出，只有18268种源在50mmol/L盐浓度下发芽率最高，大于对照组，说明种源18268在低盐浓度下明显促进其种子萌发，其他种源均是在对照条件下发芽率最高，在50mmol/L盐浓度发芽率已有较大的下降幅度，并随着盐浓度的上升，不同种源种子的发芽率均呈下降趋势。盐浓度到100mmol/L时，各种源种子发芽率仅为相应对照组的30%~50%，说明此时超过半数的种子已经失去萌发活力。当浓度达200mmol/L时，有半数种源种子没有萌发，整体发芽率的平均值也仅为2.7%，不足对照组的10%，说明浓度大的盐溶液严重抑制了短枝木麻黄种子的萌发。不同种源的种子在相同浓度NaCl胁迫下的种子萌发率差异极大，如种源18268和18586在200mmol/L的NaCl浓度仍有9%和11.5%的发芽率，而其他种源种子的发芽率已经为0或接近0。

表4-23　NaCl胁迫下短枝木麻黄不同种源种子发芽率的差异

种源	NaCl处理浓度（mmol/L）				
	0	50	100	150	200
17862	9.5	3	0.5	0	0
18015	14.5	5.5	5.5	3.5	0.5
18128	33	8.5	6.5	5	2
18142	32	24	7	0.5	0

（续表）

种源	NaCl 处理浓度（mmol/L）				
	0	50	100	150	200
18244	6.5	3	1.5	0	0
18268	48	59	41	19	9
18297	17.5	5.5	2	0.5	0.5
18355	25	13.5	5	7	3.5
18402	7	0.5	0	0	0
18586	40.5	36.5	26	19.5	11.5
平均值	23.35	15.90	9.50	5.50	2.70

（二）NaCl 胁迫对短枝木麻黄种源种子萌发时间的影响

试验结果表明，除了最高浓度 200mmol/L 的 NaCl 溶液处理以外，其他所有处理包括对照组，均是种源 18268 日均发芽数最高，200mmol/L 时 18268 种源位于第二，仅次于种源 18586 号。所有处理的种源种子萌发高峰期大约在播种后的第 8、9 天左右。萌发初始，所有受胁迫处理的种源与对照相比，日均萌发种子数均少于对照组，且随着盐浓度的增大种子萌发数逐渐减少，这说明盐胁迫对种子萌发有一定抑制延迟作用。当浓度为 200mmol/L 时，各处理种子萌发数量明显少于对照，并且试验过程中发现此处理浓度的种子相比其他处理种子更易霉烂，表明此处理的盐浓度对短枝木麻黄种子有明显的毒害作用。50mmol/L 时发芽种子数与对照较为接近，100mmol/L 和 150mmol/L 时发芽情况相对对照则明显迟缓，发芽种子数量减少。由结果可简单总结出在不同盐浓度下，种源 18268、18586 发芽能力最强，发芽数最多，对盐胁迫抗性最强。而种源 18015、18402 种子的耐盐性则相对较差（马妮，2014）。

（三）NaCl 胁迫对短枝木麻黄种源小苗生长的影响

盐胁迫对植株生长具有显著的影响。由表 4-24 可知，各种源苗高、地径增长量及生物量随盐浓度的增大而呈下降趋势，且低盐浓度如 100mmol/L 处理 45 天时苗高净生长量与对照组相比较，所有种源均有明显下降，降幅度最大的为 18142 种源，下降幅度达 51%，降幅最小的为 18355 种源，下降幅度为 24%。10 个种源地径净生长量与苗高的净生长量变化趋势相似，且在低盐浓度下与对照组相比变化幅度亦较大，下降幅度最大的为种源 18355，降幅达 44%，下降幅度最小的为种源 18015，降幅为 24%。低盐浓度下，10 个种源的生物量减少幅度较其他盐浓度处理也最大，与对照相比，种源 18402生物量减少最大，降幅为 61%，种源 18297 受其影响最小，仅较对照组降低 1%。根冠比的变化趋势与苗高、地径及生物量相反，但又不随着盐浓度的增大呈规律性的增大。除种源 18355，其他种源的根冠比基本随着盐浓度的增大，其比值也越高。由此可知，在盐胁迫条件下，短枝木麻黄苗高、地径的生长虽受盐害变化直接明显，但其反应不如生物量的变化更为敏感。

表 4-24　盐胁迫对短枝木麻黄不同种源小苗生长的影响

种源	盐处理	苗高增量（cm）	地径增量（mm）	地上部分生物量（g）	地下部分生物量（g）	总生物量（g）	根冠比
17862	T1	9.00	0.74	0.81	0.12	0.94	0.17
	T2	6.59	0.44	0.48	0.11	0.59	0.22
	T3	5.26	0.38	0.59	0.15	0.74	0.25
	T4	5.11	0.41	0.30	0.05	0.35	0.18
	T5	5.13	0.31	0.43	0.09	0.52	0.21
18015	T1	9.10	0.69	1.43	0.31	1.75	0.24
	T2	6.27	0.52	0.67	0.18	0.85	0.58
	T3	4.30	0.42	1.12	0.24	1.37	0.21
	T4	5.02	0.42	0.59	0.18	0.78	0.29
	T5	5.63	0.35	0.68	0.14	0.82	0.20
18128	T1	8.34	0.70	1.30	0.36	1.66	0.29
	T2	5.06	0.48	0.87	0.24	1.12	0.25
	T3	5.63	0.39	0.96	0.33	1.30	0.34
	T4	5.13	0.43	1.03	0.28	1.31	0.28
	T5	6.28	0.48	1.07	0.31	1.38	0.30
18142	T1	11.87	0.70	1.34	0.24	1.57	0.18
	T2	5.81	0.41	0.56	0.11	0.67	0.19
	T3	5.17	0.32	0.69	0.13	0.82	0.17
	T4	4.58	0.33	0.61	0.14	0.75	0.23
	T5	4.85	0.39	0.52	0.08	0.60	0.14
18244	T1	9.04	0.56	0.92	0.27	1.20	0.29
	T2	5.17	0.42	0.67	0.21	0.87	0.31
	T3	5.13	0.38	0.59	0.12	0.72	0.22
	T4	4.39	0.37	0.48	0.15	0.64	0.31
	T5	4.83	0.32	0.55	0.14	0.70	0.26
18268	T1	8.63	0.64	0.77	0.15	0.93	0.19
	T2	6.39	0.37	0.58	0.13	0.72	0.22
	T3	5.02	0.46	0.57	0.16	0.73	0.28
	T4	5.63	0.36	0.42	0.09	0.51	0.23
	T5	4.69	0.31	0.49	0.09	0.58	0.19
18297	T1	9.35	0.45	0.62	0.11	0.73	0.18
	T2	5.59	0.31	0.62	0.12	0.74	0.17
	T3	5.87	0.30	0.63	0.06	0.70	0.09
	T4	4.85	0.32	0.48	0.11	0.60	0.23
	T5	6.77	0.41	0.60	0.11	0.72	0.18

（续表）

种源	盐处理	苗高增量（cm）	地径增量（mm）	地上部分生物量（g）	地下部分生物量（g）	总生物量（g）	根冠比
18355	T1	9.03	0.72	0.98	0.24	1.22	0.28
	T2	6.83	0.40	0.46	0.18	0.64	0.97
	T3	4.57	0.42	0.90	0.21	1.11	0.25
	T4	5.54	0.49	0.63	0.13	0.76	0.21
	T5	4.47	0.37	0.75	0.13	0.88	0.17
18402	T1	10.53	0.65	1.77	0.30	2.07	0.17
	T2	7.73	0.42	0.67	0.12	0.80	0.18
	T3	5.33	0.39	1.02	0.16	1.19	0.16
	T4	5.93	0.38	1.00	0.20	1.21	0.22
	T5	5.95	0.38	1.30	0.29	1.59	0.23
18586	T1	10.67	0.68	1.25	0.36	1.61	0.24
	T2	5.73	0.39	0.71	0.12	0.83	0.15
	T3	5.61	0.33	0.68	0.12	0.80	0.17
	T4	5.68	0.48	0.70	0.17	0.87	0.24
	T5	5.71	0.35	0.76	0.12	0.88	0.16
平均	—	6.68	0.44	0.77	0.17	0.95	0.24

三、木麻黄无性系抗盐性选育

华南沿海地区有大量的低洼盐渍地，这种困难立地对植物，特别是乔木的生长形成严重的胁迫。另外，由海风和海浪带来的盐沫也对海边生长的植物造成严重的盐害。盐胁迫已成为沿海木麻黄生长和更新改造的重要限制因子之一。前面的研究已发现，不同种源来源的木麻黄对盐胁迫的抗性具有很大的遗传变异，因此，可以从抗盐性种源中选择优树进行无性繁殖变成无性系，经过遗传测定后可选育出具有抗盐性的无性系品种。本研究通过开展对木麻黄无性系水培苗的抗盐性研究，选育出抗盐性强的木麻黄无性系，并通过研究木麻黄在不同盐浓度下的生理生化特征变化，筛选出评价木麻黄无性系抗盐性的主要生化指标（附图4-9）。

（一）盐胁迫对无性系根生长的影响

试验材料使用广东和福建选育的9个短枝木麻黄无性系，将无性系的嫩枝用100mg/kg浓度的萘乙酸浸泡处理12h后进行水培，长出0~2cm长的根后，在5个浓度下的NaCl溶液（0%、0.1%、0.5%、1.0%、1.5%）继续水培生根，7天后对各无性系和各处理下根数、根长和其他生理生化指标进行测定，分析木麻黄无性系水培苗在盐胁迫下对根生长和根部生理生化响应的影响。因木麻黄水培苗在盐胁迫前已长根，为消除初始根数和根长对盐胁迫处理后根数和根长观测值的影响，我们采用协方差分析法来分析盐胁迫对无性系水培苗根生长的影响，初始根数和根长为协变量，根数和根长的增加量为目的变量（表4-25）。

表 4-25   不同无性系和盐浓度处理对根生长的影响

测定内容		根数（条）		根长（cm）	
		平均增加	多重比较	平均增加	多重比较
无性系	粤 501	4.76	A	1.81	A
	湛江 01	2.66	B	1.28	BC
	闽 7012	2.34	B	1.42	ABC
	闽 73	2.08	B	0.78	CD
	闽 41	2.03	B	1.58	A
	闽 2	1.69	BC	1.43	AB
	惠安 1 号	1.31	BC	0.65	DE
	闽 9013	1.16	BC	0.84	CD
	闽 98	0.31	CD	0.90	CD
盐浓度（%）	0	2.76	A	1.77	A
	0.1	2.68	AB	1.65	A
	0.5	2.52	AB	1.40	A
	1.0	1.73	B	0.89	B
	1.5	0.51	C	0.23	C

注：各无性系间或处理间没有相同字母表示有极显著差异（$P<0.01$）。

由表 4-25 可知，在盐胁迫下，9 个无性系水培苗的根数和根长增加都有极显著差异，5 个盐浓度处理下无性系水培苗各无性系在根数和根长平均增加量也有极显著差异。各无性系在根数和根长上以粤 501 平均增加最多，极显著高于其他所有无性系，说明该无性系具有较强的耐盐胁迫能力；而惠安 1 号、闽 9013、闽 98 的根数和根长增加的量最少，表明这 3 个无性系的耐盐胁迫能力都较弱。

Duncan 多重比较表明，盐浓度在 0、0.1%、0.5% 时对无性系水培苗的生根能力（根数和根长增加）都没有显著影响，而盐浓度达到 1.0% 时开始显著影响了木麻黄无性系水培苗根数和根长的增加，盐浓度达到 1.5% 时对根生长的抑制更明显。因此，盐胁迫抑制木麻黄无性系根生长的临界浓度为 0.5%~1.0%。

（二）无性系水培苗抗盐生理生化指标的主成分分析

在盐胁迫 0.5% 的浓度下水培 7 天后，测定 9 个无性系根的相对电导率（EC）、丙二醛（MDA）含量、脯氨酸（SPro）含量、超氧化物歧化酶（SOD）含量、过氧化物酶（POD）含量、可溶性蛋白（FPro）含量，再加上前面测的根数和根长的增加量（表 4-26），共 8 个生理生化指标进行主成分分析（由于各生理生化指标的纲量单位不同，主成分分析前先进行标准化处理），得到主成分的特征值和贡献率（表 4-26）。

表 4-26   盐胁迫下 9 个木麻黄无性系的生理生化指标平均值

无性系	RN（%）	RL（%）	EC（%）	MDA	SPro	SOD	POD	FPro
粤 501	810.0	291.2	43.9	8.3	78.1	0.25	105.5	9.3

（续表）

无性系	RN（%）	RL（%）	EC（%）	MDA	SPro	SOD	POD	FPro
湛江 01	202.1	113.9	15.4	7.0	59.6	0.34	98.3	5.2
闽 7012	64.8	153.7	22.2	3.8	43.2	0.34	121.6	8.8
闽 73	827.9	1135.9	33.5	2.9	11.7	0.29	78.5	7.2
闽 41	70.1	1652.6	46.6	6.1	48.9	0.33	100.0	8.5
闽 2	17.1	258.9	30.4	2.2	54.7	0.10	55.3	15.2
惠安 1 号	18.3	181.6	53.2	2.7	28.1	0.38	79.3	8.2
闽 9013	40.6	55.5	31.8	4.7	89.3	0.29	110.1	12.1
闽 98	129.2	1917.2	34.7	2.9	36.8	0.14	83.3	9.2

　　注：RN 为盐胁迫处理前后的根数增加率；RL 为处理前后的根长增加率；EC 为相对电导率；MDA 为丙二醛含量；SPro 为脯氨酸含量；FPro 为可溶性蛋白质含量。

　　从表 4-27 可看出，主成分分析结果中前 2 个主成分的累积贡献率已达 87.74%，代表了全部信息量的 87.74%，已超过 85%，故选取第一和第二两个主成分即可。根据输出的特征向量，得出第一和第二主成分方程：

$$Y_1=0.018X_1+0.007X_2+0.557X_3+0.055X_4+0.822X_5+0.0006X_6+0.105X_7+0.013X_8$$

$$Y_1=0.005X_1+0.002X_2+0.114X_3+0.012X_4+0.562X_5+0.004X_6+0.809X_7+0.122X_8$$

式中，Y 为主成分；X_1~X_8 为 8 个生理生化测定指标，X 的系数是其特征向量，即各个指标的得分，特征向量的绝对值越大，说明该主成分受该指标的影响越大。

　　在第一主成分中，X_5（SPro 含量）和 X_3（EC）的特征向量较大，说明第一主成分主要由这两个指标决定，可以认为它是植物在逆境下渗透压调节的因子；第二主成分中，X_7（POD 活性）和 X_5（SPro 含量）的特征向量较大，说明第二主成分中，POD 活性可作为评价木麻黄无性系苗抗盐胁迫的主要性状指标。

表 4-27　主成分特征值和贡献率

序号	主成分	特征值	贡献率（%）	累积贡献率（%）
1	脯氨酸含量（SPro）	729.60	63.90	63.90
2	相对电导率（EC）	272.15	23.84	87.74

（三）木麻黄无性系抗盐性的综合评价

　　以主成分分析确定的 3 个主导因子为木麻黄无性系抗盐的评价指标，用隶属函数法对 9 个木麻黄无性系进行综合评价。首先对每个木麻黄无性系各评价指标进行标准化转换采用下式求出极差标准化值：

$$\bar{X}_{ij}=（X_{ij}-X_{jmin}）/（X_{jmax}-X_{jmin}）\qquad（4-1）$$

式（4-1）中，X_{ij} 为 i 无性系 j 指标的测定值；X_{jmin} 为各无性系 j 指标的最小值；X_{jmin} 为各无性系 j 指标的最大值。

对于与木麻黄抗盐性呈负相关的性状，在对数据进行标准化处理后再用 $\bar{X}_{ij}=1-\bar{X}_{ij}$ 进行转化。

木麻黄各无性系各测定指标的极差标准值，分别由游离 SPro 含量、EC 和 POD 活性 3 个方面指标各自进行累加，求其平均值。应用综合评价指数对木麻黄各无性系的抗盐性进行评定，评价指数 F_i 采用下式计算：

$$F_i = \sum B_k A_{ik} \qquad (4-2)$$

式（4-2）中，A_{ik} 为 i 无性系 k 指标的平均值；B_K 为权重值。

权重值的确定利用前 2 个主成分的贡献率，其中游离 SPro 含量对主成分的影响最大，采用第一主成分的贡献率为权重值，EC 和 POD 活性采用第二主成分的贡献率作为权重值。对 3 个因子的权重值作归一化处理，得到游离 SPro 含量的权重值是 0.573，EC 和 POD 活性的权重值都是 0.214。木麻黄各无性系 3 个测定指标经标准化转换后的平均值及综合评价指数见表 4-28。根据综合评价结果，把 9 个木麻黄无性系的抗盐性分为 4 个级别，即好、较好、中等和差。无性系粤 501、湛江 01 和闽 7012 被评为抗盐性好的无性系。

表 4-28　木麻黄无性系抗盐性各指标的标准化值及综合评价

无性系	游离 SPro 含量	相对电导率	POD 活性	评价指数	抗盐指数	综合评价
粤 501	0.746	0.856	0.757	0.773	2	好
湛江 01	1.000	0.618	0.648	0.844	1	好
闽 7012	0.821	0.406	1.000	0.771	3	好
闽 73	0.522	0.000	0.350	0.374	7	中等
闽 41	0.175	0.479	0.674	0.374	8	中等
闽 2	0.604	0.554	0.000	0.465	5	中等
惠安 1 号	0.000	0.211	0.362	0.123	9	差
闽 9013	0.36	1.000	0.827	0.601	4	较好
闽 98	0.491	0.324	0.422	0.441	6	中等

（四）结　论

随着盐处理浓度的增强，木麻黄水培苗的根数和根长增加相应减少，说明盐胁迫对木麻黄水培苗的光合作用和碳水化合物代谢等造成了不利影响。在相同盐浓度下无性系的根生长越快，说明该无性系受到盐胁迫的影响越轻，表明了该无性系具有较强的抗盐胁迫能力。试验结果发现：盐溶液显著抑制短枝木麻黄水培苗根生长的临界浓度为 0.5%~1.0%，表明在不超过该浓度的盐胁迫条件下，短枝木麻黄无性系的生长不会受到明显的影响。

通过主成分分析表明，能反映木麻黄水培苗抗盐性的主要生理生化指标有游离 SPro 含量、EC 和 POD 活性 3 个参数。通过测定这 3 个生理生化参数开展短枝木麻黄抗盐品种的初步选择，可以节省大量的时间和经费，在抗盐新品种的选育中有较大意义。

四、木麻黄无性系抗风性选育

当对一树种开展新品种选育时，通常都会同时考虑多个性状进行综合选育，而不是只对某单一性状进行选育。例如，针对华南沿海台风频繁的现状，要开展木麻黄的抗风无性系的选育，不能只对抗风性这一个性状进行选育，还要保证该无性系有较好的生长性状，如生长速度、干形、适应性（保存率）等，只有这样的无性系品种才能被生产单位所接受，并在造林中大规模推广应用。

福建是我国东南沿海省份，每年受到台风的频繁袭击，对沿海树种，特别是防护林树种的抗风性具有很高要求。当前，福建沿海木麻黄防护林面临着种质资源贫乏、品种单一、衰老低效林分增多、病虫害严重、更新改造困难等问题（叶功富等，1996d；2000a，b）。针对这些问题，热林所和福建省林科院科研人员对华南东南沿海地区进行了大规模的木麻黄优树选择，将选择的优树采用嫁接或采集嫩枝水培生根的方式进行种质资源收集，同时对福建、广东和海南现有的木麻黄无性系进行收集，利用这些种质资源在福建惠安赤湖林场建立了木麻黄种质收集圃。利用收集到的这些木麻黄种质资源，通过野外试验测定筛选木麻黄速生和抗逆的优良无性系。

试验地设在福建省惠安县崇武镇后海村，崇武镇为三面临海的半岛，台风和冬季的强风频繁，每年台风登陆时间为 7—10 月，年降水量 1029mm。试验地距离海岸约300m，土壤为沙壤土，贫瘠，有机质含量低，周边木麻黄的星天牛和木毒蛾的虫害发生率较高。

试验材料选用从福建、广东和海南选育或收集的木麻黄无性系 48 个，用嫩枝水培生根后移栽到营养袋培育为高 1m 左右的小苗后造林。试验采用随机完全区组设计，每小区种植无性系苗 3 行，每行 10 株，3 次重复。

2007 年 5 月雨季造林，造林后每年观测树高、胸径和保存率。2009 年 9 月第 10 号强台风"莫兰蒂"（15 级）在试验林所在地区登陆后，对试验林造成了一定破坏，借此机会对试验林的无性系进行了抗风性调查，按无性系抗风性的分级标准，把调查结果划分为 4 个级别。

1 级：树干倾斜角度 >45°或折断；

2 级：树干倾斜角度 30°~45°；

3 级：树干倾斜角度 15°~30°；

4 级：树干倾斜角度 <15°。

同时，针对福建木麻黄星天牛幼虫危害较严重的情况，对无性系也进行了虫害率调查。星天牛危害的调查方法是以是否发现有星天牛幼虫蛀道为受虫害判别标准。星天牛幼虫大部分蛀道位于树干基部 10cm 以下甚至根部，调查时应拨开草丛，仔细察看虫粪与排粪孔，减少人为失误。虫害率的计算方法为：

$$虫害率（\%）= 虫害株数 / 调查株数 \times 100$$

树高和胸径的生长性状采用平均值统计，保存率为 3 个重复存活的总株数除以每无性系总株数，单株材积（m³）计算公式为：

$$V=3.14159\,D^2H/12000$$

利用 SAS 统计软件以调查数据进行方差分析，保存率和虫害率数据方差分析前进行反正弦变换，抗风性进行平方根变换，采用 Duncan 多重比较法对各个无性系进行多重比较。

从表 4-29 的方差分析可知，48 个木麻黄无性系之间的胸径、树高、保存率、抗风性和虫害率都有极显著差异，表明可针对不同的育种目标或要求从这些无性系中选择速生、适应性强、抗风或抗虫的优良无性系。

表 4-29　木麻黄 48 个无性系的胸径、树高、保存率、抗风性及虫害率方差分析

变异来源	自由度	平方和	均方	F 值	$Pr > F$
胸径	47	636.57	13.54	6.90	< 0.000 1
树高	47	292.99	6.23	7.89	< 0.000 1
保存率	47	8 550.36	181.92	2.00	0.002 1
抗风性	47	31.62	0.67	6.68	< 0.000 1
虫害率	47	16 942.24	360.47	2.78	< 0.000 1

在生长量的比较上，采用无性系造林后第 3 年的胸径、树高和单株材积生长数据进行统计分析。由表 4-30 可知，48 个无性系中，平均胸径是 5.76cm，胸径最大的达到了 7.02cm（莆 20），最小的仅 4.26cm（惠 78），最大比最小大 64.8%；平均树高是 6.83m，树高最高的达到 7.26m（莆 20），最低的只有 5.34m（惠 78），最高的无性系比最矮的无性系高出 36.0%；平均单株材积是 0.0056m³，最高是 0.0094m³（莆 20），最低是 0.0025m³（惠 78）。按 20% 的入选率，莆 20、惠 12、惠 77、粤 A1、粤杂交、粤 A8-2、粤 A13、惠 65、湛江 3、湛江 2 可选择为速生的无性系。

表 4-30　木麻黄 48 个无性系 6 个观测指标的均值及多重比较

无性系	胸径（cm）	树高（m）	保存率（%）	虫害率（%）	抗风性	材积（m³/株）
莆 20	7.02[a]	7.26[a]	71.7[defgh]	28.3[b]	3.05[jklmn]	0.0094
惠 12	6.56[ab]	6.78[abcde]	80.0[abcdefgh]	13.3[bcde]	3.25[hijklm]	0.0076
惠 77	6.46[abc]	6.64[bcdefghi]	71.7[defgh]	8.3[bcde]	2.88[mn]	0.0073
粤 A1	6.34[abcd]	6.93[abc]	71.7[defgh]	15.0[bcde]	3.26[fghijklm]	0.0073
粤杂交	6.32[abcd]	6.68[bcdefg]	90.0[abcdef]	25.0[bc]	2.94[lmn]	0.0070
粤 A8-2	6.30[abcd]	6.70[bcdef]	70.0[defgh]	1.7[de]	2.83[mn]	0.0070
粤 A13	6.23[abcde]	6.67[bcdefgh]	78.3[bcdefgh]	6.7[bcde]	3.45[efghijkl]	0.0068
惠 65	6.22[abcdefg]	6.56[bcdefghijkl]	85.0[abcdef]	6.7[bcde]	3.29[defghijkl]	0.0066
湛江 3	6.22[abcdefg]	6.48[bcdefghijklmn]	56.7[gh]	5.0[bcde]	3.45[defghijk]	0.0066
湛江 2	6.21[bcdefgh]	7.05[ab]	81.7[abcdefgh]	6.7[bcde]	3.24[hijklmn]	0.0071

（续表）

无性系	胸径（cm）	树高（m）	保存率（%）	虫害率（%）	抗风性	材积（m³/株）
湛江 1	$6.15^{bcdefgh}$	6.80^{abcd}	85.0^{abcdef}	8.3^{bcde}	3.00^{klmn}	0.0067
湛江	$6.11^{bcdefghi}$	$6.50^{bcdefghijklm}$	$81.7^{abcdefgh}$	23.3^{bc}	$3.35^{defghijkl}$	0.0064
粤 501	6.09^{defghi}	$6.44^{defghijklmno}$	$83.3^{abcdefg}$	20.0^{bcd}	2.94^{lmn}	0.0063
东山 2	$6.08^{bcdefghi}$	$6.56^{bcdefghijkl}$	93.3^{abcd}	5.0^{bcde}	3.16^{ijklmn}	0.0063
平潭 2	$6.07^{bcdefghi}$	$6.46^{cdefghijklmn}$	68.3^{defgh}	3.3^{bcde}	3.13^{jklmn}	0.0062
惠 98	$6.05^{bcdefghi}$	$6.56^{bcdefghijkl}$	91.7^{abcde}	21.7^{bcd}	3.74^{bcd}	0.0063
惠 88	$6.04^{bcdefghi}$	$6.35^{defghijklmno}$	86.7^{abcdef}	26.7^{bcd}	2.37^{n}	0.0061
抗 8	$6.03^{bcdefghi}$	$6.63^{bcdefghij}$	93.3^{ab}	6.7^{bcde}	3.66^{cdefgh}	0.0063
惠 28	$5.95^{bcdefghi}$	$6.35^{defghijklmno}$	91.7^{abcde}	10.0^{bcde}	3.18^{hijklm}	0.0059
惠 2	$5.94^{bcdefghij}$	$6.57^{bcdefghijkl}$	$81.7^{abcdefgh}$	15.0^{bcde}	3.67^{cdefg}	0.0061
粤 701-3	$5.92^{bcdefghijk}$	$6.65^{bcdefgh}$	76.7^{cdefgh}	6.7^{bcde}	2.91^{lmn}	0.0061
粤南山 8	$5.92^{bcdefghij}$	$6.67^{bcdefgh}$	76.7^{abcdef}	3.3^{bcde}	$3.33^{efghijklm}$	0.0061
惠 58	$5.87^{bcdefghijkl}$	6.68^{bcdefg}	93.3^{abc}	85.0^{a}	3.84^{a}	0.0060
粤 701-2	$5.85^{bcdefghijkl}$	$6.49^{bcdefghijklm}$	90.0^{abcdef}	8.3^{bcde}	3.07^{klmn}	0.0058
惠 86	$5.83^{bcdefghijkl}$	$6.49^{bcdefghijklm}$	$80.0^{abcdefgh}$	25.0^{b}	3.10^{klmn}	0.0058
惠 45	$5.80^{bcdefghijkl}$	$6.23^{defghijklmno}$	51.7^{h}	6.7^{bcde}	2.74^{mn}	0.0055
龙 4	$5.80^{bcdefghijkl}$	$6.48^{cdefghijklmn}$	68.3^{defgh}	8.3^{bcde}	$3.61^{cdefghi}$	0.0057
东山 9201	$5.79^{bcdefghijkl}$	$6.59^{bcdefghijk}$	86.7^{abcdef}	16.7^{bcde}	3.04^{klmn}	0.0058
惠 19	$5.69^{bcdefghijkl}$	$6.45^{defghijklmno}$	$83.3^{abcdefg}$	10.0^{bcde}	3.54^{cdefgh}	0.0055
惠 37	$5.65^{bcdefghijkl}$	$6.34^{defghijklmno}$	$85.0^{abcdefg}$	5.0^{bcde}	$3.41^{lefghijkl}$	0.0053
抗风	$5.62^{cdefghijkl}$	$6.21^{efghijklmno}$	$80.0^{abcdefgh}$	3.3^{bcde}	$3.42^{efghijkl}$	0.0051
抗 2	$5.56^{cdefghijkl}$	$6.10^{hijklmnop}$	71.7^{cdefgh}	6.7^{bcde}	3.49^{cdefgh}	0.0049
抗 1	$5.52^{defghijkl}$	$6.22^{defghijklmno}$	63.6^{fgh}	3.3^{cde}	$3.21^{hijklmn}$	0.0050
粤 A14	$5.52^{defghijkl}$	$6.25^{defghijklmno}$	95.0^{a}	0.0^{e}	3.74^{abc}	0.0050
惠 83	$5.50^{defghijkl}$	$6.22^{defghijklmno}$	90.0^{abcdef}	5.0^{bcde}	$3.56^{cdefghij}$	0.0049
粤 A1-3	$5.44^{defghijkl}$	$6.29^{defghijklmno}$	$81.7^{abcdefgh}$	5.0^{bcde}	3.63^{cdefgh}	0.0049
惠 95	$5.39^{efghijkl}$	$6.17^{ghijklmno}$	90.0^{abcd}	6.7^{bcde}	3.02^{lmn}	0.0047
惠 76	$5.36^{fghijkl}$	6.00^{lmnop}	$81.7^{abcdefg}$	1.7^{de}	$3.20^{hijklmn}$	0.0045
惠 18	$5.31^{fghijkl}$	6.04^{klmnop}	$78.3^{bcdefgh}$	25.0^{b}	$3.45^{defghijk}$	0.0045
粤南山 7	5.30^{ghijkl}	5.89^{op}	90.0^{abcdef}	8.3^{bcde}	3.67^{bcdef}	0.0043
惠 59	5.26^{hijkl}	5.91^{nop}	73.3^{cdefgh}	8.3^{bcde}	$3.30^{efghijkl}$	0.0043
惠 1	5.23^{ijkl}	$6.06^{ijklmnop}$	66.7^{efgh}	5.0^{bcde}	2.5^{mn}	0.0043
抗 3	5.22^{ijkl}	5.98^{mnop}	$73.3^{abcdefgh}$	3.3^{bcde}	$3.41^{efghijkl}$	0.0043
惠 13	5.09^{ijklm}	$6.09^{hijklmn}$	90.0^{abcdef}	3.3^{bcde}	3.72^{bcde}	0.0041
粤 503	5.01^{klm}	5.95^{mnop}	$78.3^{bcdefgh}$	8.3^{bcde}	$3.55^{cdefghij}$	0.0039

（续表）

无性系	胸径（cm）	树高（m）	保存率（%）	虫害率（%）	抗风性	材积（m³/株）
龙 7–18	4.98^{lmn}	6.05^{jklmnop}	78.3^{abcdefg}	3.3^{bcde}	3.74^{ab}	0.0039
粤 601	4.35^{mn}	5.64^{pq}	78.5^{abcdefgh}	3.3^{cde}	3.57^{cdefghi}	0.0028
惠 78	4.26^{n}	5.34^{q}	93.3^{abcd}	25.0^{bc}	3.61^{cdefghi}	0.0025
总平均	5.76	6.83	80.4	11.6	3.30	0.0056

在抗风性的比较上，48 个无性系抗风性的平均得分为 3.30，最高得分的无性系为惠 58（3.84），最低得分的无性系为惠 88（2.37），表明不同无性系在抗风性上的差异显著，可从中选育抗风性强的无性系用于台风频繁的地区进行推广应用。按 20% 的入选率，惠 58、惠 98、粤 A14、龙 7–18、惠 13、惠 2、粤南山 7、抗 8、粤 A1–3、龙 4 可入选为抗风性强的无性系。

据表 4–31 中木麻黄 48 个无性系的 5 个观测指标两两间的相关性分析，胸径和树高存在极显著（$P \leqslant 0.01$）的正相关关系，胸径和抗风性间无显著的相关关系，而树高和抗风性存在负的相关关系，但达不到统计学上的显著性（$P=0.0794 > 0.05$）；保存率和虫害率存在极显著的负相关关系，而和抗风性存在显著的正相关关系（$P \leqslant 0.05$）。其余的观测值两两间不存在显著的相关关系。

表 4–31　木麻黄无性系 5 个观测指标两两间的相关性分析

指标	胸径	树高	保存率	虫害率	抗风性
胸径	—	$R=0.926$（$P < 0.001$）	$R=-0.162$（$P=0.272$）	$R=0.170$（$P=0.249$）	$R=0.276$（$P=0.253$）
树高		—	$R=-0.129$（$P=0.380$）	$R=0.106$（$P=0.592$）	$R=-0.256$（$P=0.079$）
保存率			—	$R=-0.467$（$P<0.001$）	$R=0.311$（$P=0.031$）
虫害率				—	$R=-0.205$（$P=0.163$）
抗风性					—

木麻黄树种根部具有弗兰克氏固氮菌和内外生菌根真菌，使得它能在热带和南亚热带沿海贫瘠干旱、盐碱度高的沙地上正常生长，成为华南东南沿海防风固沙不可替代的树种。现在木麻黄的木材已被广泛用于造纸、旋切板材等工业用途，无性系的生长量和木麻黄人工林的经济效益紧密相关，所以，无性系的生长速度仍然是木麻黄用材林最重要的选择指标。在福建的沿海地区，台风频发的特点使得木麻黄的抗风特性是无性系选择的一个重要指标；另外，在福建平潭县和惠安县等地区，星天牛幼虫对木麻黄幼龄树也造成较严重的危害，使得木麻黄无性系的抗虫性也是无性系选择的重要指标之一。

通过对 48 个 3 年生木麻黄无性系的胸径、树高、保存率、虫害率和抗风性的观测数据进行方差分析和 Duncan 多重比较，可知这些木麻黄无性系在 5 个重要的观测指标中都有极显著的遗传差异。无性系莆 20 在生长速度上，无论是树高还是胸径上都是表现最好的无性系，但它的保存率（71.7%）达不到平均水平（80.4%），虫害率（28.3%）高于平均水平（11.6%）；而保存率最高（95.0%）的无性系粤 A14 的胸径、树高和抗风性都达不到平均水平，但它的虫害率最低（0%）；抗风性最好的无性系是惠58，它的生长速度在48个无性系中排在第23位，但它的虫害率达到了最高的85.0%。从前面的分析可看出，不同的木麻黄无性系具有不同的生理特性，而选择一种生理特性往往意味着以损失另一种生理特性为代价，很难找到同时兼备多种优良生理特性的无性系，因此，要根据不同的立地要求或木麻黄人工林建立的目标或要求，从而选择速生、抗虫或抗风的无性系进行生产应用。

根据5个观测指标两两间的相关性分析，胸径和树高间存在极显著的正相关是可预料的。胸径和抗风性间无显著相关关系，说明虽然胸径粗的无性系更能抵抗强风吹袭而不易折断，但胸径越大，树冠体积也越大，树大招风，其对台风的应力也越大，两者相互抵消，造成了胸径和抗风性间呈无显著相关关系。保存率和虫害率存在极显著的负相关关系，而和抗风性存在显著的正相关关系，说明星天牛危害和沿海频繁的台风是影响木麻黄无性系保存率的主要因素。

第五节　种子园建立与经营

种子园（seed orchard）是由经过选择的无性系或家系组成，在一定地点建立，以生产遗传品质优良种子供生产造林为目的人工林。因为种子园中的父本和母本都已经过遗传选择，因此在理论上其生产种子的遗传增益是母树林直接采集种子的两倍以上。种子园是林木生产中最常见和最划算的繁殖群体类型，几乎所有的林木改良计划都在某个阶段建立种子园以生产遗传改良的种子用于推广造林，特别是对于无性繁殖困难或成本高的树种，最终都通过建立种子园来生产遗传品质高的种子用于大规模造林。

种子园的类型主要有两种，第一种是实生苗种子园（seedling seed orchard，SSO），以经过选择优树的自由授粉或全同胞子代（即家系实生苗）建立的种子园。实生苗种子园的优点是建园工作简单，能把子代测定和种子生产结合起来，在一个试验中能完成两个世代的选择工作，但近亲繁殖较难控制。第二种是无性系种子园（clonal seed orchard，CSO），是通过营养繁殖（嫁接、扦插或组织培养）方式，用经过选择的优树无性系建立的种子园。无性系种子园的优点是可保持优树的遗传品质，开花结实较早，优良基因型可多次繁殖，可有效控制近亲繁殖。

木麻黄19世纪末被引种到中国时，主要是作为行道树和庭院观赏树等用途进行少量种植，通常是随机收集一些单株上的种子进行播种育苗。到20世纪50年代，为了治理华南沿海地区的风沙灾害，开始大面积营造木麻黄沿海防护林（以短枝木麻黄为主），靠原来随机采种收集到的种子已经不能满足生产的需要了，林业生产部门通过将早期的木麻黄实生苗人工林去劣疏伐后改建成母树林（seed production area，SPA）为生产提供大量急需的种子。但母树林中很多个体（父本和母本）很可能来自同一个家系，其生产的子代近交衰退的可能性很高，其种子的遗传品质可能比其亲本还要低，因此，利用母树林生产种子只是一种权宜之计，要为生产造林提供遗传品质优良的种子，最终还是要通过建立种子园而获得。

我国华南沿海地区木麻黄沿海防护林建设对种苗的需求巨大，20世纪70年代开始，在广东、福建和海南3个省开始建设木麻黄种子园。根据已发表的文献或实地调查，20世纪70—80年代在广东省的湛江南三林场、湛江国营防护林场（徐闻县）、福建省平潭国有防护林场、海南省岛东林场分别建立了木麻黄实生苗种子园或嫁接种子园（谢国浩，1981；程文俊，1985；李玉科和陈家东，1994）。木麻黄的水培扦插生根技术被发明后（梁子超和岑炳沾，1982），生产单位开始利用选育出的无性系在生产上进行大规模应用，优良无性系可快速大量生产和推广，使得木麻黄人工林的生产力得到显著提高。而木麻黄种子苗的使用迅速减少，导致原已建立的种子园被荒废或砍伐掉。使用木麻黄无性系营造防护林虽然使木麻黄防护林的生长量迅速增加、林相更加整齐好看，但木麻黄无性系防护林的遗传单一性使其面临着巨大的生态风险，导致了木麻黄防护林的抗性减弱，病虫害严重（如粤西地区每次台风过后都造成木麻黄青枯病的大规模暴发）。另外，木麻黄无性系的无主根和浅根特性使得它的抗风性较差，在遭遇台风兼暴雨时无性系植株在沿海沙地上易被连根拔起。木麻黄无性系防护林还具有生长期短、衰老快的缺点。木麻黄无性系的这些缺点严重影响了木麻黄防护林的生态防护效益。一些地区如海南省林业部门已经意识到了木麻黄防护林过度使用无性系的弊端，开始要求在建立木麻黄防护林时使用一定比例的实生苗，特别是沿海前沿50m内的基干林带要使用实生苗造林。木麻黄实生苗较之无性系苗具有抗性强、根系深、主根发达、遗传多样性丰富、生长期长等特点，尤其适合用于我国沿海防护林基干林带的建设。使用实生苗造林就要求营建立种子园生产供应经过遗传改良的优质种子，因此，重新营建木麻黄种子园成为华南沿海木麻黄防护林生态防护效益和林分质量提升的保证。

一、实生苗种子园（SSO）

从优树中收集种子育苗后建立的种子园叫实生苗种子园。实生苗种子园的建立可以同时结合子代的遗传改良、遗传测定和种子生产工作的开展，有时候一些种源试验林经过疏伐后保留好的种源单株，可以直接转变成一个实生苗种子园用于生产种子。木麻黄因为是雌雄异株（少量雌雄同株），具有天然异交的特性，因此利用国际种源或家系子代测定林改建成实生苗种子园具有特别的优势。从2013年开始，我们开展了短枝木麻黄国际种源试验，在海南、广东和福建分别建立短枝木麻黄国际种源/家系测定林。福建惠安赤湖林场试验点保存率较高，可将该试验林改建为实生苗种子园，种子园面积约为1.067hm^2。

例1　利用短枝木麻黄国际种源试验改建成实生苗种子园——福建惠安赤湖林场

（1）2013年建立国际种源/家系试验

材料来源于天然和次生种源的112个自由授粉家系，采用设计随机拉丁方行列设计

（randomized latin square row-column design），4 株小区，重复 6 次，株行距 2m × 2m（图 4-12）。

（2）2015 年对试验进行生长、干形和分枝习性评价

年龄 2~2.5 年，目的是使用多性状指数选择法对家系和家系内个体进行选择，估算家系各性状的方差，遗传力和相关性。

（3）2016 年根据生长、干形和分枝习性进行第一次间伐

年龄约 3 年，选择仅在家系内进行选择性间伐，每小区仅保留 2 株最大、最直和健康的优株（最好是雌雄各 1 株）。根据目测，而不是根据观测数据进行择伐。目的是减少试验林内的植株，确保剩余优树能旺盛生长和开花结实。

（4）2017 年开花前进行第二次间伐，改建成实生苗种子园

年龄约 4 年，间伐每小区仅保留 1 株优树（雄株或雌株）。整个试验必须考虑到每个家系各有相对平衡的雌雄株（即雌雄株约各 3 株），目的是用于改建实生苗种子园生产种子。

	行	列															
		1	2	3	4	5	6	7	8	9	10	11	12	13	14	15	16
重复I	1	74	32	98	10	29	105	12	55	59	4	109	81	47	67	89	69
	2	40	20	93	36	3	62	66	86	7	71	25	22	54	82	112	15
	3	28	108	61	83	101	95	43	76	97	17	44	65	14	49	16	90
	4	1	84	5	23	57	37	78	96	75	94	11	103	26	110	38	56
	5	52	58	18	63	88	6	106	41	33	51	85	8	73	13	31	46
	6	104	100	34	111	72	19	53	30	42	60	68	79	87	45	50	24
	7	91	9	77	64	39	80	21	2	92	99	48	35	102	27	70	107
重复II	...	...															
重复III	...	...															
重复IV	...	...															
重复V	...	...															
重复VI	...	...															

图 4-12　用于建改实生苗种子园的短枝木麻黄国际种源 / 家系试验设计

注：每家系种植 4 株，表格内的数字代表家系号。

二、无性系种子园（CSO）

木麻黄无性系种子园的建园材料可以直接采用经过选择和遗传测定后的优良无性系，也可以采用国际种源或家系子代测定林中经过遗传测定后的优良单株进行嫁接后建

立无性系种子园。直接使用无性系作为建园材料的优点是一开始就按照种子园要求的株行距种植，中间不需要间伐去劣，但缺点是种子园的母株生长高大，种子采集困难。利用种源或家系子代测定林中的优良单株使用嫁接方法建立的无性系种子园的优点是可以矮化母株，便于种子采集，但缺点是建园成本较高，且后期需要根据子代的表现对种子园进行疏伐去劣。

例2　短枝木麻黄嫁接无性系种子园

建园材料为短枝木麻黄国际种源/家系测定林优良种源家系内单株，选择标准是生长、干形、分枝习性、健康程度；无性系数量为雌株30优株，嫁接分枝各20株；雄株20株，嫁接分枝各16株；砧木为短枝木麻黄实生种子苗，株行距为3m×3m（图4-13）。

图4-13　短枝木麻黄嫁接无性系种子园设计示意图
注：加黑数字为雄株，不加黑为雌株。

当种子园的父母亲本开始开花时（2~3年），每个雌株无性系收集到的自由授粉种子用于开展子代测定。子代的生长和抗性等表现被作为对亲本反向选择的依据，计算雌雄亲本的一般配合力（GCA），一般配合力低的父本或母本的所有嫁接分株被疏伐掉，间伐后的种子园就可以提供大量遗传品质优良的种子用于大规模造林。

该种子园共有30个雌性无性系，20个雄性无性系，如果雌雄株均能充分开花，理论上能产生600个交配组合的子代，因此，该种子园的子代具有较高的遗传多样性。该设计的特点是能保证每株雄性株都能给雌株充分授粉，而且种子园内雌株与雄株的比例为600：380，保证了木麻黄杂交种子的产量。

例3 印度短枝木麻黄无性系种子园

建园材料为经过选择和测定的优良无性系，选择标准为生长、干形、分枝习性、健康程度，无性系数量为雌性无性系6个，雄性无性系4个，株行距3m×3m。该种子园采用六边形设计，中心为1株雄株，由6株不同的雌性无性系成六边形包围（图4-14）。该种子园设计仅能获得6×4=24个交配组合的种子，遗传多样性相对较低。但在实践中可以增加雌性和雄性无性系的数量，提高种子园子代的遗传多样性。另外，该种子园设计方案的缺点是在建立种子园时操作较复杂，在配置不同的雌雄无性系时也易造成失误。

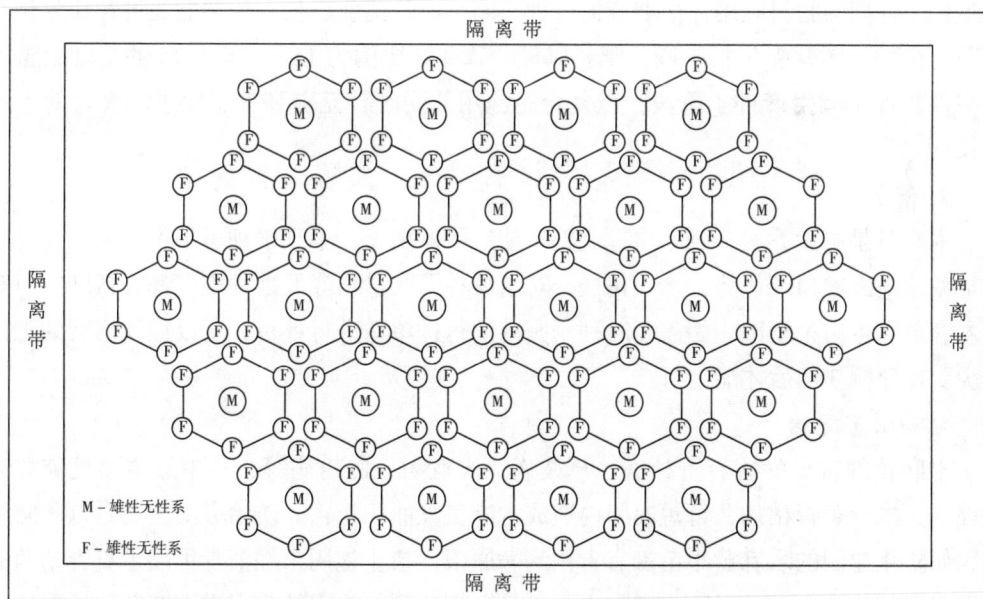

图4-14 短枝木麻黄嫁接无性系种子园设计示意图（Kumaravelu & Paramathma，2001）

三、种子园建设注意事项

（一）种子园的选址

对于种子园来说，合理的建园地址对种子园建设的成功是非常关键的，选择的地点应该尽可能地具备以下条件：①交通便利，便于作业机械的进入；②避免外源花粉污染，确保种子园方圆 500m 以内没有其他木麻黄树种；③地形平坦或坡度低的土地，便于排水，有利于种子园管理和种子采集；④土地所有权稳定，保证在种子园经营期内对该土地的使用；⑤空气流通性好，避免早春开花期霜冻对花芽的冻害。一般来说，木麻黄种子园要建立在相对靠内陆的地区，不能建在靠海的区域，一方面要避免沿海防护林中木麻黄花粉对种子园的污染，一方面要避免台风在沿海正面登陆对种子园的破坏，同时还可避免青枯病对种子园的毁灭性破坏。

（二）种子园的栽培管理

木麻黄种子园的栽培技术包括种植、施肥、除草、修剪、促花等。

1. 种植成活率

一个木麻黄种子园的建立首先要保证有高的成活率。如果没有高的成活率，后面阶段的家系 / 单株 / 无性系的遗传参数统计分析和优劣排序将面临困难，特别是在实生苗种子园中，因为这类种子园的建设在不同阶段要经历 1 次或多次的选择性疏伐。因此，种子园的建立通常要保证有超过 90% 的成活率。

2. 除草、施肥与促花

木麻黄种子园建立第一年的杂草控制非常重要。木麻黄小苗（特别是实生苗）在种植后的第一年都有蹲苗现象，常会被杂草掩盖，不及时清除杂草将严重影响种子园小苗的生长。合理的肥料施用在早期能促进种子园小苗的苗壮成长，后期能促进花芽分化和开花。在种子园营养生长阶段，肥料以氮、磷、钾比例为 15 ∶ 15 ∶ 15 的复合肥施用为主；在种子园生产种子阶段，以复合肥施用的同时补充磷和钾肥促进木麻黄的生殖生长。

3. 修剪

木麻黄是高大乔木，到达生理成熟年龄后树体高大，不利于种子采集。因此，对其进行截顶，去除顶端优势，增大树冠，对增加种子产量和降低采种难度都有帮助。但对于木麻黄实生苗种子园，因需要对种子园内的每株单株进行评价，所以截顶修剪的工作至少要在建园 3 年后才能进行。

4. 病虫害防治

木麻黄的常见病害有青枯病、丛枝病、炭疽病、白粉病等，其中最主要且破坏力最强的为木麻黄青枯病，可短时间内造成木麻黄大面积死亡。防治方法主要是以预防为主，如防止建园的木麻黄小苗带有青枯病病原菌，禁止施用未经消毒可能带有青枯菌的农家肥，禁止木麻黄种子园内套种农作物等，切断可能将青枯病引进木麻黄种子园的途径。木麻黄常见的虫害有星天牛、木毒蛾、多纹豹蠹蛾、棉蝗、相思拟木蠹蛾等，这些害虫都是从其他植物转移到木麻黄树种，以幼虫取食木麻黄树干或嫩枝。防治方法包括化学防治（喷散农药）、物理防治（人工和机械捕杀、诱杀等）和生物防治（释放天敌如寄生蜂、病原微生物如白僵菌等对害虫进行防治）。

（三）种子园的档案建设

种子园的档案建设是种子园管理中极其重要的一个环节。从木麻黄种子园建立开始，就需要绘制详细的栽植配置图，记录好每个家系或无性系的种源信息，种子园的造林时间、株行距等。种子园管理过程中也详细记录每次的抚育、除草、施肥、病虫害防治、疏伐去劣、修剪截顶等管理措施。种子园开始进行种子生产后，记录每年每个家系或无性系的雌雄花开花物候信息和种子生产信息。木麻黄不同家系或无性系的开花期、结实期以及球果成熟期相差很大，根据记录的开花物候信息，一些开花特别早或特别晚的家系或无性系需要从种子园中剔除，原因是担心它们所产种子的父本数太少，遗传多样性不高。

第六节　共生遗传改良

木麻黄根系具有与外生菌根菌、内生菌根菌和弗兰克氏菌形成共生关系的能力。菌根菌可帮助木麻黄根系在贫瘠的土壤里吸收营养元素，特别是磷元素，而弗兰克氏菌与木麻黄根系共生可形成根瘤帮助木麻黄固定空气中的氮。木麻黄弗兰克氏菌的共生关系研究受到了广泛关注，但对于不同宿主与不同菌株间存在的共生能力差异研究甚少（Dommergues et al.，1990）。宿主植物与弗兰克氏菌配对组合的研究已证明植物固氮能力的差异在很大程度上归结于植物基因型的差异（Simonet et al.，1990；1999）。在国内外，已有研究表明短枝木麻黄不同种源和无性系间，细枝木麻黄不同种源间的固氮能力及其生长表现等有显著差异（Midgley et al.，1983；Reddell & Bowen，1986；Sougoufara，1987；Fleming et al.，1988；Sellstedt，1988；El-Lakany et al.，1990；Sanginga，1990；仲崇禄，1993；Zhong et al.，1995；仲崇禄，2000；仲崇禄等，2003；Zhong et al.，2019）。本节概述了木麻黄不同种源、家系和无性系与弗兰克氏固氮菌的共生遗传型组合体（*Frankia*-genotype symbiotic association）和菌根菌的遗传型优良共生组合体（mycorrhizal fungus-genotype symbiotic association）的筛选与评价。

一、木麻黄优良基因型 – 弗兰克氏固氮菌共生组合体筛选

参试木麻黄种源种子皆来自澳大利亚树木种子中心（表 4-32）。试验在热林所苗圃内进行。试验采用裂区设计，每小区处理 10 株，重复 3 次。用弗兰克氏固氮菌菌株 F287 作为接种体，放线菌 F287 用 P 培养基纯培养 25 天左右，于移苗后第二天采用注射法接种，接种量为每株苗 10mL 接种体。其后，进行常规浇水管理，整个试验期间未施入任何肥料。接种后 167 天收获，观测性状有 6 项：根瘤数（N_n）、苗高（H）、地径（D_o）、地上生物量（W_u）、地下生物量（W_u），并计算总生物量（W_t）。

表 4-32　试验所用木麻黄种源或家系材料

树种	编号	代号	种源号	树种	编号	代号	家系号
短枝木麻黄	1	CE1	13422	山地木麻黄	15	CJ20	MET03
	2	CE3	14195		16	CJ25	ARB03
	3	CE4	14233		17	CJ27	ARB05
	4	CE5	14234		18	CJ29	SCC02
	5	CE7	14985		19	CJ31	SCC04
	6	CD8	14986		20	CJ33	JSL144
	7	CD9	14987		21	CJ34	JSL145
	8	CE10	15616		22	CJ35	JSL146
	9	CE12	16166		23	CJ39	T06
	10	CE13	16499		24	CJ47	N01
	11	CE14	17575				
	12	CE15	17586				
	13	CE16	17587				
	14	CE17	17596				

注：种子均来自澳大利亚林木种子中心。

试验结果的方差分析表明，在生长和生物量性状上，除山地木麻黄地上生物量和总生物量外，其他参试种源基因型间、处理间和交互作用项都存在着显著或极显著差异（表 4-33）。接种后结瘤平均数，短枝木麻黄种源基因型间变化为 1.1~7.1 个 / 株，山地木麻黄种源或家系间变化为的 0.3~8.9 个 / 株，而其对照苗木根系皆未结瘤。两树种的少数种源或家系接种后的生长或生物量性状的增值（即接种与未接种之差）为 0 或负数，表明接种后并没有促进这些基因型的生长或生物量增加。

表 4-33　不同性状的方差分析

性状	变异来源	短枝木麻黄				山地木麻黄			
		DF	F 值及显著水平	遗传变异系数（%）	遗传力（h^2）	DF	F 值及显著水平	遗传变异系数（%）	遗传力（h^2）
H（cm）	遗传型间（A）	13	81.80***	35.20	0.82	9	6.37***	10.52	0.60
	处理间（B）	1	255.17***			1	90.38***		
	交互（A×B）	13	10.36***			9	3.05**		
D_o（cm）	遗传型间（A）	13	44.19***	29.59	0.89	9	5.67***	13.17	0.57
	处理间（B）	1	89.08***			1	34.68***		
	交互（A×B）	13	3.34***			9	3.01**		
W_a（g/ 株）	遗传型间（A）	13	18.53***	75.48	0.71	9	3.53***	25.54	0.61
	处理间（B）	1	35.73***			1	30.20***		
	交互（A×B）	13	3.82***			9	1.38NS		

（续表）

性状	变异来源	短枝木麻黄				山地木麻黄			
		DF	F 值及显著水平	遗传变异系数（%）	遗传力（h^2）	DF	F 值及显著水平	遗传变异系数（%）	遗传力（h^2）
W_u（g/株）	遗传型间（A）	13	121.33***	87.93	0.85	9	6.03***	26.60	0.57
	处理间（B）	1	59.05***			1	74.22***		
	交互（A×B）	13	4.46***			9	2.55**		
W_t（g/株）	遗传型间（A）	13	77.79***	84.85	0.80	9	4.32***	25.87	0.61
	处理间（B）	1	95.88***			1	41.06***		
	交互（A×B）	13	6.37***			9	1.64ns		

注：*** 表示极显著差异（$P<0.01$），** 表示显著差异（$P<0.05$），ns 表示无显著差异，下同；遗传变异系数 GCV＝（性状遗传标准差 σ_g/性状总体平均值 x）×100%。

将树种所含的每个种批（seed lot）作为一个不同基因型，分析时把种源或家系作为独立因子。各性状增量则是评定接种后产生的固氮基因型共生组合体优劣的重要性状。对 24 种固氮基因型共生组合体的 5 个性状平均增值进行单因素方差分析和多重比较（表 4-34、表 4-35）。从表 4-34 的 5 个性状方差分析结果看，重复间均无显著差异，而处理间（即固氮基因型共生组合体间）皆有显著差异。表 4-35 反映了各种基因型共生组合体在 5 个性状上的差异及多重比较。

表 4-34 共生组合体增值的方差分析

增值性状	变异来源	自由度	F 值及显著水平
H_i	重复	2	0.48ns
	共生组合体	23	11.95***
D_o	重复	2	0.45ns
	共生组合体	23	5.30***
W_a	重复	2	0.25ns
	共生组合体	23	7.92***
W_u	重复	2	0.11ns
	共生组合体	23	4.48***
W_t	重复	2	0.15ns
	共生组合体	23	7.97***

表 4-35 共生组合体 5 个性状增量平均值及多重比较

代号	H（cm）		D_o（cm）		W_a（g/株）		W_u（g/株）		W_t（g/株）	
CE1	20.60	abcdefg	0.13	abc	1.671	bcde	0.359	ab	2.030	abcd
CE3	12.10	defgh	0.05	abcd	0.301	cde	0.075	b	0.376	cd
CE4	40.30	a	0.14	abc	4.151	ab	0.720	ab	4.871	ab
CE5	37.80	ab	0.14	abc	2.672	abcde	0.382	ab	3.054	abcd

（续表）

代号	H（cm）		D_o（cm）		W_a（g/株）		W_u（g/株）		W_t（g/株）	
CE7	33.80	abc	0.08	abcd	1.825	bcde	0.393	ab	2.218	abcd
CE8	25.00	abcde	0.11	abcd	2.819	abcd	0.800	ab	3.619	abc
CE9	29.40	abcd	0.10	cd	2.020	bcde	0.329	ab	2.349	abcd
CE10	4.10	efgh	−0.01	abcd	0.189	de	−0.009	b	0.180	cd
CE12	14.70	cdefgh	0.03	bcd	0.449	cde	0.068	b	0.517	cd
CE13	5.50	efgh	0.02	ab	0.278	cde	0.116	b	−0.606	cd
CE14	29.70	abcd	0.16	abcd	5.072	a	2.324	a	6.396	a
CE15	0.30	efgh	0.03	bcd	0.409	cde	0.123	b	0.532	cd
CE16	6.20	fgh	0.01	abcd	0.381	cde	0.090	b	0.471	cd
CE17	1.70	gh	0.05	abcd	0.623	cde	0.223	b	0.846	bcd
CJ20	25.20	abcde	0.06	abcd	2.153	bcde	0.943	ab	6.096	bcd
CJ25	12.00	efgh	0.05	cde	0.445	cde	0.564	ab	1.009	abcd
CJ27	19.00	bcdefg	0.13	abcd	2.327	bcde	0.613	ab	2.940	abcd
CJ29	−2.10	h	−0.04	d	−0.205	e	0.114	ab	−0.091	d
CJ31	6.50	efgh	−0.01	cd	0.558	cde	0.103	b	0.661	bcd
CJ33	23.60	abcde	0.12	abc	1.740	bcde	0.927	b	2.667	abcd
CJ34	23.50	abcde	0.09	abcd	1.254	cde	0.441	ab	1.695	abcd
CJ35	35.00	abc	0.14	abc	3.260	abc	0.830	ab	4.090	abc
CJ39	25.00	abcde	0.09	abcd	1.736	bcde	0.385	ab	2.121	abcd
CJ47	22.00	abcdef	0.18	a	2.768	abcde	1.122	ab	3.890	abc

注：Duncan 法，$P<0.05$。

以上多重比较分析仅能从单因子（性状）来评价固氮遗传型共生组合体的优劣。现借助多目标决策分析中一维选优法，用 5 个性状的增值对参试的 24 种固氮遗传型共生组合体进行综合评定。具体方法为根据性状重要性及数据变化特征，采用相对比较法给出两两性状的比较权重，并求出每个性状的平均权重即权重系数（W_j）（表 4-36）。

表 4-36　增值性状的权重系数（W_j）统计

增值性状	1	2	3	4	5	6	7	8	9	10	W_j（$\sum W_j=1$）
H_i	0.6	0.5	0.5	0.4							0.20
D_o	0.4				0.4	0.4	0.4				0.16
W_a		0.5			0.6			0.5	0.4		0.20
W_u			0.5			0.6		0.5		0.4	0.20
W_t				0.6			0.6		0.6	0.6	0.24

然后，把各性状平均值转换成同一效用单位值（U_{ij}）（注：$U_{ij}=1-[0.9(V_{max}-V_{ij})]/(V_{max}-A_{min})$；$0.1 \leqslant U_{ij} \leqslant 1.0$；$V$、$V_{max}$ 及 V_{min} 分别为性状增值、性状增值的最大值及性

状增值的最小值），计算综合性状 $W_i = \sum W_j \times U_{ij}$，并把 W_i 按大至小排序编号。最后，根据排序大小确定优劣，即 W_i 值大者为好（表 4-37）。

表 4-37 各性状同一效用单位值（U_{ij}）、综合评定值（W_i）和排序

共生组合体	同一效用单位值				综合评定值		大小顺序
	H	D_o	W_a	W_u	W_t	W_i	
CE1	0.584	0.796	0.420	0.349	0.395	0.493	13
CE3	0.401	0.509	0.186	0.157	0.166	0.270	17
CE4	1.000	0.836	0.843	0.592	0.789	0.810	2
CE5	0.938	0.836	0.590	0.364	0.537	0.641	6
CE7	0.862	0.591	0.446	0.371	0.421	0.532	9
CE8	0.675	0.714	0.615	0.640	0.615	0.649	5
CE9	0.771	0.673	0.480	0.328	0.439	0.529	10
CE10	0.232	0.223	0.167	0.100	0.139	0.169	23
CE12	0.457	0.386	0.212	0.152	0.186	0.270	16
CE13	0.266	0.346	0.182	0.184	0.169	0.222	20
CE14	0.775	0.918	1.000	1.000	1.000	0.942	1
CE15	0.151	0.386	0.205	0.189	0.188	0.216	22
CE16	27684	0.305	0.200	0.167	0.179	0.220	21
CE17	0.181	0.468	0.241	0.257	0.231	0.266	18
CJ20	0.680	0.509	0.502	0.743	0.543	0.597	8
CJ25	0.399	0.468	0.211	0.487	0.254	0.355	15
CJ27	0.548	0.386	0.532	0.520	0.521	0.507	11
CJ29	0.100	0.100	0.100	0.176	0.100	0.115	24
CJ31	0.283	0.223	0.230	0.176	0.206	0.223	19
CJ33	0.646	0.755	0.432	0.732	0.483	0.599	7
CJ34	0.643	0.632	0.349	0.404	0.349	0.464	14
CJ35	0.888	0.836	0.691	0.666	0.681	0.746	3
CJ39	0.675	0.632	0.459	0.366	0.431	0.505	12

注：数据来源于仲崇禄（2000）。

由表 4-37 可获得固氮遗传型共生组合体优劣顺序为 CE14 > CE4 > CJ35 > CJ47 > CE8 > CE5 > CJ33 > CJ20 > CE7 > CE9 > CJ27 > CJ39 > CE1 > CJ34 > CJ25 > CE12 > CE3 > CE17 > CJ31 > CE13 > CE16 > CE15 > CE10 > CJ29。以上顺序分为 5 级：优良的固氮遗传型共生组合体为 CE14、CE4、CJ35 和 CJ47，$W_i >$ 0.7；其次为 CE8、CE5、CJ33、CJ20、CE7、CE9、CJ27 和 CJ39，$W_i > 0.5$；居中者为 CJ25、CJ34 和 CE1，$0.3 < W_i < 0.5$；较差者为 CE15、CE16、CE13、CJ31、CE17、CE3 和 CE12，$0.2 < W_i < 0.3$；最差者为 CE10 和 CJ29，$W_i < 0.2$。

从研究结果可见，木麻黄不同基因型在固氮能力上的差异是普遍存在的。同时，未接种时生长或生物量性状大的基因型，其接种后性状生长也未必有很大改善。很明显只有特定基因型与放线菌菌株 F287 结合才能获得较高增产效益，表明进行基因型与固氮菌共生组合体的研究与筛选是非常必要的。

二、外生菌根菌 – 短枝木麻黄共生组合体筛选与评价

使用硬皮马勃（*Scleroderma* ssp.）和彩色豆马勃（*Pisolithus* ssp.）的混合孢子粉给短枝木麻黄 23 个种源的小苗接种，以不接种小苗为对照。接种 10 个月后观测各处理的苗高（H，m）和地径（D_o，cm）。由方差分析可知，观测的苗高、地径在接种处理和种源间均有极显著差异（表 4–38）。

表 4–38　苗高与地径方差分析

	变异来源	DF	SS	MS	F 值	方差分量	遗传变异系数（%）
苗高	重复（R）	2	0.0325	0.0163	0.60ns		
	接种（F）	1	18.6018	18.6018	691.31***	0.0264047	15.2
	R×F	2	0.0111	0.0056	0.21ns		
	种源（P）	22	47.4422	2.1565	80.14***	0.02956557	16.1
	F×P	22	8.4157	0.3825	14.22***	0.01185515	
	误差	1330	35.7876	0.0269		0.02687593	
地径	重复（R）	2	0.0302	0.0151	1.07ns		
	接种（F）	1	9.5317	9.5317	672.42***	0.01352045	15.6
	R×F	2	0.0061	0.0031	0.22ns		
	种源（P）	22	31.7173	1.4417	101.71***	0.02065115	19.3
	F×P	22	4.4578	0.2026	14.29***	0.00628236	
	误差	1330	18.853	0.0142		0.01415847	

注：方差分量估算中，重复为固定，不考虑接种 × 重复互作，苗高为 1.066m，地径为 0.745cm。

利用每个重复中接种生长与未接种生长性状的增殖进行方差分析（表 4–39）。分析结果表明，苗高、地径的增值在种源间均有极显著差异。遗传变异系数分别达 65.9% 和 70.9%，说明不同种源对外生菌根菌的反应显著不同。

表 4–39　苗高和地径增值的方差分析

	变异来源	DF	SS	MS	F 值	方差分量	遗传变异系数（%）
苗高	重复间	2	0.002229	0.001115	0.17ns	0	
	种源间	22	1.683134	0.076506	11.51***	0.023366	65.9
	误差	44	0.292586	0.00665		0.006409	
地径	重复间	2	0.00122	0.00061	0.17	0	
	种源间	22	0.891568	0.040526	11.58***	0.013843	70.9
	误差	44	0.153931	0.003498		0.003373	

注：苗高增量总均值 0.232m，地径总均值 0.166cm。

表 4-40 进一步比较了 23 个种源接种前后的生长表现。综合看来，种源 18357 接种效果最好，其次为种源 18143、18122 和 18121，种源 15958 和 18298 表现最差。

表 4-40 苗高和地径的多重比较（Duncan 法）

	H	相似组	D_o	相似组	ΔH	相似组	ΔD_o	相似组
接种处理								
M	1.181	a	0.827	a				
CK	0.949	b	0.661	b				
显著水平	0.01		0.01					
种源号								
15958	0.84	ij	0.72	hi	0.01	h	0.03	h
18008	1	H	0.88	bcd	0.06	gh	0.06	gh
18013	1.27	bc	0.86	de	0.39	bc	0.21	cdefg
18014	1.17	def	0.93	bc	0.1	fgh	0.02	h
18015	1.22	cd	0.95	ab	0.25	bcdefg	0.16	defgh
18121	0.77	jk	0.63	j	0.33	bcde	0.37	ab
18122	1.09	g	0.79	gf	0.42	b	0.28	abcd
18125	1.2	cde	0.9	bcd	0.33	bcde	0.22	cdef
18137	0.75	ik	0.65	j	0.27	bcde	0.26	bcde
18142	1	h	0.65	j	0.43	b	0.35	abc
18143	0.77	jk	0.65	j	0.34	bcd	0.26	bcde
18153	1.33	b	0.69	ij	0.15	defgh	0.06	g
18154	1.17	def	0.82	ef	0.17	defgh	0.13	efgh
18157	0.89	i	0.42	l	0.19	cdefgh	0.11	gfh
18158	1.24	cd	0.63	j	0.31	bcde	0.2	defg
18244	1.1	fg	0.55	k	0.05	gh	0.06	gh
18267	1.2	cde	0.79	fg	0.1	fgh	0.02	h
18268	1.41	a	0.96	ab	0.13	efgh	0.16	defgh
18288	1.01	h	0.56	k	0.21	cdefgh	0.14	defgh
18298	1.13	efg	0.75	gh	0.02	h	0.01	h
18312	1	h	0.83	ef	0.25	bcdefg	0.14	defhg
18355	1.15	defg	0.99		0.17	defgh	0.16	defgh
18357	0.82	ijk	0.56	k	0.68	a	0.42	a

注：ΔH 和 ΔD_o 分别为处理后苗高和地径的增值。

三、外生菌根菌 – 山地木麻黄家系共生体筛选与评价

使用彩色豆马勃（*Pisolithus tinictoris*）C9210 菌株和蜡蘑（*Laccaria* ssp.）E4100 菌

株 2 种外生菌根菌与山地木麻黄 10 个自由授粉家系小苗进行接种，生长 195 天后测定其苗高、地径和生物量等参数。

参试 10 个自由授粉家系所有观测性状在接种处理间、家系间、家系 × 菌种互作间均有极显著差异（表 4-41）。

苗木收获时，苗高、地径、幼枝叶生物量（W_{sl}）的方差分量大小顺序为误差 > 菌根菌 > 家系间 > 家系 × 菌根菌互作，而地上部分生物量（W_a）的方差分量为误差 > 菌根菌 > 互作 > 家系间。家系的苗高、地径的遗传变异系数都较小，为 1.8%~4.9%，地上部分生物量为 10.4%，幼枝叶生物量最大为 33.0%。

表 4-41　参试家系苗高、地径和生物量方差分析

性状	变异来源	DF	SS	MS	F 值	方差分量	变异系数（%）
				苗　高			
H_{43}	重复	3	224.2452	74.74839			
	菌根菌间	2	288.2868	144.1434	22.02***	0.311979	6.4
	重复 × 菌根菌	6	124.3181	20.71969		0.174897	
	家系间	9	447.0102	49.6678	7.59***	0.18348	4.9
	家系 × 菌根菌	18	571.0426	31.72459	4.85***	0.794756	
	误差	915	5988.713	6.545042		6.546621	
H_{76}	重复	3	725.1181	241.706			
	菌根菌间	2	289.0165	144.5083	4.79***	0.038614	1.1
	重复 × 菌根菌	6	1142.209	190.3682		2.028481	
	家系间	9	1071.396	119.044	3.94***	0.105171	1.8
	家系 × 菌根菌	18	1978.537	109.9187	3.64***	2.518028	
	误差	903	27249.04	30.17613		30.18892	
H_{112}	重复	3	803.3078	267.7693			
	菌根菌间	2	533.5012	266.7506	5.14***	0.221428	1.8
	重复 × 菌根菌	6	861.842	143.6403		1.191500	
	家系间	9	1305.266	145.0296	2.79***	0.479949	2.7
	菌家系 × 菌根菌	18	1801.421	100.079	1.93**	1.576100	
	误差	897	46569.95	51.91745		51.8888	
H_{143}	重复	3	874.3978	291.4659			
	菌根菌间	2	1769.981	884.9907	11.77***	1.796987	4.2
	重复 × 菌根菌	6	1537.126	256.1877		2.369265	
	家系间	9	2510.955	278.995	3.71***	1.543603	3.9
	家系 × 菌根菌	18	2422.639	134.591	1.79**	1.981673	
	误差	891	66988.24	75.18322		75.13351	

（续表）

性状	变异来源	DF	SS	MS	F 值	方差分量	变异系数（%）
H_{195}	重复	3	1213.067	404.3556			
	菌根菌间	2	3042.27	1521.135	15.24***	3.762478	5.6
	重复 × 菌根菌	6	1695.718	282.6196		2.410401	
	家系间	9	4007.509	445.2787	4.46***	2.887137	4.9
	家系 × 菌根菌	18	3163.784	175.7658	1.76**	2.665176	
	误差	879	87713.16	99.78744		99.66905	
地 径							
D_{195}	重复	3	0.03184	0.010613			
	菌根菌间	2	0.07908	0.03954	17.88***	0.000100	5.1
	重复 × 菌根菌	6	0.035832	0.005972		0.000050	
	家系间	9	0.121255	0.013473	6.09***	0.000091	4.9
	家系 × 菌根菌	18	0.085579	0.004754	2.15***	0.000087	
	误差	879	1.943802	0.002211		0.002211	
生物量							
W_{sl}	重复	3	0.300301	0.1001			
	菌根菌间	2	2.206234	1.103117	54.23***	0.003439	38.3
	重复 × 菌根菌	6	0.165409	0.027568		0.000110	
	家系间	9	0.576764	0.064085	3.15***	0.002550	33.0
	家系 × 菌根菌	18	0.674317	0.037462	1.84**	0.000620	
	误差	879	17.8805	0.020342		0.203190	
W_a	重复	3	2.63676	0.87892			
	菌根菌间	2	3.861831	1.930916	13.77***	0.005086	16.8
	重复 × 菌根菌	6	1.347281	0.224547		0.001175	
	家系间	9	4.050995	0.450111	3.21***	0.001959	10.4
	家系 × 菌根菌	18	4.674803	0.259711	1.85**	0.004193	
	误差	879	123.2901	0.140262		0.140106	

参试家系所有接种处理苗木磷吸收量都为相应对照值的 1.3~2.7 倍。与对照相比，枝叶中磷吸收量大于或等于 2 倍的有接种 C9216 的 1、7、8、9 和 10 号家系、接种 E4100 的 6、7、8 号家系，说明家系与菌根菌的不同共生组合体对土壤中磷的吸收能力不同。本试验中有利于磷吸收的组合有 C9216- 家系 7/ 家系 8、E4100- 家系 6/7/8（表 4-42）。

表 4-42 接种后参试家系苗木幼枝叶（绿色）中磷吸收量的变化

家系	彩色豆马勃（C9210）		蜡蘑（E4100）		CK
	均值（mg/ 株）	倍数	均值（mg/ 株）	倍数	均值（mg/ 株）
1	205.4	2.0	155.7	1.5	100.5
2	142.6	1.3	172.9	1.6	106.8

（续表）

| 家系 | 彩色豆马勃（C9210） | | 蜡蘑（E4100） | | CK |
	均值（mg/株）	倍数	均值（mg/株）	倍数	均值（mg/株）
3	151.0	1.0	252.3	1.7	145.1
4	144.0	1.3	216.7	1.9	111.4
5	209.2	1.4	239.0	1.6	149.1
6	168.6	1.4	271.5	2.2	124.4
7	201.3	2.7	181.8	2.5	73.5
8	233.9	2.0	259.9	2.2	117.2
9	139.0	2.5	104.8	1.9	54.7
10	176.6	2.0	147.8	1.7	86.66

注：此表中磷吸收量仅为每株苗木枝叶部分中磷吸收量；倍数表示该磷吸收量与相应未接种对照处理值的比值。

由表4-43可知，前13个优良组合分别为 C9216-家系8、E4100-家系6、C9216-家系3、C9216-家系7、E4100-家系8、E4100-家系1、E4100-家系5、E9216-家系7、C9216-家系5、E4100-家系4、E4100-家系2、C9216-家系6和C9216-家系10，这些组合均好于未接种对照的综合评价值家系3，其中家系5、6、7、8对两种菌根菌组合效果都比较理想，而家系3、1、2、10只与两种菌根菌中的一种构成良好的组合。

表4-43　不同处理苗木的综合评价值和排序

菌株	家系号	H_{195}	D_{195}	W_a	磷吸收量	W_i	排序
C9216	1	37.36	0.22	0.57	205.4	0.7703	6
C9216	2	36.75	0.19	0.37	142.6	0.4995	17
C9216	3	33.73	0.19	0.361	151.0	0.4554	20
C9216	4	33.83	0.19	0.43	144.0	0.5181	16
C9216	5	35.58	0.22	0.425	209.2	0.6768	9
C9216	6	36.05	0.2	0.436	168.6	0.6059	12
C9216	7	36.33	0.22	0.634	201.3	0.8111	4
C9216	8	42.63	0.22	0.668	233.9	0.9333	1
C9216	9	31.5	0.19	0.37	139.0	0.4252	23
C9216	10	37.08	0.19	0.466	176.6	0.6008	13
E4100	1	35.47	0.2	0.382	155.7	0.5578	15
E4100	2	39.45	0.2	0.427	172.9	0.6498	11
E4100	3	40.23	0.21	0.588	252.3	0.8536	3
E4100	4	34.24	0.21	0.437	216.7	0.6514	10

（续表）

菌株	家系号	H_{195}	D_{195}	W_a	磷吸收量	W_i	排序
E4100	5	36.57	0.21	0.59	239.0	0.7673	7
E4100	6	39.83	0.21	0.561	271.5	0.8637	2
E4100	7	33.37	0.22	0.552	181.8	0.6806	8
E4100	8	37.25	0.22	0.524	259.9	0.8079	5
E4100	9	29.98	0.16	0.239	104.8	0.2187	28
E4100	10	34.73	0.18	0.345	147.8	0.453	21
CK	1	34.68	0.2	0.376	100.5	0.4791	18
CK	2	31.63	0.18	0.332	106.8	0.3527	26
CK	3	36.91	0.2	0.442	145.1	0.588	14
CK	4	31.69	0.19	0.347	111.4	0.3992	24
CK	5	30.89	0.19	0.424	149.1	0.4486	22
CK	6	35.74	0.19	0.342	124.4	0.4652	19
CK	7	28.05	0.16	0.239	73.5	0.1555	29
CK	8	31.3	0.19	0.333	117.2	0.3684	25
CK	9	30.16	0.15	0.211	54.7	0.1325	30
CK	10	32.2	0.18	0.312	86.66	0.3324	27

注：表中 W_i 为等权重时的综合评定值（多目标决策法）。

四、木麻黄无性系的外生菌根菌和弗兰克氏菌双接种共生组合体筛选

以木麻黄无性系 907 和 601 小苗为宿主植物，接种处理包括 M（彩色豆马勃孢子粉单接种）、F（弗兰克氏菌单接种）、MF 为（M+F）双接种，CK 为不接种处理对照，接种 5 个月后观测各处理的苗高生长指标。

方差分析表明，苗高生长在无性系间、接种处理间及无性系 × 接种处理互作间均有显著差异，表明林木遗传型对接种效果有影响，如菌根菌接种显著地增加了无性系 601 苗高生长，而未显著改善无性系 907 的生长（表 4-44、表 4-45）。

表 4-44　两个无性系接种后苗高的方差分析

变异来源	DF	SS	MS	F 值
接种间	3	4721.02	1573.67	59.57***
无性系间	1	12727.06	12727.06	481.75***
无性系 × 接种互作间	3	394.62	131.54	4.98**

注：***P<0.01；**P<0.05。

表 4-45　木麻黄无性系各接种处理的苗高均值及多重比较

无性系	接种处理	苗高（cm）	无性系	接种处理	苗高（cm）
601	CK	11.10a	907	CK	20.57a
	M	14.85b		M	25.95ab
	F	21.65c		F	28.47b
	MF	27.40d		MF	35.67c

注：多重比较中字母相同者为无显著差异（Duncan法，P<0.05），下同。

五、施磷下无性系外生菌根菌和弗兰克氏菌双接种共生组合体筛选

以木麻黄无性系907和601小苗为宿主植物接种材料，采用上述4个共生菌接种处理（即M为彩色豆马勃孢子粉、F为接种弗兰克氏菌，MF为M和F双接种处理，CK为对照），并设6个磷肥施用水平（过磷酸钙0、25g/株、50g/株、100g/株、200g/株、300g/株），造林19个月后观测树高生长指标。

造林19个月后树高的方差分析表明，2个无性系间、施磷处理间有极显著差异（$P < 0.01$），无性系 × 磷水平互作间有显著差异（$P < 0.05$），而菌根菌处理间有差异但未达到统计学上的显著水平（表4-46）。树高在无性系907与无性系601间有显著差异。与对照处理相比，MF双接种改善了树高生长，且施磷处理均可促进树高生长（表4-47）。

表 4-46　造林后19个月生树高方差分析

变异来源	DF	SS	MS	F 值
无性系间（A）	1	19.918	19.918	397.09***
接种间（B）	3	0.381	0.127	2.53*
磷水平间（C）	5	2.356	0.471	9.39***
无性系 × 接种间	3	0.246	0.082	1.64ns
无性系 × 磷水平	5	0.748	0.150	2.98**
接种 × 磷水平	15	1.131	0.075	1.50ns
误差	159	7.975	0.050	

表 4-47　无性系、接种和磷水平差异检验（Duncan法）

无性系	树高（m）	接种	树高（m）	磷处理水平	树高（m）
601	1.46a	CK	1.77ab	0	1.56a
907	2.11b	M	1.72a	1.5	1.75b
		F	1.80ab	3.0	1.82b
		MF	1.84b	6.0	1.85b
				12.0	1.88b
				18.0	1.86b
显著水平	$P < 0.05$		$P < 0.10$		$P < 0.01$

与未施磷比较，当施磷量为 3.0~18.0g/ 株，并接种菌根菌或弗兰克氏菌，无性系 907 的树高有显著差异，但 601 的树高没有改善。当施磷量 3.0~18.0g/ 株，双接种处理都改善了 2 个无性系的高生长（表 4-48）。

表 4-48　接种处理、6 个磷水平下 2 个无性系树高的多重比较

磷水平 （g/ 株）	无性系 601				无性系 907			
	CK	M	F	MF	CK	M	F	MF
0	1.15a	1.26a	1.35a	1.28a	1.75a	1.71a	1.89a	1.84a
1.5	1.51ab	1.52a	1.42a	1.58ab	2.03ab	1.96ab	1.91ab	1.89ab
3.0	1.49ab	1.33a	1.35a	1.62b	2.18b	2.12b	2.19abc	2.22c
6.0	1.49ab	1.62a	1.38a	1.68b	2.10ab	2.16b	2.23bc	2.16bc
12.0	1.47ab	1.36a	1.47a	1.63b	2.21b	2.16b	2.36c	2.26c
18.0	1.56b	1.24a	1.45a	1.74b	2.27b	2.23b	2.44c	2.30c

通过将木麻黄不同种源或家系或无性系的小苗接种不同菌株的弗兰克氏固氮菌或外生菌根菌形成不同的基因型 – 共生菌组合，或将其此木麻黄基因型同时接种弗兰克氏固氮菌和外生菌根菌形成双接种基因型 – 共生菌组合，研究木麻黄的共生遗传特性，证实了木麻黄不同基因型在与共生菌形成不同共生组合体时存在巨大的遗传变异，并筛选了一些木麻黄优良的基因型 – 共生菌组合体，为深入开展木麻黄共生遗传改良研究奠定了基础。

第七节　育种策略

木麻黄树种作为我国华南沿海地区最成功的外引树种之一，它的遗传改良工作一直未受到应有的重视，严重滞后于木麻黄人工林生态防护和工业用材生产发展的需求。不仅在中国如此，在世界范围内有天然分布或引种木麻黄的热带亚热带国家中，系统地开展木麻黄遗传改良研究的国家也极少。文献资料的搜索结果显示，只有印度和中国较系统地开展了木麻黄遗传改良研究，获得了一些优良的木麻黄无性系用于大规模的造林，显著地提高了木麻黄人工林的生产力。但目前为止，利用木麻黄实生苗人工林中的自然杂交种，选择优树进行无性繁殖，经过无性系测定后推广使用仍是我国对木麻黄进行遗传改良的主要方法。但由于 20 世纪 80 年代前后营造的木麻黄实生苗人工林的残缺老化、台风侵袭和人为砍伐等破坏，加上 90 年代后木麻黄人工林中无性系的大量应用，使得木麻黄实生苗人工林越来越少，原来的木麻黄遗传改良方法越来越不适用。要在木麻黄遗传改良工作中获得新的突破，不断为生产提供获得稳定遗传增益的种植材料，需要像其他树种一样系统地开展木麻黄的多世代遗传改良，包括遗传材料引进、种源 / 家系 / 单株的选择、杂交育种选择、无性系选择和测定、优良种植材料推广应用等。

林木遗传学家把传统的、以短时间获得增益为目的的育种活动称为短期育种（short-term breeding），而把获得持续不断的遗传增益与同时保持较宽遗传基础的育种活动称为长期育种（long-term breeding）（Lindgren，2008）。为了获得林木可持续的遗传增益，必须要进行长期育种，而要对某一树种进行林木长期育种，必须要针对该树种的特性制定长期的育种计划。

一、基本概念与育种目标

每个树种的长期育种计划通常都包括三个层次的群体：基本群体（base population）、育种群体（breeding population）和生产群体（production population）（Zobel & Talbert，1984）。基本群体通常由天然林或未经改良的人工林，以及谱系清晰的子代林组成（沈熙环，1990；陈晓阳和沈熙环，2006）。育种群体通常又被分成主群体（main population，通常占育种群体的90%）和核心群体（nucleus population，或叫精选群体 elite population，通常占育种群体的10%）。核心群体是从育种群体中精选出来，由不多于50个基因型组成，能获得更大遗传增益的小群体（Williams & Hamrick，1996；Erikson & Ekberg，2001）。核心群体的功能包括：①为每个世代提供最优的个体进行种内控制杂交，从而选择最好的无性系或子代用于生产推广，加速育种进程；②如果需要种子造林的话，可以从最好的家系中选择最好的个体建立无性系种子园进行优良种子生产；③为种间杂交育种提供最优的杂交亲本。

在育种计划的制定中，通常还使用到注入群体（infusion population）的概念，它指的是基本群体或其他来源的优良育种材料，在第二个或更后的育种循环中被加入育种群体，用于保持或增加育种群体的遗传多样性（Schmidt，1997；Harwood & Mazanec，2001；Henson & Smith，2007）。注入群体主要由新注入的、和原育种群体没有亲缘关系的国内外种源/家系组成。

育种的目的是选择和繁殖能满足生产者、加工者或使用者需要的优良性状，且能适应种植区特定生长条件的新品种。根据木麻黄树种在我国华南沿海地区的生态防护和经济用途，木麻黄的育种目标包括：①高生产力，即生长快、轮伐期短等；②干形好，包括主干通直、主干分叉点高、自我整枝能力强等；③高抗性，包括抗病性（主要是青枯病）、抗虫（主要是星天牛和木蠹蛾）、抗风性、抗旱性等。

短枝木麻黄是华南沿海地区种植面积最大、生长最快和适应性最好的木麻黄树种，因此，无论在资源引进还是遗传改良上都应受到更大的关注。根据已有的研究结果，短枝木麻黄树种的生物学特性包括雌雄异株为主、风媒传粉、有性和无性繁殖容易、种内种间杂交亲和性高、嫁接成活率高、嫁接可矮化和促进优树提前开花、存在传粉限制、近交衰退、人工套袋授粉坐果率和结实率低等特性。本章针对短枝木麻黄树种的生物学特性和利用获得的木麻黄控制授粉技术，制定了木麻黄的长期育种计划。育种计划从利用引进国外和收集国内的木麻黄优良育种材料开始，在华南地区建立育种群体，从中选择和建立核心群体用于种内和种间控制杂交育种，对杂交子代进行测定选择，获得优良无性系用于生产造林；同时对育种群体进行选择和间伐，收获杂交种子并注入新的育种材料形成下一代育种群体；如此一代一代地保证了育种群体较宽的遗传基础，同时获得稳定的遗传增益（图 4-15）。

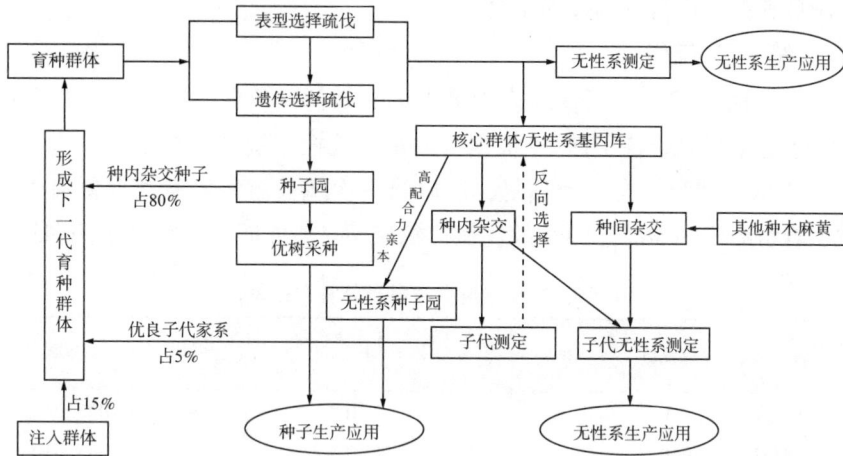

图 4-15　短枝木麻黄长期育种计划框架

二、木麻黄育种群体

（一）育种群体的建立

我们在澳大利亚联邦科学与工业组织 Khongsak Pinyopusarerk 先生的帮助下，从澳大利亚林木种子中心引进了 28 个国外种源、203 多个家系的短枝木麻黄的自由授粉子代，同时收集了国内 13 个种源、97 个自由授粉子代，作为建立育种群体的遗传材料（表 4-49）。

利用上述的育种材料，在福建、海南和广东分别建立 1 个包含有 41 个国际种源、300 个家系的自由授粉子代测定试验。3 个试验都使用不完全区组设计中的拉丁方行列设计（Williams et al., 2002），试验中采用 5 株单行小区，至少 6 次重复，株行距 2m×2m，试验周围种植最少 2 行不同树种（如桉树）的隔离行。选择较平整一致的试验地，便于减少环境因素对种源家系生长的干扰，获得较准确的遗传参数进行种源家系选择。因为育种目的是为将来的造林提供经过遗传改良的种植材料，所以，应根据将来的种植环境，把试验设置在具有代表性的地点。另外，试验林应距离其他木麻黄人工林至少 200m 的距离，最大限度降低花粉污染的可能。

（二）育种群体的评价

试验建立后 2~2.5 年后，观测所有单株的树高、胸径、主干通直度、分叉习性、分枝习性、开花情况（性别）和健康状况等。性状的评价方法采用《短枝木麻黄国际种源试验评价手册》中的方法（Pinyopusarerk et al., 1995）。利用统计软件对观测获得的数据进行统计和分析后，可对各家系间和家系内的单株进行选择，并估算各因素的方差分量、遗传力和各性状间的相关性。

（三）核心群体的建立

利用上述获得的结果，选择综合表现最好的 30 个家系中最好的雌株和雄株各 1 株，通过嫁接组成核心群体或称作"无性系基因库"，嫁接植株被移栽到花盆中，便于利用授粉室控制授粉技术进行控制授粉杂交。

（四）第一次疏伐

第一次疏伐时，每小区间伐掉表现最差的 3 株树，仅保留最大、最直和最健康的 2 株树（最好是保留雌雄各 1 株）。根据目测（不是根据统计分析结果）进行疏伐。每小区保留了 2 株，试验设有 6 个重复，所以第一次疏伐后每家系共保留有 12 株优树。根据短枝木麻黄雌雄约 36%：63% 的比例，每家系一般能同时保留有雌株和雄株。

表 4-49　短枝木麻黄育种群体种源家系信息

试验编号	种源号	家系数	国家	种源	纬度	经度	海拔（m）
1-3	Yangxi	3		广东阳江	23°00′N	113°03′E	4
4-13	18267	10		广东阳江	23°00′N	113°03′E	4
14-21	Maoming	8		广东茂名	21°27′N	111°03′E	4
22-34	Wenchang	13		海南文昌	19°58′N	110°59′E	10
35-44	18268	10		海南岛东林场	19°58′N	110°59′E	10
45-48	Lingao	4		海南临高	19°56′N	109°39′E	56
49-51	Dongfang	3	中国	海南东方	19°13′N	108°40′E	8
52-53	Ledong	2		海南乐东	18°29′N	108°40′E	7
54-61	Dongshan	8		海南东方	19°13′N	108°40′E	8
62-71	Huian	10		福建惠安	24°54′N	118°54′E	14
72-76	Pingtan	5		福建平潭	24°35′N	118°58′E	12
77-86	18269	10		福建厦门	24°24′N	118°06′E	50
87-97	18586	11		广西北海	21°35′N	109°00′E	2
98	15616	混合家系	澳大利亚	Wangetti，Qld	16°41′S	145°34′E	30
99-113	18355	15	贝宁	Cotonou	06°24′N	02°31′E	8
114	19544	混合家系	古巴	Matanzas	23°04′N	81°35′E	20
115-124	18013	10		Cuttack，Orissa	20°12′N	86°38′E	7
125-134	18015	10	印度	Balasore，Orissa	21°30′N	86°54′E	10
135-144	18118	10		South Arcot，Tamil Nadu	11°42′N	79°44′E	40
145-154	18120	10		Chengai Anna，Tamil Nadu	09°15′N	79°20′E	5
155-161	19548	7	印度尼西亚	Taberfane，Trangan Aru	06°10′S	134°08′E	2
162-164	19550	3		Meme，Trangan Aru	06°50′S	134°20′E	2
165-170	18142	6	肯尼亚	Kilifi	03°38′S	39°51′E	20
171	18160	混合家系		Pantai Dalit，Sabah	06°12′N	116°12′E	5
172-174	18244	3	马来西亚	Bako National Park，Sabah	01°44′N	110°30′E	30
175-184	18348	10		Kuantang，Pahang	03°48′N	103°20′E	N/A

（续表）

试验编号	种源号	家系数	国家	种源	纬度	经度	海拔（m）
185–188	18565	4	毛里求斯	Isle d'Ambre	20°03′S	57°39′E	2
189–193	18153	5	巴布亚新几内亚	Ela Beach	09°05′S	147°17′E	10
194–199	21167	6		Ela Beach	09°05′S	147°17′E	10
200–209	18154	10	菲律宾	Panay Island	11°55′N	122°23′E	30
210	18157	混合家系		Palawan Island	09°19′N	118°29′E	10
211–220	18402	10	所罗门群岛	Kolombangara	08°07′N	157°08′E	2
221–229	18403	9		Gizo	08°07′N	156°54′E	2
230	18287	混合家系	斯里兰卡	Hambantota	06°08′N	81°07′E	16
231	18288	混合家系		Madagama	08°06′N	80°15′E	80
232–247	18296	16		Pangnga	08°46′N	98°16′E	5
248–263	18297	18	泰国	Ranong	09°21′N	98°27′E	10
264–271	18299	8		Songkhla	07°09′N	100°37′E	2
272–281	21199	10	泰国	Kantang，Trang	07°33′N	100°37′E	2
282	18127	混合家系	越南	Ha Thinh	18°44′N	105°45′E	2
283–300	18128	8		Ha Nam Ninh	20°22′N	106°21′E	2

（五）第二次疏伐

第二次疏伐大约在 4 年树龄，通常在短枝木麻黄的开花期前进行。每小区仅保留生长表现最好的 1 株雌株或雄株，但要确保每家系保留有相对平衡的雌雄株（即雌雄各 3 株），这样能为建立下一世代的育种群体保留了较宽阔的遗传基础。

在木麻黄开花期间，应该观测记录各家系的花期，因为我们准备使用这些家系间的杂交种子作为下一世代育种群体的基础，要最大限度确保各家系能相互杂交。

（六）下一代育种群体的建立

第二次间伐后，收集育种群体内的自由授粉种子形成下一世代育种群体。采种母树选择方法如下：从表现最好的 60 个家系中各选择 2~3 株；从表现中等的 180 个家系中选择 1~2 株；从表现最差的 60 个家系中选择 0~1 株。

清晰地记录所收集种子母树的来源信息，这些从第一世代育种群体收集的种子将组成第二代育种群体约 80% 的个体。从大规模的种源中保留大多数家系，能确保种源间能进行大范围的杂交，从而可能获得具有种源间杂种优势的个体供下一代育种选择。同时，继续引进国外或收集国内的优良种源家系组成注入群体（约占下一代育种群体的 15%），扩大下一世代育种群体的遗传基础。另外，核心群体种内杂交的优良子代也被加入到下一代育种群体中（约占群体的 5%）。在这个时候，无性系种子园（由核心群体建立）由于还未进入种子生产期，因此这个间伐后的育种群体必要时可以临时作为实生苗种子园，从经遗传选择的优树母株上采集杂交种子，为造林生产供应优良种子（图 4-16）。

第1年	建立3个短枝木麻黄国际种源/家系试验
目的	建立第一世代的育种群体，获得优良种源/家系的遗传信息，为核心群体和更高世代育种进行准确的优树选择
地点	3个国际种源/家系试验分别被建立在海南、广东和福建
材料	从自然分布区、引种种植区和国内收集的300个自由授粉家系
试验设计	采用拉丁方随机行列设计，6次重复，6株每重复，株行距1.5m×2.5m
第3年	种源/家系的生长、干形、分枝习性、抗逆性等数量性状和质量性状的评价
树龄	2~2.5年
目的	使用多性状指数选择法对家系和家系内个体进行选择 估算家系各性状的方差、遗传力和相关性
第4年	生长、干形、分枝习性观测评价后进行第一次间伐
树龄	约3年
间伐	仅在家系内进行选择性间伐，每小区仅保留两株最大、最直和健康的优株（最好是雌雄各1株）。根据目测，而不是根据观测数据进行择伐
目的	减少试验林内的植株，确保剩余优树能旺盛生长和开花结实
第4年	嫁接间伐后的优株组成核心群体（无性系基因库）
树龄	约3年
选择	从最好的30个家系中选择最好的60株优树（30株雌株和30株雄株）进行嫁接，移栽进花盆中（每株优树嫁接不少于20株）
目的	形成用于控制杂交的核心群体，也可以用于建立无性系种子园
第5年	开花前进行第二次间伐，改建成实生苗种子园
树龄	约4年
间伐	每小区仅保留1株优树（雄株或雌株）。整个试验必须考虑到每个家系具有相对平衡的雌雄株（即雌雄株大约各3株）
目的	可以用于改建成实生苗种子园
第6年	收集种子用于第二世代育种
树龄	约5年
母株选择	从最好的60个家系中（top 20%），各选择2~3株最好的单株 从中等的180个家系中（middle 50%），各选择1~2株最好的单株 从最差的60个家系中（bottom 20%），各选择0~1株最好的单株 仅最差的家系（约10%）不进行采种，这样能为第二世代保持宽阔的遗传基础；间伐不需要的单株应在第6年春天开花前尽快间伐掉
目的	约300株经选择的单株组成下一代育种群体80%的个体
第6年	利用控制授粉室进行控制杂交
树龄	5年
目的	获得种内和种间杂交种，用控制杂交子代小苗直接繁殖成无性系苗用于无性系筛选
第7或第8年	建立无性系试验
材料	控制杂交子代小苗直接繁殖的无性系苗
目的	筛选优良无性系推广应用

图4-16　实生苗种子园营建过程

三、核心群体的建立与管理

（一）核心群体的建立

在开展实施育种计划的第三年，开始嫁接育种群体表现最好的30个家系中雌株和雄株各 1 株形成核心群体。同时，这些经过高强度选择的核心群体也可直接进行无性化繁殖，经过无性系测定后，筛选出优良的无性系用于生产，更快地满足造林生产上的需要。

把选择出来的优树嫁接后种植在较大的花盆中，组成一个核心群体，这是高强度育种计划的关键部分。这个核心群体可以用于进行控制授粉杂交或建立无性系种子园。建立无性系种子园时必须注意使用方形区组，最大限度实现不同无性系间的相互杂交。同时，无性系种子园应至少和其他木麻黄林分分隔 200m，最大限度避免外源花粉的污染。核心群体应该从一开始就进行精细的管理，促使它们尽早开花。很多试验已证明，多效唑（paclobutrazol）在桉树、苹果、鳄梨等植物上可抑制植物生长、促进提前开花（Wolstenholme et al.，1990；Greene，1991；Griffin et al.，1993；Williams et al.，2003）。我们将尝试利用多效唑诱导木麻黄嫁接无性系提早开花和坐果，同时抑制植物生长，因此无需通过不断修剪控制树体高度，降低劳动量。

（二）核心群体控制杂交

1. 种内杂交

核心群体由最好的 30 个家系中选出的最好的雌、雄各 1 株嫁接组成，如果要进行完全组合交配设计（如析因交配设计），工作量非常庞大（30×30=900 个交配组合），在实际操作中不现实，所以我们基于这雌雄各 30 株嫁接优树制定了以下的"部分双列杂交"设计：

每家系的雌株和雄株分别与两个不相关的家系进行杂交，即 1♀×2♀、2♀×3♂、3♀×4♂、……、29♀×30♂、30♀×1♂，总共有 30 个杂交组合。

2. 种间杂交

在种间控制杂交中，我们共有短枝木麻黄、细枝木麻黄、粗枝木麻黄和山地木麻黄 4 个种可以进行种间杂交育种，如果要进行完全组合的交配设计，由于工作量过于巨大，在实际操作中也难以实现。因此，我们利用木麻黄属的另外 3 个种（细枝木麻黄、粗枝木麻黄和山地木麻黄）的优树作为父本与短枝木麻黄母本优树进行杂交。对原来建立在临高种源试验林的细枝、粗枝和山地木麻黄家系按 20% 的入选率（每家系雄株 1 株）进行选择后嫁接移栽到花盆中，分别收集这 3 个种的混合花粉和短枝木麻黄最优的 15 个家系的雌株个体分别进行控制授粉杂交，共得到 15×3=45 个种间杂交组合。

3. 无性系测定

按照常规方法，获得杂交种子后需要先进行杂交子代测定，筛选子代中的优良个体无性繁殖后再进行无性系测定。按保守估计，杂交子代育苗测定需要 4 年时间，无性繁殖加无性系测定需要 3.5 年时间，这样最少需要 7.5 年才能获得优良无性系用于推广生产。另外，常规的杂交子代和无性系测定也需要建立大面积的试验林，工作量和经费耗费非常庞大。

本育种计划中，我们采用了一种新的杂交种筛选和测定方法。这个方法分为"无性系筛选"和"无性系测定"两个阶段。

①第一阶段：当种内和种间控制杂交完成获得杂交种子后，在苗圃进行育苗，然后每杂交组合选择长势旺盛的 20 株小苗取嫩枝进行水培生根，变成无性系苗进行无性系筛选试验。无性系筛选试验采用行列不完全区组试验，4 株小区、重复 5 次、株行距 2m×2m，这样 75 个杂交组合共需造林 1500 株，用地共约 0.6hm²。

②第二阶段：当无性系筛选试验生长 2 年后进行生长性状的调查，获得统计分析结果后，选择表现最好的 10% 的杂交种无性系在目标种植区进行多地点测定。测定试验中，每无性系采用 25 株小区、重复 4 次，株行距 2m×2m，以当地应用最多的无性系作为对照，这样每试验点需造林 800 株，用地约 0.32hm²。无性系测定的时间约需 3 年，经过测定的无性系便可应用于生产推广。

无性系筛选时间约为 2.5 年（算上无性繁殖和苗圃生长），无性系测定时间约为 3.5 年，所以，总共 6 年时间便可获得优良无性系用于推广种植，相比于常规杂交种测定方法至少快了 1.5 年，同时，因为无性系筛选和测定林的面积大幅度减少，大大节省了工作量和经费投入。

四、生产群体的建立

经过两次共约 6 年的无性系测定后，选择出的优良无性系原株组成了木麻黄的生产群体，用于大规模生产无性系用于生产推广。这些优良无性系主要用于以获得经济效益为主要目标的木麻黄用材林。

这些优良无性系也可以选择其中没有亲缘关系的个体用于建立无性系种子园，形成生产优良种子的生产群体，生产经过遗传改良的杂交种子用于生产造林，主要用于生态防护目的的沿海防护林（特别是海岸前沿 200m 的基干林带）、盐碱地、采矿地等困难立地的植被恢复和造林应用。

前面所述的核心群体除了可以用于控制授粉杂交或建立无性系种子园外，还可以将这些核心群体的个体利用上述的方法直接进行无性系测定，可以在更短时间内获得具有一定遗传增益的无性系用于生产造林。

第五章 木麻黄分子生物学

分子生物学（molecular biology）是从分子水平研究生物大分子的结构与功能，从而阐明生命现象本质的科学。1953 年沃森和克里克提出的 DNA 分子的双螺旋结构模型是分子生物学诞生的标志。自 20 世纪 50 年代以来，分子生物学是生物学研究的前沿与热点，其主要研究领域包括蛋白质体系、蛋白质 – 核酸体系（分子遗传学）和蛋白质 – 脂质体系（即生物膜）。

木本植物由于生育周期长，造成其分子生物学研究较为落后。在木本植物中，杨树、松树和杉木由于人工林面积大，应用广泛，因此，其分子生物学研究开展最为广泛和系统。木麻黄在引种保存、良种繁育、无性系选育、抗性育种等方面开展了大量的研究工作，但木麻黄分子生物学的研究相对滞后，目前主要集中在分子生物技术研究，如木麻黄细胞学基础、遗传多样性、遗传转化和基因工程等方面。木麻黄作为生态抗逆树种，其在高盐、干旱、贫瘠环境上的高适应性，使得它的抗逆性机理研究受到重视，因此，开展木麻黄的分子生物学研究具有重要意义。

第一节　分子标记技术

随着生物学研究水平的提高和技术手段的不断和更新，检测遗传多样性的方法也从最初的形态学标记方法、细胞学标记方法、生理生化标记方法发展到目前的分子标记方法。分子标记方法从最早的基于 Southern 杂交技术的限制性内切酶片段长度多态性标记（RFLP），发展到基于 PCR 技术的随机扩增多态性标记（RAPD）、简单重复序列标记（SSR）、简单重复序列间区标记（ISSR）、扩增片段长度多态性标记（AFLP）等，以及第三代基于 DNA 测序技术的表达序列标签（EST）标记、单核苷酸多态性（SNP）标记等，其能检测到的遗传多态性变异越来越丰富，但对实验仪器和实验条件的要求也越来越高。

简单重复序列标记（SSR）技术因具有共显性、多态性高、基因组覆盖性好、稳定性高、操作简单、费用低、检测方法方便快捷，对 DNA 数量及质量（纯度）要求不高等优点，是遗传多样性分析中费效比最佳的分子标记方法之一。由于早期的 SSR 标记引物的开发成本较高和耗时耗力，应用相对较少。但随着基因组测序技术的快速发展，大量物种的 ESTs 被上传到公共基因数据库供人们使用分享，研究人员可以下载这些序列用于该物种 SSR 标记引物的开发，使得 SSR 标记技术在遗传多样性分析、亲本分析、品种鉴定等就应用中得到了广泛使用。

EST（expressed sequence tags）是将 mRNA 反转录成 cDNA 并克隆到载体构建成 cDNA 文库后，随机挑选 cDNA 克隆对其 5' 端或 3' 端进行一步法测序后得到的部分 cDNA 序列。SSR 即简单重复序列（simple sequence repeat），或者微卫星序列（microsatellite，MS），是指以少数几个核苷酸为单位多次串联重复的 DNA 序列。EST 序列中也含有丰富的 SSR 序列，可通过软件工具对 EST 序列中的 SSR 序列进行检索，并通过其两侧翼的保守序列进行引物的设计，把设计好的引物序列交给相应的生物科技公司进行引物合成，再利用生物的 DNA 样品进行引物的筛选，从而开发出该位点的多态性引物。

一、EST 序列下载和 SSR 序列筛查

登陆美国国家生物技术信息中心网站（http：//www.ncbi.nlm.nih.gov/），在 database of EST 数据库中，采用 Entrez 检索系统，输入词条 "Casuarina" 来搜索木麻黄的 EST 序列。利用软件 est_trimmer.pl（http：//pgrc.ipk-gatersleben.de/misa/download/est_trimmer.pl）可去除 5' 端或 3' 端 50bp 的 polyA 或 polyT 以及过短（ < 100bp）的序列，过长（ > 700bp）的 EST 序列则保留其 5' 端 700bp，然后利用 seq_trim（Falgueras et al.，2010）软件以通用载体序列为参考序列。去除载体系列，再利用软件 Pharp 对 EST 序列进行聚类拼接以去除冗余序列，拼接原则为：最小匹配碱基数（minmatch）为 20，最小分值（minscore）为 40。利用在线软件 SSRIT（simple sequence repeat identification tool）（http：//www.gramene.org/db/searches/ssrtool）对聚类后的去冗余 EST 序列进行 SSR 搜索。搜索条件为：二核苷酸的最少重复次数为 9，三核苷酸的最少重复次数为 6，四、五和六核苷酸的最少重复次数 5。最终把符合条件的 EST 序列筛选出，利用其两侧翼的保守序列进行引物的设计，然后交给生物科技公司进行引物合成。

二、木麻黄 EST-SSR 序列的分布特征

截至 2022 年 1 月，从 NCBI 的 dbEST 数据库获得的木麻黄 EST 序列共有 34752 条。首先，用 est_trimmer.pl 软件和进行 seq_trim 软件进行序列预处理，去掉 5' 端或 3' 端 50bp 的 polyA 或 polyT；然后，运用 Pharp 软件进行序列聚类拼接，去除冗余序列；最后，共获得 12062 条非冗余序列（即 unigenes），总长度为 7278.578kb，序列冗余率达到 65.29%。unigenes 中，67.13% 为单拷贝序列 singlets（8098 条），平均长度为 533.4bp，变化范围为 46~066bp；contigs 为 3965 条，平均长度达到 746.5bp，变化范围为 130~2637bp。Unigenes 长度分布如图 5-1 所示。长度大于 500bp 的 unigenes 占 73.0%，长度为 200~500bp 的 unigenes 占 22.5%。

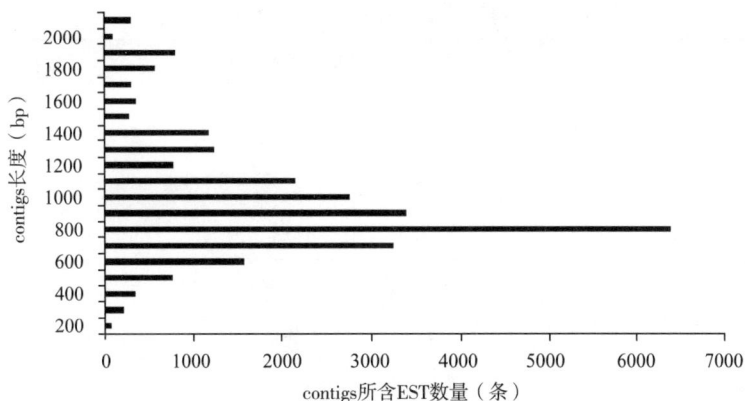

图5-1　公共数据库中木麻黄 EST 序列拼接获得的 contigs 的长度分布

　　利用软件对 12062 个木麻黄 unigenes 进行 SSR 位点搜索，获得 367 个 SSR 位点，这些 SSR 位点分布于 352 条 EST 序列中。EST 序列中含有 SSR 位点的频率仅为 2.92%。其中含有 2 个 SSR 位点的 EST 序列为 12 条，含有 3 个 SSR 位点的 EST 序列仅有 1 条，其余序列均为含有 1 个 SSR 位点的 EST 序列。

　　木麻黄 EST-SSR 位点中重复基元类型丰富。经统计，木麻黄 EST-SSR 位点中的重复基元有二核苷酸序列、三核苷酸序列、四核苷酸序列、五核苷酸序列以及六核苷酸序列 5 种类型（图 5-2）。其中，二核苷酸序列和三核苷酸序列占主导地位，所占比例分别为 57.77% 和 34.06%，四核苷酸序列和六核苷酸序列所占比例相近，分别为 3.27% 和 3.54%，五核苷酸序列所占比例极少，仅为 0.82%。

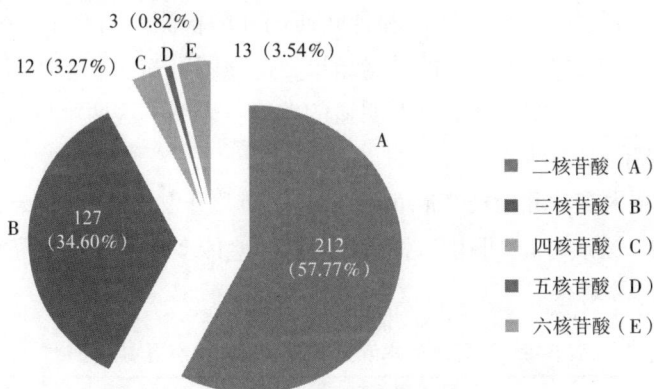

图5-2　木麻黄 EST-SSR 的分布频率

　　重复基元类型中，四核苷酸重复、五核苷酸重复和六核苷酸重复的各重复基元数量较少；但在二核苷酸重复基元中 AG/CT 数量最多，为 199，占二核苷酸重复基元数的 93.87%，AT/AT 和 AC/GT 的数量相近，均较少，分别为 7 和 6。在三核苷酸重复基元中 AAG/CTT 最多，为 56，占三核苷酸重复基元数的 44.09%，AGT/ATC 和 ACG/CCT 的数量相近，分别为 14 和 13，分别占三核苷酸重复基元数的 11.02% 和 10.24%（表 5-1）。

表 5-1　木麻黄 EST-SSR 中重复基元的比较

名称	重复基元类型	重复基元数量（个）	所占比例（%）
二核苷酸	AG/CT	199	93.87
	AT/AT	7	3.30
	AC/GT	6	2.83
	总计	212	—
三核苷酸	AAG/CTT	56	44.09
	AAT/ATT	5	3.94
	AGC/CGT	7	5.51
	ACC/GT	10	7.8
	AAC/GTT	7	5.51
	ACT/ATG	5	3.94
	CCG/CGG	1	0.79
	AGT/ATC	14	11.02
	AGG/CCT	13	10.24
	ACG/CTG	9	7.09
	总计	127	—

三、木麻黄 EST-SSR 引物筛选

利用木麻黄的 DNA 对合成的大量备选引物进行 PCR 扩增，选出能扩增出特定大小 PCR 产物的引物进行进一步的多态性和种间通用性的检测。图 5-1 是两对 EST-SSR 引物对 12 个木麻黄个体的 DNA 样本的扩增结果，由该图可知，多态性高的两个位点引物扩增的产物经过电泳后可发现其大小有明显的差异，表明了这两个位点在木麻黄不同遗传材料上具有很高的多态性。

我们利用粗枝木麻黄和短枝木麻黄的 EST 序列共开发出 21 个位点的具有高多态性的 EST-SSR 引物（表 5-2），可用于木麻黄植物的遗传多样性评价、品种鉴定、亲本分析、遗传图谱构建等用途。

表 5-2　已开发的木麻黄 EST-SSR 位点引物信息

位点	SSR 类型	引物序列（3′~5′）	预期产物大小（bp）	退火温度（℃）
EST-C01	（AGA）$_6$	F：TGCAGCATCATCACTACT R：ACTCCAACCAACTCTATTC	297	54
EST-C02	（CTTCT）$_5$	F：TTTGTCTTCCCTACTCCG R：AACCCTTTTCCACTTTCTTA	162	52
EST-C03	（CTT）$_6$	F：TTCAAAACCCTAGCATCT R：CATACCATTAACCAAAGC	200	50
EST-C04	（CT）$_{14}$	F：GCTGGAGGTGGTGGTGTT R：TATGGAATAGACGAGAAGTGAG	256	56

（续表）

位点	SSR 类型	引物序列（3'~5'）	预期产物大小（bp）	退火温度（℃）
EST–C05	（TCGCAC）$_3$	F：CATCTGAACTTTTGAAACCCTA R：GGCATGGCTTCGTCTTGG	197	56
EST–C06	（TAG）$_6$	F：GCCGAGTTATGGGGACGA R：GGTGTTTGTGACGACGCT	240	52
EST–C07	（CGT）$_6$	F：GCACGGTCGTCTTATTCT R：TCGCTTCCCATACAAATC	265	54
EST–C08	（GAC）$_{12}$	F：GCTTTGTCCTACCGTTTC R：ATCACCACCATCCTCGTC	148	52
EST–C09	（TCT）$_{10}$	F：CTATTGTTGTGCTTCATCCT R：CAATAGTCCTAGCACCATT	110	57
EST–C10	（GTT）$_9$	F：AAAGAGAGGCTCAGAAAGA R：GCACGAAGCAAGAGATAGA	165	55
EST–C11	（CAACGACAA）$_3$	F：CCTCAAACCAAGACCACC R：CCGACTTCCATGCTCAAT	320	52
EST–C12	（TG）$_9$	F：TGCCGCTGAACAAAATGA R：ATGGTCTCGCCTGGAATG	246	54
EST–C13	（CATCTT）$_3$	F：ATGGGACATTTTGGTGAT R：CTTTGCTTTAGGCGTTTT	282	50
EST–C14	（TC）$_9$	F：CCCTGCTTCTGGTCATTC R：GATCTGTGGCTTTGCTTG	226	56
EST–C15	（AG）$_{13}$	F：CTTCGCCGTTTCCTCAGA R：ATATTTGCTTCGCAGGTCA	195	55
EST–C16	（GAA）$_5$	F：ATGATGAAGACGAGGATC R：CTTCTTCTTCTTCCACCAC	165	54
EST–C17	（AG）$_{17}$	F：GAATCAAGAACCGCGAAC R：TCCGAATACCAGACTCCAG	311	56
EST–C18	（CT）$_{12}$	F：AAAGGCACAAGTTAGGAGAG R：GCTGGTGCTGTTGAAATG	214	56
EST–C19	（CT）$_7$	F：CGACCCAACCAAAATCTC R：AAGCGACAATCTGAAAGAAG	260	55
EST–C20	（AAGAAC）$_4$	F：GAAATGCTTATACAGAGAGG R：AATCTTCACGATAACTGAGG	239	56
EST–C21	（TCTT）$_6$	F：AATCTAACAACTGCTTTGGC R：GGGATGCTGATCGTAACAT	286	57

　　除了表 5-2 列出的 SSR 引物外，还有一些研究人员也利用不断增加的木麻黄 EST 序列，开发出更多的 EST-SSR 引物。如广东林科院许秀玉等（Xu et al，2018）开发出了木麻黄 223 个位点的 EST-SSR 引物，印度的 Kullan 等（2016）开发了木麻黄 50 个位点的 EST-SSR 引物。

四、木麻黄 EST-SSR 位点的多态性及其应用

利用引物 EST-CG09 和 EST-CG21 分别对木麻黄不同无性系及母本和子代 DNA 的 PCR 产物进行测序，结果表明不同无性系中序列重复单元 GTT 的碱基重复数分别为 9、10、8 和 2，母本和子代的重复单元 TCTT 的重复数则相同，而两个 SSR 位点两侧的碱基序列则基本一致，呈现高度保守性（图 5-3）。

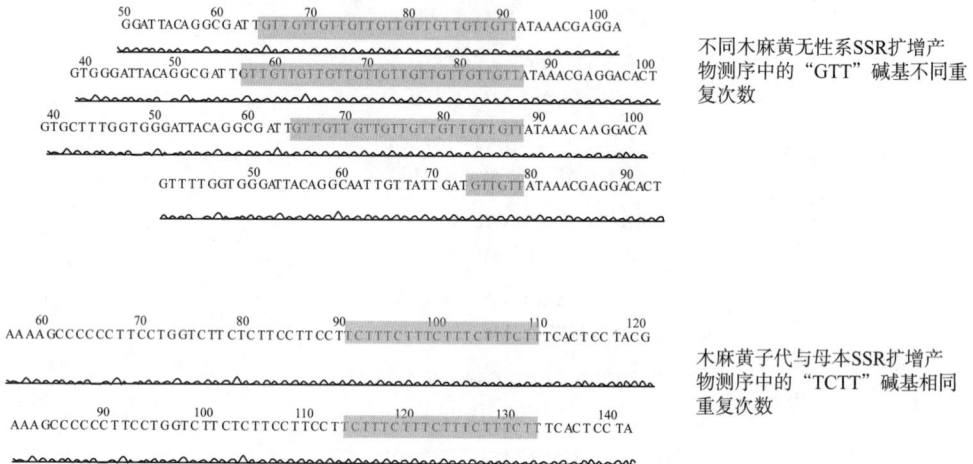

图 5-3　EST-SSR 引物扩增木麻黄不同无性系及母本与子代的 SSR 片段测序

在林木育种中，一些通过种间或种内杂交获得的子代或优良无性系由于具有介于父本和母本之间的表型性状，通过表型难以进行亲本或无性系的鉴定。通过对木麻黄 SSR 的指纹图谱分析，能快速准确地鉴定子代的亲本或不同的无性系。如图 5-4 中的 2 对引物就能成功将木麻黄 4 个不同的种和 6 个无性系区分开来。

第二节　基因工程技术

基因工程（genetic engineering）又称基因拼接和 DNA 重组技术，是以分子遗传学为理论基础，以分子生物学和微生物学的现代方法为手段，将不同来源的基因按预先设计的蓝图，在体外构建杂种 DNA 分子，然后导入活细胞，以改变生物原有的遗传特性，获得新品种、生产新产品的遗传技术。农作物大量使用的转基因技术（transgenic technology）是基因工程技术在生产上的成功应用。转基因技术是利用现代生物技术，将人们期望的目标基因，经过人工分离、重组后，导入并整合到生物体的基因组中，从而改善生物原来的性状或赋予其新的优良性状。除了转入新的外源基因外，通过转基因技术对生物体基因的加工、敲除、沉默（silencing）等方法改变生物体的遗传特性，获得人们希望得到的性状。这一技术的主要过程包括外源基因的克隆、表达载体的构建、

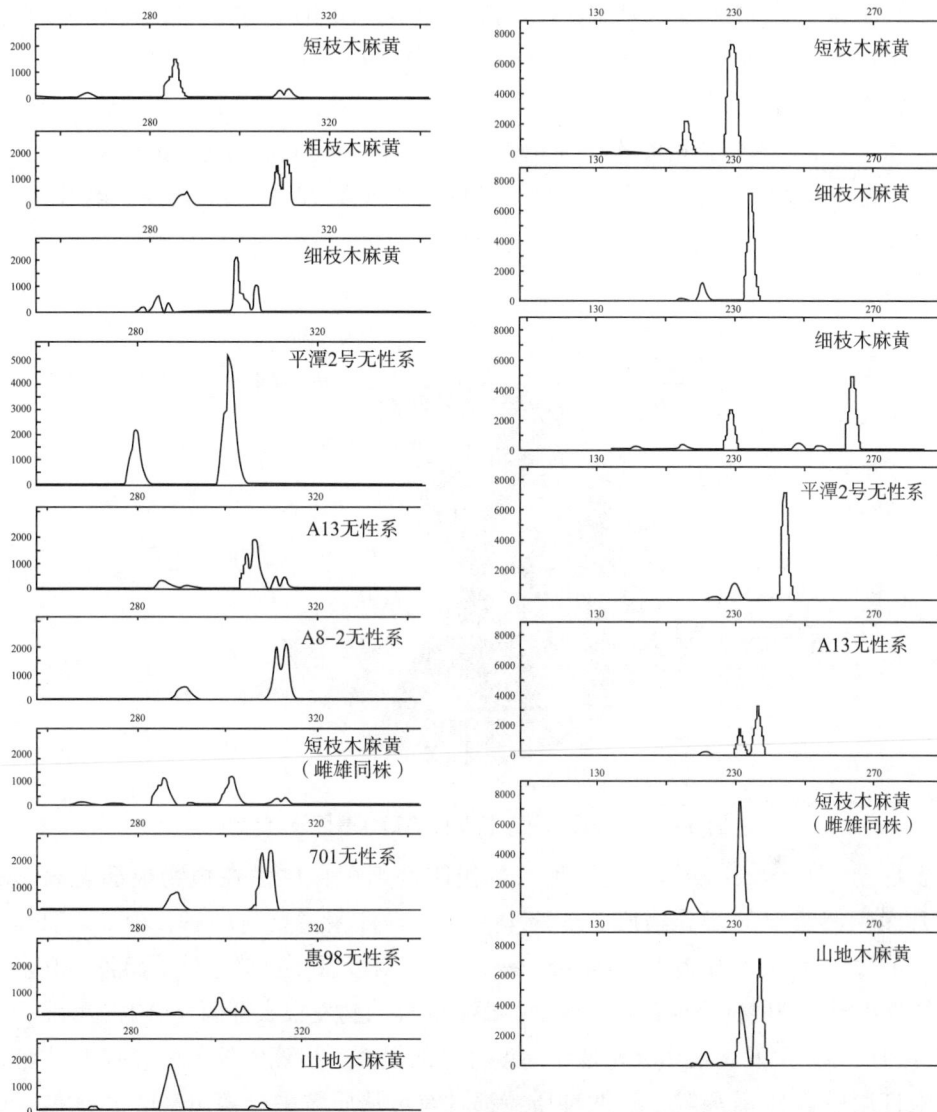

图 5-4　两对引物对木麻黄不同种或无性系的扩增电泳

注：图 5-4 横坐标为 PCR 产物的碱基数（bp），纵坐标为 PCR 产物的相对荧光强度。

遗传转化体系的建立、遗传转化体的筛选、遗传稳定性分析和回交转育等。基因工程技术也是研究生物体基因的结构和功能的重要手段。

林木因为生长期长，其常规的遗传改良方法周期长、效率低，非常不利于新品种的创制和选育，因此，把农业上首先使用的基因工程技术应用到林木育种中具有特别的优势，可以缩短林木的育种周期，培育出具有优良性状的新品种进行应用推广。

林木转基因技术最早开始于 1986 年华盛顿大学对杨树进行转基因研究（Parsons et al.，1986），而国内最早的转基因林木新品种为抗盐碱的中天杨（张一粟，2004）。虽然转基因林木发展的时间并不太长，种类与数量远远不及转基因农作物的规模，但近年来，林木基因工程育种研究进展十分迅速。据不完全统计，目前全世界已有 100 余种转基因树种研究成功，200多种转基因木本植物进行了不同阶段的试验，其中主要有杨属（*Populus*）、松属（*Pinus*）、云杉属（*Picea*）、桉属（*Eucalyptus*）、落叶松属（*Larix*）等。世界上林木的基因工程研究主要集中在抗病、抗虫、抗除草剂、抗逆境胁迫、木质素性质改良和速生等林木性状相关的基因（图5-5）。目前报道成功的转基因植物中，近80%都是采用农杆菌介导的遗传转化，其相比于其他的转基因方法如基因枪法、电击法、PEG法等具有可靠性强、效率高、周期短、表达稳定等优点。

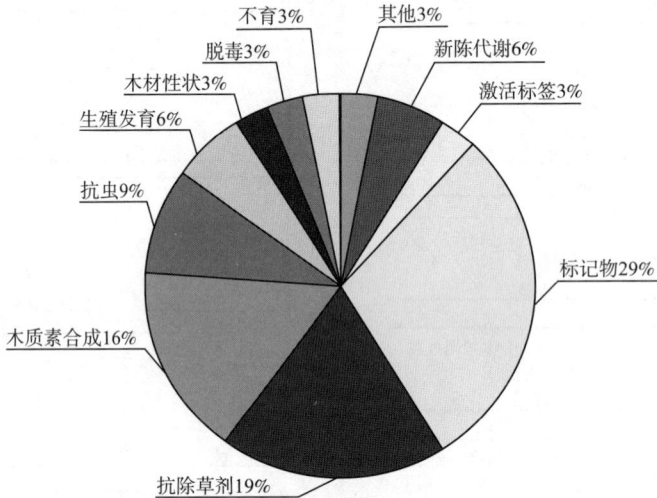

图5-5　已开展的林木转基因的目标基因及其比例

农杆菌（*Agrobacterium*）是一种革兰氏阴性细菌，生活在植物根部表面，依赖于根部组织渗透出的营养物质在土壤中生活。农杆菌主要有两种：根癌农杆菌（*A. tumeficiens*）和发根农杆菌（*A. rhizogenes*）。农杆菌可以在自然条件下感染140多种双子叶植物和裸子植物的受伤部位。其中，根癌农杆菌诱发根农杆菌导产生冠瘿瘤，而发根农杆菌诱导产生发状根而大量增生高度分支的根系。根癌农杆菌中含有Ti质粒，而发根农杆菌中含有Ri质粒，这两种质粒都具有可从质粒中分离出来的T-DNA。这段T-DNA可以被转入和整合到植物细胞的基因组中用于复制和表达。研究人员利用这一特征通过将外源目的基因整合到T-DNA中，利用T-DNA的转移功能将目的基因片段转入并整合到植物细胞的染色体基因组中。农杆菌介导的遗传转化方法可直接使用植物组织作为受体材料进行遗传转化操作，不需要借助特殊的仪器设备，具有效率高、表达稳定、可靠性强等优点，但是该方法难以感染单子叶植物。

一、基因工程技术用于木麻黄基因功能研究

木麻黄的转基因研究最初的目的是为了通过特定基因的表达来开展基因功能的分析，其中的研究热点是木麻黄和弗兰克氏固氮菌的共生机理研究。木麻黄的转基因技术更有利于从基因水平开展木麻黄与弗兰克氏菌形成共生关系的分子机理。到目前为止，对木麻黄进行遗传转化的外源基因约有14个（表5-3）。最早开展木麻黄转基因研究的

是法国，法国发展研究院和热带植物基因组实验室（Gene Trop Lab）木麻黄研究人员对木麻黄基因工程及基因功能进行了大量研究。他们根据木麻黄与弗兰克氏固氮菌共生的特点，逐步建立了共生基因表达系统和完善了2个种木麻黄的外源基因转化体系，并从木麻黄科植物中克隆出了一些与共生固氮功能相关的基因及其启动子。利用这些基因或启动子对其他模式植物（如拟南芥）进行转化和验证，研究了这些基因和启动子的作用、功能和表达机理。

表5-3　已成功转入木麻黄科植物的外源基因

序号	转入的基因	转基因植物	转化方法	参考文献
1	gus	C. glauca、A. verticillata	A. tumefaciens	Phelep et al.，1991
		C. glauca、A. verticillata	A. rhizogenes	Franche et al.，1997 Dionf et al.，1995
		C. equisetifolia	A. tumefaciens	Zhong et al.，2011
		C. cunninghamiana	A. tumefaciens	姜清彬，2011；Jiang et al.，2015
2	npt Ⅱ	A. verticillata	A. tumefaciens	Franche et al.，1997
3	gfp	A. verticillata、C. equisetifolia	A. rhizogenes A. tumefaciens	Santi et al.，2003 Svistoonoff et al.，2003
4	lbc3	C. glauca、A. verticillata	A. tumefaciens	Franche et al.，1998
5	hemoglobin gene	C. glauca、A. verticillata	A. tumefaciens	Franche et al.，1998
6	CaMV35S	A. verticillata	A. tumefaciens	Smouni et al.，2002 Obertello et al.，2005
7	cg12	C. glauca、A. verticillata	A. tumefaciens	Svistoonoff et al.，2003a，b
8	e35S	A. verticillata	A. tumefaciens	Obertello et al.，2005
9	e35S-40cs	A. verticillata	A. tumefaciens	Obertello et al.，2005
10	UBQ1	A. verticillata	A. tumefaciens	Obertello et al.，2005
11	cdc2aAt	A. verticillata	A. tumefaciens	Sy et al.，2007
12	RNAi	A. verticillata	A. tumefaciens	Gherbi et al.，2008
13	PsEnod12B	C. glauca、A. verticillata	A. tumefaciens	Sy et al.，2006
14	LEA	C. cunninghamiana	A. tumefaciens	姜清彬，2011

　　Phelep等（1991）等利用发根农杆菌（A. rhizogenes）对轮生木麻黄（A. verticillata）进行了转基因研究，发现转入发根农杆菌基因的植株的根生物量、小枝数量、总干重等都显著高于未转基因的对照。Dionf等（1995）用携带有p35S-gus A-int基因结构的发根农杆菌A4RS菌株侵染3周龄木麻黄幼苗的下胚轴，促使其生根。3周后，切去原来的根系，把带有转基因根系的植株转移到试管中接种弗兰克氏放线菌。经检测，这些转基因根系上所长出的根瘤具有固氮酶活性和正常根瘤相同的形态。通过荧光分析和组织化学分析，这些转基因的根系和根瘤上能检测到β-葡萄糖苷酸酶（gus）的活性。根据这个研究结果，研究者成功构建了一个木麻黄的共生基因表达系统，它可以在粗枝木麻黄上产生转基因的弗兰克氏固氮根瘤。

同在 1995 年，Jacobsen-Lyon 等（1995）提取了粗枝木麻黄弗兰克氏共生固氮根瘤中高效表达的血色素基因（*cashb-sym*）及编码备色素的非共生基因（*cashb-nonsym*），并将这些共生和非共生基因转入豆科作物牛角花（*Lotus corniculatus*）后，发现这些基因具有保守特异性表达，由此推断木麻黄共生基因的调控表达类似于豆科根瘤中的血红蛋白基因。

1998 年，Franche 等利用粗枝木麻黄和轮生木麻黄转入大豆 *lbc3* 基因、榆科山麻黄和山黄麻的血色素基因，比较了豆科植物和非豆科植物血色素基因表达调控。结果表明，大豆 *lbc3a* 基因、榆科山麻黄和山黄麻血色素启动子在转基因木麻黄中具有细胞特异性表达，说明豆科植物、榆科植物和放线菌共生植物的血色素基因有着紧密的亲缘关系（Franche et al.，1998）。

为了探索木麻黄与弗兰克氏固氮菌的共生机制，很多研究人员开展了木麻黄共生基因的定位和克隆、表达和功能分析研究。目前，从木麻黄植物中定位和克隆出的共生基因有 8 个（表 5-4）。

表 5-4　木麻黄科植物共生基因的克隆及其功能表达

序号	共生基因	基因来源	功能基因表达植物	参考文献
1	*hb-Cg1F*	*C. glauca*	*C. glauca*	Gherbi et al.，1997
2	*ag12*	*Alnus glutinosa*	*C. glauca*	Laplaze et al.，2000
3	*cg12*	*C. glauca*	*Medicago truncatula*	Laplaze et al.，2000 Svistoonoff et al.，2004
4	*cgMT1*	*C. glauca*	*A. verticillata*	Laplaze et al.，2002 Obertello et al.，2007
5	*PcgMT1-gusA*	*C. glauca*	*Nicotiana tabacum*、*Oryza sativa*	Ahmadi et al.，2003
6	*CgENOD40-GUS*	*C. glauca*	*Lotus japonicu*	Santi et al.，2003
7	*GmENOD40-2-GUS*	*soybean*	*A. verticillata*	Santi et al.，2003 Roussis et al.，1995
8	*SymRK*	*C. glauca*	*C. glauca*	Gherbi et al.，2008

Bogusz 等（1996）构建了一个粗枝木麻黄根瘤 cDNA 文库，用根和根瘤 cDNA 做探针，通过分析 cDNA 的克隆序列获得了几个木麻黄转录子，然后用发根农杆菌和根癌农杆菌感染，使木麻黄共生基因在根瘤中得到成功表达。

1997 年，Gherbi 等（1997）从粗枝木麻黄根瘤 cDNA 文库克隆出了共生血色素全长 cDNA（*hb-Cg1F*），利用定位杂交对相应共生血色素 mRNA（*hb*）在粗枝木麻黄根瘤中的位置进行了定位。

Laplaze 等（2000）为了寻找粗枝木麻黄弗兰克氏菌共生联合体早期互作时的表达基因，从粗枝木麻黄中分离鉴定了一个类似属于枯草杆菌蛋白酶的蛋白酶基因（*subtilisin*）家族的基因 *cg12*。通过研究赤杨（*Alnus glutinosa*）中 *ag12* 基因在粗枝木麻黄根瘤发生过程中的表达形式，推测这个类似枯草杆菌蛋白酶的蛋白酶可能是弗兰克氏菌侵染赤杨和木麻黄植物细胞过程中产生的成分。

Laplaze 等（2002）从粗枝木麻黄根瘤 cDNA 文库克隆出了类型 I 金属硫因（*type1 metallothionein*）*cgMT1* 基因，该基因在根和固氮根瘤中高效表达，而在地上部分组织中表达很少。研究者还分离出 *cgMT1* 启动子并与 β – 葡萄糖苷酸酶报告基因（*gusA*）结合对木麻黄进行了转基因研究，证明 *cgMT1* 启动子在根和地上衰老组织中活性很强，杂交显示弗兰克氏菌侵染根瘤的成熟细胞和中柱鞘有 *cgMT1* 拷贝。为了确定 *cgMT1* 的功能，Laplaze 等（2002）又分离出了相应的启动子序列，并与 β – 葡萄糖苷酸酶报告基因（*gusA*）结合转入木麻黄科植物中，研究得出，*PcgMT1* 能引导 *gus* 在根系中高效表达。为了进一步评价这个启动子的应用价值，Ahmadi 等（2003）将 *PcgMT1–gusA* 体系转入烟草（*Nicotiana tabacum*）和水稻（*Oryza sativa*）中，发现 *PcgMT1* 同样能在一年生单子叶和双子叶植物根系中诱导基因高效表达，其表达形式和转基因木麻黄表达体系类似。该研究结果说明 *PcgMT1* 在开展根系基因表达中将有很大的应用前景。Obertello 等（2007）也从粗枝木麻黄固氮根瘤中分离出代谢基因 *CgMT1*，并就其功能作了研究分析。

Santi 等（2003）为了比较豆科根瘤菌植物与放线菌植物共生根瘤形成的差异，从粗枝木麻黄中克隆获得了 *ENOD40* 启动子，并利用 *CgENOD40-GUS* 融合体在豆科植物百脉根（*Lotus japonicus*）和大豆 *GmENOD40-2-GUS* 基因转入轮生木麻黄进行表达，发现 *CgENOD40-GUS* 在豆科植物中表达与其他非共生基因表达相似，但与 *GmENOD40-2-GUS* 表达相比较，*CgENOD40-GUS* 表达后经报告基因检测在根瘤上不显活性，因此，推测 *ENOD40* 只在豆科植物中可以成功诱导根瘤形成。

Svistoonoff 等（2004）把从粗枝木麻黄分离出来的 *cg12* 基因转入豆科植物紫花苜蓿（*Medicago truncatula*），发现 *cg12* 启动子活性和一种可固氮的根瘤菌类共生菌（*Sinorhizobiu mmeliloti*）对植物细胞的侵染能力有关，而根瘤菌和菌根菌接种均不能诱导 *cg12–* 报告基因表达。研究结果表明：固氮菌对豆科植物和放线菌共生植物的侵染存在显著的专一性。

Sy 等（2006）为了研究豆科根瘤固氮植物和 *Frankia* 固氮菌植物之间共生固氮的相似性，利用豌豆（*Pisum sativun*）中的 *PsEnod12B* 基因作为轮生木麻黄和粗枝木麻黄的启动子进行遗传转化。经 *gus* 分析后，发现在与弗兰克氏菌共生早期，发根和早期根瘤的报告基因不显活性，推测可能是轮生木麻黄和粗枝木麻黄的一些转录因子对 *PsEnod12B* 启动子产生干涉影响。

Gherbi 等（2008）从粗枝木麻黄中分离到了共生受体样蛋白激酶（symbiosis receptor-like kinase）基因 *Symrk*，研究证明了 *Symrk* 不仅与豆科植物根瘤的形成有关，在粗枝木麻黄固氮根瘤的形成中也不可缺少。

2005 年开始，国内也开展了木麻黄转基因研究（姜清彬，2011；Zhong et al.，2011）（附图 5–1~ 附图 5–4）。

金继祖（2019）利用木麻黄转录组数据筛选并克隆了 5 个基因（*CeATHB7*、*CeIKU2*、*CeNCS2*、*CePM19L*、*CeCIGR1*），其中 *CeNCS2*、*CePM19L* 和 *CeIKU2* 与跨

膜运输相关，*CeATHB7* 与 DNA 特异结合的转录因子，*CeCIGR1* 响应赤霉素。利用杨树遗传转化体系，最后筛选鉴定得到响应盐胁迫的杨树转基因株系只有 *CeCIGR1*。叶绿素快速荧光参数和 O-J-I-P 曲线的结果显示过表达 *CeCIGR1* 能够使杨树叶片具有更强的耐受性，且通过与野生型植株对比发现，过表达植株在盐胁迫的 POD、CAT 活性普遍要高于野生型，降低也更慢，说明 *CeCIGR*1 在木麻黄的盐胁迫中起到保护和缓冲作用。

王玉娇等（2022）等从短枝木麻黄中分离出钾离子转运蛋白（the high-affinity K$^+$/K$^+$uptake permease/K$^+$transporter），通过花序浸染法转化进模式植物拟南芥。通过萌发试验表明，过表达短枝木麻黄 *CeqHAK* 基因可以明显提高拟南芥在 175mmol/L NaCl 下的萌发率和存活率。200mmol/L NaCl 处理 10 天后，野生型拟南芥出现明显的枯萎、叶片发黄、花序死亡的现象，以上结果表明：过表达短枝木麻黄 *CeqHAK* 基因可以提高拟南芥的耐盐性。

二、木麻黄外源基因的遗传转化

要成功将外源目标基因成功转入木麻黄的体细胞，首先要建立起该树种的遗传转化体系。目前，对木麻黄科植物进行遗传转化研究采用的最主要的方法是农杆菌介导法。Le 等（1996）对粗枝木麻黄进行遗传转化试验，并建立了一个较为完整的遗传转化体系，即以培养了 45 天的实生苗上胚轴为外植体、共培养 3 天（共培养培养基中添加 25μmol/L 的乙酰丁香酮）、愈伤组织生长筛选培养基含有 0.5μmol/L NAA+2.5μmol/L BAP+50mg/L 卡那霉素 +250mg/L 头孢霉素，其中，通过 β - 葡萄糖苷酸酶分析检测后发现，有 95% 的愈伤组织中表达了目的基因，然后又使用 PCR 反应和 Southern 杂交技术对目的基因进行了检测，进一步证明转化获得了成功。此外，Le 等（1996）也利用基因枪法进行了遗传转化研究，通过但与农杆菌转化的 *gus* 染色鉴定结果相比较发现其转化效率并没有农杆菌转化效率高，效果不理想。随后，Franche 等（1997）使用根癌农杆菌，以轮生木麻黄（*A. verticillata*）为研究对象，进行了转基因研究，最后从 23 次成功的独立转化试验中获得了 100 多棵转基因植株。然后他们用弗兰克氏 Allo2 菌株侵染这些转基因植株根部，发现其根部可以长出固氮根瘤，由此证实了所获得的转基因植株同正常木麻黄植株一样可与弗兰克氏放线菌共生。Sant 等（2003）以轮生木麻黄和粗枝木麻黄为研究对象，进行了农杆菌遗传转化研究，对绿色荧光蛋白（gfp）在转化再生过程中基因表达的变化情况进行了观测研究。结果表明：gfp 并不影响木麻黄组织的再生，可将 *gfp* 基因作为遗传转化体系建立过程中的报告基因。Gherbi 等（2008）对轮生木麻黄的遗传转化研究中探索了 RNA 干扰技术在木麻黄科植物研究中的应用，为木麻黄共生基因的研究提供了较为快速的一种研究方法。张炎（2019）在以木麻黄幼嫩枝条茎段为受体材料进行农杆菌介导的遗传转化体系中，研究了两种农杆菌菌种、共培养时间、乙酰丁香酮的添加和抗生素的使用等因素对遗传转化的影响。对获得的抗性愈伤组织和生长了 20 天的抗性不定芽分别进行了 *gus* 基因化学组织染色鉴定，结果表明抗

性愈伤组织的 *gus* 基因表达率为 80%，抗性不定芽中 *gus* 基因表达率为 91.3%。在卡那霉素抗性筛选遗传转化体系中，其抗性愈伤组织的诱导率为 76.58%。对双子叶植物而言，农杆菌介导的遗传转化系统是双子叶植物最佳的转化方法，具有操作简单、设备要求便宜、转化效率高等特点，但要求具有成熟的再生体系技术。木麻黄又是农杆菌的天然宿主，且对农杆菌敏感，研究已证明采用根癌农杆菌或发根农杆菌能成功为木麻黄植物中的粗枝和轮生木麻黄导入外源基因。

（一）愈伤组织再生体系建立

成功高效的植物遗传转化体系基本都是建立在优良的植物再生体系基础之上的，优良的植物再生体系为高效率的遗传转化体系提供良好的植物转化受体，保证转化受体最终可以发育成完整的转基因植株。因此，如何建立一个高效的再生体系是成功构建木麻黄遗传转化体系的重要前提条件。

本研究采用细枝木麻黄种子消毒后在培养基培养出小苗的上胚轴作为外植体，利用外植体进行愈伤组织培养，建立并优化了一个快速高效的愈伤组织再生体系（图 5-6）。外植体在愈伤组织诱导培养基上培养 1 周后，就可成功诱导出愈伤组织，生长素 NAA 与细胞分裂素 BAP 组合的不同浓度对木麻黄外植体愈伤组织诱导作用有明显的差异。综合考虑愈伤组织大小和愈伤诱导率，浓度配比组合 0.54 μmol/L NAA+3.30 μmol/L BAP（处理 10）是对细枝木麻黄外植体愈伤组织诱导培养最佳的植物生长调节剂浓度组合（表 5-5）。

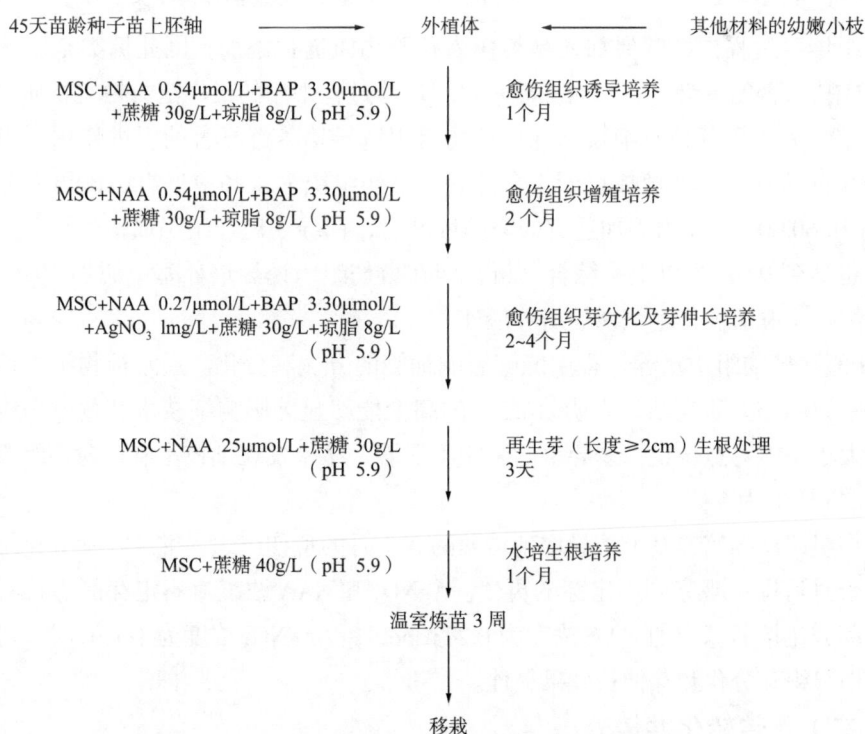

```
45天苗龄种子苗上胚轴  ──────→  外植体  ←──────  其他材料的幼嫩小枝

MSC+NAA 0.54μmol/L+BAP 3.30μmol/L              愈伤组织诱导培养
+蔗糖 30g/L+琼脂 8g/L（pH 5.9）                1个月
                        │
                        ↓
MSC+NAA 0.54μmol/L+BAP 3.30μmol/L              愈伤组织增殖培养
+蔗糖 30g/L+琼脂 8g/L（pH 5.9）                2个月
                        │
                        ↓
MSC+NAA 0.27μmol/L+BAP 3.30μmol/L              愈伤组织芽分化及芽伸长培养
+AgNO₃ 1mg/L+蔗糖 30g/L+琼脂 8g/L              2~4个月
          （pH 5.9）
                        │
                        ↓
MSC+NAA 25μmol/L+蔗糖 30g/L                    再生芽（长度≥2cm）生根处理
          （pH 5.9）                          3天
                        │
                        ↓
MSC+蔗糖 40g/L（pH 5.9）                       水培生根培养
                                              1个月
                        │
                        ↓
                   温室炼苗 3 周
                        │
                        ↓
                      移栽
```

图 5-6　细枝木麻黄愈伤组织诱导芽分化的离体再生体系技术路线（姜清彬，2011）

表 5-5　植物生长调节剂对细枝木麻黄外植体愈伤组织诱导的影响

处理	植物生长调节剂（μmol/L）		愈伤组织大小（mm）	愈伤组织诱导率（%）
	NAA	BAP		
1	0.27	0.44	2.89 ± 0.12^{d}	85.00 ± 4.23^{c}
2	0.54	0.44	3.45 ± 0.13^{c}	96.25 ± 1.57^{a}
3	1.35	0.44	3.46 ± 0.10^{c}	91.98 ± 1.47^{abc}
4	2.70	0.44	3.49 ± 0.13^{c}	94.86 ± 2.16^{ab}
5	0.27	2.20	3.51 ± 0.12^{c}	89.38 ± 3.59^{abc}
6	0.54	2.20	3.92 ± 0.09^{ab}	94.93 ± 2.50^{ab}
7	1.35	2.20	4.00 ± 0.11^{a}	94.38 ± 1.99^{abc}
8	2.70	2.20	3.50 ± 0.09^{c}	93.75 ± 1.57^{abc}
9	0.27	3.30	3.59 ± 0.12^{bc}	84.25 ± 3.59^{c}
10	0.54	3.30	3.99 ± 0.10^{a}	96.88 ± 1.88^{a}
11	1.35	3.30	3.62 ± 0.10^{bc}	96.88 ± 1.32^{a}
12	2.70	3.30	3.53 ± 0.08^{c}	96.88 ± 1.32^{a}
13	0.27	4.40	3.68 ± 0.11^{abc}	86.88 ± 3.26^{bc}
14	0.54	4.40	3.77 ± 0.12^{abc}	91.18 ± 2.04^{abc}
15	1.35	4.40	3.67 ± 0.13^{abc}	91.00 ± 1.96^{abc}
16	2.70	4.40	3.69 ± 0.09^{abc}	96.25 ± 1.83^{a}

注：NAA 为萘乙酸；BAP 为 6- 苄基氨基嘌呤；Duncan 法多重比较差异显著性水平 $P < 0.05$。

组织培养过程中通常要加入糖类作为碳源物质进行添加，因此糖类是影响植物组织培养成功与否的关键之一，而蔗糖是组织培养过程中用的最广泛的糖类物质之一。试验研究结果表明，蔗糖对细枝木麻黄愈伤组织诱导培养有显著的促进作用。当培养基中不加入蔗糖物质，外植体培养 1 个月后，愈伤组织大小和愈伤组织诱导率分别仅为 1.82mm 和 60.00%，而当添加适宜的蔗糖浓度时，诱导的愈伤组织成倍生长，愈伤组织诱导率也达到 93.75% 以上。综合分析，当在愈伤组织诱导培养基中添加 30g/L 的蔗糖时，对细枝木麻黄愈伤组织诱导培养最佳。

pH 值在植物组织培养过程中能够影响细胞的分裂和分化。通常植物组织培养适宜的 pH 在 5.0~6.5。研究结果表明，pH 值的高低能够显著影响细枝木麻黄愈伤组织诱导培养的大小，但对愈伤组织诱导率的影响不显著。结果发现细枝木麻黄愈伤组织诱导培养理想的 pH 值为 5.9。

愈伤组织诱导培养基上诱导增殖培养的 3 个月的愈伤组织，继续在芽分化培养基上培养 1 个月后即可观察到不定芽的再生。AgNO₃ 和 NAA 浓度对不定芽的生长有显著影响。当芽分化培养基中的 NAA 浓度为 0.27μmol/L 和 AgNO₃ 浓度为 1mg/L 时，对细枝木麻黄愈伤组织芽分化和芽伸长效果最佳。

（二）遗传转化共培养

对木麻黄进行外源基因的遗传转化过程中，需要对外植体愈伤组织的新鲜伤口进行农杆菌侵染，使带有目标基因的载体质粒上的基因片段整合到愈伤组织的基因中，再将该组织培养成植株，从而获得带有目标基因的植物新品种。

农杆菌培养基采用 LB 培养基，其配方包括 5g/L 酵母提取物、10g/L 胰蛋白胨、氯化钠、15g/L 琼脂（液体培养基不加），并调节 pH 值为 7.0。

遗传转化基本培养基为 MSC 培养基，遗传转化过程不同阶段所用培养基的附加成分及浓度见表 5-6。

表 5-6　木麻黄遗传转化培养基成分

附加成分	共培养培养基	愈伤组织诱导筛选培养基	愈伤组织增殖筛选培养基	芽分化及芽伸长筛选培养基	水培生根处理液	水培生根培养液
基本培养基	MSC	MSC	MSC	MSC	MSC	MSC
蔗糖（g/L）	30	30	30	30	30	40
NAA（μmol/L）	0.54	0.54	0.54	0.27	25	—
BAP（μmol/L）	3.30	3.30	3.30	3.30	—	—
AgNO$_3$（mg/L）	—	—	—	1	—	—
Km（mg/L）	—	20	50	50	20	20
Cef（mg/L）	—	200	200	200	—	—
琼脂（g/L）	8	8	8	8	—	—
pH（灭菌前）	5.9	5.9	5.9	5.9	5.9	5.9

注：Km 为卡那霉素；Cef 为头孢霉素；表中抗生素的使用浓度是经过抗生素对细枝木麻黄敏感性试验后确定的最佳结果。

外植体愈伤组织和农杆菌共培养一段时间后（5 天），农杆菌所介导的质粒已经整合进外植体的愈伤组织，需要使用抗生素杀死剩余的农杆菌，同时抑制未成功转化的愈伤组织继续生长。通常使用的抗生素有卡那霉素（Km）和头孢霉素（Cef）。同时，适宜的 Km 浓度能够有效抑制非转化材料的愈伤组织增殖，有利于已成功转化材料的筛选。但随着 Km 浓度的增高，对已转化愈伤组织增殖的抑制作用也越明显。Km 为 50mg/L 是抑制细枝木麻黄愈伤组织增殖的适宜浓度。头孢霉素对根癌农杆菌 C58C1 悬浮培养的抑制效果非常明显。当 Cef 浓度达到 150mg/L 时，能够完全抑制根癌农杆菌 C58C1 的生长（图 5-7）。此外，通过将根癌农杆菌 C58C1 侵染的细枝木麻黄外植体接种到不同浓度 Cef 的培养基后，农杆菌生长情况也证实了 Cef 能够有效抑制农杆菌的生长，但达到完全抑制效果的浓度需要 200mg/L。综合上述试验结果，采用头孢霉素作为遗传转化筛选培养过程中的抑菌抗生素是可行的（图 5-8）。

（三）转基因植株的检测与鉴定

植物进行基因遗传转化后，为获得真正的转基因植株，进行基因转化后首先需要筛选转化细胞，通过在培养基上增加选择压使得只有转化细胞分化，继而获得转化植株；其次要对转化植株进行分子生物学鉴定。因为基因转化后，外源基因是否进入植物细胞，进入植物细胞的外源基因是否整合到植物染色体上，整合的方式如何，整合到染色体上的外源基因是否表达，这一系列的问题都需要通过对转化植株进行分子检测与鉴定才知道。

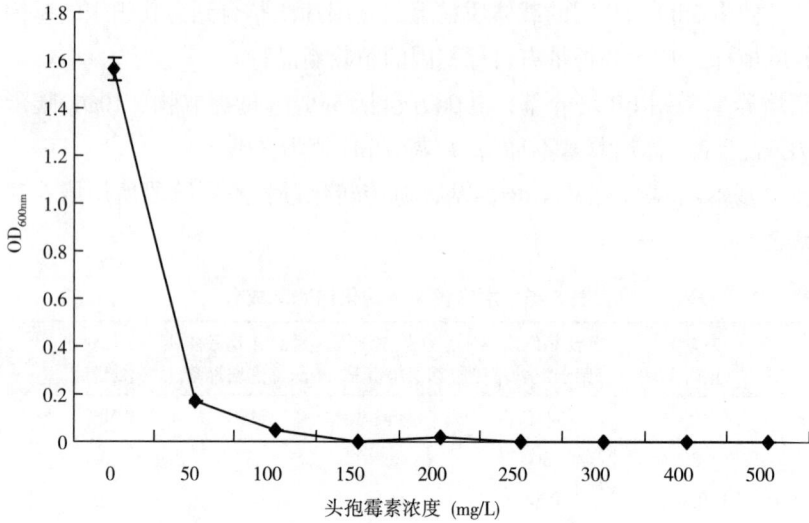

图 5-7　头孢霉素对根癌农杆菌 C58C1 的抑制效果

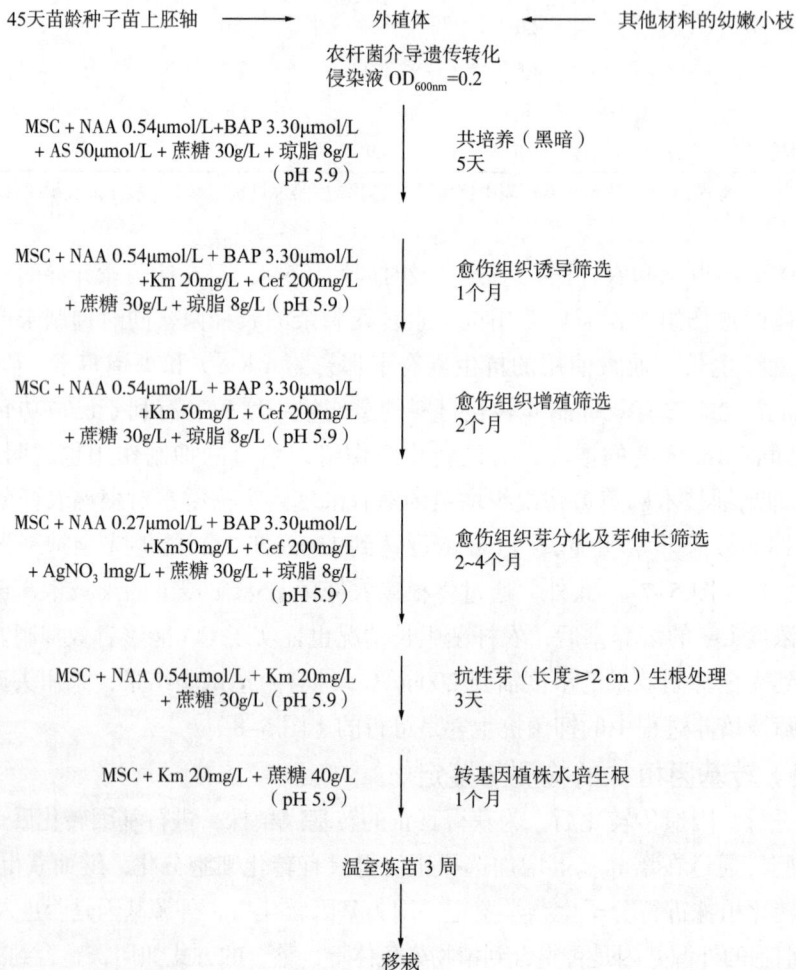

45天苗龄种子苗上胚轴 ⟶ 外植体 ⟵ 其他材料的幼嫩小枝

农杆菌介导遗传转化
侵染液 OD_{600nm}=0.2

MSC + NAA 0.54μmol/L+BAP 3.30μmol/L + AS 50μmol/L + 蔗糖 30g/L + 琼脂 8g/L（pH 5.9）　共培养（黑暗）5天

MSC + NAA 0.54μmol/L + BAP 3.30μmol/L +Km 20mg/L + Cef 200mg/L + 蔗糖 30g/L + 琼脂 8g/L（pH 5.9）　愈伤组织诱导筛选 1个月

MSC + NAA 0.54μmol/L + BAP 3.30μmol/L +Km 50mg/L + Cef 200mg/L + 蔗糖 30g/L + 琼脂 8g/L（pH 5.9）　愈伤组织增殖筛选 2个月

MSC + NAA 0.27μmol/L + BAP 3.30μmol/L +Km50mg/L + Cef 200mg/L + $AgNO_3$ 1mg/L + 蔗糖 30g/L + 琼脂 8g/L（pH 5.9）　愈伤组织芽分化及芽伸长筛选 2~4个月

MSC + NAA 0.54μmol/L + Km 20mg/L + 蔗糖 30g/L（pH 5.9）　抗性芽（长度≥2 cm）生根处理 3天

MSC + Km 20mg/L + 蔗糖 40g/L（pH 5.9）　转基因植株水培生根 1个月

温室炼苗 3 周

移栽

图 5-8　细枝木麻黄遗传转化体系及再生技术路线（姜清彬，2011）

从检测的功能上有报告基因检测及目的基因检测。对报告基因的检测可用简单的生化方法或免疫学方法，如 *gus* 基因组织化学检测法和 *gfp* 基因荧光检测法；而对目的基因的检测需采用分子杂交方法，如 Southern 杂交、Northern 杂交和 Western 杂交。本研究先后通过 *gus* 组织染色检测法、PCR 技术、Southern 杂交分析，对细枝木麻黄转基因植株进行检测与鉴定，以验证农杆菌介导的细枝木麻黄基因遗传转化的成功。

1. 报告基因检测

本研究主要利用 *gus* 基因作为报告基因来研究并建立细枝木麻黄遗传转化研究体系。经过成功转化 *gus* 基因的细枝木麻黄材料，包括转化的愈伤组织、转基因再生芽、转基因植株等，通过 *gus* 组织化学染色法，都能呈现蓝色斑点或斑块。此外，通过转化 *gfp* 基因并成功表达的转化材料，也能够在激发荧光的显微镜下观察到绿色荧光。转化材料与非转化材料一起经 *gus* 组织化学染色后，经过对比分析，通过肉眼即可简单快速的检测转化基因材料的基因表达情况。所以，利用 *gus* 或 *gfp* 这类报告基因可以作为细枝木麻黄转基因的快速检测方法。

2. 转基因植株的 PCR 分析

提取细枝木麻黄转基因植株的 DNA 做模板，分别对载体 T–DNA 区含有的报告基因 *gus*（*uidA*）基因、筛选基因 *npt* Ⅱ基因、以及 Vir 区含有的 *virD1* 基因进行 PCR 扩增。农杆菌质粒 DNA 为模板进行扩增的产物做正对照（CK+）。结果显示（图 5–9）：5 个细枝木麻黄转基因植株在 *uidA* 基因和 *npt* Ⅱ基因表达上均显阳性，而在 *virD1* 基因水平上检测显阴性，初步说明 T–DNA 区的 *uidA* 基因和 *npt* Ⅱ基因均成功转入了 5 个转基因植株当中，而在农杆菌质粒当中含有 Vir 区进行遗传转化是不会转入植株细胞的，所以，如果 *virD1* 基因检测显阴性，说明检测的转基因植株不是因为因为农杆菌的污染（残留）导致检测 *uidA* 基因和 *npt* Ⅱ基因显阳性。图 5–9 的结果充分说明了农杆菌质粒载体 T–DNA 区的 *gus* 基因和 *npt* Ⅱ基因已经成功转入到这 5 个细枝木麻黄转基因植株当中。

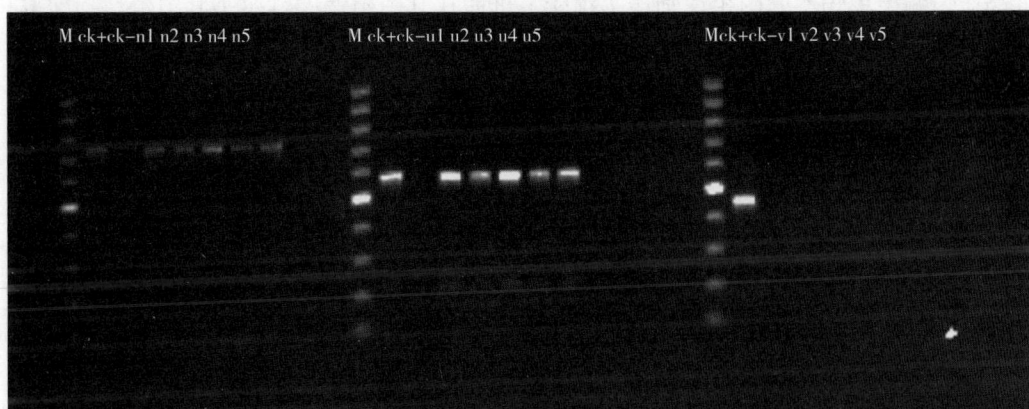

图 5–9　细枝木麻黄转基因植株的 PCR 检测电泳图

注：M 为 100bp marker；CK+ 为阳性对照 plasmid DNA；CK– 为阴性对照 non–transgenic plant；1~5 为 5 个检测植株；n 为 *npt* Ⅱ；u 为 *uidA*；v 为 *virD1*。

3. 转基因植株的基因序列测定

5 个转基因植株的 DNA 经 PCR 扩增的产物进行琼脂糖凝胶电泳后回收，进行测序，测序结果良好，将测序的结果进行序列拼接后，再与质粒 pBIN35GUSINT 全序列中的 *uidA* 基因、*npt* Ⅱ 基因序列进行比对，除头尾有少数几个碱基不匹配外，其他序列均匹配，匹配率达 95% 以上，进一步说明 5 个转基因植株成功转入了预期目的基因。同时也对质粒 DNA 扩增的 *virD1* 基因产物进行了测序，结果序列与目标序列一致。

第三节　组学研究

随着科学研究的进展，人们发现单纯研究某一方向（基因、蛋白质等）无法解释全部生物问题，科学家就提出从整体的角度出发去研究生物组织细胞结构、基因、蛋白及其分子间相互的作用，通过整体分析反映生物组织器官功能和代谢的状态，因此提出了组学的概念（omics）。组学主要包括基因组学（genomics）、蛋白质组学（proteomics）、代谢组学（metabolomics）、转录组学（transcriptomics）、脂类组学（lipidomics）、免疫组学（immunomics）、糖组学（glycomics）、RNA 组学（RNomics）学、影像组学（radiomics）、超声组学（ultrasomics）等。在组学研究中，开展得最多的是基因组学、转录组学、蛋白质组学和代谢组学。

基因组是指生物体所有遗传物质的总和。这些遗传物质包括 DNA 或 RNA（病毒RNA）。基因组包括编码 DNA 和非编码 DNA、线粒体 DNA 和叶绿体 DNA。基因组学是指对物种所有基因进行基因组作图、核苷酸序列分析、基因定位和基因功能分析的一门科学。基因组学是现代遗传学的基本形式，特别是核苷酸高通量测序技术的发展，以较低的成本测定生物全基因组序列成为现实，进而从基因组草图升级为基因组精细图谱，结合生物学相关技术的进步，基因组学的内涵发生了显著的变化，已成为生命科学的前沿和热点领域。

转录组是一个细胞中全部的转录本，是特定发展阶段或生理状态一定数量的表达（Patino & Ramírez，2017）。广义的转录组代表细胞或组织内全部的 RNA 转录本，包括编码蛋白质的 mRNA 和各种非编码 RNA（rRNA、tRNA、microRNA 等）（Ke et al.，2017）。狭义的转录组系指所有编码蛋白质的 mRNA 总和（Jin et al.，2017）。转录组学是一门在整体水平上研究细胞中基因转录情况及转录调控规律的学科，是功能基因组学的一个重要组成部分，是从 RNA 水平研究某一组织或特定的细胞基因表达水平。转录组作为连接 DNA 与蛋白质之间的桥梁，是遗传基因的重要载体。与静态实体特点的基因组相比，转录组具有高度动态性，是受外源和内源因子同时调控的，能够对外部环境变化做出响应，具有特定的时间性和空间性的特征。研究整个转录组的第一次尝试开始于 20 世纪 90 年代初，转录组（transcriptome）这个术语是 C. Auffray 于 1996 年最先提出来的，用来描述整套转录本的特征。随后在 1997 年，Velculescu 等（1997）在研究酿酒酵母细胞时提出并在科学论文中第一次使用。自 20 世纪 90 年代初开始尝试研究转录组学后，到 20 世纪 90 年代末，科学技术的快速进步与发展使转录组学成了一门被广泛应用于各个领域的科学（Lowe et al., 2013）。目前，转录组学研究技术主要分为两类，一类是在 20 世纪 90 年代发展起来的基于杂交方法的微阵列技术（microarray），另一类是在 2000 年发展起来的基于测序的方法，主要包括表达序列标签技术（expressed sequence tag, EST）、基因表达序列分析技术（serial analysis of gene expression, SAGE）、大规模平行测序技术（massively parallel signature sequencing, MPSS）以及高通量直接全转录组 RNA 测序技术（RNA sequencing, RNA-seq）等（Qian et al., 2013）。

蛋白质组（proteome）是指由一个细胞或一个组织的基因组所表达的全部蛋白质。蛋白质组是一个动态的概念，随着组织、器官甚至环境的变化而改变，它不仅在同一个机体的不同组织或细胞中不同，在同一机体的不同发育阶段也是不同的。研究蛋白质组的科学就被称为蛋白质组学（李倩等，2017）。

代谢组学由 Jeremy Nicholsonrst 教授于 1999 年首次提出，是系统生物学的重要组成部分，主要研究对象大多是相对分子质量小于 1000 的小分子代谢产物，如糖、有机酸、氨基酸、脂类等（Yang et al., 2019）。代谢组学作为系统生物学的重要组成部分，揭示了不同物种间，同一物种不同组织中以及同一物种同一组织在不同逆境胁迫下代谢图谱的差异。

一、全基因组测序

DNA 测序技术在过去 40 多年以来经历了三代革新，极大地推动基因组学的研究进展，为动植物的基础生命科学研究奠定了坚实的基础。第一代测序技术始于 Sanger 等（1977）开创的双脱氧链末端终止法，该方法将附有放射性同位素标记的 dNTP 分别混入 4 个 DNA 合成反应过程中，以电泳条带的位置确定 DNA 序列。基于 Sanger 测序法，ABI 公司生产了第一代 3730XL 测序仪器，其有效读长可以达到 1kb，且每个碱基的准确程度达到 99.999%。基于一代测序技术的精确性，于 2000 年获得模式植物拟南芥（*Arabidopsis thaliana*）的全基因组序列（arabidopsis genome initiative），成功开启了植物基因组学研究的新纪元。由于功能基因组学时代的到来和测序技术的巨大进步，454 焦磷酸测序（Margulies et al., 2005）、Solexa 测序及 SOLiD 测序等新一代技术兴起，并统称为二代测序技术（Levy & Mers, 2016）。二代测序技术依靠着低成本、高通量、少耗时等优势逐渐取代第一代测序技术，成为大规模动植物基因组测序的主要技术。近年来，随着测序技术进一步发展，被称为单分子实时测序技术的三代测序技术，由于三代测序技术超长的 reads，使其在超大、高重复、高杂合的基因组测序与组装层面上具有显著优势，随着价格的不断下降，将在后续动植物基因组组装中大量运用。2017 年，福建省林科院叶功富教授研究团队结合二代高通量（Illumina）和三代单分子测序技术

（PacBio）（Ye et al.，2019），对木麻黄属短枝木麻黄因卡那亚种展开第一次全基因组测序。经过组装获得 300mb 的木麻黄基因组，N50 达到了 1.06mb，完整注释得到 29827 个蛋白编码基因以及 1983 个非蛋白编码基因。木麻黄基因组的破译，为木麻黄优良品种的定向选育奠定了分子基础，并将为沿海防护林体系建设提供更好的物质保障，同时，标志着我国在木麻黄基因组研究领域已取得国际领先地位。

研究团队并对全基因组水平上的 DNA 修饰（6mA 和 4mC）以及可变剪接事件等进行了全面分析，通过基因组间比对，木麻黄和胡桃（*Juglans regia*）共有 1234 个保守共线区域，因此，在进化关系上，木麻黄与胡桃的亲缘关系最近，大约在 3160 万年前从共同的祖先分化而来，二者在分化之后，胡桃发生了近期的全基因组复制事件，而木麻黄没有发生。上述基因组的相关成果为后续的抗逆的分子生物学研究奠定了重要的基础。为了从细胞学水平揭示木麻黄的抗风特性，对短枝木麻黄本种、短枝木麻黄因卡那亚种、细枝木麻黄和粗枝木麻黄小枝条进行徒手切片及染色，观察其解剖学特征。对可能与抗风相关的指标（纤维长度，宽度以及对应比率）进行测定。同时结合基因组注释数据和生物信息学的手段重点研究了 43 个与次生生长紧密相关的基因，并考察了这些基因在短枝木麻黄、细枝木麻黄中的基因表达水平以及 DNA 水平上的修饰情况，这些成果为全面揭示了木麻黄不同种或亚种在生长速度及抗风能力上的差别奠定了坚实的基础。

基于短枝木麻黄全基因数据，利用生物信息学方法从木麻黄基因组数据库中筛选出 182 个 *MYB* 转录因子（Wang et al.，2021），其中 *1R-MYB* 型转录因子 69 个，*R2R3-MYB* 型转录因子 107 个，*R1R2R3-MYB* 型转录因子 4 个，*4R-MYB* 型转录因子 2 个。对木麻黄中 182 个 *MYB* 转录因子和拟南芥的 *MYB* 基因家族进行系统发育树构建，拟南芥 *R2R3-MYB* 基因被划分为 29 个亚群，其余的 *MYB* 基因（*1R-MYB*、*R1R2R3-MYB* 和 *4R-MYB*）被划分为 19 个亚群。通过对木麻黄 *MYB* 基因的内含子和外显子以及保守基序的分析，表明属于相同亚群的木麻黄 *MYB* 基因家族的成员大多基因结构相似。进一步通过 WebLogo 对木麻黄 *MYB* 基因的 *R2* 和 *R3* 域的许多保守氨基酸进行分析，特别是色氨酸残基（W），在 *R2* 中有 3 个保守 W 重复，在 *R3* 中有 2 个保守 W 重复。利用 qPCR 技术进一步探讨筛选出 32 个 *MYB* 基因对盐胁迫的响应，多数 *CeqMYB* 基因在多次盐处理后均受到差异调控。GO 注释将 7 个基因（*CeqMYB164*、*CeqMYB4*、*CeqMYB53*、*CeqMYB32*、*CeqMYB114*、*CeqMYB71* 和 *CeqMYB177*）归为盐胁迫响应基因。结合荧光表达发现 *CeqMYB4* 在不同盐处理下表达水平均上调，表明 *CeqMYB4* 可能参与了盐胁迫的响应。本研究结果为进一步研究木麻黄 *MYB* 基因的功能和调控机理奠定了基础，也为进一步研究盐胁迫机制提供了候选基因。

二、转录组测序

转录组测序技术（RNA-Seq）是一种通过深度测序技术进行转录组分析的方法，可快速全面地获取处理下物种特定器官或组织内几乎所有的转录本，精确识别可变剪接位点以及 cSNP（编码序列单核苷酸多态性），提供最全面的转录组信息（Khalil-Ur-

Rehman et al.，2017）。RNA-seq 的技术优势有以下几方面：①数字化信号。直接测定每个转录本片段序列，单核苷酸分辨率的精确度，同时不存在传统微阵列杂交的荧光模拟信号带来的交叉反应和背景噪音问题。②高灵敏度。能够检测到细胞中少至几个拷贝的稀有转录本。

　　随着高通量测序技术的快速发展，自 2003 年人类基因组计划目前全部实现，标志着后基因组时代的正式来临。相比模式植物，由于研究热度以及人力物力的缺失，非模式植物的基因组研究相当落后，但 RNA-seq 技术作为第二代高通量测序技术，可以高效、准确、快捷地对一些非模式植物或无参考基因组序列的植物进行转录组测序，使得这些非模式植物在基因组序列缺失的状态下，可以直接对转录组进行分析。木麻黄的转录组测序研究开展得较少，文献检索表明最早于 2011 年对粗枝木麻黄开展了与固氮根瘤形成相关的转录因子的转录组分析（Tromas et al.，2011）。刘海（2014）利用第二代测序方法中的 Solexa 测序技术对短枝木麻黄变种和细枝木麻黄根、枝、叶三部分组织器官进行了转录组测序，并对测序结果进行了系统的生物信息学分析。最终获得了 50315 条木麻黄 ALL-Unigene，总长度 34338217nt，平均长度为 682nt，N50 长度 1011nt。通过注释和富集分析，将其分为 25 个不同功能注释，并且得到 55 个不同功能分类和 128 个代谢通路。之后，为了探究低温胁迫下细枝木麻黄的适应情况，刘芬（2015）等人采用 Illumina HiSeq 2000 双末端测序技术（pair-end sequencing，PE），按照无参考基因组的转录组测序流程及数据分析方法，对陕西细枝木麻黄和海南细枝木麻黄分别设置低温处理和对照共 4 个材料进行转录组测序，通过对转录组测序数据进行组装后的 unigenes 序列进行了 GO 和 KEGG 分类统计、功能注释和代谢通路分析，并对差异表达基因进行了筛选得到 33 条差异表达基因，其中具体有抗冻蛋白基因家族 AFPs（antifreeze proteins）1 条，冷诱导基因转录因子 CBF 家族 1 条，脂肪酸去饱和酶基因 9 条，抗氧化酶 SOD 活性基因 3 条和渗透调节酶脯氨酸基因 19 条。在细枝木麻黄抗寒育种研究方面打下坚实基础，为今后培育木麻黄抗寒新品种提供科学依据。为进一步推进木麻黄耐寒品种的选育，李楠（2018）利用 RNA-seq 技术对耐寒短枝木麻黄在低温和常温下的转录组进行比较分析，发掘耐寒相关基因，并分析它们在耐寒性不同的短枝木麻黄无性系中的差异表达，鉴定出 CAT2、MSD1、FBA1 等一批参与短枝木麻黄低温胁迫早期应答的基因。木质素的生物合成途径已在桉树、杨树、松树、云杉、桦木等树种中得到了广泛的研究，Vikashini（2018）等人对 15 年生短枝木麻黄无性系（Clone-119）次生组织发育进行转录组测序，通过对注释数据的挖掘，确定了参与木质素生物合成途径的 9 个关键基因，并分析了鳞片状叶、针状小枝、木材和根 4 种组织中转录本的相对表达，其中 CeCCR1 和 CeF5H 在木材组织中表达显著增高，而 CeHCT 在茎中表达最高。本研究对木麻黄在分子水平上的木材形成研究具有一定参考价值。

　　短枝木麻黄基因组较小，种子数量较多，很适合作为耐盐研究的模式树种，然而其耐盐机制尚不清楚。金继祖（2019）利用转录组测序技术手段对不同浓度盐处理（0、100mmol/L、200mmol/L）的短枝木麻黄的根和茎进行分析，根据差异表达基因的功能分类，木麻黄茎的差异表达通路主要集中在糖代谢、激素信号转导和跨膜运输；而在根部，GO 和 KEGG 都显示与核糖体关系密切，需要更深入的挖掘的两者之间的联系，另外病原体互作，氧化磷酸化，氮代谢，泛酸与辅酶 A 可能也在木麻黄根响应盐胁迫中起到重要作用。Wang 等（2021）用 200mmol/L NaCl 处理短枝木麻黄无性系 A8 苗 0、1h、6h、24h、168h。在不同盐处理时间下一共鉴定了 10738 个差异表达基因，其中在差异表达基因中鉴定到多个离子转运蛋白（HKT、HAK、SOS2、NHX、CHX），成员数量相较于拟南芥有明显的扩张，盐胁迫下，多重的离子转运协同作用来维持植物体内相对稳定的钠离子/钾离子环境，因此，离子转运对于响应盐胁迫至关重要。

三、其他组学测序

蛋白质组学作为转录组学研究的一个互补内容，已成为系统研究植物蛋白质表达谱和翻译后修饰的有力工具，随着各种生物技术的不断完善及更多植物基因组测序的完成，植物蛋白质组学的开始在越来越多的物种中应用。Graça 等（2019）分析了在 0、200mmol/L、400mmol/L 和 600mmol/L NaCl 胁迫下经弗兰克氏菌处理的结瘤植株和经 KNO_3 处理的未结瘤植株的粗枝木麻黄小枝蛋白质组学。共鉴定了 600 个蛋白质，定量了 357 个。差异表达蛋白（DEPs）具有多种功能，主要参与碳水化合物代谢、细胞过程和环境信息处理。随着胁迫程度的增加，DEPs 的数量逐渐增加。研究结果表明，粗枝木麻黄的耐盐性与对光合机制的适度影响以及维持细胞稳态的抗氧化状态的增强有关。代谢组学是继基因组学、转录组学和蛋白质组学后的一门新兴组学，已成为系统生物学的重要组成部分。代谢组与基因组、转录组、蛋白组以及表型组等其他组学的整合为植物代谢组的鉴定、代谢途径解析，以及植物响应逆境胁迫的生化遗传基础研究提供了重要的参考依据。木麻黄青枯病是一种土传细菌病害，由于青枯病病原菌寄主广泛，致病机理独特，存活能力强的特点，决定了其防治难度极大。Wei 等（2021）收集了自然感染青枯病的抗病（R）和易感（S）的短枝木麻黄无性系，以及未被感染的木麻黄无性系（CK）进行转录组和代谢组比较分析，鉴定了木麻黄对青枯病感染反应中涉及的 DEGs 和黄酮类化合物。其中 18 种黄酮类化合物可作为针对青枯菌的潜在选择生物标志，黄酮类化合物合成相关基因在抗病木麻黄无性系中表达上调，可能促进了黄酮类化合物的积累，增强了对青枯病的抗性。KEGG 富集分析表明，DEGs 主要参与苯丙素类（phenylpropanoids）、类黄酮、植物激素信号转导和 MAPK 信号转导等生物合成途径，表明这些生物合成途径在木麻黄对青枯病的响应中发挥着重要作用。以上结果为研究木麻黄的病原反应和对青枯病的抗性提供了重要依据。

要建立健康的人工林，无论是生产木材或其他产品，还是提供生态防护目的，选择合适的树种和优良品种、培育高质量的苗木、采用先进的造林和经营技术等各个环节缺一不可。木麻黄人工林的建立过程同样也涉及到良种选择、苗木繁殖和培育、人工林建立、可持续经营等各个环节的技术应用。本章共有 4 节，分别介绍木麻黄的苗木繁殖（有性繁殖和无性繁殖）、苗木培育、人工林建立、可持续经营等技术的发展与应用情况（附图 6-1~ 附图 6-8）。

第一节　苗木繁殖

一、有性繁殖

木麻黄天然种群主要依靠种子进行繁殖，每个蒴果通常含 40~100 粒种子，且种子具翅，由风力散布，能够实现较远距离的散播。木麻黄不同属或种的种子大小差异较大，其中短枝木麻黄的千粒重为 1.32g，粗枝木麻黄约 0.58g，细枝木麻黄为 0.56g，山地木麻黄 0.85g，滨海木麻黄约 2.1g，鸡冠木麻黄约 2.4g、森林木麻黄约 5.0g（表 6-1）。利用种子繁殖的木麻黄实生苗木具有发达的主根，在一些特殊环境下比无性繁殖苗木具备更好的抗风能力，因而，在实际应用中占有一定的比例，特别是在沿海最前沿建立的木麻黄防护林需要更强的抗风能力。此外，中国和印度都通过建立种子园生产遗传品质优良的木麻黄种子，这是提高实生苗木麻黄人工林质量的有效途径。

表 6-1　部分木麻黄种的种子大小比较

木麻黄种	千粒重（g）	种子数（粒/kg）
短枝木麻黄本种	1.32	616000~1488000
短枝木麻黄因卡那亚种	2.11	470000
粗枝木麻黄	0.58	1760000
细枝木麻黄	0.56	1800000

（续表）

木麻黄种	千粒重（g）	种子数（粒/kg）
山地木麻黄	0.85	1176000
肥木木麻黄	1.22	840000
鸡冠木麻黄	2.42	420000
田野木麻黄	1.28	780000
德凯斯木麻黄	11.86	85000
迪尔斯木麻黄	3.86	270000
弗雷泽木麻黄	4.24	235000
休格尔木麻黄	1.95	510000
滨海木麻黄	2.10	480000
森林木麻黄	5.04	260000

木麻黄一般于 3—5 月开花，蒴果成熟期为每年 7 月至翌年 1 月，多集中于 9—12 月。当蒴果变深褐色时，果实鳞片微裂，种子充实饱满即为果实成熟的象征，说明已经成熟可以采集。蒴果置于阴凉处常温阴干，待蒴果开裂后种子散出，通过净种、去杂即可收集种子。

木麻黄种子不易贮藏，一般采用直播，室温贮藏不超过半年，但可以通过低温干燥和冷藏的方法延长贮藏时间，如干燥后密封贮存在 4℃ 的冷库内，3 年内种子的发芽率没有显著的降低（郑郁善等，2000）；又如，利用热空气恒温（50℃）干燥法降低木麻黄种子的含水率（宜小于 12%），能够有效提高种子贮藏 1 年后的发芽率（郑郁善等，2000）。木麻黄种子播种宜选用生荒地，播种基质宜用新鲜黄心土，禁用种植过茄科等易感青枯病植物的圃地播种育苗，并对种子表面消毒。

二、无性繁殖

无性繁殖是当前繁育木麻黄苗木使用最为广泛的手段，主要有水培扦插繁殖、沙培繁殖、土培繁殖、嫁接繁殖、压条和组培繁育等。与有性繁殖相比，无性繁殖能够使栽培的苗木保持品种的优良遗传性状，高效地实现林木遗传改良工作中获得的遗传增益。

（一）水培扦插

水培扦插以光合嫩枝为材料，插入清水中让其基部生根，然后移栽至营养袋中培育成苗木，其成功案例最早记录于 1958 年的广东电白地区。梁子超和岑炳沽（1982）利用清水培养首次获得了可用于规模化繁育的木麻黄水培生根法，并在此后的数十年里得到广泛应用。水培扦插法一般先需要对木麻黄嫩枝进行激素处理，林雪峰等（2007）使用速生抗强风木麻黄无性系惠 –1 和 501 嫩枝为材料，研究了不同浓度萘乙酸（NAA）处理及其处理时间、水培方法对生根率和成活率的影响。结果表明，NAA 浓度处理浓度、处理时间、以及换水方式对扦插条生根影响较大，其中流动清水、40mg/L 浓度 NAA 处理的 2 个无性系生根率为最高，分别达 90% 和 86%。早期研究认为，强烈的直射光照或光照不足均不利于枝条的出根。但也有研究表明，只要能够保证水的频繁更新，即使在强烈的直射光照下，穗条并不因为蒸腾作用的加强而出现萎蔫和枯死现象，反而因为光合作用的加强，合成的碳水化合物包括促进出根的物质较多，可促进根的生长（林雪峰等，2007）。付甜（2016）的研究对比分析了粗枝木麻黄、细枝木麻黄、山地木麻黄和短枝木麻黄的水培扦插生根效果，发现粗枝木麻黄、细枝木麻黄和山地木麻黄嫩枝利用 100mg/L 的 ABT 处理生根效果最佳，生根率分别为 90%、96.67% 和 100%。在最佳水培生根条件下，粗枝木麻黄、细枝木麻黄、山地木麻黄不同种源材料的生根能力差异显著。其中，粗枝木麻黄、细枝木麻黄和山地木麻黄的生根率、生根数、最大根长、偏根率的种源遗传变异系数分别为 11.33%~26.06%、15.66%~29.12% 和 15.69%~32.11%，说明不同木麻黄种源的扦插水培的难易程度存在明显变异。

按照木麻黄水培扦插技术规程，水培苗繁殖可因地制宜，最简单的方法是采用透明塑料一次性水杯（高 9.0cm，上口直径 7.5cm 和下底直径 5.5cm 左右），每杯可装插条 30~50 条。容器水位为插条长度的 1/3，放置平台上，生根前用全光或透光度 30%~50% 遮阳网遮阴，生根后可全光照射。

（二）沙培扦插

沙培扦插培养的插条也采用嫩枝，其处理过程和水培扦插类似。与水培扦插相比，沙培扦插的关键点在于采用淋水的方式进行，不需要进行频繁地对水杯进行人工换水，操作简单，易于大规模繁育，缺点是看不清楚小枝的出根情况，扦插管理时间较长（李炎香和吴英标，1995）。沙培扦插木麻黄的方法也经过了不断的改进和探索。陈胜等（2000）利用沙培法不仅能促进小枝在 6 天内生根，而且生根率可达 94%。

木麻黄小枝沙培的插条最佳长度为 8~12cm，生根小枝采集 3~6 个月内的嫩枝，最适水温为 25~32℃，生根激素浓度用 50~100mg/kg NAA、IBA 或中国林业科学研究院王涛院士研发的 ABT 生根粉。沙培繁殖多用于大规模苗木繁育，常常需要建设木麻黄采穗圃。采穗圃苗木 3~5 年需进行更新，以保证插条质量。此外，每轮扦插后，沙培苗床需要进行消毒处理，以减少病原微生物的危害。

（三）土培扦插

土培扦插繁殖是将嫩枝用激素处理后直接插到营养袋育苗基质的方法。该方法的优点是不必每天换水，不需要像水培扦插和沙培扦插一样，在生根后再移栽入营养袋进行育苗，而实现直接一步到位的苗木培育过程。缺点是土培扦插必须有造价高的完善设施，如喷灌系统的温室设备来保障土壤和空气有适宜湿度条件。此外，土培扦插需要的外部条件较为严苛，如小枝幼嫩程度、基质成分等；与水培和沙培扦插相比，土培扦插生根速度慢、生根数少、生根率低，对于其应用推广产生了一定的限制（姜清彬，2011）。

（四）嫁　接

嫁接繁殖主要用于木麻黄种子园的营建和改造（程文俊，1985）。广东省汕头市林业科学研究所曾对木麻黄嫁接方法进行探索。在优树树冠的中上部选择生长粗壮、剪切粗 0.4~0.8cm 已木质化或半木质化的侧枝主梢做接穗，穗长 40~50cm，去掉下半部的绿色小枝，按无性系编号挂牌。接穗随采随接最佳，如果需要运输较远距离，则可用湿布将接穗包好放于阴凉处保持一定湿度以免接穗变干，影响嫁接成活率。保存 3~4 天的接穗仍不致降低成活率。

一般选择高 1~1.5m、地径 1~1.5cm、生长健壮、基部有旺盛侧枝的 1 年生实生苗作砧木。嫁选好砧木苗后，在离地面 15~20cm 处用枝剪剪断，用嫁接刀削平切口，在较平滑的一面，自切口向下垂直切一刀长 2cm 左右，深达木质部并将表皮挑开。然后切接穗，在顶端保留 2~3cm 的嫩芽及枝叶，把下部枝叶除光。在嫩枝下 2cm 处下刀直削，与砧木切口的长度一致，深达形成层。将接穗插入砧木的切口，使接穗的长斜面两边的形成层和砧木切口的形成层对齐、靠紧。如果接穗细，必须保证一边的形成层对齐，然后用嫁接专用的塑料薄膜带由下向上捆扎和包裹好接穗，防止下雨或浇水时水分进入嫁接接口处，造成接口发霉或腐烂，影响成活率。嫁接后加强管护，当接穗抽出新梢，且生长良好定型后，抹掉砧木上长出的芽，促进嫁接株生长（张勇，2013）。

（五）压　条

在天然生境下，木麻黄触地的低枝条在其树皮损伤处会长出根来，然后在出根处萌生出直立的枝条。众多的出根点牢牢地固定在地里，而直立的分枝则可形成单独的个体。压条繁殖一般适用于木麻黄成年个体遗传材料的无性繁殖，如将筛选出的优树亲本（父本或母本）压条繁殖后进行盆栽用于控制授粉杂交。压条繁殖的亲本当年即可开花结果，可比通过嫩枝水培或嫁接获得的杂交亲本显著缩短时间。另外，木麻黄成年林分多已完成郁闭，且生理年龄较大，采用嫩枝水培或沙培等扦插繁殖的方法困难较大。木麻黄压条繁殖多以高空压条的方式进行，可选用直径 2~3cm、生长健壮、代谢旺盛的侧枝。高空压条需要对侧枝进行环剥，环剥切口必须干净平整，宽 2~3cm。环剥后的切口用调制后的湿培养基质覆盖包裹，然后用透明塑料薄膜包扎好，以防水分散失。培养基以保水性较好的黄泥土和泥炭 1：1 的混合为佳。高空压条每个切口需要覆盖基质（含水）0.5kg 左右。木麻黄高空压条的生根时间需 30 天左右，其间可以通过透明的包裹薄膜观察枝条的生根情况（张勇，2013）。

（六）组织培养

植物的组织培养又叫离体培养，是指用植物各部分组织，如形成层、薄壁组织、叶肉组织、胚乳等进行培养获得再生植株，也指在培养过程中从各器官上产生愈伤组织的培养，愈伤组织再经过再分化形成再生植物。组织培养繁殖法具有繁殖数量大的优点，同时具有周期长、容易受到植物本身再生能力制约等缺点。因为水培和沙培扦插等无性繁殖方法速度快、成本低，因此，通常不采用组培法开展木麻黄苗木繁育。但对于基因工程研究来说，通过愈伤组织建立的植株再生途径是实现农杆菌介导的遗传转化的前提条件。木麻黄愈伤组织再生研究最早在 1986 年（Duhoux et al., 1986），其后逐渐展开相关研究。法国科学家对短枝木麻黄、粗枝木麻黄、轮生木麻黄等开展了组培再生研究（Duhoux et al., 1986；1990；Le et al., 1996；Franche et al., 1997）。1996 年，由 Parthiban 等利用短枝木麻黄研究了生长素和细胞分裂素对愈伤组织分化、芽伸长和生根的影响（Pinyopusarerk et al., 1996）。此后，陆续有其他种木麻黄组织培养的相关研究报道。Le 等（1996）采集播种 30~45 天的粗枝木麻黄实生苗上胚轴、下胚轴和子叶作为外植体，在添加 0.5 μmol/L NAA 和 2.5 μmol/L BAP 的 MSC 培养基上进行愈伤组织诱导，通过愈伤组织再生得到了再生芽，其中上胚轴、下胚轴和子叶的诱导率分别为 41%、14% 和 17%。愈伤组织在含 10 μmol/L IBA 的 MSC 培养基上处理 3 天后继续培养可获得再生根；该试验虽然通过根癌农杆菌（*Agrobacterium tumefaciens*）介导的遗传转化能得到大量转化的愈伤组织，但是能够分化芽的愈伤组织仅有 10%，并且较难进一步培养获得转化植株，因此，遗传转化后的植株再生条件需要进一步优化。Franche 等（1997）对轮生木麻黄（*A. verticillata*）转入含抗卡那霉素抗性的外源基因，外植体在含卡那霉素的 MSC 培养基上培养产生愈伤组织，2 个月之后愈伤组织成功分化出再生芽；为促进再生芽伸长生长和防止愈伤组织玻璃化，提高蔗糖浓度至 40g/L、琼脂含量为 0.8%，并且将培养管上的棉塞换成了用塑料盖子继续培养。培养约 4 个月后，再生芽长可达到 5~6cm。这时将再生芽切离愈伤组织，放入含 25 μmol/L NAA 的 MS 液体培养基处理 3 天后，移至不含任何激素的液体培养基继续培养，可添加 40g/L 蔗糖促进根系生长，生根率高达 96%。姜清彬（2011）以细枝木麻黄为材料，建立细枝木麻黄愈伤组织再生体系和根癌农杆菌介导的遗传转化体系。结果表明，MSC+0.54 μmol/L NAA+3.30 μmol/L BAP+30g/L 蔗糖及 pH 值为 5.9 是细枝木麻黄愈伤组织诱导培养的最佳培养基配方，培养 1 个月能够获得 94% 以上的愈伤组织诱导率，愈伤组织大小直径均值达到 4.42mm。在此培养基上愈伤组织增殖培养 2 个月后，通过进一步改良培养基（添加 1mg/L AgNO_3 和降低 NAA 浓度至 0.27 μmol/L）后继续培养 2 个月，获得的愈伤组织芽分化率为 47.5%，平均愈伤组织再生芽数为 27.38 个，平均愈伤组织芽（芽长 ≥ 2cm）数 4.75 个。获得的再生芽经过含 25 μmol/L NAA 的 MSC 液体培养基处理 3 天，生根培养 1 个月后能够获得 92% 的出根率，通过温室炼苗并移栽 4 周后，植株成活率达到 80% 以上。仲崇禄等利用改良 MS 培养基对短枝木麻黄再生体系开展了研究（Zhong et al., 2011）。

第二节　苗木培育

一、种子苗（实生苗）

播种育苗有圃地育苗、温室育苗和容器育苗 3 种苗木培育方式。播种方法分为撒播和点播，圃地和温室育苗一般采用撒播，容器播种采用点播方法。

圃地育苗前5天开始整地，使苗圃土壤形成细土后起畦，长依地形而定，畦宽约1m左右，畦高约20cm，畦间距为30cm，畦面要求平整无积水。畦上面宜放一层2cm厚的营养土［营养土用黄心土：沙土：蛭石（或火烧土）=2：2：1，另加入2%~3%过磷酸钙经过搅拌均匀后过筛］形成播种苗床后即可播种。平整好的苗床淋透水，将已使用0.1%高锰酸钾溶液浸泡消毒后的种子按1：1拌入细沙混合均匀后撒播于苗床上，播种时种子撒播均匀，然后覆盖上蛭石至不见种子为宜。播种量为10~50g/m²，播种后盖上1层2cm厚的稻草或进行人工遮阴，以防强烈阳光造成苗床水分过量蒸发和避免浇水时或暴雨的冲刷。木麻黄出苗期易受蚂蚁、蟋蟀、蝼蛄、地老虎等危害，需在萌发期特别关注病虫害的防治。

温室播种育苗的方法与圃地播种方法相似，为了操作和管理方便，一般苗床设在1m高的架子上，苗床的育苗基质（营养土）成分也与圃地相同。因在温室内，播种后不需要覆盖稻草或人工遮阴，能更好控制温、湿度，对病虫害的防治也相对容易，因此，出苗率通常更高。圃地和温室播种育出的木麻黄苗木长到7~10cm高时，便可移栽入高10~20cm，直径6~12cm的聚乙烯育苗袋中进一步培育。具体操作可按林业行业标准《木麻黄栽培技术规程》（LY/T 3146—2019）进行（仲崇禄等，2019）。

容器育苗采用点播。苗圃地应选择在造林地附近地势平坦、水源充足、交通方便的地块。圃地畦长根据地形而定，畦宽1.0m左右，高约10cm，畦间距为30cm，畦面要求整平，然后把装好基质的营养袋整齐摆放在畦面上。营养袋是用塑料薄膜做成的，袋高与宽为14cm×8cm。提前5天装好营养土，营养土成分与圃地育苗的相同。将处理好的种子点播在营养袋中，每袋点播1~2粒，预防出苗时个别袋子缺苗可移苗补植，并盖上1cm厚的土层，及时喷水，促进种子提早生根发芽。容器育苗可搭高80~120cm的遮阴棚遮阳，以防强烈阳光灼伤芽苗（余婉芳，2005）。

新鲜木麻黄种子的发芽率常低于30%，低温贮藏1年以上种子的发芽率更低（杨彬，2019；王玉，2020），因此，不建议使用容器直接播种的方法育苗。如果育苗的数量较少，如1万株以下的育苗量，建议使用温室播种的方法育苗；如果育苗数量1万株以上，建议使用圃地播种的方法育苗，可以降低育苗成本。

二、无性系苗或组培苗

无性系苗或组培苗需在小苗长出多条明显的根时进行移栽。移栽容器一般可用高10~20cm，直径6~12cm的聚乙烯育苗袋，或规格适宜的育苗穴盘中。培养基质可采用黄心土：沙土：蛭石（或火烧土）=2：2：1，加2%~3%过磷酸钙混匀，或人工配制适宜的轻基质，pH值以5.0~7.5为宜。小苗移栽前将基质淋透水，适当修剪过多或过长苗根，且必要时用黄泥水浆根。宜在阴天或晴天的早、晚移植，用木签或棒在基质上挖出适中的小洞，放入小苗后压实，并淋定根水。用遮阳网短期遮阴，待苗木成活后去除遮阳网（仲崇禄等，2019）。

三、共生微生物接种

木麻黄是典型的共生营养型树种，除了常见的可与弗兰克氏菌共生形成固氮根瘤外，也能与外生菌根菌和内生菌根菌在根部形成共生关系。这种共生关系能够有效提高造林成活率，并促进林木生长。利用人工方法在木麻黄苗期接种共生菌能够培养出具有生长势和适应性更好的苗木，对于一些困难立地，如干旱贫瘠的沙地和岩质海岸、盐碱地等的植被恢复具有非常重要的意义。共生菌接种苗生产主要以种子小苗或无性系小苗为材料，接种的菌剂可分为固体菌剂和液体菌剂两种。如弗兰克氏菌液体菌剂的菌种可从天然木麻黄根瘤中分离，并通过 MS 液体培养基纯培养获得；而固体菌剂可以从沿海木麻黄人工林中挖取的木麻黄根瘤，捣碎后混入水中直接浇到小苗根部。菌根菌接种可采用菌根菌拌种播种的方法进行，或于幼苗期间将菌根菌液体菌剂浇施入小苗根部。接种后的苗床应经常保持湿润，以利于菌根菌与木麻黄小苗建立共生关系。苗木除了单独接种一种共生微生物之外，也可以同时对共生微生物进行多重接种，接种后对木麻黄苗木的生长、抗逆性都有显著的提升作用。如在印度，对短枝木麻黄苗木分别或同时接种弗兰克氏菌、AM 菌、固氮螺菌（*Azospirillum*）和磷细菌（*Phosphobacterium*），结果发现接种固氮螺菌 + 磷细菌 + AM 菌 + 弗兰克氏菌处理和磷细菌 + AM 菌 + 弗兰克氏菌处理的生长、总生物量、养分含量增加的促进效果较好（Rajendran & Devaraj，2004）。

四、苗期管理

苗移植后前两周内需要盖上遮阳网，每天淋水 1~2 次。移植两周后第一次施肥，可用 0.3% 尿素（含氮量 46%）或氮、磷、钾复合肥溶液淋苗。此后每周施肥 1 次，浓度在 0.3%~0.5%。小苗苗期追肥的原则是及时和薄施，宜在傍晚进行，且施肥后及时淋水洗苗，同时，人工及时清除杂草。苗圃常见木麻黄病虫害主要有幼苗猝倒病、青枯病、白粉病及蚂蚁、蟋蟀和蝼蛄等，密切观察苗木生长情况，如有病虫害出现及时采取喷药防治、清除病株等防控措施。出圃的合格苗木应具备顶梢完好、生长健壮、主侧根发达、无病虫害、苗茎充分木质化和无机械损伤等特性。苗木质量要求执行国家标准《主要造林树种苗木质量分级》（GB/T 6000—1999）规定。

第三节　人工林营建

按国家标准《营造林总体设计规程》（GB/T 15782—2009）和行业标准《造林作业设计规程》（LY/T 1607）的规定进行造林作业设计。造林技术按国家标准《造林技术规程》（GB/T 15776—2016）和行业标准《木麻黄栽培技术规程》（LY/T 3146—2019）执行。

适宜种植区域，包括海南、广东、福建、广西和浙江五省份沿海地区及一些内陆省份部分地区（如云南、四川的部分地区）。立地类型包括沙地、盐碱地、面海荒山地、采矿地、污染地、干热河谷地等困难立地。适宜土壤类型为滨海沙土、沙壤土、砖红壤和赤红壤等，土壤 pH 值 4.5~8.8。沿海防护林宜用抗逆性强的木麻黄实生苗或无性系轮作，用材林以速生、干形通直、主干无分叉、侧枝小和抗逆性强的木麻黄无性系为主。混交方式有条状或块状，且单一无性系连片种植面积宜小于 30hm²。每个县（市）区应至少用 5~15 个无性系混合造林，或每年至少种植 5%~10% 总面积的实生苗。

一、造林前期准备工作

（一）林地清理和整地

防护林和用材林营造需全面砍伐并清除树桩和较高杂灌木，伐根高度不高于 15cm。特殊立地造林应适当保留低矮植被以减少水分蒸发。林地清理和整地宜在造林前 1~3 个月内完成。

（二）造林挖穴

坡度 < 15° 的造林地，宜用条带状或穴状整地，穴规格为 40cm × 40cm × 30cm（长 × 宽 × 深）；坡度 ≥ 15° 的山地，穴规格为 50cm × 50cm × 40cm。滨海沙土，如固定沙地可全垦后挖穴造林，而流动沙地多采用边挖穴边种植方式；如低洼积水沙地，宜开深沟排水，起高垄后种植，穴规格为 30cm × 30cm × 30cm。退化地宜利用大苗深栽造林，如干热河谷造林时为尽量收集雨水，应使用鱼鳞坑或窄坑，穴规格为 40cm × 40cm × 40cm 或 40cm × 40cm × 60cm，清除植穴四周 1.0~1.5m 范围的杂草、灌木。

（三）施基肥

壤土和沙壤土，每穴施基肥为复合肥 150g + 过磷酸钙（12% P_2O_5）肥 150g，肥料与土壤搅拌均匀；滨海沙土，每穴施基肥为过磷酸钙 150g 或施复合肥 150g，既可在造林前 7~10 天挖穴、施肥和回土混肥后再种植，也可边挖穴与施肥边种植。忌根系直接和肥料接触。

二、滨海沙地防护林营建

（一）初植密度

沿海防护林造林可采用株行距 1.8m × 2.0m~3.0m × 3.0m，即初植密度为 1100~2800 株/hm²。其中纸浆材林的株行距为 2.0m × 2.0m~1.8m × 2.0m，即 2500~2800 株/hm²；锯材和建筑材林的株行距为 3.0m × 3.0m，即 1100 株/hm²；生态公益林（防护林）的株行距为 1.8m × 2.0m~2.5m × 2.5m，1600~2800 株/hm²。

（二）种植方法

种植季节以春季或雨季最好，以土壤湿透后造林为宜。华南地区多采用春季冷空气雨水造林或夏季台风雨水造林，2 月下旬至 4 月阴雨绵绵春季造林的成活率最高。木麻黄能耐高温，夏天有雨时亦可栽植，但如果苗木小枝嫩弱，高温和高蒸发量易导致苗木枯梢和少量苗木死亡，如果栽植后长时间不下雨，会对成活率造成较大影响，需要及时查苗、补植。

造林苗木必须使用苗圃中优良苗木栽植，不使用弱苗、劣苗。对于土壤湿润、飞沙情况不严重地区也可采用高 30~60cm 的苗木造林。种植时除去育苗袋，保持营养土团完整，不损伤根系，苗木置于种植穴中央，填土压紧。壤土或沙土，种植深度在苗木根颈下 10~15cm；沙土造林可根据苗木大小确定种植深度，可加深至根颈下 15~20cm 以下。植苗时，要求土壤与苗木根系充分接触，水分条件要有保证，这是造林成活的关键因素。造林后 3 个月内及时查苗、补苗。在流动沙丘或风口沙地，须用苗根发达，苗高 130~150cm、地径 1.6~2.0cm 的大苗造林，且种植深度加倍，如深达 40~50cm。同时，有些常年风大的风口困难立地，需要采取设置防风障、先固沙等措施后再造林，才能保证造林成功。造林后的苗木需要适当减少枝叶，可以抹去下部所有小枝只保留顶梢部分，以减少水分的蒸发，特别是在流动沙丘、风口这些困难立地和在夏季高温季节造林时，可以显著提高造林成活率（丁衍畴，1966）。

（三）困难立地防护林营建

在海岸前沿区域，存在一些特殊的困难立地，如采矿沙丘地、风口沙荒地、高盐碱地等，这些困难立地使用常规造林技术的苗木成活率很低，需要针对不同立地类型采用特殊的造林技术。

1. 采矿地防护林营建

采矿沙丘地是指在海南和广东部分海岸沙地上，由于锆钛矿的开采对土层的扰动，形成了沙地表层原有的腐殖质层被破坏，原有的养分元素经过洗矿后严重流失，地表有流动性风沙且旱季沙地干旱层深等特点，造成造林困难，苗木成活率低。选用抗逆性强的木麻黄优良无性系混系造林，或木麻黄与相思双行混交造林。采用接种了共生菌（弗兰克氏菌或外生菌根或两种菌根双接种）高 40~80cm 的苗木，栽深 30~50cm，施用磷肥或复合肥 250g/ 株、植穴客土和栽植时浇水等综合措施造林。

2. 风口沙荒地防护林营建

海南、广东和福建存在很多的风口沙荒地，这些区域常年的风速很大，特别是到了冬天，强烈的干冷风能造成大量木麻黄苗木干枯或被沙土掩埋而死亡。风口沙荒地木麻黄防护林营建的关键技术是选用抗逆性强的木麻黄优良无性系（如平潭 2 号、惠安 1 号、抗 1）等混系造林，增强幼林的抗逆性和稳定性。在面海的前沿设置沙障和梯阶式风障，起到防风固沙的作用；视海岸微地形变化分别采取团状、篱状和行状等不同造林方式，造林密度 6000~8000 株 /hm^2（表 6-2）；采用挖大穴整地、放客土和磷肥、雨季容器大苗深栽 30~50cm 以上，浇水和抹去中下部光合小枝等配套措施，增强群体的抗逆功能，可使苗木成活率提高 35%，风倒率降低 19%。在造林地面海的前沿设置风沙障可以显著降低木麻黄苗木被沙埋的高度和枯梢率。如表 6-3 所示，在福建平潭岛风口沙荒地造林 3 年后可以平均降低木麻黄被沙埋的高度达 1.35m，降低苗木的平均枯梢率达 78.7%。

表 6-2　风口沙地木麻黄惠 1 无性系造林方式试验

造林方式	生境条件	保存率（%）	生长量（cm）			风害等级（%）			
			树高	地径	冠幅	Ⅰ	Ⅱ	Ⅲ	Ⅳ
行状造林	基干林带前	89.4	1.12	1.7	66×66	54.9	39.1	4.6	1.4
篱状造林	潮水线上方	91.0	0.63	1.1	40×33	22.2	11.1	20.0	46.7
团状造林	沙地中部	98.5	0.73	1.2	36×75	24.1	20.3	14.8	40.8

注：数据来自国家科技支撑计划课题"沿海陆地防台风防护林体系研究与示范（2009BADB2B0303）"结题报告。

表 6-3　风口设置与不设置风沙障造林 3 年后比较

风沙障	苗木被沙埋高度（m）					木麻黄枯梢率（%）				
	第一年	第二年	第三年	平均	t 值	第一年	第二年	第三年	平均	t 值
设立	0.63	0.72	0.85	0.73	19.48*	3.0	5.0	6.0	4.6	15.69*
不设	2.12	2.03	2.09	2.08		86.0	89.0	75.0	83.3	
相差				1.35					78.7	

注：数据来自国家科技支撑计划项目课题"沿海陆地防台风防护林体系研究与示范（2009BADB2B0303）"结题报告。

3. 高盐碱地防护林营建

海南、广东和福建存在大量由于海水养殖、海水周期性入侵等原因形成的高盐碱地，这类困难立地采用常规的木麻黄品种造林通常会造成苗木生长不良，由于盐害而形成生理性病害（小枝肿胀）而逐渐死亡。高盐碱地木麻黄防护林营建的关键技术是先采用开沟起垄等脱盐技术，沟深 30~50cm；选择粗枝木麻黄或短枝木麻黄耐盐品种；挖大穴种植，并在穴内添加熟土或有机肥 2kg 以形成隔离层；每穴施用过磷酸钙 100g；栽植后要浇透水，筑围堰以保留雨水；适当密植，株行距控制在 1.5~2.0m。表 6-4 列出了 3 种处理下不同木麻黄无性系的成活率和生长表现，结果表明，客土 + 过磷酸钙处理可以显著提高木麻黄苗木在盐碱土的成活率和生长速度。

表 6-4　盐碱土不同处理木麻黄无性系成活率和生长表现

无性系	客土				过磷酸钙				客土 + 过磷酸钙			
	成活率（%）	保存率（%）	年均高生长（m）	年均胸径生长（cm）	成活率（%）	保存率（%）	年均高生长（m）	年均胸径生长（cm）	成活率（%）	保存率（%）	年均高生长（m）	年均胸径生长（cm）
平潭 2 号	90.2	83.3	1.08	1.35	92.4	85.6	1.13	1.41	96.5	88.4	1.26	1.57
惠安 1 号	92.8	84.6	0.97	1.36	94.1	87.3	0.98	1.39	98.0	90.7	1.12	1.45
粤 501	85.5	73.3	0.87	1.21	86.8	75.9	0.90	1.28	87.6	77.3	0.98	1.37
A13	87.0	76.9	0.89	1.26	88.4	77.5	0.95	1.31	90.7	79.2	1.05	1.34

注：数据来自国家科技支撑计划项目课题"沿海陆地防台风防护林体系研究与示范（2009BADB2B0303）"结题报告。

（四）抚育管理

木麻黄林抚育同其他人工林相似，主要包括以下几个环节：补植、除草、松土和追肥，另外也可以开展修枝与间伐等。

种植后一般需要补植 1 次。补植越早越好，但也需要在天气合适的条件下，如夏季的台风雨季节。幼林需在造林当年夏秋季进行抚育，环状铲除以植株为中心 1m 范围内的杂草。幼林连续抚育 2~3 年，每年抚育 1~2 次。1~3 年幼林还需每年追肥一次，每次施复合肥 100~250g/ 株，随林龄的增长增加追肥量。施肥采用穴施，距离植株根部 0.3~0.6m，穴深约 20cm，施后覆土。培育大径级锯材，第四年还应追施复合肥 1 次（250g/ 株）。追肥以春夏为宜，可结合除草、修枝等抚育措施进行。在海边沙地上营造沿海防护林时，种植时通常不施基肥，而是等苗木成活后抚育时进行追肥。因沙地保肥能力差，宜少量多施追肥。追肥种类主要分为两大类，即有机肥（如海泥、鱼肥、海藻等杂肥）和化肥（如复合肥、过磷酸钙、石灰粉、微量元素等）。

多数木麻黄天然整枝能力较弱，枯枝自然脱落也较迟。除海岸前沿基干林带防护林不需要修枝外，人工修枝是木麻黄用材林抚育的重要措施之一。林分郁闭度达 0.7 以上，下部枝条明显衰弱时需要对下部枝条进行修剪，修枝高度为树高的 1/4~1/3。修枝应自下而上紧靠树干处截去枝条，切忌剥裂树皮。截口要平滑，以利于伤口愈合。晚秋到早春树木生长较慢，是修枝的适宜季节。林分郁闭度达 0.8 以上，被压木占 20% 以上时可进行第一次抚育间伐。防护林一般不进行间伐，只在林木遭病虫害、风害或其他特殊损害时应及时进行卫生伐（廖清江，2007）。

三、用材林营建

（一）初植密度

在我国，木麻黄纸浆材林造林初植株行距为 1.5m×2.0m~2.0m×2.0m，即初植密度 2500~3333 株 /hm^2；锯材和建筑材林初植株行距为 3.0m×3.0m，即 1100 株 /hm^2（张勇等，2017）。印度和东南亚等国的纸浆和薪炭林多以密植造林为主，每公顷可高达 4000~10000 株。在印度，以收获纸浆材为目的木麻黄实生苗人工林采用 10000 株 /hm^2 的高密度进行种植，即采用 1.0m×1.0m 株行距，在灌溉的条件下 4 年轮伐期的木材产量可高达 125t/hm^2，每年的蓄积量达到 31.35m^3/hm^2。但随着生长一致的优良无性系的广泛应用，更实用的 1.5m×1.5m 的株行距（4500 株 /hm^2）被采用。如果采用机械化种植，可采用 1.25m×2m 或 1.5m×2m 的造林密度，以便开展行间机械化除草和松土，以及在前 6 个月可以间作其他农作物（Nicodemus et al.，2020a，b）。

（二）种植方法

种植方法与防护林的造林方法相同。春季或雨季种植，以土壤湿透后造林为宜。造林苗木宜选用优良无性系为主，可选用高 40~60cm 的苗木，但必须选择苗圃中优良苗木栽植，不使用弱苗、劣苗。种植时苗木置于种植穴中央，填土压紧。种植深度为苗木根颈位置上 5~20cm。种植前或种植后去除苗木的大部分光合作用小枝，仅保留顶端的小部分小枝，减少苗木的蒸腾量，可显著提高种植成活率。造林后 3 个月内及时查苗补植。

（三）抚育措施

在造林后的前 6 个月可以开展适量的农作物间作，而农作物的间作也有助于杂草管理。在劳动力成本较高的地方，用材林可以采用更大的行距，并通过小型拖拉机进行机械除草。除草通常只需在第一年开展，因第二年后幼林已基本完成郁闭，林下通常已无杂草生长。

用材林如果能保证充足的水分供应，可以大大促进林木的生长速度。在印度的一些地区，开展人工灌溉可以缩短木麻黄 20%~30% 的生产周期。木麻黄对施肥反应良好，特别是在灌溉条件下，但需要根据具体的土壤类型制定相应的施肥建议。木麻黄可以通过接种弗兰克氏共生菌的帮助来满足氮肥需求。因此，木麻黄施肥应以磷肥（10g/ 株）和有机肥为主，如养殖场粪肥或蚯蚓粪。大径级锯材的培育，还需在栽植后第四年再追施复合肥 1 次（250g/ 株），施肥穴距离植株 0.8m，深 20cm。土层深厚、肥力较高的林地，可减少追肥次数。

国内木麻黄幼林连续抚育 3~4 年，每年抚育 1~2 次。印度的短期速生纸浆材林需要在植后第 6 个月、12 个月和 18 个月时修剪侧枝，修枝高度为三分之一树高以下。早期研究表明，适当的修枝可以改善主干的生长和通直度，促进林分中通气和光照，减少病虫害。

第四节　可持续经营技术

一、良种选育

自 20 世纪 80 年代木麻黄小枝水培繁殖技术获得成功以来，华南沿海各地木麻黄人工林的营造或更新由传统的实生苗造林向优良无性系苗造林转变。这种遗传性状优良、生长一致的少数木麻黄无性系建立起的人工林在生产力或抗性上得到显著提高，轮伐期被大大缩短或防护效果得到显著提升。截至目前，广东、福建和海南的不同林业研究或生产单位针对不同的生产目的或立地需求，如速生、主干通直、抗青枯病、抗风、耐盐、耐瘠薄等，已选育出了很多优良无性系品种在木麻黄工业用材林、沿海防护林、农田复合系统等方面大规模推广应用（表 6-5）。这些优良无性系品种有效地提高了木麻黄的林分质量，并在提高防护林的生态防护效果方面发挥着积极作用。

表 6-5　华南沿海地区常用的木麻黄无性系

序号	无性系名称	选育单位	选育地点	特性	性别
广 东					
1	501	华南农业大学	广州	速生、通直	♀
2	601	华南农业大学	广州	速生、通直	♀
3	701	华南农业大学	广州	速生、通直、树皮易开裂	♀
4	A8	湛江林科所	湛江	速生、树干易弯曲、抗风性差	♂
5	A13	湛江林科所	湛江	速生、通直、易感青枯病	♀
6	短杂 34	热林所	吴川	速生、通直、抗病性强	♀
7	4 号	热林所	吴川	速生、通直、抗病性强	♀
8	16 号	热林所	吴川	速生、通直、抗病性强	♀
9	20 号	热林所	吴川	速生、通直、抗病性强	♀
10	21 号	热林所	吴川	速生、通直、抗病性强	♀
11	K18	广东省林科院	汕头	速生、抗旱性强、耐瘠薄	♀
12	G88	广东省林科院	汕头	速生、抗旱性强、耐瘠薄	♀
13	W2	广东省林科院	汕尾	速生、抗旱性强、耐瘠薄	♀
14	X19	广东省林科院	湛江	速生、抗旱性强、耐瘠薄	♀
福 建					
1	惠安 1 号	赤湖林场	惠安	速生、通直、易受虫害	♀
2	平潭 2 号	福建省林科院	平潭	速生、通直、抗风	♀
3	东山 2 号	福建省林科院	东山	速生、通直、耐瘠薄	♀
4	莆田 20 号	福建省林科院	莆田	速生、通直	♀
5	抗 1	福建省林科院	惠安	抗风、耐盐	♂
海 南					
1	保 9	岛东林场	文昌	速生、通直、水培易生根	♀
2	真 4	岛东林场	文昌	速生、通直、抗风	♀
3	东 2	岛东林场	文昌	速生、通直	♀
4	海口 1 号	海南省林科院	海南	速生、通直	♀
5	海口 2 号	海南省林科院	海南	速生、通直	♀

叶功富等（1996）在优树子代测定的基础上筛选出 10 个优良无性系，在滨海风积沙土试验结果表明：各无性系的造林成活率和保存率均高于当地品种，其中 4 个无性系的保存率都超过 90%，较对照高 31.4%~33.3%；3 年生树高生长量比对照增加 97.3%~152.4%，胸径增长 56.5%~86.1%，材积增加 327.6%~642.1%；综合各无性系的生长量、保存率、抗病性、生根率、抗风性和干形等指标，认为无性系品种粤 13 和平 10 适合福建地区大面积推广应用。

张勇等（2011）将杂交子代水培繁殖形成无性系后，将它们与现有的多个无性系一起在海南两地点进行 5 年的野外测定，经综合评价选育了 6 个在生长率、保存率（适应性）、抗风性、抗病性和主干通直度等综合性状突出的无性系品种。其中生长率最高的无性系品种年平均材积生长量达到了 29.9m³/hm²，比当地对照品种的生长量提高了 124.2%，可用于海南地区的用材林的推广应用。

印度森林遗传与林木育种研究所（IFGTB）长期开展短枝木麻黄和山地木麻黄的遗传育种研究，并以营建用材林为目的选育了大量速生、主干通直、抗风、耐旱的无性系品种（表 6-6）。据统计，印度森林遗传与林木育种研究所最新选育的无性系在 4 年轮伐期内可提高纸浆材产量 20t/hm²。按照纸浆的现行价格（57 美元/t），每公顷可在一个轮伐期（4 年）提高收入 1140 美元。截至 2018 年 7 月，印度利用良种种子和优良无性营造的木麻黄用材林面积近 1.65 万 hm²，由良种应用所产生的额外木材价值达到了 1622 万美元（表 6-6）。IFGTB 已向多家造纸业企业和私人苗圃颁发了木麻黄良种的商业繁殖和供应的许可证，获得许可的苗圃每年生产约 4500 万株苗木，供应给企业或农民用于木麻黄用材林的建立（Nicodemus et al.，2020）。

表 6-6　印度森林遗传与林木育种研究所选育的木麻黄无性系品种及其特性

分类	无性系名称	主要性状	适应性特征
短枝木麻黄	IFGTB-CH-5 IFGTB-CH-6 IFGTB-CH-7	速生、主干通直； 树皮薄且光滑	对盐碱地（pH ≥ 9） 适应性强
山地木麻黄	IFGTB-CJ-WB-1 IFGTB-CJ-WB-2 IFGTB-CJ-WB-3 IFGTB-CJ-WB-4 IFGTB-CJ-WB-5	速生、主干通直； 株形适合用于防风林建立	适合用于防风林、农林复合系统等
山地木麻黄	IFGTB-CJ-9 IFGTB-CJ-10	速生、主干通直； 木材得浆率高；树皮厚和开裂	耐干旱；适合栽种于内陆地区的各种土壤类型
杂交种 （短枝木麻黄 × 山地木麻黄）	IFGTB-CH-1 IFGTB-CH-2 IFGTB-CH-3 IFGTB-CH-4 IFGTB-CH-5	速生、主干通直； 木材得浆率高； 树皮薄且光滑	适合栽种于沿海和内陆地区除黏质土外的各种土壤类型

注：引自 Nicodemus 等（2020b）；IFGTB 为印度森林遗传与林木育种研究所。

但是在沿海木麻黄防护林建设中，由无性系建立的防护林也潜藏着巨大的问题和生态风险。如在广东省，绝大部分木麻黄防护林都使用少数无性系建立，甚至一些市县长期使用单一的无性系造林，如粤西地区主要使用无性系 A13 营建沿海防护林，这些无性系防护林的遗传单一性使其面临着巨大的生态风险，导致了防护林的抗性减弱、病虫害严重（如粤西地区每次台风过后都引起木麻黄青枯病的大规模暴发）。另外，木麻黄无性系的无主根和浅根特性使得它的抗风性较差，在遭遇台风兼暴雨时植株在沿海沙地上易被连根拔起。木麻黄无性系防护林还具有生长期短、衰老快的缺点。木麻黄无性系的这些缺点严重影响了木麻黄沿海防护林的经济和生态防护效益。一些地区，如海南省林业管理部门已经意注到了木麻黄防护林过度使用无性系的弊端，开始要求在建立木麻黄沿海防护林时使用一定比例的实生苗，特别是基干林带要使用实生苗造林。

木麻黄实生苗植株较之无性系植株具有抗性强、根系深、主根发达、遗传多样性丰富、生长期长等优点，尤其适合用于沿海防护林基干林带的建设（表6-7）。但使用实生苗造林就要求建立木麻黄种子园提供经过遗传改良的优质种子。作者研究团队以前期的木麻黄国际种源试验林为遗传材料，以抗青枯病为主要选育目标，选择抗性强和生长性状优良的单株建立嫁接种子园，大量生产优良遗传品质的种子用于华南地区的沿海防护林建设，对解决木麻黄防护林遗传多样性单一、病虫害严重、林分衰退快等问题有重要意义。

表6-7　木麻黄1年生实生苗与无性系苗的生长性状差异

指标	无性系		种子苗	
	均值	变幅	均值	变幅
高（m）	1.60	1.30~1.90	1.53	1.40~1.60
胸径（cm）	0.70	0.50~0.70	0.73	0.50~1.00
冠幅（m）	0.79	0.60~1.15	0.85	0.60~1.00
主根长（m）	0.27	0.20~0.35	0.38	0.35~0.40
侧根长（m）	1.13	0.75~1.60	0.65	0.40~0.90
根鲜重（g）	149.67	65.00~212.00	93.83	50.50~180.00
地上部分鲜重（g）	861.33	342.00~1202.00	352.33	180.00~677.00
侧根数（>2mm 根）	24.67	18.00~33.00	28.00	23.00~31.00
侧根长/主根长	4.67	3.00~8.00	1.73	1.63~2.57
根冠比（鲜重）	0.17	0.16~0.19	0.27	0.27~0.28
地上部分鲜重/根鲜重	5.66	5.26~6.05	3.75	3.53~3.96

二、混交防护林营建技术

在海岸最前沿的沙地上，由于干旱、贫瘠、高盐碱、强风流沙、沙击、盐沫等恶劣生境对植物的伤害，木麻黄仍是建立沿海基干防护林带不可替代的树种。但在基干防护林带的后沿，采用木麻黄与其他树种混交的方式营建防护林，可以适应立地生境的动态变化，充分发挥多树种混交林的生产潜力，提高沿海防护林的生产力和抗逆性，从而增加沿海防护林的生态防护效益。

在福建省东山县赤山林场的海岸沙地后沿，以木麻黄、湿地松为主要树种，选择厚荚相思、刚果桉为伴生树种，分别采用1：1行间混交方式，进行多树种混交林配置试验。由表6-8可知，在滨海后沿各种混交林中，木麻黄或湿地松的保存率和生长量均高于对照，说明木麻黄或湿地松分别与刚果桉、厚荚相思等树种混交，增加了人工群落的物种多样性，有利于促进主要树种更快生长。除木麻黄与厚荚相思混交处理中厚荚相思生长量低于木麻黄纯林外，其他各种混交处理的生长量均优于木麻黄纯林。如木麻黄与刚果桉混交林中，木麻黄、刚果桉的树高分别为 3.7m 和 4.1m，依次比木麻黄纯林增加了 8.8% 和 20.6%。

表 6-8　滨海沙地后沿多树种混交林生长和防护效果

造林树种	混交方式 混交比例	林分 年龄	保存率 （%）	树高 （m）	胸径 （cm）	冠幅 （m）	林内风速 （m）	防风效能 （%）
木麻黄	行间	4	92.8	3.7	2.2	2.0	14.9	85.1
刚果桉	1:1		96.7	3.8	3.5	1.6		
木麻黄	行间	4	96.1	4.1	3.0	2.3	15.4	84.6
厚荚相思	1:1		96.1	2.2	2.1	1.4		
木麻黄	纯林	4	84.3	3.4	1.7	1.6	18.3	81.3
湿地松	行间	4	97.1	1.7	1.8	1.0	15.5	84.9
刚果桉	1:1		93.3	3.9	4.2	1.6		
湿地松	行间	4	95.0	1.8	2.6	0.9	17.6	82.4
厚荚相思	1:1		69.4	3.3	3.3	2.5		
湿地松	纯林	4	84.1	1.5	1.8	0.8	20.1	79.0

注：数据来自国家科技支撑计划课题"沿海陆地防台风防护林体系研究与示范"结题报告。

在海南文昌，以木麻黄纯林为对照，研究了木麻黄与其他树种混交后对降低风速、固定流沙的影响。研究发现，混交模式 V（木麻黄 + 大叶相思 + 琼崖海棠 + 椰子）对风速的降低幅度最大，为 78.1%，模式 I（木麻黄纯林）降低风速幅度最小，仅为 40.9%，防风能力大小为 V > III > II > IV > I。在固沙方面，混交模式 V 林内样方平均月收集沙量最少（80g），与木麻黄纯林对照相比，减少了 67.1%，不同混交模式中固沙能力大小为 V > III > IV > II > I。这些结果表明可能由于柔软的大叶相思枝条和椰子叶子，树冠茂密，有利于阻挡风沙，木麻黄与其混交后的防护效果比木麻黄纯林好（表 6-9）。

表 6-9　滨海沙地不同混交模式的降风速和固沙效果比较

模式	树种组成	风速（m/s）			风降率 （%）	沙量（g/月）	
		空旷地	林前	林内		林内	固沙率（%）
I	木麻黄纯林	6.0	4.4	3.6	41.0b	243.0a	95.67a
II	木麻黄 + 琼崖海棠	5.8	4.3	3.2	44.8b	231.0ab	95.97ab
III	木麻黄 + 大叶相思	5.7	4.4	2.1	63.2a	132.0bc	97.70bc
IV	木麻黄 + 银叶树	6.6	5.3	3.5	43.6	224.0ab	96.87ab
V	木麻黄 + 椰子 + 大叶相思 + 琼崖海棠	6.4	5.2	1.4	78.1a	80.0c	98.88c

注：数据由海南省林科院方发之提供；多重比较为 Duncan 法（$P<0.05$）。

混交林还能够有效改善林下土壤养分状况并能提高凋落物的分解速度。从土壤的理化性质上看，木麻黄与相思的混交对土壤改良效果最好。相思和木麻黄根部都可产生根瘤，能固定空气中的氮气，提高了土壤中氮含量。同时，相思和木麻黄的枯枝落叶量比较丰富，而且凋落物又容易分解，有机质和速效性养分及时归还土壤，促进营养循环顺畅和增加了土壤养分。曾少玲（2016）曾对比木麻黄与大叶相思、马占相思与木麻黄的混交效果，发现利用两种相思与木麻黄混交均能获得抗风效果的提升，且与大叶相思的混交效果更好。

三、种植密度与施肥

在海南省岛东林场和广东省吴川市吴阳镇开展了种植密度与施肥对木麻黄人工林生长的影响研究。试验采用二次回归正交旋转组合设计，处理包括种植密度（D，1000~5000 株 /hm²）、磷肥施用量（P_2O_5 含量 0、50g/ 株、100g/ 株、150g/ 株、200g/ 株）、氮肥施用量（N 含量 0、20g/ 株、40g/ 株、60g/ 株、80g/ 株）、钾肥施用量（K_2O 含量 0、25g/ 株、50g/ 株、75g/ 株、100g/ 株）和硼肥施用量（B 含量 0、5g/ 株、10g/ 株、15g/ 株、20g/ 株）各 5 个水平，合计 36 个组合处理小区（表 6-10）。

表 6-10　木麻黄用材林种植密度与施肥试验设计

处理	种植密度 $X1$（株 /hm²）	施氮量 $X2$（g/ 株）	施磷量 $X3$（g/ 株）	施钾量 $X4$（g/ 株）	施硼量 $X5$（g/ 株）
1	2000	20	50	25	15
2	2000	60	50	25	5
3	4000	20	50	25	5
4	4000	20	50	75	15
5	2000	20	150	75	15
6	2000	20	150	25	5
7	4000	20	150	75	5
8	4000	20	150	25	15
9	3000	0	100	50	10
10	3000	80	100	50	10
11	3000	40	100	50	10
12	3000	40	100	50	10
13	2000	60	150	75	5
14	2000	60	150	25	15
15	3000	40	100	100	10
16	4000	60	150	75	15
17	3000	40	100	0	10
18	2000	20	50	75	5
19	4000	60	50	25	15

（续表）

处理	种植密度 $X1$（株 /hm^2）	施氮量 $X2$（g/ 株）	施磷量 $X3$（g/ 株）	施钾量 $X4$（g/ 株）	施硼量 $X5$（g/ 株）
20	4000	60	50	75	5
21	3000	40	100	50	10
22	3000	40	100	50	10
23	3000	40	100	50	10
24	3000	40	100	50	10
25	3000	40	100	50	10
26	3000	40	100	50	10
27	5000	40	100	50	10
28	1000	40	100	50	10
29	3000	40	200	50	10
30	3000	40	0	50	10
31	4000	60	150	25	5
32	2000	60	50	75	15
33	3000	40	100	50	20
34	3000	40	100	50	0
35	3000	40	100	50	10
36	3000	40	100	50	10

　　试验结果表明（图 6-1），在沿海前沿的恶劣环境下，施肥对提高木麻黄人工林的生长量有显著效果。如 3 年生施肥处理比未施肥对照的树高增加了 26.7%~41.4%，胸径增加了 32.8%~39.5%。以沿海防护林防护效能快速恢复和林分单位面积蓄积量最大化为目的，建议木麻黄种植密度为 3000~4000 株 /hm^2，氮肥施用量为纯氮 20~40g/ 株，有效磷为 100~150g/ 株 P_2O_5，有效钾为 50~75g/ 株 K_2O，硼肥为 5~10g/ 株。

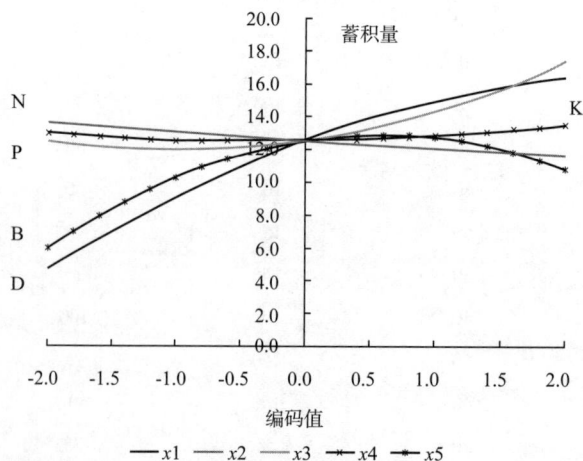

图 6-1　密度与施肥对木麻黄人工林蓄积量影响主因子效应分析

四、修枝与间伐

研究表明，通过修枝、间伐等措施对林分结构进行调控，可以对该树种的生长速度、防风效果、防治病虫害危害等产生积极的影响。根据行业标准《木麻黄栽培技术规程》（仲崇禄等，2019）和福建省地方标准《木麻黄沿海防护林建设技术规程》（叶功富等，2013）的要求，林分郁闭度达到0.7以上时，可以对主干下部明显衰弱的侧枝进行修剪，修枝高度为树高的1/4~1/3以下，但在风口和流动沙地的防护林则不需要进行修枝。密度较大的林分应采用下层疏伐方法进行间伐，间伐时应先清理风折木、风倒木、病虫危害严重的衰弱木、抗风能力差与生长不良的林木，间伐后郁闭度保留在0.6以下，但风口和流动沙地不进行间伐。

由表6-11可知，3年生的木麻黄人工林修枝1~2m，可显著改善林木主干树高和胸径的生长。分析认为3年生的木麻黄人工林下部已经基本郁闭，主干1~2m高的侧枝在郁闭条件下不能进行光合作用为植株提供光合产物，反而起到消耗植株养分和水分的不利作用，因此修剪掉这部分侧枝能促进植物的生长。

表6-11　木麻黄人工林修枝处理对生长的影响

处理	修枝后6个月				修枝后16个月			
	树高（m）	增量（m）	胸径（cm）	增量（cm）	树高（m）	增量（m）	胸径（cm）	增量（cm）
修枝高度2m	6.03	1.93	5.34	1.94	7.02	2.92	5.67	2.27
修枝高度1m	5.96	1.86	5.17	1.77	6.89	2.79	6.55	3.15
不修枝对照	5.46	1.36	4.27	0.87	6.58	2.48	5.56	2.16

利用3年生的木麻黄人工林进行不同的间伐处理，分别于12个月和24个月后测定不同处理林分的抗风性、胸径生长表现和台风后的风倒率（表6-12）。结果表明，沿海较前沿木麻黄防护林保持适当宽行（约4m）可以减少台风对林分结构的破坏，而其他间伐方法在台风后风倒率上与对照相比没有明显差异。原2m×2m株行距的木麻黄人工林以隔2行伐1行的方法间伐24个月后（5年生），与对照相比风倒率降低了20.9%。

表6-12　木麻黄间伐对生长和抗风性的影响

处理	间伐后密度（株/hm²）	间伐12个月后抗风等级数均值	间伐24个月后胸径生长	间伐24个月后林分台风风倒率（%）
处理1：修枝2m	2310	4.41	9.78	36.78
处理2：每行隔1株伐1株	1155	3.53	11.41	25.68
处理3：每行隔2株伐1株	1540	4.31	10.88	25.40
处理4：隔2行伐1行	1540	5.10	10.02	8.00
处理5：对照（不间伐不修枝）	2310	4.13	9.26	28.85

注：抗风能力测定指标采用6级评分标准；开展间伐时的林木平均树高7.67m，胸径6.91cm。

五、采伐与更新

　　木麻黄防护林的成熟初期一般为 10~15 年，末期为 31~35 年（张水松等，2000；林红叶，2010）。受限于人为破坏、病虫危害、台风袭击等因素，木麻黄防护林需要根据林分的损坏、残次、低效或衰老程度开展采伐和更新工作。在我国，木麻黄的更新方法以人工更新为主，其天然更新能力很低。刘宪钊（2011）以海南岛东林场为例，探索了木麻黄人工林的近自然经营模式，发现海南木麻黄防护林不具有天然更新能力，不能满足森林可持续发展的要求。研究认为，木麻黄人工林天然更新困难的主要原因是林地内凋落物多、光照和水分不足，落下的种子难以接触到土壤，或即便在土壤中发芽后也由于光照和水分不足幼苗很快死亡（杨彬，2019；王玉，2020）。但根据李振等（2021）的观察和研究，发现当木麻黄实生苗人工林的表土被人为扰动后，如间伐或皆伐后的翻土整地等扰动，木麻黄可以通过自由落种进行天然更新，且更新子代群体的遗传多样性没有明显降低。通过人工辅助方法实现木麻黄实生苗人工林的天然更新，减少因传统皆伐全垦的人工更新方式对沿海地区造成的水土流失、地力损耗、生物群落破坏等不利影响，在沿海防护林建设中具有很好的实践价值。

　　在福建地区，出现下列情况之一的沿海防护林即为更新对象：①木麻黄林龄达到防护成熟年龄，生长停滞、防护效益严重下降的；②风灾或病虫害严重，濒死木超过 30% 的（叶功富等，2013）。而在广东和海南地区，生态公益林（防护林）仅在经历自然灾害或人为损害严重，防护效益低下时才进行更新。纸浆用材林一般为 10~15 年更新；锯材、建筑材等 20~25 年更新（仲崇禄等，2013，2019）。张水松等（2000）曾在福建东山县赤山林场和惠安县赤湖林场进行了 4 种人工更新方式试验，包括宽林带间隔带状采伐更新、疏林带林下套种更新、林带渐伐后林下套种更新、以及林带前沿干旱沙地造林换代更新。结果表明：① 4 种更新方式的都能够在保持林带原有防护功能的前提下实现林分更新，并维护林带的完整性和防护功能的连续性；②就更新效果而言，4 种更新方式的效果均比较好，造林保存率均在 90% 以上，大部分树种造林后生长迅速，3 年内可郁闭成林，实现短期内快速恢复林带并发挥防护作用的目的；③在更新技术上，深穴大苗、客土拌浆、施磷肥、雨季造林都对造林效果有非常重要的促进作用；④强风区采伐更新宽度控制在 20m 以内，弱风风区 20~30m，稀疏林带郁闭度控制在 0.3 左右，风口干旱地区更新换代宜选用抗逆性强的木麻黄种源或无性系进行更新。林下套种更新方式中，林带间伐后林下更新方式，其生态、社会、经济及综合效益均比直接在林下套种更新方式高。对于只能进行林下套种更新的木麻黄基干林带，根据林带郁闭度作适当间伐调整，并选用适应于沿海沙地生长具有一定耐阴性的树种在林下套种可使其综合效益得到明显提高。表 6-13 总结出了木麻黄防护林的可持续经营技术，明确了木麻黄防护林需要更新的林分特征，以及林分更新和抚育的方式和具体经营措施（张水松等，2000）。

表 6-13 木麻黄沿海防护林可持续经营技术

经营类型	类型名称	林分类型	林分特征	经营措施
林分更新	更新1	木麻黄纯林	沙质海岸基干林带：林分稀疏，结构透风，已基本失去防护效能	在林带背风面一侧砍伐防护功能差的林木，营建木麻黄优良无性系，成林后，再更新另一侧林木
	更新2	木麻黄纯林或混交林	林分长势极弱，无成林希望的林分	伐除林木，整体重新造林
	更新3	木麻黄林	中龄林，生长正常的林分	正常主伐更新，间隔带状更新，无性系营林，成林后，更新其余林带
	更新4	未成林造林地，困难立地	成活率低于40%，树高平均年生长量0.3m以下	选用抗逆性强的无性系或与乡土树种混交造林
	更新5	木麻黄纯林	20年以上郁闭度0.5以下的衰老林分	伐除林木，营造木麻黄优良无性系林或混交林
森林抚育	透光伐	木麻黄纯林或混交林	幼龄林，郁闭度0.9以上，林木分化严重，被压木20%以上	砍除次要林木保证主要树种优势；伐去密度过大林分中生长不良的个体
	疏伐	木麻黄纯林或混交林	中龄林，郁闭度0.9以上，被压木20%~30%	伐去受害、生长衰弱、干形不良的林木
	生长伐	木麻黄纯林或混交林	防护林成熟前郁闭度0.8以上，林分分化明显，被压木20%以上	伐去受害、生长衰弱的林木
	卫生伐	木麻黄纯林或混交林	郁闭度0.9以上，密度大，林内卫生状况差，通风透气性差	砍除枯立木、风倒木、风折木以及受病虫害危害的立木

第七章 木麻黄病虫害

木麻黄大面积种植以纯林为主，生物多样性相对单一，未能构成完善合理的生态系统，给木麻黄病虫害的发生创造了条件。同时，随着木麻黄栽培面积不断扩大，尤其在一些较为恶劣的沿海立地条件下，造林种质材料良莠不齐，造林后管理抚育不到位，加之人为活动干扰频繁，致使木麻黄林不断受到病虫危害，甚至暴发成灾。当前，一些基干林带中的病虫害日益加剧，整个防护林带出现大片的"林窗"现象，造成沿海防护林的防护效益不断降低。因此，木麻黄病虫害的研究已成为加强沿海防护林体系建设过程中的重要组成部分，如何有效防治木麻黄病虫害对沿海地区防护林建设和生态修复具有重要意义（附图 7-1~ 附图 7-6）。

第一节　病　害

目前文献报道的木麻黄病害有 64 种（附录 2），主要有青枯病、衰退病、丛枝病、溃疡病、苗木白粉病、猝倒病等，其中危害最严重的是木麻黄青枯病。其他病害主要为真菌性病害，其中丛枝病、白粉病、猝倒病、立枯病主要发生在苗期；溃疡病和树干疱腐病为枝干病害；红根病和根腐病为根部病害，炭疽病和煤污病虽有报道，但发病并不严重。

一、木麻黄青枯病

木麻黄青枯病（*Ralstonia solanacearum*）是危害木麻黄最严重的土传性病害，是世界范围内传播广泛、最难防治的细菌性重大病害之一。1951 年，Orian 首次报道了毛里求斯木麻黄苗木受青枯病危害而死亡（Orian，1951a，b；何学友，2007），我国于 1964 年在广东省阳江县海陵岛首次发现木麻黄青枯病（梁子超和岑炳沾，1982），之后该病在福建、海南、广西等地蔓延。木麻黄人工林的青枯病发病率能达到 50% 以上，严重的可达 80%~90%。近年来，木麻黄青枯病在我国华南沿海地区发病严重，特别是台风过后病害更易暴发，造成树木大面积死亡，严重危害木麻黄人工林的生产和沿海生态安全（马海滨等，2011；孙战等，2020）。据历年观察，苗木得病后 20~30 天死亡，3 年生以下幼树 30~60 天死亡，10 年生以上大树则需要 1~2 年死亡。

我国目前沿海防护林主栽树种有短枝木麻黄、粗枝木麻黄、细枝木麻黄和山地木麻黄，其中短枝木麻黄受青枯病危害最为严重。粗枝木麻黄抗病性较强，其生长未受显著影响，细枝木麻黄和山地木麻黄中青枯病危害程度较轻。20 世纪 80 年代以来，我国科研人员对木麻黄青枯病的致病菌、发病特征、致病机制及抗病育种等方面开展了大量基础研究。

（一）发病症状

木麻黄发病后植株的小枝稀疏、黄绿、凋落，枯枝枯梢较多，根系腐烂变黑，有水浸臭味，横切约 5 分钟后就有乳白色至黄褐色的细菌脓液溢出。木麻黄青枯病病菌在发病前长期宿存于土壤、杂草及一些非寄主植物中，经寄主根系或根茎部的伤口侵入或通过根际连生从病株蔓延到健康株。由于积水容易导致病害发生，故青枯病常先发生于低洼或地下水位较高的地方。

（二）发生规律

青枯菌在我国南方广泛分布，其生活史包括寄生和腐生两个阶段。在入侵寄主植物之前，该细菌长期存在于土壤、杂草和一些非寄主植物中。它在林地的存活时间取决于组织中细菌的数量、植物残体的大小和腐败程度，以及土地环境和生物条件。部分病树被砍伐 1 年后病根仍能够溢出青枯菌脓液。由于树桩体积大，根系深远，残留时间长，细菌可以在森林土壤中长期生存。

青枯菌分布在苗圃或已发生青枯病的病区 10~100cm 深的土壤中，在这些地方育苗或再植很容易重新染病。种植过木麻黄、桉树、桑树和番茄、茄子、辣椒、土豆、红薯、烟草、蚕豆、丝瓜、芸豆等作物的土壤，以及与这些作物的茎、叶、花、果实和根残体接触的土壤、垃圾肥料和水源可能存在并繁殖青枯病病原体。即使是土壤或混合物含菌量较低，如苗床或营养土，也有传播疾病的风险。

木麻黄在林带中根际连生现象相当普遍，病原菌可通过连生根从病株蔓延至健康株。即使病树与附近健康树并不相连，也可通过土壤传播。从病区流出的雨水或其他水流容易携带青枯菌进行传播。

台风暴雨后，病害往往随之流行，造成大量树木死亡。台风不仅能将带菌的雨水传送至较远的地方，还给树木造成许多伤口，增加病菌侵染机会。病株死亡主要发生在干旱季节，"台风旱"往往使树木生长势更为衰弱，加速死亡进程。台风过后，干旱的沙丘地和保水差的粗沙地是病情发生最重的地方。

据历年观察，干旱之年病情发展较快，相反，如连续降雨，则病株死亡较慢，有些甚至逐渐恢复正常生长。土地疏松，排水良好的细沙土坡地，很少发病或不发病；地势低洼，土壤板结积水的地方发病严重。梁子超等（1982）报道，木麻黄青枯病的发病高峰在 8 月中旬高温季节，4 月以前和 12 月以后都极少发病。病害流行条件与木麻黄生长条件一致。一定限度内的土壤肥力水平差异和苗木本身生长好坏，对青枯病流行没有影响。

（三）致病机理

寄主树木若种植于带菌土壤，在条件适宜时，青枯菌便可从根或根茎部伤口或自然孔口侵入。对 3 个不同致病性的青枯菌菌株和 7 个不同抗病性的木麻黄无性系的交叉接种研究（罗焕亮等，2002）得出，各菌株对寄主根表吸附量具有显著差异，吸附量与致病性呈负相关。由此，推测青枯菌与木麻黄根系之间发生的是非亲和性识别，它诱发寄主的抗性反应。细菌外膜的脂多糖（LPS）是青枯菌对木麻黄根表进行识别和吸附的重要物质，胞外多糖（EPS）则并不起病原菌识别的作用。然而，各菌株在寄主根内的增殖量与致病性则呈正相关，说明病菌侵入后在寄主体内迅速增殖和扩展是其产生较高致病性的重要原因。

感染青枯病后，结合植物组织形态差异，通过检测生理生化指标的变化等，研究人员发现植株导管受阻是导致木麻黄死亡的最直接原因（Ayin et al.，2015）。病原菌侵袭过程可分为三个阶段：病原菌定植于根的外部，侵入皮层并破坏微管薄壁组织，进入导管细胞（Vasse et al.，1995）。通过解剖观察发现，感病木麻黄的皮层薄壁细胞、髓射线薄壁细胞均受到不同程度的破坏。此外，病菌也可经伤口直接进入导管。病菌一旦进入导管，便可随着蒸腾液流在导管及其邻近组织内繁殖并在植株体内迅速扩散，最终导致植物的枯萎和死亡。

研究证实，具有强致病力的病原菌纤维素酶活性显著升高，加快了植物细胞的降解过程，病菌在植株体内迅速蔓延。王军等（1997）通过用病原青枯菌悬浮液和培养滤液对木麻黄接种处理，发现培养滤液对木麻黄有强烈的致萎作用，小苗枯萎主要是由滤液中毒性物质诱导植物产生填充体堵塞导管所致。青枯菌在培养基上和植物体内产生大量黏性物质，这些黏性物质可通过阻塞维管束而在致萎过程中起着重要作用（Kenichi，2014）。其成分主要（＞90%）为一高分子量并包含 3 种氨基糖的酸性胞外多糖。此外，Boucher 等（1992）研究发现青枯病病原菌产生的聚半乳糖醛酸酶和内葡聚糖酶可能对侵袭植物根部和渗透木质部导管发挥了一定效用。

（四）抗病分化与抗病机制

木麻黄对青枯病的抗性分化是普遍存在的，一般认为短枝木麻黄生长特性较好，但对青枯病的抗性较差；粗枝木麻黄的生长特性差，但对青枯病的抗性较强；木麻黄自然杂交群体不仅在生长量、适应性等方面分化严重，在青枯病抗性上也存在严重分化，具有较大的遗传变异。

关于抗病性的标准，郭权等（1986）认为在室内人工接种条件下或半个轮伐期（4 年）内，死亡率在 20% 以下的为抗病品系，20%~40% 的为中抗品系，40%~60% 为中感品系，在 60% 以上的为感病品系。王军（1997）对木麻黄抗性的测定则采用植株的相对病害强度（RDI）来表示。RDI= 萎蔫分枝数／分枝总数。比值越小，表明植株的抗性程度越高。

1. 抗病性种质材料选择

根据抗病性差异，研究人员在不同层次进行了一系列选育研究，梁子超等（1986b）

在广州的试验显示粗杂木麻黄比短枝木麻黄更抗病，进一步的试验选出了 4 个抗病杂种短枝木麻黄无性系。郑惠成等（1991）发现普通木麻黄优树家系间及家系内的子代无性系间抗病性有显著差异，并初步筛选出了 8 个抗病性较强的优良无性系。

魏永成等（2021）以广东省徐闻县湛江国营防护林场 5 年生短枝木麻黄种源试验林中 20 个种源为试验材料，对小枝中超氧化物歧化酶（SOD）、过氧化氢酶（CAT）、过氧化物酶（POD）、苯丙氨酸解氨酶（PAL）等酶活力以及可溶性糖、叶绿素、总酚、类黄酮含量 8 个生理生化性状进行检测与分析，并筛选优良种源。结果表明，短枝木麻黄接种青枯菌后，病情指数和相对病害强度在种源间存在极显著差异。SOD、CAT、POD、PAL 活力以及可溶性糖、叶绿素、总酚、类黄酮含量在种源间均呈显著或极显著差异，变异系数分别为 17.75%、27.72%、64.31%、38.65%、25.31%、16.63%、44.00% 和 29.50%，性状均值最大种源分别为最小种源的 1.61 倍、2.74 倍、13.75 倍、2.46 倍、2.43 倍、1.98 倍、2.93 倍和 2.59 倍，性状变异幅度大，具有较强选择潜力。相关分析结果表明，SOD 和 CAT 活力与总酚含量、类黄酮含量呈极显著正相关，相关系数为 0.233~0.466，与 POD 活力、叶绿素含量呈极显著负相关。总酚含量与类黄酮含量呈极显著正相关，相关系数达 0.722。生理生化性状与病情特征间均达到显著或极显著正相关或负相关，生理生化性状和病情特征可能受相同或类似的调控机制控制。基于 8 个生理生化性状进行综合评价，按照 30% 的入选率筛选出 18144、18142、18135、18355、18128 和 18122 共 6 个优良种源，其 SOD、CAT、PAL 活力以及可溶性糖、总酚和类黄酮含量均值比总体均值分别高 1.35%、25.32%、13.19%、19.69%、32.52% 和 32.24%。同时，利用 26 个短枝木麻黄家系褐梗小枝接种青枯病后 SOD 活力、CAT 活力、PAL 活力、PPO 活力、总酚含量和类黄酮含量在家系间的差异，按照 30% 的入选率初步选出 201 号、207 号、198 号、202 号、205 号、213 号、220 号和 206 号等 8 个抗病家系。

2. 抗病机理研究

梁子超等（1982）的试验表明木麻黄各无性系苗木主茎的细胞膜相对透性和人工室内接种鉴定的发病率之间有相关关系，植株细胞膜相对透性低的抗病性较强，相对透性高的抗病性较差。郑惠成等（1992）也证实，不管是根、主茎还是小枝，3 种温度处理，细胞膜的渗透性随着短枝木麻黄抗性的减弱而增大。细胞的透性主要决定于质膜的结构和功能，逆境对植物的伤害主要是细胞原生质膜结构被破坏和透性改变，透性的大小是指示植物抗逆性大小的一项重要指标。基于这一原理，岑炳沾等（1983）用电导率仪测量木麻黄植株导电性，发现病株的电导率高于健康株，这对于早期诊断外表无明显症状的青枯病植株是有帮助的。

一些氧化酶活性的变化与木麻黄抗病性有关。木麻黄小枝的过氧化物酶同工酶第 4 条谱带的比移值与植株感病率有一定关系（梁子超和王祖太，1982），抗病的细枝木麻黄和粗枝木麻黄的多酚氧化酶活性比易感病的滨海木麻黄分别高 148% 和 153%（谢卿楣，1991）。多酚氧化酶的活性增强能提高植株的呼吸强度，增强抗病力。另外，过氧化氢酶和过氧化物酶的测定也表明，细枝和粗枝木麻黄比滨海木麻黄明显增高。徐正球等（1996）对 7 个抗性不同的木麻黄无性系研究发现，接菌后 48h PPO 活力上升幅度、接种前和接种后 24~120h 的超氧物歧化酶（SOD）活力值以及 0~24h 期间的 SOD 活力升幅，都与无性系对青枯菌的抗性差异呈显著到极显著相关。SOD 酶普遍存在于动植物细胞中，被认为是一种防御活性氧或其他过氧自由基对细胞膜伤害的酶，其含量水平被视作植物抗逆的生理指标之一。

魏永成等（2019）以选育出的抗青枯病短枝木麻黄高抗种源 R、中抗种源 M 和易感种源 S 为材料，探讨感染青枯病后短枝木麻黄小枝中酚类物质和黄酮含量的变化规律，揭示了短枝木麻黄对青枯病的抗性生理机制，明确了短枝木麻黄抗病与感病种源间的差异特征，为短枝木麻黄抗青枯病品种的选育提供科学依据。

（1）总酚含量

接种青枯菌后，不同抗性短枝木麻黄种源苗木小枝中的总酚含量呈现不同的变化趋势（表 7-1）。高抗、中抗种源均呈现先升高后降低的趋势，但中抗种源的峰值出现时间较晚；易感种源则呈逐渐升高趋势，在感病末期虽略有下降，但整体水平较高。高抗短枝木麻黄种源接种青枯菌后，总酚含量迅速升高，在接种 2 天后达最大值 126.89mg/g，比对照高 47.20%。随后迅速降低，接种 7 天后与对照的差异不显著。中抗种源接种后，总酚含量也会迅速升高，但直到接种 4 天后才达最大值 126.16mg/g，比对照高 39.22%，随后迅速降低，接种 5~7 天后与对照差异不显著。易感种源受到青枯菌侵袭后，总酚含量持续上升，最大值（109.57mg/g）出现在第 5 天，接种 6 天后略微下降，在接种 7 天后比对照高 32.53%。

表 7-1   短枝木麻黄接种青枯菌后总酚含量   mg/g

接种天数	R-I	R-W	M-I	M-W	S-I	S-W
0	81.77 ± 5.68a	77.75 ± 13.58a	89.73 ± 6.71a	86.18 ± 12.52a	84.58 ± 8.81a	85.86 ± 13.66a
1	96.25 ± 19.27a	85.56 ± 4.36a	94.32 ± 11.27a	88.04 ± 4.98a	87.89 ± 13.13a	88.15 ± 9.99a
2	126.89 ± 12.75a	86.2 ± 16.04bc	109.45 ± 12.88ab	76.01 ± 13.52c	91.23 ± 18.81bc	96.41 ± 12.87bc
3	100.65 ± 14.48ab	73.28 ± 10.91c	120.06 ± 18.84a	81.99 ± 4.45bc	99.53 ± 11.21ab	89.1 ± 11.48bc
4	93.64 ± 11.33b	82.33 ± 18.41b	126.16 ± 8.87a	90.62 ± 14.03b	100.71 ± 13.62b	84.45 ± 9.11b
5	94.78 ± 20.3a	84.81 ± 14.18a	97.66 ± 11.98a	93.92 ± 11.43a	109.57 ± 8.53a	91.66 ± 11.75a
6	86.99 ± 7.58a	76.96 ± 10.25a	84.84 ± 11.69a	89.96 ± 18.98a	100.01 ± 12.83a	84.54 ± 9.44a
7	85.38 ± 5.32ab	78.87 ± 4.89ab	90.22 ± 15.31ab	91.17 ± 19.03ab	102.5 ± 12.87a	77.34 ± 11.3b

注：R 为高抗种源；M 为中抗种源；S 为易感种源；I 为接种处理；W 为对照；数据后不同字母表示差异显著（$P<0.05$），下同。

接种青枯菌后 1 天后，高抗、中抗、易感短枝木麻黄种源间的总酚含量差异不显著。接种 2 天后，总酚含量依次为高抗 > 中抗 > 易感，高抗与易感种源间的差异显著。接种 3~4 天后，中抗种源的总酚含量高于其余种源。接种 5~7 天后，3 个种源间的差异不显著，且易感种源的总酚含量维持在较高浓度。

（2）单宁含量

不同抗性短枝木麻黄种源接种青枯菌后，小枝中单宁含量的变化趋势与总酚含量的一致（表 7-2）。高抗、中抗种源单宁含量呈现明显的先升后降的变化趋势，易感种源则持续升高，在接种 6~7 天后略微下降。高抗种源接种青枯菌 2 天后的单宁含量达最大（125.92mg/g），比对照高 47.05%。中抗种源在接种 4 天后达最大（125.41mg/g），比对照高 39.58%。易感种源接种青枯菌 5 天后达最大值，单宁含量比对照高 19.56%。

接种青枯菌 1 天后，高抗、中抗和易感短枝木麻黄种源间的单宁含量差异不显著；接种 2 天后的单宁含量依次为高抗 > 中抗 > 易感，且差异显著；接种 4 天后，中抗种源的单宁含量显著高于高抗和易感；接种 5~7 天后，3 个种源间的差异不显著，易感种源的单宁含量维持在较高水平。这表明高抗短枝木麻黄种源受到青枯菌侵袭后，能迅速大量合成单宁并有效发挥抗菌作用，而易感种源的单宁合成反应缓慢且效用不明显。

表 7-2　短枝木麻黄接种青枯菌后单宁含量　　　　　　　　　　　　　　　　　mg/g

接种天数	R-I	R-W	M-I	M-W	S-I	S-W
0	80.78 ± 8.13a	76.07 ± 7.37a	88.76 ± 10.33a	85.45 ± 8.54a	83.44 ± 18.38a	84.69 ± 5.43a
1	95.26 ± 8.24a	84.72 ± 13.79a	93.37 ± 7.98a	87.21 ± 9.58a	87.17 ± 6.42a	87.14 ± 13.53a
2	125.92 ± 7.02a	85.63 ± 4.92cd	108.17 ± 7.89b	75.37 ± 9.93d	89.84 ± 16.77bcd	95.52 ± 8.28bc
3	99.72 ± 3.89ab	81.55 ± 14.54b	119.35 ± 12.78a	80.78 ± 7.67b	98.45 ± 13.32ab	88.37 ± 11.45b
4	92.79 ± 3.05b	83.65 ± 15.79b	125.41 ± 8.76a	89.85 ± 6.06b	99.89 ± 17.05b	83.79 ± 11.85b
5	93.26 ± 8.33a	75.2 ± 6.74b	96.52 ± 4.64a	93.13 ± 10.07a	108.29 ± 13.95a	90.57 ± 9.52ab
6	85.11 ± 10.37a	76.05 ± 11.53a	83.64 ± 12.73a	88.7 ± 15.89a	99.3 ± 13.11a	83.48 ± 13.72a
7	84.7 ± 8.9ab	77.41 ± 10.05b	89.21 ± 7.46ab	89.86 ± 9.53ab	101.07 ± 8.88a	76.68 ± 7.82b

（3）缩合单宁含量

不同抗性短枝木麻黄种源接种青枯菌后，小枝的缩合单宁含量均呈逐渐升高的变化趋势（表 7-3）。接种青枯菌 7 天后，高抗种源的缩合单宁含量达最大值 13.03mg/g，比对照高 70.33%；中抗种源为 10.36mg/g，比对照高 19.35%；易感种源为 10.2mg/g，比对照高 42.06%。高抗种源显著高于易感种源，这表明高抗、易感短枝木麻黄种源受到青枯菌侵袭后，均会诱导产生缩合单宁，但高抗种源的缩合单宁含量更高，导致抵御青枯菌侵袭的效果不同。

表 7-3　短枝木麻黄接种青枯菌后缩合单宁含量　　　　　　　　　　　　　　　　　mg/g

接种天数	R-I	R-W	M-I	M-W	S-I	S-W
0	8.61 ± 1.4a	8.15 ± 0.82a	7.42 ± 2.21a	7.69 ± 1.21a	5.68 ± 1.93b	5.88 ± 1.23b
1	9.45 ± 2.22a	7.41 ± 1.15ab	7.8 ± 1.72ab	8.62 ± 1.53ab	5.7 ± 2.06b	6.72 ± 2.01ab
2	9.74 ± 1.2a	7.96 ± 1.45ab	7.96 ± 1.26ab	7.77 ± 2.09ab	6.18 ± 0.66b	5.69 ± 1.34b
3	11.71 ± 1.85a	8.82 ± 2.12b	8.34 ± 1.62a	8.26 ± 1.11b	6.47 ± 0.99b	6.21 ± 1.04b
4	12.27 ± 1.96a	7.71 ± 1.44bc	9.33 ± 1.77b	7.82 ± 1.88bc	6.64 ± 1.43bc	5.37 ± 1.08c
5	12.55 ± 1.28a	8.8 ± 0.66bc	10.24 ± 0.7b	8.95 ± 2.15bc	7.25 + 1.01cd	5.7 ± 1.07d
6	12.69 ± 0.66a	7.91 ± 1.56bc	10.34 ± 1.75ab	8.97 ± 1.92bc	8.4 ± 0.68bc	6.68 ± 1.13c
7	13.03 ± 1.27a	7.65 ± 2b	10.36 ± 1.71ab	8.68 ± 2.15b	10.2 ± 0.65ab	7.18 ± 1.66b

（4）黄酮含量

不同抗性短枝木麻黄种源接种青枯菌后，小枝的黄酮含量呈逐渐升高的变化趋势（表7-4）。其中，高抗、中抗种源的黄酮含量呈"S"形上升趋势，易感种源则持续缓慢升高。高抗种源接种青枯菌后5天的黄酮含量达最大值56.66mg/g，比对照高35.68%，中抗种源在接种后7天达最大值54.08mg/g，比对照高27.49%，而易感种源接种青枯菌7天后，黄酮含量比对照高14.54%。接种青枯菌后1~2天，高抗、中抗、易感种源间的黄酮含量差异不显著。接种后3~7天，高抗种源的黄酮含量为51~57mg/g，均显著高于易感种源。这表明高抗短枝木麻黄种源受到青枯菌侵袭后，大量合成黄酮，起到抑制青枯菌的作用。

表7-4　短枝木麻黄接种青枯菌后黄酮含量　　　　mg/g

接种天数	R-I	R-W	M-I	M-W	S-I	S-W
0	40.01 ± 3.92a	43.07 ± 3.08a	41.56 ± 4.84a	41.21 ± 1.94a	39.22 ± 3.6a	38.85 ± 4.56a
1	40.08 ± 3.76a	42.65 ± 2.06a	41.98 ± 3.42a	42.2 ± 3.7a	40.81 ± 2.92a	40.92 ± 6.22a
2	40.82 ± 4.34a	40.12 ± 4.44a	44.36 ± 6.2a	40.89 ± 4a	41.96 ± 4.08a	39.91 ± 1.98a
3	52.81 ± 4.14a	41.62 ± 4.02b	50.07 ± 3.96a	40.82 ± 1.78b	42.16 ± 3.82b	42.57 ± 3.16c
4	51.62 ± 1.96a	45.24 ± 3.7b	51.93 ± 3.48a	42.53 ± 4.76bc	43.24 ± 4.18bc	38.16 ± 2.66c
5	56.66 ± 8.46a	41.76 ± 3.74c	52.38 ± 4.08ab	43.49 ± 3.5bc	43.92 ± 3.94bc	39.29 ± 4.6c
6	54.8 ± 4.54a	43.92 ± 3.58b	52.36 ± 4.76a	40.25 ± 3.8b	44.38 ± 3.32b	39.71 ± 4.94b
7	53.23 ± 4.62a	41.82 ± 2.28b	54.08 ± 1.7a	42.42 ± 4.78b	46.94 ± 4.82ab	40.98 ± 4.9b

许秀玉等（2017）研究了青枯病感染前后木麻黄功能小枝中超氧化物歧化酶（SOD）、过氧化氢酶（CAT）、过氧化物酶（POD）、多酚氧化酶（PPO）和苯丙氨酸解氨酶（PAL）等防御酶活性及可溶性蛋白含量的变化规律，阐释了各指标的抗病响应规律。发现接种后木麻黄A8无性系防御酶活性发生了显著变化，青枯菌诱导了SOD、PPO、PAL酶活性的增加，表现出"升-降-升-降"的变化趋势，在植株枯萎死亡前，酶活性下降。相反，青枯菌抑制了木麻黄A8无性系CAT、POD的活性，酶活性明显低于对照处理。此外，接种后植株可溶性蛋白的含量也增加，其含量变化与SOD、PPO和PAL酶活性变化趋势基本一致。

木麻黄的抗病作用还与其他一些生理指标有关系。易感青枯病的短木麻黄含水量明显低于抗性较强的细枝和粗枝木麻黄（谢卿楣，1991）。类似的结果也存在于不同抗性的短枝木麻黄上，其抗病性与其根、主茎和小枝的含水量有关，含水量高，抗病性强，含水量低，抗性弱。谢卿楣（1991）的研究发现，粗枝木麻黄小枝的pH值比短枝木麻黄高0.49，而短枝木麻黄的抗性越高，pH值也越大，二者呈正相关关系。抗性与非抗性植物之间pH值的细小差别，是影响寄主细胞各组成部分毒性强弱的主要因素。pH值升高时，能加速酚类化合物的氧化形成毒力更强的醌类。pH值相差1，能使酚的毒性增强2倍。抗病无性系601主茎的pH值比高感无性系P3高1.99，相应的主茎的酚类化合物毒性就增强3.98倍。

不同抗病性的短枝木麻黄无性系的小齿叶与同化枝的结构基本相似，外面均有一层角质层，内是表皮层，表皮层下有一厚壁组织，中央是纤维束、栅栏组织和海绵组织。维管束数目与叶片相同，小枝的组织结构无明显差异（郑惠成等，1992）。郑惠成等（1996）对短枝木麻黄不同抗病无性系植株的根瘤固氮活性、结瘤量、含氮量及生物量测定的结果表明，抗病性强的无性系植株结瘤量、固氮活性比抗病性差的植株高 2~4 倍，生物量和含氮量明显比感病无性系植株高，但这究竟由不同无性系遗传因素造成的还是青枯菌引起的，有待进一步研究。

二、木麻黄苗期病害

木麻黄在幼苗时期极易受到病害威胁，主要包括白粉病、猝倒病、立枯病、炭疽病等。

（一）木麻黄白粉病

木麻黄白粉病由粉孢属（*Oidium* sp.）引起，幼苗发病时，小枝黄化，表面铺满白色菌丝和分生孢子，失去光泽，扭曲，皱缩呈黄褐色，严重时可使小枝干枯，整株死亡。防治方法包括：育苗基地土壤进行翻晒和消毒；苗木感病后，应及时除去病株，集中处理，加强苗圃基地的管理。

（二）木麻黄猝倒病

引起木麻黄猝倒病的病原菌主要是镰孢菌属（*Fusarium* sp.）、丝核菌属（*Rhizoctonia* sp.）、腐霉菌属（*Pythium* sp.）等。猝倒病又分为种芽腐烂型和茎腐型两种（蔡三山等，2008）。种芽腐烂型猝倒主要危害发育中的幼根，造成幼苗的死亡；茎腐型猝倒则是侵染发芽种子地上部分的幼嫩组织，受侵染的组织表现为紫色至棕色的坏死斑或水浸状黑色区域，此区域变得凹陷和缩小，引起幼苗的腐烂、萎蔫和死亡。防治方法包括：育苗基地土壤进行翻晒和消毒；发病期间可用 5% 多菌灵 200~400 倍液防治；苗木感病后，应及时除去病株，集中处理，加强苗圃基地的管理（李金丽，2016）。

（三）木麻黄立枯病

木麻黄立枯病由丝核菌（*Rhizoctonia* sp.）侵染引起，在海南部分地区发生。该病最易发生在连绵阴雨天气中。感病后苗木停止生长，小枝迅速变黄，枝条萎缩，小枝布满白色菌丝。在适宜条件下，病害发展较快，几天内就可导致大片苗木死亡。防治方法主要是定期喷洒 1% 波尔多液进行预防，发病期间可用 7% 敌克松 500~800 倍溶液、甲基托布津 800~100 倍液、25% 多菌灵 200~400 倍液、灭病威 200~400 倍液防治；苗木感病后，应及时除去病株，集中处理，加强苗圃基地的管理。

（四）木麻黄炭疽病

木麻黄炭疽病由刺盘胞菌（*Colletotrichum* sp.）和盘多毛胞菌（*Pestalotia* sp.）引起，该病还在海南地区发现（陆文等，2010）。苗木染病后，主要表现为茎部及离根颈约 20cm 处出现桃红色病斑，随着病斑横向扩展至相互衔接后，病斑上部枝叶开始萎缩干枯，甚至整株死亡。防治方法为：定期喷洒 1% 波尔多液进行预防，发病期间可用双效灵 250 倍液或 5% 多菌灵 200~400 倍液防治；苗木感病后，应及时除去病株，集中处理，加强苗圃基地的管理。

三、木麻黄枝干病害

部分病害在植株枝干部位表现明显，集中危害枝干器官，常见的木麻黄枝干病害有溃疡病、疱腐病、黄化丛枝病等。

（一）木麻黄溃疡病

木麻黄溃疡病由拟茎点霉属真菌（*Phomopsis* sp.）引起。感病部位的表皮出现不规则褐色病斑，随着病斑逐渐扩大，皮层腐烂变黑，近皮层木质部变褐；向下延及根部，向上可蔓延至侧枝，造成一侧枝条枯死；病斑横向扩展，当年或翌年绕茎一圈，造成整株苗木枯死。病斑后期干缩，边缘隆起，中间凹陷，皮层脱落或不脱落，病斑呈梭形或不规则形。溃疡病多发生在主干上，病菌在树皮内过冬，发病时由树皮皮孔或伤口侵入（杨成华等，1983）。防治措施：施生石灰和淋 5% 草木灰水效果最佳，其次淋石灰水也有一定的防病效果（刘秋霞，2008）。

（二）木麻黄疱腐病

木麻黄树干疱腐病（*Trichosporium vesiculosum*）最早在印度发现个别木麻黄植株凋萎，后期树皮上出现疮状突起，继而出现烟色真菌孢子堆，黑色的孢子借风雨扩散后侵染邻近的健康树木，进而引起木麻黄人工林大量死亡（何学友，2007）（附录 2、附图 7-4）。

（三）木麻黄黄化丛枝病

由类菌原体（MLO）或类螺旋体（SLO）和类立克次细菌（RLB）引起，它们又分别是菱纹叶蝉（*Hishimonu* ssp.）和短头叶蝉（*Bythocopu* ssp.）的唾液分泌物（容向东等，1989）。木麻黄黄化丛枝病在广东和福建等地都有发生，其初期症状是植株顶枝增粗且黄化，在枝条下部萌发出许多不定芽，继而顶芽枯死。新长出的侧枝也变粗，节间短，增粗的枝条常有开裂且露出木质部。随后其他侧枝相继增粗，又出现黄化丛枝现象。一般由顶梢个别侧枝开始，逐渐向下部其他侧枝扩展，最后全株黄化丛枝，树冠呈团状，严重时病株枯死（张景宁等，1983）。经研究发现这种病害的防治方法主要是及时消灭两种传病媒介，以达治虫防病目的，或清除病株，或选择抗病无性系造林。

四、木麻黄根部病害

一些病害的症状只体现在植株根部，如红根病（病原菌为热带灵芝 *Ganoderma tropicum*）、根腐病（*Fusarium* sp.）等。

受红根病危害的木麻黄病株树冠稀疏，枯枝多，3~5 年后整株枯死，9—12 月在病树茎干、近地面的茎基部和暴露的树根上长出鲜艳的担子果，病株易被强风连根吹倒；病树根表面黏附一层泥沙，湿度大时病根表面长有灰白色菌丝体，用水冲洗后可见枣红色和黑红色革质菌膜；后期病根的木质部松软呈海绵状，并散发出浓烈的蘑菇味（陈礼浪等，2016）。对于木麻黄根腐病，目前尚没有文献详细介绍。

第二节 虫 害

目前报道的木麻黄害虫有 244 种（附录 3），但危害相对严重的主要有 18 种，其中星天牛、木毒蛾、多纹豹蠹蛾、黄星蝗、棉蝗、潜叶蛾和龙眼蚁舟蛾是危害木麻黄的主要害虫。

一、星天牛（*Anoplophora chinensis*）

鞘翅目天牛科星天牛属昆虫，是木麻黄属植物的主要蛀干害虫，发生面积广、危害严重。星天牛不仅破坏材质而且使树木易风折。1 年发生 1 代，以老熟幼虫在树干内越冬，蛹期 18~20 天。华南地区 3 月下旬成虫开始羽化出洞，成虫寿命 1~2 个月，3~7 月都有出现。成虫咬食嫩枝皮层，造成枯枝。卵产于距地面 30~60cm 处的树干上，产卵处树木皮层常隆起裂开，隆起或是胶。每处产卵数目不等，每个雌虫能产 70~80 粒，卵期 7~10 天。初龄幼虫在树皮下生活，受害部位常见木屑排出，2 个月后再向木质部蛀食。多危害主干（黄金水等，2012）。

防治方法主要是消灭成虫，消除虫卵及早杀小幼虫。加强抚育管理，促进林木生长旺盛，能够增加林间天敌种类和数量。由于星天牛成虫多在晴天中午时于树干基部产卵，所以可以人工捕捉，可用刀具刮除树干上的卵粒及小幼虫。另外可用 80% 敌敌畏乳油 5~10 倍液注射于蛀孔中，外加黄泥封口。

二、木毒蛾（*Lymantria xylina*）

鳞翅目毒蛾科木毒蛾属昆虫，为食叶害虫，在中国分布于福建、广东和台湾，在国外分布于日本和印度（魏初奖等，2004）。木毒蛾主要是幼虫取食木麻黄小枝或嫩枝表皮，并逐渐蔓延，大发生时可将整片木麻黄防护林小枝吃光，严重影响防护林的生态效益。木毒蛾一般 1 年 1 代，以幼虫在卵内越冬，出卵幼虫有群集性。幼虫耐饥饿能力较强，可停食 10 天不死亡。

防治措施多采用综合控制技术。营造混交林或对原有林带引进混交树种以改善林分状况，能有效恢复和增加天敌种群数量，达到有虫不成灾的目的。木毒蛾产卵呈块状，而且多集中在人手可以触及的高度，通过采摘卵块或捕杀初孵幼虫能使虫口密度显著降低，保障了木麻黄的正常生长，是非常环保的控制措施。木毒蛾雄性成虫有较强的趋光性，灯光诱杀成虫能减少雌性成虫的交配机会，降低产卵量。此外，生物防治和化学防治等相结合也能有效地防止木毒蛾成灾。

三、多纹豹蠹蛾（*Zeuzera multistrigata*）

鳞翅目豹蠹蛾科多纹豹蠹蛾属昆虫，为蛀干害虫，在我国及东南亚地区广泛分布。多纹豹蠹蛾以幼虫钻进枝干木质部，使其生长不良，严重时常引起枝干风倒风折。初孵幼虫较活泼，迁移力强，常从嫩梢小枝基部侵入，受害小枝易被风折。幼虫对枝梢至主根基部枝条都可危害。幼虫老熟时，开始蛀羽化孔，孔洞外仅留皮部，然后用粪或木塞住两端，在里面化蛹，羽化后蛹壳上半部露于羽化孔外。木麻黄林受害后远看树冠稀疏、枝叶淡黄，生长势衰退，新枝及嫩梢枯萎、树干畸形或矮化，林内有零星风折木和枯死木。多纹豹蠹蛾在福建省 2 年发生 1 代，以老龄幼虫于 12 月初在树干基部的蛀道内越冬（熊瑜，2011）。

防治措施主要为加强苗期防治和营建混交林，使用健壮苗木造林，良好经营，使林分早郁闭。已蛀干形成危害的，采用生物防治、化学防治相结合的手段，并充分保护和利用天敌，以快速有效杀灭害虫。

四、黄星蝗（*Aularches milliaris*）

直翅目瘤锥蝗科黄星蝗属昆虫，是多食性害虫，在东亚地区广泛分布。若虫和成虫食木麻黄苗茎枝或幼树嫩枝，表现为大量小枝茎被咬断。黄星蝗 1 年发生 1 代，一般每年 10 月产卵，60~80 粒 / 只，卵产于低湿林地上土壤下 2cm 左右并在土壤中过冬。10 月下旬至翌年 3 月下旬为卵期，4 月至 7 月下旬为若虫期，7 月下旬至 11 月下旬为成虫期（陆文等，2010）。

防治的最佳时机是初龄若虫期，用 2.5% 敌百虫粉喷撒，每公顷约 15kg，或用敌敌畏烟剂熏杀。

五、棉蝗（*Chondracris rocea rosea*）

直翅目斑腿蝗科棉蝗属昆虫，是多食性害虫，在东亚地区广泛分布。棉蝗若虫和成虫吃食木麻黄枝叶，尤以老龄若虫和成虫危害最严重。严重时，成片木麻黄小枝被吃光，枝条呈火烧状，严重时可导致枯死。1 年发生 1 代，每年 7 月下旬开始产卵，以卵块形式在土壤中越冬，翌年 4 月中旬至 5 月下旬卵孵化，从若虫到成虫大约经过 3 个月。1~2 龄幼蝻食量小，只取食小枝皮部，但群聚性强，可几百或几千头聚集在一株萌发芽条上取食，3 年后食量逐渐增大，并开始上树危害，群聚性减弱。5 龄后至成虫末期交尾产卵前食量最大，分散取食，危害更广（陆文等，2010）。

防治主要是灭杀 1~3 龄幼虫，用 2.5% 敌百虫粉或 5% 氯丹粉喷撒。一旦上树，可用敌敌畏烟雾剂熏杀。其他防治方法有营造混交林及保护和利用林中宜鸟天敌。

六、潜叶蛾（*Balionebris bacteribta*）

亦称木麻黄尖细蛾。鳞翅目潜叶蛾属，为食叶害虫，分布广泛。以幼虫钻蛀顶端小枝，使其干枯。1年发生 4~5 代。卵产于嫩枝棱沟槽内，幼虫钻入小枝叶顶端危害，老熟幼虫在小枝顶端 2~3 节处化蛹。成虫在中午或下午活动性强，飞翔力强。潜叶蛾的发生与风向、郁闭度及树种等有关，迎风面或郁闭度大受害轻（吴马愿，2010）。粗枝木麻黄比短枝木麻黄受害轻。

防治方法主要为采用多种技术手段综合治理，包括加强管理使林分提早郁闭，灯诱杀或烟熏杀，初孵幼虫期用敌百虫喷杀。

七、龙眼蚁舟蛾（*Stauropus alternus*）

鳞翅目龙眼蚁舟蛾属，为食叶害虫，分布在我国华南地区及东南亚区域。幼虫多在枝条中部或近基部 1/3 处咬断，仅食用剩下的枝条，致林地遍地是被咬断的枝条。这种特殊的取食方式大大增加了危害的严重性。危害后树木状似火烧。在海南省有发现。1年发生 6~7 代，无越冬现象。5—9 月为危害高峰期。成虫夜间羽化，雄蛾比雌蛾早几天羽化，雌蛾羽化当晚可交尾，产卵于树木枝叶上，呈不规则链珠状排列。卵分布在树冠上，上部多下部少。初孵幼虫有群聚性，老熟幼虫吐丝固在枝条上作蛹。防治方法有生物防治，如用松毛虫黑点瘤姬蜂（*Xanthopimpla pedator*），小茧蜂（*Microbracon* sp.），以及大腿蜂（*Brachymeria* sp.）等天敌灭杀；化学方法用 80% 敌百虫 3000 倍液或 25% 锌硫磷 2000 倍液喷杀；也可根据成虫羽化高峰期间多在树干基部，组织人力捕捉、摘除卵茧。

八、吹棉蚧（*Icerya puchasi*）

吹棉蚧属同翅目，食叶害虫。群聚于木麻黄枝上吸取树液，或其分泌物引起枝叶烟霉坏死。每年发生世代数目因地而异。华南地区可发生 3~4 代，各虫态均可越冬。每年 8 月以后数量逐渐减少。通常雌虫一次产卵 300~400 粒。初孵若虫活泼，成虫不再移动。温暖潮湿的生境有利于发育。防治方法有生物防治，即利用澳大利亚瓢虫（*Rodolia cardinalis*）和药剂防治，如用石硫合剂等。另外，改善林分生境，如修枝，使林内变干热来抑制吹棉蚧繁殖。

九、大蟋蟀（*Brachytrupes* sp.）

大蟋蟀属直翅目蟋蟀科昆虫，是多食性害虫。若虫及成虫危害苗木，通过剪断嫩茎并取食根部造成幼苗死亡，1头大蟋蟀一夜能咬断拖走幼苗达 10 余株，常造成缺苗或断梢现象。以造林初期 1~3 个月内苗木受害严重。华南地区 3—7 月雨季之前均有危害活动，特别干热天气。防治可用油炒米糠加 1%~2% 敌百虫（重量比）作毒饵，放在苗木周围或洞穴周围。

十、金龟子（*Anomala* sp.）

金龟子属鞘翅目，土壤害虫，在海南和广东等地都有发现。主要是幼虫食木麻黄苗木或幼树根系，在造林初期危害严重。海南 3—7 月为危害高峰期。由于金龟子幼虫一直生活在土壤中，所以很难防治。目前采用的防治方法主要有整地时施放农药进行大面积土壤消毒或造林后在苗木周围打洞放入农药。常用农药有六六六粉和敌百虫等。

十一、其他害虫

研究中还发现有些害虫专门危害木麻黄木材，如赤斑白条天牛（*Batocera rufomaculata*）、龟背天牛（*Aristobia testudo*）和高砂象白蚁（*Nasutitermes takasagoensis*）等。此外，还发现了一些木麻黄果实虫害，如木麻黄果实小蜂（*Eurytoma* sp.）等。

第三节　其他危害

在植株受到一些特定外部环境因素影响后，木麻黄也会发生局部或大面积成灾现象，如盐害造成的木麻黄肿枝病、多种因素造成的木麻黄衰退病等。

一、木麻黄肿枝病

木麻黄盐害肿枝病在沿海地区均有发生，越靠近海边，肿枝现象越严重，尤其在广东惠东、陆丰发现了大面积木麻黄林受害。该病是由盐害引起的生理性病害，主要由海风和海浪中夹带过量的盐沫造成。初期患病时植株中上部小枝开始黄化，节间肿大，呈水渍状、稍透明、质脆，有咸涩味，严重时枝梢干枯，在主干或枝条的基部萌发的小枝呈丛枝状。染病小枝内部细胞变空，质壁分离，核质凝聚，叶绿体片层畸形，内含大淀粉粒，线粒体内嵴膜和微体的膜结构被破坏。

研究发现，幼嫩小枝对盐害的耐受程度较低，受害较重。在自然条件下，幼嫩小枝、顶梢、在主干或枝条基部萌生的萌芽条受害尤其严重，越靠近大海，植株受害越严重。植株地上部分比地下部分对盐害敏感。

防治措施：对木麻黄盐害肿枝病的主要控制方式为选育耐盐的种、种源或品种，同时改良土壤水分和养分状况。如粗枝木麻黄和短枝木麻黄因卡那亚种在沿海前沿能抵抗海风中的盐沫而不呈现受害症状。

二、木麻黄衰退病

木麻黄衰退病是由多种自然因素和人为因素长期综合作用引起的一种病害，包括有诱发因素、刺激因素、促进因素等。诱发因素主要是树、种源的不适应以及土壤肥力下降和水分失调；刺激因素主要是星天牛、木毒蛾等虫害；促进因素是引起木质部变色的次生病原菌。

　　20 世纪 80 年代初期开始，福建一些地区木麻黄大树出现了严重衰枯现象，进入 90 年代后有的林分已经毁灭，有的林分枯死率达到 50% 以上，而枯死的症状与青枯病引起的枯死有所不同（黄金水等，2012）。感病植株往往表现为小枝黄化、稀少、短小、枯枝增多，有的植株上部 1/3 全部死亡，整株呈现明显的衰枯现象。30 年以上成年大树及受星天牛危害严重的林分，症状尤为突出，病株内部有变褐现象，变褐范围大小不等，大多从伤口开始，有的从变褐的切面溢出水样状液体。这些因素对树木的作用是持续的，它们能促使原来生长不良的木麻黄进一步衰弱直至死亡。

　　对木麻黄衰退病的主要防治措施包括选用合适的种源、家系和无性系造林，采取措施防止近交；选用抗性较强的品系，如抗病虫、抗风、抗旱等；营造混交林，调整林分结构，加强抚育管理；改善林地土壤理化性质，增强土地肥力。

木麻黄作为热带和亚热带地区树种，其天然分布区主要局限于澳大利亚、东南亚和太平洋群岛地区，但由于其适应性极强，特别是对胁迫环境下的高抗逆性，包括抗风性、抗高温耐干旱、耐盐碱、耐瘠薄、抗沙埋、根瘤固氮等特性，被全世界的热带亚热带国家广泛引种栽种，特别是在亚洲、非洲、南美洲的热带或亚热带的沿海国家作为海岸防护树种或薪炭林树种在海岸带人工栽种，除了对沿海这些其他树种难以成活的沙荒地进行植被恢复外，还可以防风固沙，保护后沿的农田作物，同时为当地人提供木材和薪材等，提高当地人的收入（附图 8-1~ 附图 8-6）。

20 世纪 60 年代以后，木麻黄植物和弗兰克氏菌共生固氮特性被发现后，该树种成为非豆科植物根瘤固氮的代表，其固氮的机制、应用等研究成为研究热点，木麻黄在世界范围的大规模种植，特别是 80 年代以后被联合国粮农组织（FAO）、美国国家研究委员会（US National Research Council）和澳大利亚国际农业研究中心确定为解决发展中国家与地区薪材供应的主要树种。根据现有的资料，世界范围内已经引种栽种木麻黄的国家超过了 75 个，包括了亚洲、非洲、南美洲、北美洲和欧洲 5 个洲，其中非洲国家最多，其次为亚洲。世界上木麻黄栽种面积最大的国家是印度，达到 100 万 hm²；其次是中国，栽种面积最大时达到 100 万 hm²。根据文献记录，越南有约 10 万 hm² 的木麻黄人工林被栽种在沿海地区（Nguyenhoang Nghia et al., 2011）。其他国家的栽种面积都相对较小，而且并没有较准确的统计数据。

在木麻黄栽培种的利用上面，世界各国主要集中在木麻黄属的几个种，包括短枝木麻黄、粗枝木麻黄、细枝木麻黄和山地木麻黄，均为高大乔木，其中短枝木麻黄的种植面积最大。

第一节　生态防护林

一、沿海防护林

沿海防护林是沿海地区以防治自然灾害、改善生态环境为目的，由防风固沙林、水土保持林、水源涵养林、农田防护林等 5 类防护林组成的沿海人工生态系统。从欧洲到美洲、亚洲到大洋洲、中近东到地中海，在广阔的海岸线上，世界大多沿海国家都有着营建沿海防护林的悠久历史。我国的沿海防护林建设起步较晚，但发展迅速。从 20 世纪 50 年代起，我国即开始有计划地在东北西部、广东雷州半岛、海南岛等地开展防护林营造工作。20 世纪 70 年代以来，世界上许多国家举办了以防护林为主题的专题研讨会，极大地推动了防护林科学研究的进展。我国也先后召开了多次全国沿海防护林会议，对沿海防护林建设和研究给予了高度重视（表 8-1）。

表 8-1　我国的沿海防护林体系建设会议

年份	地点	发起单位	名称	主要议题
1987 年	广东湛江	林业部	全国沿海防护林建设经验交流会	沿海防护林建设总体规划
1991 年	福建福州	林业部	全国沿海防护林建设工作会议	工程管理办法、建设标准、达标规划、达标检查验收办法等
2005 年	海南海口	国家林业局	全国沿海防护林体系建设座谈会	新时期沿海防护林体系建设的总体思路
2006 年	江苏连云港	国家林业局、中国林学会等	全国沿海防护林体系建设学术研讨会	沿海防护林体系建设与防灾减灾
2008 年	辽宁大连	国家林业局	全国沿海防护林体系工程建设启动大会	全国沿海防护林体系工程建设工作部署

在热带和亚热带地区，木麻黄树种最重要的用途还是生态防护和植被恢复。木麻黄的优良生物学特性决定了它能在瘠薄、干旱、盐碱、强风等不良条件下正常生长，为一些如沿海沙荒地、盐碱地、采矿区等恶劣环境的生态恢复和防护提供优良树种。

在我国，广东、福建、海南和广西 4 个省份的沿海防护林主要都由木麻黄树种构成，主要的种是速生和抗风性强的短枝木麻黄。而浙江省从温州、台州直至到舟山群岛地区，都有大量的木麻黄沿海防护林，其主要的种为抗寒性较强的粗枝木麻黄。木麻黄最早是 1897 年被引种到台湾（杨政川，1995），但主要是作为行道树和庭院绿化用。新中国建立后，华南沿海省份为了治理沿海地区的风沙灾害，开始大面积营造木麻黄沿海防护林，并在广东省的电白县、雷州半岛、吴州市，福建省的东山岛、平潭岛，海南省的文昌市、昌江县等地取得了巨大成功，成功根治了这些地区恶劣的风沙灾害。此后，广东、海南、福建、浙江、广西等省份先后建立了沿海木麻黄防护林带和沿海农田防护网，种植面积最大时达到 100 万 hm²。在华南和东南沿海地区 6000 多千米的海岸线上构筑了一座"绿色长城"，是我国六大林业生态工程之一，庇护着这些地区人民的生命和财产安全。木麻黄防护林带后沿沙地上建立的木麻黄人工林还可以为建筑、造纸、板材生产等行业提供大量的木材，产生显著的经济效益。

在世界范围内，木麻黄树种也是亚洲、非洲、南美洲、欧洲、加勒比海地区和部分北美洲（美国佛罗里达州）沿海地区防护林建设、沙丘固定或困难地植被恢复的重要树种。在这些热带或亚热带沿海国家或地区里，木麻黄不仅在抗风固沙、改良土壤、涵养水源、调节小气候、提高农作物产量等方面起到重要作用，也为当地居民提供了大量的木材和燃料，被联合国粮农组织（FAO）确定为解决落后地区薪材供应的主要树种。

木麻黄沿海防护林的主要作用在于降低沿海地区的风速。滨海前沿处于内陆气候和海洋气候的交汇处，气流相对活跃，也是风害频发地区。而木麻黄防护林就具有较好的抗风性，能够承受高达 12 级的台风。同时，木麻黄树体高大，林分茂密，减风速效果良好。通常而言，大气中的底层气流对沿海地区的破坏影响最大。当低层气流行进中遇到木麻黄基干林带时，一部分气流会穿过林带，通过和树干树枝碰撞摩擦作用对气流产生能量的耗损；另外一部分气流会被迫抬升从林带上方越过，从而增加林分上部气流的黏滞性。早期研究表明，木麻黄基干林带对来自海洋的大风有明显的削减作用。在海岸基干林带的保护作用下，林带附近的风速有了明显的降低。在许多研究中，木麻黄防护林基干林带内 $5\sim10H$ 的底层风速仅为空旷地的一半左右，对于沿海地区的防风减灾具有非常重要的意义。

木麻黄沿海防护林在降低风速的同时，在附近一定区域内形成比较特殊的空气动力学和热力学效应，对改善局部气候环境起到非常重要的作用。我国华南地区的滨海前沿有着大面积的风积沙地。当风力达到 5 级时沙粒就会沿地面强烈移动，而当风力达到 7 级时，沙粒就会在空中呈悬浮状迁移。滨海前沿处于内陆和海洋气候的交汇处，常风的风速已达到或超过临界值，在无林带条件下，浮沙移动可以常年进行，对内陆环境会造成严重的破坏。研究者曾对湛江市南三岛的木麻黄固沙效果进行统计，发现每 1km 长的林带每年能阻止 $1040\sim2250m^2$ 的浮沙向陆地移动，具有较好的固沙效果。此外，木麻黄防护林的高郁闭度和巨量凋落物能够有效减少地表水分蒸发，涵养大量水源，对滨海植物群落的生存和发展具有重要意义。

（一）广东沿海防护林

广东省濒临中国南海，陆地海岸线长达 3368km，夏季经常受台风、风暴、海潮等海洋性灾害袭击，台风发生频率和强度居全国首位，平均每年有 3.54 个台风登陆，占全国台风登陆数的 37%，风灾水灾等对经济社会发展和人民生命财产安全带来很大的威胁。沿海地区是广东经济最发达、人口最密集的地区，在广东省国民经济和社会发展中具有举足轻重的地位和作用。沿海防护林是广东省重要的沿海绿色生态屏障，对于改善沿海地区生态环境、提升防灾减灾能力、保障人民群众生命财产安全和促进沿海地区社会经济可持续发展具有十分重要的战略意义。

1949 年前，广东沿海地区基本无防护林，森林植被少，多为荒山秃岭、沙滩荒地。水土流失严重，自然条件恶劣，水、旱、风、沙和潮灾频繁，特别是冬季时沿海村庄经常受风沙侵袭，沙子漫天飞舞，侵占土地，埋没良田和村庄，造成沿海后沿的大量农田土地无法耕种。新中国成立后，广东省在 1954 年用木麻黄在电白县博贺镇 14.6km 的滨海沙地上率先建起了闻名遐迩的中国第一条沿海防护林带——博贺林带。在木麻黄防护林带建成后，在林带后面的荒山荒地上，种植生态公益林和建设果园 88 万多亩[①]，沿海 6 万

---

① 1 亩 =666.67m²，下同。

多亩农田摆脱了风沙的威胁，被风沙埋没的 4000 多亩农田全部复耕，还平整沙滩扩大耕地 6500 多亩，水稻亩产由造林前的 70kg 提高到 300kg（金国东，2009）。随后，湛江市南三岛营造木麻黄防护林也获得成功，为广东和其他沿海省份的沿海防护林营造提供了丰富的经验和成功案例。到了 20 世纪 60 年代中期，饶平、潮阳、陆丰、惠来、徐闻、阳江等沿海市县相继营造了木麻黄海防林带，这些防护林为广东省沿海的万亩农田和 700 万居民筑起了一道坚不可摧的绿色长城，为沿海人民抗拒台风、固定沙丘、抵御风沙、保护农田，同时为当地人们提供了大量木材和燃料，改善了当地人们的生活和健康状况（许秀玉等，2009）。

　　但到了 1966 年以后，特别是"文化大革命"期间，沿海防护林带在病虫害和人为的破坏下变得残缺不全，成千上万亩木麻黄防护林被砍伐破坏，自然灾害越来越严重。改革开放以后，南粤沿海人民经济生活水平的不断提高，对生态环境保护的意识越来越高，对人居环境也提出更高要求，更加意识到沿海防护林对降低风速、减少风沙、提高农作物产量的重要性。1991 年，广东省启动了沿海防护林体系建设的第一期工程（1991—2000 年），投入建设资金约 10 亿元，共完成了 58 万 hm² 的建设任务，完成了以木麻黄树种为主的 2293.6km 沿海防护林基干林带的建设。第二期沿海防护林体系建设工程（2001—2015 年）把沿海基干林带的缺口恢复和残次林改造为重点，通过造、封、改等措施，使受到强热带风暴和台风破坏的沿海基干林带得到逐步恢复，共完成 35 万 hm² 以木麻黄为主沿海防护林的建设。经过 20 多年的两期沿海防护林体系建设工程完成后，广东省的沿海防护林带基本合拢，工程区森林资源逐年增长。根据广东省 2015 年森林资源档案数据，工程区内林地总面积为 329.27 万 hm²，其中有林面积 301.89 万 hm²，占林地面积 91.7%，活立木总蓄积量 1.59 亿 m³，森林覆盖率 46.09%，林木绿化率 50.60%。但总体上看，广东省沿海防护林体系依然存在基干林带宽度不够、结构不合理、总量不足等亟待解决的问题。为此，广东省林业局于 2018 年下发文件，要求各相关单位开展沿海防护林体系第三期的建设。第三期沿海防护林体系建设的战略目标是提高沿海地区的生态承载能力，改善沿海人居环境，推进乡村振兴战略，增加森林资源总量，积极应对全球气候变化。其具体建设目标是搞高沿海地区抵御自然灾害能力，努力构建功能完善的沿海自然灾害绿色生态防御体系。第三期沿海防护林体系与前两期有所不同的地方是由沿海基干林带和纵深防护林组成。基干林带建设的任务是林带缺口的人工造林、灾损基干林带修复和老化基干林带更新、困难立地造林和退塘造林。纵深防护林的建设任务是海岸后沿的宜林地荒山荒地造林和低效林改造，计划 2019—2025 年将完成基干林带造林 36.41 万亩，完成纵深防护林造林 114.85 万亩，建立起以人工森林植被为主体的带、网、片、点相结合，以木麻黄为主的多树种、多功能、多效益的沿海防护林体系（邓冬旺和陈传国，2021）。

（二）福建沿海防护林

　　福建省位于我国东南部，地处台湾海峡西岸，海岸线总长 3896km，属于典型亚热带海洋性季风气候，全年温暖，冬季有寒潮冷空气入侵，年降水量充沛，有季风性干旱，夏季沿海地区台风、暴雨等恶劣天气频发，且冬季盛行干冷的东北风，气候温差大，土壤贫瘠、高盐和干旱缺水。福建沿海地区是福建省内经济发展最快、人口最稠密的地区。如沿海地区的 6 个设区市中除宁德以外的 5 个市的面积只占全省的 1/3，人口却占了全省的 2/3，主要经济指标占全省的 3/4，产业结构以第二、三产业为主，生态环境承载压力非常大。

新中国成立前，福建沿海地区森林植被少，多为荒山秃岭、沙滩荒地，水土流失严重，水、旱、风、沙和潮灾等恶劣自然灾害频发，特别是风沙灾害，造成大量良田村庄被掩埋，农田无法耕种，当地农民靠外出务工或乞讨为生。最有名的例子是在福建省的东山县，该县是由一个面积 220.18km^2 的岛屿组成。新中国成立前因为岛上没有防护林，到了秋冬季节风沙肆虐，曾有过"一夜沙埋十八村"的惨状，农作物无法生长，农田无法耕种，村民多数外出乞讨或当苦力为生。1958 年起，在县委书记谷文昌的带领下，在东山岛营建了 9.8 万亩木麻黄沿海防护林和农田防护网，成功控制了岛上的风沙灾害，把荒岛变成了宝岛，为福建省营造沿海防护林树立了典范。东山县人民在岛内为谷文昌建立了纪念馆，以纪念和宣传他的功绩和精神。随后，在福建省平潭县（平潭岛）也建立了木麻黄沿海和农田防护林，成功治理困扰了岛上居民谈风色变的冬季风沙灾害。研究表明，成功建立了木麻黄沿海和农田防护林网后，平潭岛的年平均风速减低16.7%，八级以上大风年日数由 125 天减为 71 天，年平均蒸发量相应减少 14.2%，耕地面积扩大了 1.3 万亩，粮食产量增长了 3.4 倍，森林覆盖率由新中国成立初的 4.4% 增加到 35%，为当地居民的薪材、建筑、生产等提供了大量用材，同时促进了渔业的发展（方志伟和赵朝片，1996）。

以木麻黄为主要造林树种的福建沿海防护林在防风固沙、调节小气候、改善土壤理化性质、降低后沿风速等方面发挥着重要的作用。1988 年，福建省政府批准的第一期全省沿海防护林体系工程建设正式起动，整个工程计划用 10 年时间完成，共建以木麻黄为主的防护林 42.9 万 hm^2，在南起诏安县，北至福鼎县 3324km 的海岸线上建设起带、网、片、点结合的综合防御体系，创建一个抗灾功能强的生态屏障和经济效益高的林业生产基地，全面改善沿海地区的生态环境，为沿海地区的经济发展保驾护航。第一期的沿海防护林体系建设使沿海地区绿化程度从 66% 提高到 91%，全省森林覆盖率从 34.8% 提高到 43.2%，初步建成了海岸林成带、农田林成网、荒山荒滩林成片的沿海绿色生态防御体系，全省 3324km 的大陆海岸线上的海岸基干林带基本合拢，也为沿海地区人民提供了大量的木材和薪材（郭瑞华，1996）。第一期工程虽然取得了显著成绩，但是沿海防护林体系建设还处在低级阶段，仍然存在部分林分老化严重，缺口断带较多，林带宽度偏窄等问题。2001 年，福建省紧接着实施了第二期沿海防护林体系工程建设，其指导思想是以改善生态环境、防灾减灾、绿化美化、促进社会经济可持续发展为目标，主攻沙荒风口治理和基干林带断带造林，提高城乡绿地拥有率，推进城乡绿化一体化进程，形成布局合理、结构完善、功能齐全的生态经济型森林综合防御体系，为实现沿海地区资源环境和社会的可持续发展奠定良好的基础。2010 年，二期工程完成后，新增了海岸基干林带 2.09 万 hm²，使沿海地区的有林地面积达到 224.88 万 hm²，森林覆盖率增加到 59.0%，海岸基干林带全面合拢，沙荒风口得到有效治理，水土流失面积得到有效控制，沿海生态环境明显改善（刘步铨，2001）。根据 2010 年福建省沿海防护林调查数据，福建省沿海防护林体系建设工程林地总面积达到 335.21 万 hm²，其中木麻黄防护林的总面积为 1.92 万 hm²，活立木蓄积量为 287.81 万 m³（叶功富等，2011）。

（三）海南沿海防护林

海南省位于我国第二大岛海南岛上，陆地面积 3.54 万 km²，全岛海岸线长 1528.4km，其中沙质海岸线长 1100 多千米，占海岸线总长的 72%，有的地方沙岸宽度达 5~6km，沙化土地面积 6 万多公顷。由于处于海陆交替气候变化地带的前沿，海南省极易遭遇台风侵袭，素有"台风走廊"之称，因此，沿海防护林是海南岛的第一道生命线，是海南的绿色屏障，沿海防护林体系建设在防风、固沙、护堤和抵御风暴潮等方面均具有重大意义，是海南生态环境建设的重要组成部分。

解放初期，沿海地区植被稀少，有 6.3 万 hm² 的沙化土地多为流动沙丘，终年风沙肆虐，很多沿海村庄的民房被掩埋，农田被毁，农作物无法生长。据历史资料记载，海南岛东部文昌市冯坡镇沙丘在 1749—1949 年的 200 年间，流动沙丘向内陆迁移了 1600m，平均每年 8m，掩埋良田 270 亩，逼迫沿海村庄 3 次搬迁。1950 年前海南岛西部的东方、乐东地区常年风沙弥漫，生产生活环境恶劣，红眼病、肺结核等疾病流行，当地群众饱受风沙危害之苦。为尽快治理这种恶劣的生态环境，1955 年在岛东部和西部建立 2 个治沙林场，开展造林治沙试验。通过调查发现，广东省从国外引种的木麻黄比较适应沙地造林。于是当年就在岛东林场引种试验，并取得了成功。第二年迅速扩大种植面积，并在岛西林场种植，又取得成功，于是在全岛沙区迅速推广。1960 年，在沿海地区共建立 8 个国营治沙林场，掀起了治沙造林高潮。至 1980 年共营造木麻黄防风固沙林 5 万多公顷。为提高防护效能，增加景观效益和经济价值，文昌市还创造性地在木麻黄林中混种椰子，先后种植 7000hm² 木麻黄与椰子黄混交林，在文昌东郊镇营造出闻名中外的椰风海韵风景区。与此同时，带动了椰子加工产业的蓬勃发展，现在，椰子加工业已成为文昌东郊的支柱产业，年产值达数亿元之多。通过成功引种木麻黄，海南岛的流动沙丘得到全面绿化固定，在海南沿海地区筑起一道长达 1100km 的"绿色长城"。沙区人民的生产生活环境得到根本改善，为当地群众创造了良好的安居乐业环境。

海南沿海防护林发展至今经历了三个阶段，第一个阶段为 20 世纪 50 年代到 80 年代的造林建设阶段，共营造以木麻黄树种为主的沿海防护林 5.11 万 hm²，全岛海防林基本合拢；第二阶段为 90 年代，原来造的木麻黄海防林进入衰退阶段，加上海南建省后的经济大开发开展的围海造田、海水养殖、采矿、房地产、旅游开发等的人为破坏，以及台风病虫害袭击，沿海木麻黄防护林遭到严重破坏，缺口断带严重，残次林占比很高；第三阶段从 2007 年开始，海南省政府作出用 3~5 年全面恢复沿海防护林带的重大决定。全省计划在 5 年内投资 2.5 亿元，新造、改造海防林 1 万 hm²，退塘还林 0.12 万 hm²。同年

6 月 1 日，召开全省海防林建设动员大会，罗保铭省长会上发出"筑我绿色长城，护我宝岛家园"的号召。至 2009 年年底，全省已高质量地营造以木麻黄为主的海防林 1 万 hm²，退塘还林 0.1 万 hm²；全省木麻黄林面积达 5 万 hm²，沿海防护林带基本合拢。为巩固海防林建设成果，海南省还出台了《海南省沿海防护林建设与保护规定》，并实施沿海防护林专管员制度（Li & Huang，2011）。

但现在海南沿海防护林体系仍存在较大的问题，包括：①因不合理开发而人为造成的断带现象严重。海水养殖、采矿和房地产开发是造成海南木麻黄海防林人工破坏的主要原因。②林带质量不高，防护效能低下。防护林宽度不足，残次林比例过高是海防林防护效能低下的主要原因。③防护林经营技术落后，包括良种应用少，造林树种单一，抚育管护措施不足等。④林政管理有待加强，如当地农民或土地承包人盗伐或破坏海防林现象还常有发生（陈永忠，2009；刘成路等，2013）。

（四）国外沿海防护林

1. 印度

在印度 4200km 海岸线的沿海地区，沙丘移动是个巨大的生态问题。移动沙丘、强风、飞沙和盐雾对海岸后沿的农作物生长和产量产生了非常严重的影响。沿海大量的居民，特别是奥里萨邦（Orissa State）和邻近邦的东海岸在过去由于沙丘移动而被迫向内陆迁移。在奥里萨邦，建于 700 年前著名的太阳神庙科纳拉克（Konarak）距离海岸 3km，但由于沙丘移动而被半埋在沙里（Das，1996）。从 19 世纪 60 年代开始木麻黄被引种到印度，在最初引种的短枝木麻黄、山地木麻黄、细枝木麻黄和鸡冠木麻黄中，短枝木麻黄表现得最成功（Das，1996）。最开始印度林业部在原来的马德拉斯邦（Madras State）鼓励木麻黄的栽培，目的是为了该邦新建的铁路上的火车蒸汽机车提供燃料供应（Kondas，1983）。后来随着木麻黄在印度半岛的推广种植，它被广泛用于沿海的沙地上建立沿海防护林，其中短枝木麻黄占了印度木麻黄防护林的 90% 以上。虽然整个印度半岛均有木麻黄的栽种，但主要集中在安得拉邦（Andhra Pradesh State）、本地治里邦（Pudcherry State）、奥里萨邦（Orissa State）和泰米尔纳德邦（Tamil Nadu State）的沿海地区，这 4 个邦的木麻黄栽种面积约占了全印度的 80%，而印度木麻黄种植总面积约为 100 万 hm²（Zhong et al.，2011）。

2. 越南

越南有超过 50 万 hm² 的沿海沙地，在越南中部沿海地区约有 40 万 hm² 的沙地已经面临沙漠化问题，每年约有 20hm² 的农田被移动沙丘侵占（Nguyenhoang Nghia et al.，2011）。越南林业研究人员先后尝试多个树种用于沿海防护林建设，但最后只有短枝木麻黄能成功的适应沿海沙地上的干旱、贫瘠和强风等逆境。木麻黄树种于 1886 年被引进越南，现在已有 10 万 hm² 的木麻黄人工林被栽种在沿海地区，主要用于沿海生态防护目的。根据 2010 年的数据，在宁顺省（Ninh Thuan province）沿海地区，1974 年营造的短枝木麻黄防护林的栽种密度是 5000~10000 株 /hm²，但苗木成活率很低，原因主要是流沙的掩埋，而且多数木麻黄成活后会长出 6~10 条主干，形成丛状，最后沙地上的木麻黄密度是 300~326 丛 /hm²。在广平省（Quang Binh province），短枝木麻黄在沙丘上种植后因被沙埋或吹折，几乎所有的植株都在 1.3m 高时由根部大量萌出枝条，形成丛状。15 年生的短枝木麻黄在移动沙丘上的密度还剩下 1109 丛 /hm²，对沙地的覆盖率只有 28%~40%。虽然越南木麻黄沿海防护林的总体生长较差，但仍然对移动沙丘起到了一定的固定作用，并给当地农民提供了大量薪材（Nguyen Hoang Nghia et al.，2011）。研究人员总结了越南沿海沙丘防护林建设不成功的原因有，如下几点：①苗木使用裸根苗造林，导致成活率低；②种植时没有使用保水能力高的基质回填，因为沙土的保水能力很差，小苗抵御干旱而死亡；③种植季节不对，有时在 11 月或 12 月种植，小苗未长大时就受到强烈的东北季风吹袭而被沙埋死亡。随后在 1999 年，在广平省沿海移动沙丘上使用了来自中国的短枝木麻黄无性系 601 和 701 新营建了 13hm² 木麻黄防护林，发现这 2 个无性系的生长速度和成活率都显著高于当地实生种子苗，特别是生长速度 2 倍高于种子苗，且分枝少、干形通直。因此，建议在沿海防护林建设中应该更多使用经过遗传改良的优良木麻黄无性系，可以显著提高沿海移动沙丘的植被恢复效果。

3. 孟加拉国

孟加拉国是一个沿海国家，位于孟加拉湾 20° 34′ ~26° 38′ N 和 88° 01′ ~92° 42′ E 范围内。孟加拉国的沿海地区面积有 47211km²，人口约为 3500 万，海岸线总长度约为 710km，被划分为 3 个不同的地理区域，即西部海岸区、中部海岸区和东部海岸区（Sidiqi，2001）。西部海岸区和中部海岸区是很平坦且海拔低，而东部海岸区因有著名的世界最长海岸沙滩而号称为科克斯巴扎尔（Cox's Bazar）最美旅游景点。在泥质海岸，红树林被大量人工营建用于防护风暴潮的袭击，但在沙质海岸，短枝木麻黄被证实是唯一用于营建沿海防护林可适应的树种（Hossain et al.，1998）。虽然该树种是外来树种，但它是孟加拉国沿海地区沙质海岸、近海岸路旁、房前屋后最受欢迎的树种之一，被孟加拉国林业部列为国内优先使用的人工林树种（Islam，2003）。如在 1968 年，孟加拉国林业部开始在库图布迪亚岛的西部和南部沿海建立了 118hm² 的木麻黄沿海防护林。该岛的木麻黄防护林除了能抵御飓风、海啸对岛上的袭击外，还能为岛上居民提供大量的木材、燃料等（Hossain，2011）。除了作为沿海防护林树种外，短枝木麻黄在孟加拉国也被推荐作为农林复合系统（Jashimuddin et al.，2006）和恢复沿海不稳定生态系统的树种使用（Pinyopusarerk et al.，2004）。木麻黄沿海沙地防护林建立时一般需要使用营养袋苗才能保证较高的成活率，如使用 22cm×15cm 的聚乙烯袋作为营养袋育苗，以保水能力强的黄壤土为育苗基质。但试验证明更大的营养袋（30.5cm×15cm）育苗可以明显提高木麻黄造林的成活率。孟加拉国木麻黄防护林造林的株行距为 2m×2m，造林时间为季风雨开始的 5—6 月，由于沙质海岸的海风较大，木麻黄苗木栽种后 1 年内需要用竹竿支撑，避免被吹倒后被沙埋。

4. 斯里兰卡

斯里兰卡是印度洋上的一个热带岛国，位于 5° 55′ ~9° 50′ N，79° 42′ ~81° 53′ E 之间，在南亚次大陆南端，属热带季风气候，易受到季风气候影响，台风频繁，特别是南部海岸带易受到风沙危害的影响。从 20 世纪 80 年代开始，斯里兰卡政府开始认识到沿海防护林对缓解自然灾害的重要性，1986—1997 年在挪威开发合作署（The Norwegian Agency for Developemnt Cooperation，NORAD）的资助下，在南部沿海城市汉班托特（Hambantota）的海岸带建立了短枝木麻黄防护林。防护林带的平均宽度为 50m，该林带的主要功能是减少旱季时干热风和沙尘暴对城市的影响，保护和固定沿岸优美的自然沙丘，并作为海水盐雾的遮挡屏障。2004 年 12 月 26 日的印度洋大海啸对印度洋沿海城市造成了巨大的人员伤亡和财产损失，而该城市因有木麻黄防护林的保护，海啸的威力被大大减缓，没有对城市的居民和财产造成大的损失，因此，这个木麻黄沿海防护林成了孟加拉国人民的关注焦点，使公众对沿海防护林的生态防护效益有了新的认识（Zoysa，2008）。

5. 塞内加尔

在塞内加尔，两条移动沙丘位于维德角（Cape-Vert Peninsula）和塞内加尔河口之间，不断向内陆扩张威胁了海岸后沿海村庄和农田。在联合国粮农组织和塞内加尔林业部门的支持下，开展了沙丘固定和木麻黄沿海防护林的建设。首先，他们用纱网覆盖在沙丘表面把沙丘固定住，同时用树桩和遮阳网在间隔一定距离内设立风障和沙障，防止木麻黄小苗受到沙埋和被吹倒；采用物理措施固定沙丘和降低风速后，在雨季开始种植木麻黄苗，种植密度为 2m × 3m（1000~1700 株 /hm^2），小苗在种植前已被人工接种弗兰克氏固氮菌。防护林建立后的前 7 年，短枝木麻黄生长速度非常快，但后面的生长速度开始减慢。其生长 20 年后的木材产量为 7~10m^3/hm^2。根据 2011 年的数据，估计塞内加尔沿海地区共有 9700hm^2 的木麻黄人工林（Ndoye et al.，2011），为沿海地区提供生态防护、木材和薪材供应。

二、农田防护林

农田防护林是防护林体系的主要林种之一，是指将一定宽度、结构、走向和间距的林栽植在农田田块的四周，通过林带对气流、温度、水分、土壤等环境因子的影响，来改善农田小气候，减轻和防御各种农业自然灾害，创造有利于农作物生长发育的环境，以保证农业生产的高产稳产，并能对人民生活提供多种效益的一种人工林。

华南和东部沿海地区是中国人口最为密集的区域，也是我国重要的商品粮基地之一。很早之前，人们就采用植树造林方法来抗御灾害性天气的侵袭，保护作物减少受害（黄义雄，1988）。在我国华南和东部沿海地区，台风是影响沿海农业生产的最严重灾害性天气。在广东省沿海地区，平均每年有 3.54 个台风登陆。在福建省，每年平均有 2.03 次台风登陆。台风发生时间以 7—9 月最多，这时正值农作物及果树结果或近收成时期，常常造成作物倒伏、脱粒、风折及落果等损失。据福建省林业勘察设计院统计，1952—1986 年的 35 年间，台风及其带来的暴雨造成的直接经济损失达 130.09 亿元，平均每年为 3.7 亿元，是沿海地区最大的自然灾害（表 8-2）。除台风外，海面吹来的大风也会造成严重的风害，尤其是在海岛和半岛地区。如福建平潭岛和东山岛的年均大风日数达

100 天以上（林光耀和李荫森，1990）。大风在沙质海岸上常引起沙丘流动，埋没农田、沙割作物等，恶化农作物的生长环境，影响作物的正常生长。另外，冬季和早春在华南和东南沿海省份的低温寒害也相当严重，特别是福建的沿海地区，倒春寒常造成严重的烂秧烂苗，海面上吹来的寒风更加剧了寒害的严重程度。

表 8-2　1952—1986 年福建省台风危害损失统计

灾害情况	1959 年（3 次台风）	1983 年 4 号强台风	1984 年 11 号强台风	1985 年 10 号强台风	1952—1986 年台风损失总计
直接损失	> 4 亿元	> 2 亿元	> 2 亿元	2.6 亿元	130.09 亿元
粮食损失	2.5 亿 kg	—	1.75 亿 kg	1.65 亿 kg	—
死亡人数	1000 多人	—	16 人	200 多人	—

注：引自林光耀和李荫森（1990）。

　　研究表明，华南和东南沿海地区以木麻黄为主建立的农田防护林在降低风速、调节湿度、降低蒸发量、提高农作物产量上面有显著作用。在福建的平潭县（岛），用木麻黄建立的农田防护林网具有明显的降低风速的作用，距离林带不同的距离，降风速的效果不同。如在背风面 20~100m（相当于林带树高的 3~16 倍），风速比对照（无林带区域）降低 27%~67%，在 100m 以后，风速降低为 22%~27%，并趋向递减。王小云等（2008）木麻黄农田防护林的防风效果进行评价，发现风场经过防护林后风速呈"V"字形变化。木麻黄农田防护林从空旷地到林带后 25H 距离内，风速呈开口向上的抛物线；从空旷地到林后 10H（表示 10 倍树高的距离）附近风速呈下降趋势，最低值出现在 10H 附近；从 10H 到 25H 风速呈增长趋势，25H 处已经达到空旷地风速。岳新建（2010）的研究表明，木麻黄农田防护林带有降低风速作用背风面（20~100m）可降低风速 27%~67%，100m 后可降低 22%~27%；此外，木麻黄复层林带的防风效果要好于单层林带。研究表明，复层农田防护林带各测点的风速变化为连续的波浪状曲线，风速在林带后 10H 附近达到最小值，在林带 5H 内再次达到最大值，在下一条林带 10H 附近又出现最小值。在林带疏透度、带高相同的条件下，主林带间距小的林带防风效果更好。

　　林带对农田的气温、地温有调节作用。在林带背风面 100m 范围内会有白天增温，夜间降温的现象，这对提高作物光合作用，减弱呼吸作用，最终促进作物生长很有帮助。防护林网对农田的增温效果十分明显。观测数据表明，在冬季的 14：00 时，防护林网内农田的地温可比对照（无林带区域）增加 3.8℃，而晚间则无明显差异（曾焕生，2005）。另外，防护林网对农田的蒸发量也有显著的影响，林网背风面 20~100m 范围内日均蒸发量与对照相比，降低了 25.0%~31.0%，而在 100~200m 范围内降低了 7.0%~25.0%（黄义雄，1988）。

　　在农田防护林网的保护下，林网内农作物的产量有了显著的提高。据福建漳州林业局观测，龙海县港尾乡新厝村 1966 年开始营造农田防护林网，1970 年的粮食产量达 70.53 万 kg，比 1965 年的 36.44 万 kg 增产了 93%。东山县营造农田防护林前仅能种甘薯、少量花生和蔬菜，当 1970 年农田防护林起到防护效应时，共种植了经济作物 5 万亩，其中芦笋 7000 亩，年产 700t；花生 10966 亩，产量 1093t；西瓜 9197 亩，产量 11817t；蔬菜 17049 亩，年产 24312t；柑橘 1400 亩，年产 250t；该县的农业总产值达到了 1000 万元，是建设农田防护林前的 5 倍以上（林光耀和李荫森，1990）。1981 年，在广东珠江三角洲地区的新会县在有农田林网保护的红卫农场二队和无林网的莲溪公社红星六队开展了水稻栽培比较试验，结果表明有林网保护的试验区亩产 175.2kg，而无林网对照区的亩产 109.3kg，即有农田林网的保护下水稻亩产可以增加 60.3%（陈远生，1982）。在广西北部湾地区，南流江三角洲与钦江三角洲的总面积共有 685km²，年平均气温 22℃以上，年降水量 2000mm 左右，适宜水稻、橡胶、香蕉、菠萝、甘蔗等多种热带经济作物的生长。但该地区不仅每年的 7—10 月受到频繁台风灾害的威胁，常年的风速也在 3m/s 以上，不利于农作物的生长。20 世纪 60 年代起，大力开展了沿海农田防护林的建设，防护林已发挥了防风的显著作用，常年风速由三级（3.4~5.4m/s）降低为二级（1.5~3.3m/s），台风的危害也显著降低，完全控制了流沙淹没农田的现象，减轻了经济作物的机械损伤，农田防护生态系统已形成，有效地发挥了沿海三角洲的高生产力（王宏志，1984）。在台湾西部地区，木麻黄农田防护林可抵抗季风对作物的侵害，林带背风面 $5H$ 处的风速平均减退 65.7%，$15H$ 处减弱 44.7%（叶功富等，1997）。

在国外，木麻黄也被广泛用于沿海地区的农田防护林网建设。在印度的泰米尔纳德邦（Tamil Nadu State）的西部，香蕉是第三重要的农作物，种植面积超过 30000hm²，每年产量约为 110 万 t。但由于沿海强风（台风）对香蕉树的破坏，估计每年造成了该地区蕉农 77 万美元的损失。印度森林遗传与林木育种研究所针对印度沿海农田防护林专门选育了分枝多、分枝角大和分枝粗壮的短枝木麻黄和山地木麻黄无性系，用于香蕉种植园农田防护林的使用。试验结果证明，建立木麻黄农田防护林网后的香蕉林内的风速显著降低，香蕉产量显著提高，农民在获得香蕉收入的同时，也能获得木麻黄木材的收入和薪材的使用（Vinothkumar et al.，2016）。在非洲突尼斯，短枝木麻黄被广泛用于农田防护林建设，保护林网内的农作物。研究表明，短枝木麻黄农田防护林在距离林带 $8H$ 远的风速下降了 50%~70%，蒸发量下降了 29%（Paulsson，1987）。在埃及、突尼斯、以色列和也门，粗枝木麻黄也被常用于建设农田防护林保护农作物，虽然缺少关于它在提高作物产量方面的准确信息，但粗枝木麻黄作为防风林，它能明显增加作物产量和提升乡村景观效果，同时为当地农民提供大量的建筑木料和薪材（El-Lakany，1985）。在巴布亚新几内亚高地（Highland）的乡村里，小齿木麻黄被种植于农田和房屋周围用于阻挡强风（Midgley et al.，1983）。

三、困难立地生态修复

木麻黄科植物天然具有很强的抗逆性，如抗风、耐旱、耐盐碱、耐瘠薄、抗沙埋沙击、耐高温等特性，同时具有和弗兰克氏菌、内生菌和外生菌共生的特点，因此，是全世界热带与亚热带地区被广泛用于困难退化地和污染地的植被恢复的重要树种。

（一）沿海采矿区修复

海南省沿海地区沙地的锆钛砂矿资源极为丰富，具有储量大、品质优、埋藏浅、易采易选等特点，已探明的储量占全国储量的 65% 以上（符启基和岑辽，2008），很多企业在海南沿海地区的沙地上进行了锆钛砂矿的大量开采。由于锆钛砂矿的选矿过程中需要用大量水对沙子进行冲洗，使得沙子原有的有机质和养分被冲洗掉，采矿后的矿区沙地变成极度贫瘠的困难立地，加上沙地上的干旱和高温使得这些困难立地的植被恢复非常困难、乡土树种的造林成活率很低。因为木麻黄和弗兰克氏菌以及内外生菌根形成的共生联合体（symbiotic association）能为木麻黄植株提供必需的氮磷钾元素，使得木麻黄能在极度贫瘠的沙土环境中正常生长，成为海南锆钛砂矿采矿区植被恢复的首选先锋树种。木麻黄树种与弗兰克氏菌共生形成根瘤，不仅能固氮供自身生长需要，还能够提高沙地的肥力。康丽华和仲崇禄（1999）的研究表明，每公顷木麻黄人工林根瘤每年的固氮量为 93.9~169.2kg，这对采矿区的地力恢复和土壤改良具有重要意义。宿少峰等（2020）人对海南文昌市典型废弃钛矿区周边植被资源的调查，发现废弃钛矿周边植物物种数量较少，其中木麻黄科植物占绝对优势，其重要值达到 30.31，说明木麻黄能够在废弃矿坑恢复中起到关键作用。王绥安等（2008）的研究表明，在填复钛矿地造林前种植一轮西瓜可以有效提高木麻黄在废弃矿区造林的成活率和生长速度速生丰产水平。高静等（2007）的研究进一步表明，通过人为的干预和调控后促进土壤有机质含量的提高，促进木麻黄的生长，在尾矿恢复中有着非常好的应用前景。

（二）干热河谷植被恢复

在我国云南北部从鹤庆县中江河口至四川布拖对坪的金沙江沿岸，分布着我国特殊的干热河谷区。干热河谷区位于我国西南大断裂带分布区，受大气环流和地理位置、地形因素的影响，形成了特殊的气候和土壤条件。这些地区热量高、雨量少（约600mm），年均蒸发量达到年均降水量的 6 倍，加上人为干扰破坏，使之成为我国环境质量差、水土流失严重、造林极端困难的地区之一，尤其是干热同季和焚风效应给植被恢复与重建带来极大困难。我们从澳大利亚林木种子中心引进了木麻黄属和异木麻黄属6 个种的种子，分别为短枝木麻黄、细枝木麻黄、粗枝木麻黄、德凯斯木麻黄、肥木木麻黄、纳纳木麻黄（*A. nana*），同时使用了一个短枝木麻黄无性系 A8。种子和无性系小苗长到 40cm 高时在苗圃人工接种弗兰克氏菌，然后雨季在云南干热河谷区的元谋县能禹镇湾云村山上造林。造林 2 年后，发现短枝木麻黄的生长表现最好，保存率也最高，而接种弗兰克氏菌可以显著提高木麻黄在干热河谷区的保存率，且能显著促进木麻黄苗期的生长速度（杨振寅等，2007）（表 8-3）。

表 8-3　云南干热河谷木麻黄引种种植表现

木麻黄种	平均树高（m）		保存率（%）	
	第一年	第二年	第一年	第二年
短枝木麻黄	0.72ab	0.98b	77.4a	71.7a
细枝木麻黄	0.75a	1.02a	46.9b	35.2c

（续表）

木麻黄种	平均树高（m）		保存率（%）	
	第一年	第二年	第一年	第二年
粗枝木麻黄	0.34d	0.52f	49.3b	42.1b
肥木木麻黄	0.71b	0.95bc	36.2c	35.6b
轮生木麻黄	0.43c	0.72e	19.1d	18.3d
纳纳木麻黄	0.41c	0.71e	45.9b	34.2c
短枝木麻黄无性系 A8	0.42c	0.82d	43.6c	45.5b

注：引自杨振寅等（2007）。

（三）内陆采矿区修复

在菲律宾，约有 900 万 hm^2 面积的金属矿区正在或将要开采，开采后的矿区由于重金属污染、表土破坏等原因，植被恢复和生态修复面临很大困难。由于短枝木麻黄具有天然的优良特性，被大规模应用于采矿区的植被恢复。根据菲律宾生态研究发展局的调查，菲律宾至少有 8 个矿业公司采用了短枝木麻黄作为先锋树种进行矿区的植被恢复，且取得了良好的生态修复效果（Tolentino & Abarquez，2011）。

在泰国，短枝木麻黄被用于锡矿开采后废弃矿区的植被恢复。因该废弃矿区的周边还存在大量的短枝木麻黄天然林，因此，植被恢复采用人工辅助天然更新的方法，由周边的木麻黄种子随风散播再加上人工补充播种部分种子。2 年后开始固定样方观测矿区木麻黄的密度、生物量等数据。结果表明，短枝木麻黄林的密度随着时间的推移不断下降，从最初的 7700 株 /hm^2 到 20 年后下降至仅有 42 株 /hm^2。矿区短枝木麻黄林单株的干物质生物量随着时间推移在不断增加，但其单位面积的总生物量在造林 12 年时达到最大值（254t/hm^2），随后逐渐开始下降（表 8-4）（Thaiutsa，1990）。

表 8-4　短枝木麻黄在锡矿采矿区植被恢复的林分密度和生物量

年龄（年）	密度（株 /hm^2）	生物量			
		木材（kg/ 株）	木材（t/hm^2）	总生物量（kg/ 株）	总生物量（t/hm^2）
2	7700	0.49	3.77	0.95	7.29
4	5000	9.20	45.99	14.52	72.59
8	1452	42.86	62.24	60.80	88.28
12	1169	168.81	197.34	217.72	254.52
16	150	399.67	59.95	485.51	72.83
20	42	522.84	21.96	656.60	27.58

注：引自 Thaiutsa（1990）。

在印度的泰米尔纳德邦（Tamil Nadu State），石灰石矿开采后的矿区由于表土被破坏，重金属污染、废料堆积、尘土飞扬等问题，有近 30km^2 采矿区面临严重的生态问题，生态修复亟待解决。印度科学家利用了短枝木麻黄、大叶相思（*Acacia quriculiformis*）、阿拉伯金合欢（*A. nilotica*）、细叶桉（*Eucalyptus tereticornis*）和银合欢（*Leucaena leucocephala*）5 个树种在该采矿区开展了植被恢复试验。试验结果发现，短枝木麻黄的保存率和生长量都是表现最好的，最终被选为这类矿区生态修复应用的主要树种（Devaraj et al.，2020）（表 8-5）。

表 8-5 矿区恢复中 10 年生不同树种的生长和生物量比较

树种	树高（m）	胸径（cm）	树干重（kg）	分枝重（kg）	叶重（kg）	地上总生物量（kg）	根重（kg）	总生物量（kg）
短枝木麻黄	10.9e	19.8d	10.8d	2.89c	3.28c	18.1d	2.70c	20.8d
大叶相思	4.75a	18.6bc	4.32a	1.24b	1.16a	8.17b	1.84b	10.0b
阿拉伯金合欢	9.07d	19.2c	7.86c	1.60b	1.71b	12.5c	1.99b	14.5c
细叶桉	7.59c	16.2b	4.85b	0.95a	1.64a	8.8b	1.57a	9.74a
银合欢	6.59h	13.2a	3.65a	1.55b	1.84a	7.68a	1.77a	9.44a
LSD（0.05）	0.37	2.25	1.57	0.41	0.44	2.28	0.48	2.62

注：引自 Devaraj et al.（2020）。

（四）盐碱地植被恢复

土地盐碱化是全世界面临的一个严峻问题。土地盐碱化的起因主要有三类：被海水侵入、受灌溉影响和受盐碱化地下水影响（Midgley et al.，1983）。木麻黄植物均具有较高的耐盐碱能力。Moezel 等（1989）研究发现肥木木麻黄和粗枝木麻黄的耐盐碱能力特别强，且能适应水淹、高钙和重黏土的土壤。粗枝木麻黄也能和弗兰克氏菌形成共生固氮联合体，被广泛用于盐碱化困难立地的植被恢复。例如研究发现粗枝木麻黄能适应加利福尼亚的南部地区内陆沙漠的盐渍化土壤（Merwin et al.，1992）。在印度北方邦（Uttar Pradesh）的勒克瑙（Lucknow），粗枝木麻黄被栽种于 pH 值为 8.6~10.5 钙质黏壤土上，且土壤透水性差，受季节性水淹。测定结果表明，粗枝木麻黄 8 年生的平均树高为 10.3m，胸径 8.6cm，保存率达到 75%，人工林的生产力估算为 68.2t/hm^2，可收获的木材估算为 54.8t/hm^2（Goel & Behl，2005）。

四、行道树及园林绿化

木麻黄最初引入中国是作为园林绿化树种，其外形与松树有些相似，且生长速度较快，在一些早期引种文献中也被称为一种海岸松树。木麻黄属于常绿植物，树形挺拔高大，枝叶茂密，具有较好遮阴性，在广东和海南地区也常用于行道树。但木麻黄极少用于城市行道树，这可能与其生长速度快和凋落物量大有关。

木麻黄枝条的侧枝萌生能力很强，且易于修枝和造型。通过适当的截顶和修枝后，一些木麻黄品种能够在顶部形成密集的簇状分枝，便于造型。因此，在园林景观中，经常能够看到一些被修剪成巨大球状，伞状或其他各种造型的木麻黄。这些木麻黄可以单独布景，也可与其他花卉组合，形成各种各样的园林景观。

此外，部分木麻黄种或品种本就具有较高的观赏价值。福建省赤湖国有防护林场建立了木麻黄种质资源库，对林场内这 55 个木麻黄种质资源以观赏性作为主要因素结合适应性、速生性、繁殖力进行长期测定并初步选择，选出具有景观效果的木麻黄品系 10 个。再对初选出的 10 个品系进行深入观测调查，观测因子包括树冠形状、小枝颜色和形态、树皮颜色、树皮花纹、树体高矮、生长量、冠幅、成活率、保存率、水培出根率、苗木出圃率、抗风性和病虫害的情况等。并最终选育出 4 个景观型佳且适宜滨海地区大面积推广种植的木麻黄品种（李茂瑾，2017）。

第二节　工业用材林

木麻黄树种除了能用于抵御沿海风沙自然灾害、保护农田屋舍、矿区污染地、盐碱地、干旱贫瘠地等困难立地的生态修复外，还可以提供大量木材用于造纸、建筑、板材生产等产业应用。因其生长速度快、轮伐期短，特别是它能在沿海贫瘠沙地上生长良好，成为世界范围内热带和亚热带沿海地区很受欢迎的树种。

在我国海南省沿海地区，木麻黄通过优良无性系的推广应用，大大提高了木麻黄人工林的产量和产值。根据 2010 年的数据，海南省有木麻黄短轮伐期速生林面积约 10000hm², 最优林分蓄积量达到 160m³，平均年生长量约为 15m³/hm²，平均产值为 4500 元 /hm²。在海南岛，木麻黄木材最早用途是用于造船业。沿海渔民发现木麻黄木材极耐海水腐蚀，就用其木板制造小木船。从 1996 年开始，木麻黄木材开始出口韩国用于造纸原材料，当年出口干木片 30000t，创汇近 300 万美元。接下来几年木麻黄木片的出口量逐年增加，至 2006 年，出口干木片 70000t，创汇 700 万美元。2008 年以后，由于海南金海纸浆厂开始利用木麻黄木材制浆造纸，木麻黄木片出口大量减少，年出口量仅为 20000t（表 8-6）（Li & Huang，2011）。

表 8-6　海南省木麻黄干木片出口量年度变化

年份	主要国家	出口量（t）	单价（美元 /t）
1996 年	韩国	30000	98
2000 年	韩国	40000	96
2005 年	韩国	50000	100
2006 年	韩国	60000	100
2007 年	韩国	70000	100
2008 年	韩国	20000	100
2009 年	韩国	20000	100

注：引自 Li & Huang（2011）。

从 2001 年开始，海南省木麻黄木材开始被用于制造胶合板。木麻黄木材被机器旋切成薄片后用于胶合板的内部板材。2010 年的年产旋切薄板材约 5000t。此外，木麻黄木材在海南地区还广泛用于基建或农用建筑领域的顶木、柱木、板材、薪材等用途，各用途比例见表 8-7（Li & Huang，2011）。

表 8-7　海南木麻黄木材主要用途比例与变化

木材利用类型	1980 年（%）	1990 年（%）	2000 年（%）
薪材	80	60	20
板材	10	20	10
柱材或建筑材	10	20	10
木片纸浆材	0	0	50
旋切薄板材	0	0	10

注：引自 Li & Huang（2010）。

印度是世界上木麻黄栽种面积最大的国家（约 100 万 hm²），且在印度木麻黄的种植密度很高（1m × 1m 或 1.5m × 1.5m），轮伐期很短（2~5 年）。在印度，木麻黄木材被用于纸浆材、柱木、胶合板、MDF 板（中密度纤维板）、薪材等用途。因印度国内的造纸工业的扩张，木材原材料供不应求，印度市场对木麻黄木材的需求在稳定增长。印度国内有超过 800 家造纸企业，其中有 32 家的大型造纸企业的年生产能力超过 10 万 t。现在印度每年的生产造纸能力是 466 万 t，占全世界生产能力的 4% 左右，营业额为 80 亿美元，但年增长率达到 8%，是印度国内增长率最高的产业。印度国内的纸品人均消耗量是全球最低的国家之一（13kg/人），但预测到 2025 年将达到 17kg/人的消耗量。在印度每增加 1kg/人的纸品消耗量将会相应增加 100 万 t 的纸浆需求，因此预计在 2025 年印度的纸浆需求量将达到 1500 万 t（IPMA，2020）。

在印度，木麻黄木材是一个重要的纸浆原材料，每年木麻黄木材用于生产纸浆的消耗量约为 165 万 t，占了全部纸浆材的 15% 左右。木麻黄木材是 5 个主要的造纸企业的主要纸浆原材料来源，占到其纸浆原材料的 20%~50%（表 8-8）。木麻黄木材的其他主要用途是建筑的柱木、脚手架或农业上的其他用途。因为在印度，原木市场较混乱，木麻黄原木的数量或价格的准确数据难以获得，但一般估计其数量是纸浆材的 2 倍，而价格比纸浆材高 50%。根据这个事实，估计印度每年的木麻黄木材产值为 4.71 亿美元，这意味着木麻黄种植对印度大量拥有少量土地的农民具有重要的经济和社会意义（Nicodemus et al.，2020b）。

表 8-8　印度南部主要造纸企业的平均纸浆材年消耗

造纸企业	每年纸浆材消耗（t）	木麻黄纸浆材（t）	木麻黄占比（%）
Andhra Paper	800000	320000	40
JK Paper	900000	450000	50
Seshasayee Paper and Board	600000	300000	50
Tami Nadu Newsprint and Papers	800000	400000	50
West Coast Paper Mills	900000	180000	20
全部造纸企业	11000000	1600000	15

注：引自 Nicodemus 等（2020b）。

研究发现，木麻黄木材构造上有离管带状薄壁组织，比木射线稍宽，且纵横交错，易受化学蒸煮，是制造人造纤维浆粕和造纸的好原料（陈保乃，1979）。木麻黄的纤维长度最长 1.7mm，最小 0.3mm，平均长度为 1.08mm；纤维宽度最大 28μm，最小 7μm，平均 17μm。木麻黄纤维长细比（纤维长度/纤维直径，slenderness ratio）为 49.15，与大叶相思（49.86）相近（姚光裕，1991）。一般来说，长细比越高，可折叠性和一致性越低，适宜生产高孔隙度、高膨松度和高不透明度的纸张，同时长细比也影响纤维的柔韧性和抗撕裂能力（Maiti，1997）。木麻黄的纤维柔韧系数在众多造纸原料中数值较高，所造纸张不易坍塌，受压后保持板状结构，黏结面小（Sarkar et al.，2021）。

第三节　薪炭林及其他用途

一、薪　材

木麻黄树种非常适合用于薪炭材，特别是在化石燃料缺乏的热带和亚热带发展中国家。研究表明，木麻黄木材的燃烧热值非常高，如短枝木麻黄达到 4950kcal/kg，燃烧慢且烟和灰都较少，而短枝木麻黄木炭的燃烧热值达到 7890kcal/kg（Kondas，1983；National Research Council，1984），比别的很多速生固氮树种如大叶相思和银合欢都要高得多（Diem & Dommergues，1990）。粗枝木麻黄和细枝木麻黄木材的燃烧热值也很高，分别为 4700kcal/kg 和 4870kcal/kg（El-Osta &Megahed，1990）。木麻黄的干、根、枝可制成优质木炭，且木炭得率高。大部分木材在制成木炭的过程中会失去约 3/4 的重量，但木麻黄木材在制成木炭后只失去约 2/3 的重量（Diem & Dommergues，1990）。木麻黄薪材不仅是重要的民用燃料，还常用于烧制建筑用砖、石灰、民用陶器等。

从 20 世纪 60 年代开始，从木麻黄人工林中收获的薪材为华南和东南沿海当地农村居民提供大部分的燃料来源。当地农民从木麻黄林中收集枯枝落叶作为家庭烧水煮饭的燃料，一些林分因自然衰老、台风病虫害破坏等原因更新时，木麻黄枝条、根系等较难利用的部分也被制成木炭，用于烧烤、火锅等，且因其耐烧和热值高而很受用户欢迎。

在非洲坦桑尼亚，山地木麻黄被广泛种植为当地农民提供薪材燃料。研究数据表明，山地木麻黄在坦桑尼亚高原生长优异，表现出高成活率、速生和能产生大量的根蘖或基干萌条。它在种植 3.5 年后每株能提供 120kg 的干木柴，可以满足农户一家 7 口人 10 天的家庭燃料需求（Mwihomeke，1990）。

二、单宁和栲胶提取

单宁，又称鞣酸类物质，是具有鞣皮性的植物成分，结构复杂，工业上大量应用于鞣革与制造蓝墨水。鞣酸能使蛋白质凝固，工业上制革时把生的动物皮毛如牛皮、猪皮等用鞣酸进行化学处理，能使生皮中的可溶性蛋白质凝固，变成漂亮、干净、柔韧、经久耐用的皮革。由单宁物质含量较高的树皮、木材、果壳等植物原料用水浸提，经过浓缩制成的产品，外观呈棕黄到棕褐色，分粉状、块状，用于鞣皮成革的物质称为栲胶。栲胶的主要成分除单宁外，还有非单宁和其他不溶物。

木麻黄树皮的单宁含量丰富，达到 16%~19%，主要成分为儿茶酚（catechol）和木麻黄酚（casuarin）。用于制革工业时，木麻黄提取的单宁渗透快，能使皮革膨松、柔韧并呈淡红色。木麻黄树皮生产的栲胶可同著名的樫木（*Dysoxylum excelsum*）和黑荆树（*Acacia mearnsii*）栲胶相媲美，鞣革快，得革率高，成革色泽好，结实而富有弹性。

三、其他用途

木麻黄木材的密度很高，比重为 0.8~1.2g/cm³。木麻黄个别种的心材纹理精美，可以加工为工艺品。在澳大利亚的西澳大利亚州，费雷泽木麻黄心材制成的家具或工艺品价格昂贵，如一个直径 45cm 的雕花工艺盘标价 1650~2300 澳元。

木麻黄的鲜嫩小枝可用作家畜的饲料，特别是在草料缺乏的干旱地区。笔者在海南、广东和云南元谋县干热河谷的观察发现，短枝木麻黄在造林后的第一年的小树阶段，其鲜嫩枝叶易被牛、羊等大型牲口啃食，因此木麻黄造林第一年需要防止大型牲口的破坏。短枝木麻黄小枝提取物对金黄色葡萄球菌有明显的抑制活性（叶舟，2007；刘海隆等，2014），海南黎族民间常用木麻黄枝叶治疗腹泻、痢疾，疗效显著。俞浩等（2017）在文昌鸡饲料中添加由木麻黄小枝制成的粉末，发现文昌鸡的死亡率显著降低，日增重明显增加，表明木麻黄粉末作为饲料添加剂可以提高文昌鸡的抗病能力和生长速度。

日本科学家 Higa 等（1987）发现短枝木麻黄小枝叶和果实含有甾醇（sterol）和黄酮类（flavonoids）等物质。Aher 等（2009）从木麻黄树皮中提取出抗氧化物质五倍子酸（gallic acid）、鞣花酸（ellagic acid）和右旋儿茶精（catechin），并从枝叶中分离出槲皮素（quercetin）等成分。这些物质均可用于工业或制药业。

第九章

木麻黄的生态服务功能和价值评估

森林是陆地上面积最大的生态系统，也是对地球作用最大、最重要的生态系统之一。科学家们对森林生态系统的生态服务功能，生态、经济和社会价值等多方面开展了研究，取得了很多研究成果。森林的生态系统服务功能（简称生态功能）是指生态系统与生态过程所形成及维持的人类赖以生存的自然环境条件与效用（欧阳志云等，1999）。森林生态系统服务功能的内涵主要包括以下几个方面：有机物质的合成和生产、植物花粉的传播和种子的扩散、有害生物的控制、维持大气化学的平衡和稳定（欧阳志云和王如松，2000）。森林生态系统服务功能为人类提供赖以生存的生态环境条件，主要表现在涵养水源、固定土壤、固碳释氧、调节气候、维持生态系统平衡、增加生物多样性等方面。以木麻黄为主的华南沿海防护林也是森林生态系统的重要组成部分，它也具有相应的生态功能，也能为当地的居民提供相应的生态、经济和社会价值（附图 9-1~附图 9-5）。

第一节　生态服务功能

海岸带作为陆地与海洋生态系统的过渡区域，是陆、海、气 3 种空间界面相互作用的地带，这种强烈的耦合作用受到地貌地势和季风过程的影响，在我国海岸带表现得尤为突出。受海陆气三界的相互耦合作用影响，海岸带的生态环境较为脆弱，而全球气候变化和人类扰动更是加剧了这一趋势，使其变成一个自然及人为灾害频繁发生的敏感地带。

滨海地区在我国经济建设和生态环境保护方面都处于重要战略地位，在享受优越的自然和社会资源的同时，也受到如海平面上升、台风、风暴潮等自然灾害的影响。沿海防护林体系作为森林资源的一个重要组成部分，也具有森林生态系统的服务功能，如防风固沙、涵养水源、固土保肥、净化空气、康养休憩、提供木材等，对改善当地的生态环境，防灾减灾方面发挥着巨大作用。木麻黄是华南和东南沿海防护林的主要树种，从 20 世纪 50 年代开始建设的木麻黄沿海防护林在降低风速、防风固沙、改良土壤、改善沿海局部小气候等方面发挥了巨大的生态服务功能，被沿海群众誉为"海岸卫士"。

一、防　风

木麻黄由于其柔韧的枝条对强风有很强的抗性，尤其形成适宜林分结构后效果更明显。以短枝木麻黄为主建立的沿海防护林，一般 10 级以下风暴对其无影响，10~12 级的台风对木麻黄林分部分树木有影响，风害率一般不超过 5%（仲崇禄，2000）。很多研究已经表明，木麻黄沿海防护林的防风效果非常显著，其最明显的体现是降低林带后的风速，阻止了飞沙的形成和危害，使得防护林带后的农作物受到保护，人居环境得以改善，居民生活水平得到提升。在东南亚开展的试验和数字模型研究表明，无防护林区域的最大风速是有防护林区域的 1.7 倍（Thuy et al., 2009）。黄义雄等（2003）对福建平潭岛木麻黄防护林的生态经济效益进行 3 年调查的结果表明，其有效防护范围为林带迎风面距林带 10H 和林带背风面 15H 范围内，林带风速平均降低 24.3%，土壤细沙含量平均提高 1.1%，蒸发量平均降低 15.7%，土壤表层含水量提高 1.1%，降水量增加 46.1%。林带防护范围内农作物产量均得到提高，表明木麻黄防护林对改善滨海地区生态环境、促进经济可持续发展有着重要意义。池方河等（2005）通过对浙江省玉环县建设沿海防护林前后抵抗自然灾害能力的比较效益分析证明了"窄林带、小网格"防护林的生态效能高，能减轻台风、低温的危害程度，促使玉环柚等经济作物的稳产高产，增加农民的收入。魏龙等（2016）在国家林业和草原局广东沿海防护林系统定位观测研究站（湛江东海岛）的长期观测数据表明，防风效能方面，木麻黄防护林冠层上方、林带后 1H、5H、10H 和 20H 距离的最大风速下降率分别为 23.2%、33.1%、6.6%、10.0% 和 15.1%，且平均风速下降率分别为 26.8%、65.0%、23.4%、28.4% 和 58.1%。

木麻黄防护林的防风效能受诸多因素的影响，防风能力的大小与林带结构密切相关。郑锟等（2008）在福建东山岛的研究发现，20H 内疏透结构的林带防护效果最好。叶功富等（2008）的研究结果也显示：疏透结构的林带防风效能明显地优于通风结构和紧密结构的木麻黄防护林带。罗美娟（2002）发现木麻黄的防风效能以透光孔隙分布均匀的疏透结构（透风系数 0.5~0.6，郁闭度 0.8）林带最佳，而紧密结构（透风系数 0.3~0.4，郁闭度 0.9 以上）和通风结构（透风系数 0.6 以上，郁闭度 0.7 以下）林带的防风效能较弱。除了木麻黄防护林的密度结构之外，其树种配置结构与防风效能也有密切的相关关系。姚宝琪等（2010）对东南沿海混交海防林带的研究表明，福建沿海各种木麻黄混交林中，木麻黄与厚荚相思比例为 1 : 4 的混交林的防风效果最好。研究还发现木麻黄与马占相思混交林的防风效能高达 73.11%，显著高于木麻黄纯林的 58.12%；木麻黄与柠檬桉混交林的防风效能为 62.19%，比木麻黄纯林防风效能提高了 6.15%（刘继龙等，2007）。

二、固　沙

我国华南和东南地区的滨海前沿有着大面积的沙化土地，如福建海岸的沙地面积（风积沙地为主）为 5.1 万 hm^2，主要集中在长乐、平潭、晋江、漳浦、东山等地（连育青，1987）；广东省的沙化面积有 10.9 万 hm^2，主要集中在粤东和粤西的沿海地区（许秀玉等，2009）；海南岛解放初期的沙化土地有 6.3 万 hm^2，主要集中在文昌、昌江、乐东等县。风沙的危害是气流对于沙子吹蚀、搬运、堆积过程中产生的。一般当地面 2m 高处的风速达到 4.5~5.0m/s 以上时，地表的沙粒就会被风卷起，形成风沙移动。当风力达到 8.0~10.7m/s（5级风）时沙粒就会沿地面强烈移动，而当风力达到 13.9~17.1m/s（7级风）时，沙粒就会在空中呈悬浮状迁移。滨海前沿处于内陆和海洋气候的交汇处，常风的风速已达到或超过临界值，在无林带条件下，浮沙移动可以常年进行。海岸风沙对沿海地区的工农业和人居环境都会造成很大的危害。由于沙粒结构相互间黏着力小，当海边大风作用于沙质土壤时会刮去表层土壤中细小的黏土和有机质，造成风蚀现象，使得该地区的土壤肥力下降。农作物在风沙击打下会发生畸形和矮化现象，并使植物过度蒸腾，造成枯萎、发育不良甚至死亡。同时，风沙天气增加了大气固态污染物的浓度，会严重危害居民的身体健康。如海南万宁县的草兰村，1992 年调查时 75% 的人已罹患红眼病（吴正等，1992）。另外，海岸的沙丘在大风的作用下，会向内陆移动，掩埋村舍与道路等。如广东省湛江南三岛在 1929—1949 年，全岛被流沙埋没耕地 70hm^2，埋没村庄 2 个（董玉祥，2006）。在 20 世纪 50 年代前的 100 年中，福建东山岛（县）有 13 个村庄和约 1300hm^2 以上的农田被风沙掩埋（吴正等，1990）。20 世纪 20—50 年代，广东电白县有 8 个村庄和近 300hm^2 的农业用地为风沙所掩埋（吴正等，1992）。

在海岸带风积沙地，防风是固沙的根本，只有先增加沙地表面的植被覆盖，降低沙地表面的风速，才能固定流动沙丘。新中国成立后，东山岛（县）人民在县委书记谷文昌的带领下，利用木麻黄在岛上营造了防风固沙林共 9.85 万亩，以西北海岸为基干线，营造了一条长 30km、宽 50~100m 的防风基干林带，166 条长 144km 的农田防护林带，使全县 4 个流动沙丘全部固定下来，许多风沙危害严重而无法耕种的土地开始种植作物，并扩大了耕地面积 6000 多亩，有 1.2 万亩农地由原来的只耕种一季提高到二至三季，彻底治理好了东山岛的风沙危害。东山岛上的赤山村原来由于风沙危害最严重，是当时有名的"乞丐村"，而今通过在沙地上种植特色蔬菜瓜果早已脱贫致富，变成了幸福村（连育青，1987）。陈德志（2015）比较了福建惠安赤湖国有防护林场海边木麻黄林地、草地和裸地 3 种类型立地全年的积沙量，发现裸地的全年总积沙量是草地的 7.8 倍，是木麻黄林地的 216.3 倍，体现了木麻黄防护林在沿海沙地防风固沙中起到的巨大作用。

在广东，研究人员曾对湛江市南三岛的木麻黄固沙效果进行统计，发现每 1km 长的林带每年能阻止 1040~2250m^2 的浮沙向陆地移动，具有很好的固沙效果。此外，木麻黄防护林的高郁闭度和巨量凋落物能够有效减少地表水分蒸发，涵养大量水源，对滨海植物群落的生存和发展具有重要意义。

解放初期的海南岛沿海地区植被稀少，有 6.3 万 hm^2 的沙化土地多为流动沙丘，终年风沙肆虐，很多沿海村庄的民房被掩埋，农田被毁，农作物无法生长。据历史资料记载，海南岛东部文昌市冯坡镇沙丘在 1749—1949 年的 200 年间，流动沙丘向内陆迁移了 1600m，平均每年 8m，掩埋良田 2700 亩，逼迫沿海村庄三次搬迁。1950 年前海南岛西部的东方、乐东地区常年风沙弥漫，生产生活环境恶劣，红眼病、肺结核等疾病流行，当地群众饱受风沙危害之苦。1960 年开始，海南省人民政府在沿海地区共建立 8 个国营治沙林场，掀起了治沙造林高潮。至 1980 年共营造木麻黄防风固沙林 5 万多公顷。为提高防护效能，增加景观效益和经济价值，文昌市还创造性地在木麻黄林中混种椰子，先后种植 7000hm^2 木麻黄与椰子黄混交林，在文昌东郊镇营造出闻名中外的椰风海韵风景区，既成功地治理了风沙危害，也促进了当地的农产品和旅游经济的发展。在海南文昌，以木麻黄纯林为对照，研究了木麻黄与大叶相思、琼崖海棠、椰子等分别混交后对海岸带风沙的防护效能的影响。研究结果发现木麻黄与大叶相思、琼崖海棠、椰子的混交模式试验林内的平均月收集沙量最少（80g），与木麻黄纯林相比减少了 67.1%，说明通过木麻黄与其他树种的混交，能显著提高防护林的固沙效果。

三、改良土壤

木麻黄人工林具有显著的土壤改良效果，特别是在干旱贫瘠的沿海沙地上。木麻黄沿海防护林对沙地土壤的改良效果主要体现在改善土壤理化结构、增加有机质含量、提高养分元素水平、增加微生物活性等方面。国内外对沿海木麻黄防护林的土壤理化性质进行了大量研究。Maily 等（1992）对塞内加尔沿海的土壤进行了研究，发现建立木麻黄防护林后土壤 pH 值下降了 12.3%，凋落物厚物厚度增加了 90.5%，地被物净生物量、钙、铝、镁、铁、钾和磷含量都显著增加，随着林分年龄的增长，氮和有机质含量也在逐年增加。在属于热带的海南省海口地区，木麻黄防护林年平均凋落物量为 5.98t/hm^2，其中木麻黄小枝凋落物占比为 89.99%，氮、磷、钾这 3 种主要养分的年归还总量为 94.69kg/hm^2，其中氮的占比达到 78.9%，钾和磷分别占比 18.71% 和 2.43%（伍恩华等，2012）。而在亚热带的福建省惠安县，木麻黄成熟防护林的年凋落物量为 3.95t/hm^2，养分年归还量为 19.96kg/hm^2（叶功富等，1996），与热带地区有较大的差异。胡海波等（1994，1995）的研究表明，木麻黄沿海防护林能改善土壤理化性状，减小土壤容重，增大孔隙，增强持水能力，同时也能提高土壤的氮、磷、钾含量。因为木麻黄和弗兰克氏菌以及内生菌根菌和外生菌根菌形成的共生联合体能为木麻黄植株提供必需的氮、磷、钾元素，使得木麻黄能在贫瘠的沙土环境中正常生长。木麻黄与弗兰克氏菌共生形成的根瘤，不仅能固氮供自身生长需要，还能够提高沙地的肥力。康丽华和仲崇禄（1999）的研究表明，每公顷木麻黄人工林根瘤每年的固氮量为 93.9~169.2kg，可以显著提高土壤的氮元素含量。莫小香（2013）比较了 40 年生木麻黄纯林、木麻黄混交林（木麻黄＋潺槁木姜子）和裸沙地（对照）的土壤性质和养分状况，发现木麻黄纯林和混交林的有机质值比对照增加了 77.19% 和 63.37%，全氮含量比对照增加了 144.27% 和 106.77%，全钾含量比对照增加了 37.66% 和 48.14%，磷含量也有所提高但差异不明显。

　　除了改善林下的土壤肥力和理化性状外，木麻黄人工林对提高土壤的酶活性和微生物数量都有积极的影响。土壤酶是指土壤中的聚集酶，是土壤新陈代谢的主要驱动因素，来源于植物、动物、微生物及其分泌物和动植物残体分解过程中释放的酶，包括存在于活细胞中的胞内酶和存在于土壤溶液或吸附在土壤颗粒表面的胞外酶（关松荫，1986）。土壤酶参与土壤物质循环的生物化学过程，反映了土壤养分转化的动态情况，酶活性的高低直接影响物质循环转化的速率，因而土壤酶活性对生态系统功能有很大影响（杨万勤和王开运，2002）。土壤酶活性可以表征土壤微生物的数量和活力强度，与土壤养分转化关系密切，能反映土壤的肥力状况，且对温度、水分、pH 值等环境因素的变化敏感，因此，土壤酶活性可以作为评价土壤熟化程度和肥力水平的重要指标（柳云龙等，2001）。胡海波等（1994，1995）对浙江泥质粗枝木麻黄防护林土壤酶活性和理化性质关系的研究表明，在土壤酶中起到主要作用的是脲酶和蛋白酶；土壤酶活性在不同水平的土壤剖面存在显著差异；在相同剖面水平上，木麻黄树龄越大则酶活性越高；酶活性与土壤的理化性质之间关系密切，对酶活性起到主要影响的是土壤容重和氮含量。根据对不同年龄的木麻黄林的根际土壤酶活性的研究，发现其根际土壤酶活性显著比非根际土壤酶活性高；随着林木的生长，根际和非根际土壤磷酸酶活性均逐渐升高，并且根际与非根际间的差异也呈增大趋势（侯杰，2006；叶功富等，2012）。谭芳林等（2003）研究了福建省木麻黄多代连栽对沿海沙地土壤酶活性的影响，发现脲酶的活性没有明显变化，但磷酸酶、多酚氧化酶和过氧化物酶的活性则随着木麻黄栽种代数的增加而降低；木麻黄林更新改造为湿地松（*Pinus elliottii*）和台湾相思（*Acacia confusa*）林后，发现湿地松有使土壤磷酸酶、多酚氧化酶和过氧化物活性降低的趋势，而台湾相思会使过氧化物酶的活性降低，而使其他 3 种酶的活性升高。

　　土壤微生物主要指土壤中那些个体微小的低等生物，包括细菌、真菌、放线菌、藻类和原生动物五大类群，它们在土壤中参与氧化、硝化、氨化、固氮、硫化等过程，促进土壤有机物质的分解和转化，是土壤生物活性的重要表征，也是维持和恢复林地生产力的主要因素。其中，细菌是土壤微生物中数量最多的一类，占总数的 70%~90%，是土壤中有机质分解和转化的主力军。真菌是腐生、寄生或共生在土壤及其基质层内的微生物类群，可分解土壤中动植物的纤维素、木质素、单宁等有机物，参与腐殖质的形成和分解、碳、磷等养分的转化，特别是对土壤团粒结构的形成和稳定起到重要的作用。放线菌在土壤有机质的分解和养分的释放中扮演着很重要的角色，它能同化无机氮，分解碳水化合物及脂类、丹宁等难分解的物质，把植物殖体和枯落物转化为土壤有机组分。土壤细菌、真菌和放线菌是土壤生态系统中微生物区系的主要组成成分，其数量、分布与组成影响和决定了土壤的生物活性和理化结构质量。土壤微生物既是土壤中营养元素的"源"，也是营养元素的"库"，是森林生态系统的重要组成部分，其生物活性和群落结构的变化能敏感地反映出土壤生态系统的质量和健康状况（Knight et al.，1997；Zelles，1999）。木麻黄沿海防护林土壤微生物数量与活性的研究报道还较少，但在为数不多的研究中，能发现在沿海地区建立木麻黄防护林后，通过提高林地土壤的有机质和其他养分元素的含量，能显著地提高土壤的微生物数量。研究者对海岸带地区土壤的微生物数量和类别研究发现，海岸防护林土壤微生物的数量分布大于农田和滩涂，且不同树种林分间微生物数量差异显著；微生物类群以细菌为主，放线菌其次，真菌最少，且随着土壤深度的加深而相应减少（戴雨生等，1996；李春艳等，2007）。土壤微生物和土壤酶都是森林生态系统内物质循环和能量流动的主要参与者，两者共同推动林分中凋落物的分解、养分元素的矿化归还过程。但在沿海防护林土壤中，虽然土壤微生物的数量与土壤酶活性有一定的相关性，但其相关性并不高，很多地点林分土壤的微生物数量较多但其酶活性并不是成比例地相应增加，表明木麻黄防护林的土壤微生物数量并不能直接反映土壤的酶活性高低（胡海波等，2001）。然而，莫小香等（2013）发现在木麻黄防护林下沙地土壤的微生物量（microbial biomass，指土壤中体积小于 $5.0 \times 10^3\,\mu m^3$ 的生物总量）（Anderson & Domsch，1980）中的碳、氮、磷与土壤的有机质、全氮、全磷和全钾呈极显著正相关关系，表明土壤微生物量可以作为评价海岸沙地的土壤肥力重要指标之一。

四、涵养水源

水源涵养是指森林生态系统对降雨的截留作用，通过林冠层拦截降雨可以降低林地表层土受到雨水的直接溅蚀，增加降水向地被层、枯落物层和土壤层的渗透变成地下径流，延缓地表水径流速度，减缓地表径流和泥沙流失，有效抑制河道泥沙淤积，产生较好的水文效果（Zinke，1967）。降落到森林的雨水，一部分被林冠截留，一部分沿树干下流到地面成为径流，还有的则直接穿过林冠到达林地成为透流。华南和东部沿海地区雨量充沛，水土流失一直较严重，特别是沙质海岸的丘陵台地，土壤沙粒大，保水保肥能力差，干旱瘠薄一直是影响这些区域植被自然恢复的主要因素，造成一些地区严重石漠化。因此，如何改良沙质海岸的土壤和提高其水源涵养功能是亟待解决的问题。

木麻黄沿海防护林作为人工营建的森林，其树冠也可以减低降水对林下土壤的溅蚀和冲刷，其根系土壤和枯枝落叶层也可以拦截和蓄积大量的雨水，使大量的地表径流渗入土壤变为地下径流，提升旱季土壤的含水量，起到良好的水源涵养作用。研究人员对木麻黄防护林内降水特征进行观测分析表明，木麻黄林年穿透降水量占林外降水量的80.40%，树干年径流量占林外降水量的8.60%。20年生木麻黄林冠年降水量分配比例为透流率81.26%，径流率2.80%，截留率15.93%；随着降水量的增大，林内雨量和径流量均有增加的均势，但林冠截留率却相应减少（李志真等，2000；王志洁，2000）。在广东湛江市南三林场的观测发现，木麻黄成熟防护林可以把该地区年降水量1700t/亩的23.65%截留在枯枝落叶层和土壤中，较之裸地可减少径流量33.53%（龙斯曼，1986）。

根据现有的文献研究结果，森林的年涵养水源总量的计算方法通常有以下三种（李金昌，1999；欧阳志云等，2004）。

①计算某一森林区域的年径流量。该方法假定森林与其他类型土地每年的蒸发耗水量是相同的，所以，林地内的年径流量为森林的涵养水源量。但实际上不同类型土地的蒸发量是有比较大差异的，因此，该计算方法一般不建议使用。

②以森林区域的水量平衡为根据计算。此方法是依据森林水源涵养的总量，取决于该森林地带的蒸发量和降水量，即：

$$森林涵养水源量（年平均径流量）= 年平均降水量 - 年平均蒸发量$$

③以森林土壤和凋落物的蓄水能力为依据计算。森林土壤的非毛细管孔隙度决定了森林土壤的蓄水能力，其计算公式为：

$$W=K \times H \times S \times 10000$$

式中，W 为涵养水源量（m^3/a）；K 为森林的土壤非毛细管孔隙度（%）；H 为森林土壤厚度（m）；S 为森林的面积（hm^2）。

方法③是计算森林年涵养水源总量最常用的方法。

王珍（2010）估算出福建省共约 16521hm^2 的木麻黄防护林涵养水源总量为 7257600m^3/ 年，平均涵养水源量为 378.0m^3/hm^2。石文华（2010）计算广东省木麻黄防护林的水源涵养量，发现广东省 20260.2hm^2 木麻黄沿海防护林的年总水源涵养量为 4977549m^3，平均涵养水源量为 334.3m^3/hm^2。欧阳志云等（2004）估算出海南的 29080hm^2 木麻黄防护林涵养水源总量为 10992240m^3/ 年，平均涵养水源量为 378.0m^3/hm^2（表 9-1）。

表 9-1 华南三省木麻黄防护林水源涵养量比较

地区	防护林面积（hm^2）	涵养水源总量（m^3/ 年）	平均涵养水源量（m^3/hm^2）
福建	16521.0	7257600.0	378.0
广东	20260.2	4977549.0	334.3
海南	29080.0	10992240.0	378.0

注：数据引自王珍（2010）、石文华（2010）和欧阳志云等（2004）。

木麻黄与其他防护林树种混交后的涵养水源效果更加显著。研究发现，多层次多树种的防护林混交能够截留更多降水渗透到土壤中，如陈德旺等（2003）对木麻黄和大叶相思混交林研究表明，木麻黄大叶相思混交林 0~40cm 土层土壤的含水量比木麻黄纯林高 49.9%。在福建惠安县赤湖林场，木麻黄分别与台湾相思、细尾桉、柠檬桉的混交林中土壤对降水的截留量都显著高于木麻黄纯林（李茂瑾，2010）。沈振洪（2011）比较了木麻黄马占相思混交林与木麻黄纯林的土壤容重、最大持水量、毛管与非毛管孔隙度等物理性状，发现在 0~20cm 的土层中，混交林与纯林相比在土壤最大持水量、毛细管持水量、非毛管空隙、毛管空隙和总孔隙度分别增加了 14.7%、10.9%、32.1%、20.7% 和 22.6%，表明木麻黄马占相思混交林的涵养水源能力高于木麻黄纯林。

五、调节小气候

木麻黄沿海防护林和其他类型的森林一样，在一定范围内对林分内或周边的温度、湿度、降水、光照强度等气象因子起到一定的调节作用。树木大面积的叶片表面在水分蒸腾过程中，吸收消耗掉大量热能，同时还能吸收和反射太阳光线，有20%~25%的热量被反射回空中，有35%的热量被树冠吸收（罗美娟，2002）。研究结果表明，福建东山县木麻黄基干林带内的月平均地温与空旷地相比下降了0.7℃，年平均气温的垂直梯度变化为林冠上部最高，林冠中部最低，变化梯度为0.4℃（谭芳林等，2000）。

沿海防护林体系对风力的减弱，还使得与风有关的气象要素产生相应的变化，从而调节了区域性气候，改善了农田生态环境，使得不利的农业生态因子（干热风、寒露风、低温等）向着有利于作物生长发育的方向转化，从而促使作物的高产稳产。研究表明，木麻黄构建的沿海农田防护林网对农田的气温、地温有明显的调节作用。在林带背风面100m范围内会有白天增温，夜间降温的现象，这对提高作物光合作用，减弱呼吸作用，最终促进作物生长很有帮助。防护林网对农田的增温效果十分明显。观测数据表明，在冬季的14：00时，防护林网内农田的地温可比对照（无林带区域）增加3.8℃，而晚间则无明显差异（曾焕生，2005）。另外，防护林网对农田的蒸发量也有显著的影响，林网背风面20~100m范围内日均蒸发量与对照相比，降低了25.0%~31.0%，而在100~200m范围内降低了7.0%~25.0%（黄义雄，1988）。

在海边沿岸地区，海上强风带来的飞盐对沿海农田作物造成的盐害也不容忽视。海岸带地区空气中盐离子的含量，与风向、风速和湿度都有直接关系，风速越大，海浪越高，溅起的水滴和浪花越多，空气中的盐尘的浓度就越高，对海岸后沿作物的危害程度也越大。木麻黄沿海防护林在降低风速的同时，对空气中的盐离子也有阻滞、吸附和截留的作用。观测数据表明，海岸带防护林可使空气中氯离子含量在100m的沉降量比空旷地（对照）提高3.3倍（李荣锦等，2000）。

六、固碳释氧

森林是陆地生态系统的主体，地球上重要的碳库，储存了陆地生态系统有机碳中地上部分的80%和地下部分的40%（Dixon et al.，1994）。因此，森林生态系统在调节全球的碳平衡，减缓大气中CO_2等温室气体浓度以及调节全球气候等方面起到重要作用。森林与大气的物质交换主要是CO_2和O_2的交换，确切地说是森林固定并减少大气中的CO_2和增加空气中的O_2，这对维持大气中CO_2和O_2的动态平衡，减少温室效应，以及为人类提供适宜生存的环境基础都有着不可替代的作用。固碳释氧的统计量为森林的释放O_2量和吸收CO_2的量，其化学反应方程式为$6CO_2+6H_2O=C_6H_{12}O_6+6O_2$。根据光合作用方程式和现有的研究成果，林木生长每产生1t干物质可以吸收（固定）1.63t CO_2，释放1.19t O_2；森林每长出1m^3的蓄积量，大约可吸收固定350kg的CO_2。联合国粮农组织（FAO）2005年对全球森林资源的评估数据表明，全球森林面积约为40亿hm^2，占全球陆地面积的30%，其中热带占47%，亚热带占9%，温带占11%，寒带占33%。全球森林蓄积量约为4342亿m^3，平均每公顷蓄积量为110m^3。全球现有森林总储碳量为

2827亿t，平均每公顷森林的生物碳储量为71.5t，如再加上贮藏在枯死木、枯落物和土壤中的碳，每公顷森林的碳储量将达到161.1t（FAO，2006）（表9-2）。

表9-2　全球森林面积和碳储量

地区	森林面积（10^6hm^2）	森林蓄积量（10^6m^3）	生物碳储量（Gt）	单位面积碳储量（t/hm^2）				
				生物量	枯死木	枯落物	土壤	合计
非洲	635.412	64957	60.9	95.8	7.6	2.1	55.3	160.8
亚洲	571.577	47111	32.6	57.0	6.9	2.9	66.1	132.9
大洋洲	206.254	7361	11.4	55.0	7.4	9.5	101.2	173.1
欧洲	1001.394	107264	43.9	43.9	14.0	6.1	112.9	176.9
中北美洲	705.849	78582	42.4	60.1	9.0	14.8	36.6	120.6
南美洲	831.540	128944	91.5	110.0	9.2	4.2	71.1	194.6
全世界	3952.026	434219	282.7	71.5	9.7	6.3	73.5	161.1

注：数据来源于（FAO，2006）；Gt为10亿t。

木麻黄沿海防护林也是陆地森林生态系统的重要组成部分，它除了在沿海地区发挥防风固沙、改良土壤、涵养水源、防灾减灾等作用外，也有巨大的固碳释氧能力。根据植物固定CO_2量＝植物生物生产量×植物形成单位干物质所消耗的CO_2量（1.63），释放O_2量＝植物生物生产量×植物形成单位干物质所释放的O_2量（1.19），所以：

$$植物固定CO_2量 = 植物生物生产力 \times 面积 \times 1.63$$

$$植物释放O_2量 = 植物生物生产力 \times 面积 \times 1.19$$

根据已有的研究结果（表9-3），福建省木麻黄防护林的净初级生产力测定为23.918t/（$hm^2 \cdot a$）（黄义雄，2003），那么福建省木麻黄防护林CO_2固定量为23.918t/（$hm^2 \cdot a$）×16521.0hm^2×1.63=644093.3t/年，释放O_2量为470227.6t/年。广东省木麻黄防护林净初级生产力的测定未发现有研究报道，我们采用福建测得的数据23.918t/（$hm^2 \cdot a$），计算得到广东省木麻黄防护林CO_2固定量为580405.2t/年，释放O_2量为423731.4t/年。海南木麻黄防护林的净生产力测定为21.3m^3/hm^2（张勇等，2011），折合成重量是21.3m^3/hm^2÷0.62t/m^3=34.355t/（$hm^2 \cdot a$），那么海南省木麻黄防护林CO_2固定量为1628411.0t/年，释放O_2量为1188862.0t/年。由此算得，每公顷木麻黄防护林平均每年可以固定47.5t的CO_2，释放出34.7t的O_2。

表9-3　华南沿海三省木麻黄防护林固碳释氧量比较

地区	防护林面积（hm^2）	固定CO_2（t/年）	年均固定CO_2[t/（$hm^2 \cdot a$）]	释放O_2（t/年）	年均释放O_2[t/（$hm^2 \cdot a$）]
福建	16521.0	644093.3	39.0	470227.6	28.5
广东	20260.2	789871.1	38.9	576654.3	28.5
海南	29080.0	1628411.0	56.0	1188862.0	40.9

除了地上部分外，木麻黄防护林的地下部分，包括土壤和凋落物也是巨大的碳贮存库。郭瑞红（2007）在木麻黄防护林土壤（0~100cm）和凋落物中开展碳贮量的研究发现，幼龄林（5年生）、中龄林（16年生）和成熟林（30年生）的碳贮量分别为13.61t/hm²、23.37t/hm²和56.17t/hm²，而其凋落物现存量分别为0.44t/hm²、1.04t/hm²和1.22t/hm²。

七、生物多样性保护

木麻黄沿海防护林也为海岸的动植物提供了很好庇护场所，增加了其物种多样性和种群数量。温远光等（2000）对广西沿海防护林的生物多样性进行分析，发现沿海防护林能明显增加生物种群数量，提升生物多样性，具有强大的物种保育功能。调查证实，海南省、广东省和福建省沿海的木麻黄防护林下植被种类多样性丰富，主要包括灌木层（19科24属和25种）和草本层（32科76属和88种）。其中数量较大的禾本科有15属和18种，菊科有13属和15种，以及莎草科有6属和8种（附录4）。

在广东省茂名市茂港区沿海木麻黄防护林4个不同林龄样地的调查测中，共发现有植物27种，隶属于18个科和27个属。其中乔木1种，灌木8种，草本植物18种。种类最多的是禾本科，共有5个种，占总数的18.5%；其次是菊科（4种）、豆科（3种）、大戟科（3种）、茜草科（2种）、马鞭草科（2种），其余均为1科1属1种，占全部种类的38.7%。林地内灌木都较为低矮，高度均在1m之内，树冠较小，郁闭度小。其中以马缨丹在出现的频率最高，其次为桤叶黄花稔、酒饼簕等。草本层的物种更为丰富，盖度（coverage，指植物地上器官垂直投影面积占样地面积的百分比）也较大，主要为禾本科和菊科植物，其次为大戟科植物，但以茜草科的丰花草出现的频率最高，其次是菊科的鬼针草（*Bidens pilosa*）以及苋科的土牛膝等（徐馨等，2013）。对海南文昌滨海台地不同林龄（3~29年）的木麻黄防护林下植物物种组成和多样性进行调查的结果表明，植物种类为19科31属32种，其中木本植物6科6属8种；草本植物14科24属24种。黑面神、马缨丹、银合欢、丰花草、白花草等物种几乎在木麻黄林的各个年龄阶段均出现。随着林龄的增加，林下物种总丰富度指数明显在增长，植被群落的生境趋于稳定（杨青青等，2016）。对海口市的木麻黄防护林生物多样性进行调查，结果表明，该地区木麻黄林下植物共有52种，隶属于29科46属，其中主要为草本以及藤本植物（占73.1%），灌木以小灌木为主，乔木极少。调查的所有样地中，出现频率较高的物种主要为露兜、飞机草、蔓荆子、海滨莎、狗牙根、马缨丹、野牡丹、海杧果、海刀豆等（张彩凤等，2012）。在海口和文昌，对3~29年生木麻黄林下植被调查结果显示，林下植被种类共有25种（薛杨等，2015）。在福建省平潭县，调查了沿海防护林人工群落基干林带后沿4种典型林带林分的林下植被，显示含灌木7种和草本植物20种（林捷等，2014）。在福建晋江，对5个木麻黄立地及其林下植被物种组成和多样性进行调查，显示木麻黄林下灌木种类为4~29种，草本为31~72种（尤龙辉等，2013）。

八、其他功能

除了上述生态功能外，木麻黄沿海防护林的生态功能还体现在净化大气、降低噪音、旅游休憩等功能上。木麻黄防护林具有明显的吸收 SO_2、过滤烟尘、降低污染、降低噪音的效果。此外，靠近市区的木麻黄沿海防护林是市民们郊游娱乐、游玩休憩的好去处，当地政府在防护林内修建的绿道、驿站等吸引了大量市民在节假日或清晨傍晚在此散步游玩，也带动了当地的旅游经济发展。

但也有个别国家，如美国、日本和南非把木麻黄定为入侵植物（Morton，1980；Wheeler et al.，2011；Abe et al.，2011；Potgieter et al.，2014b）。研究表明，在美国佛罗里达州，木麻黄种子苗或根蘖在海边的大量扩散严重侵占了当地海龟的筑巢产卵地，威胁了海岸地区的生物多样性（Wheeler et al.，2011）。

第二节　生态价值评估

森林是陆地生态系统的重要组成部分，其生态服务功能也日益受到人们的关注，特别是在全球气候变化加剧的时代背景下，森林在延缓气候变化、保护生物多样性中的价值越来越受到重视。采用科学的方法将森林的生态服务功能产生的价值采用货币化方法进行衡量，可以使人们更清晰地了解森林的所能产生的价值，也便于吸引全社会参与到森林资源的保护和利用中来。森林的生态服务价值指的是森林生态系统所能发挥的生态、经济、社会功能价值的总称，它难以用常规的价值评价体系来衡量，对其进行系统分类是合理计算其价值总量的前提。一般将其分为两类，一是可以物化的产品的价值，包括提供木材和其他林副产品；另外一类就是无形的生态价值，即森林生态系统与生态过程所能形成及维持的人类赖以生存的自然环境条件。国内外关于森林生态价值的研究主要从防风固沙、涵养水源、保育土壤、固碳释氧、生态旅游、生物多样性保护等方面开展研究，提出了一系列相应的评价方法与计量模型。

从 20 世纪 60 年代开始，我国科学家开展了森林生态功能价值的计量研究。张嘉宾等（1982）利用影响工程法、替代费用法估算云南怒江、福贡的森林固持土壤功能的价值为 154 元 /（亩·年），森林涵养水源功能的价值为 142 元 /（亩·年）；孔繁文等（1994）对我国沿海防护林体系、辽宁海上东部水源涵养林、吉林三湖自然保护区水源涵养的生态效益进行了核算研究；侯元兆等（1995）第一次比较全面地对中国森林资源涵养水源、保育土壤、固定 CO_2 和供给 O_2 等三方面的总价值进行了评估；张颖（2002）首次对我国森林生物多样性进行量化核算，估算出中国森林生物多样性价值高达 7 万多亿元人民币；国家林业局于 2008 年制定了行业标准《森林生态系统服务评估规范》（王兵等，2008），用于指导森林生态服务功能价值的评估。

一、木麻黄防护林生态功能的价值评价方法

木麻黄防护林建立于滨海地区，其生态功能价值也分为直接经济价值和间接经济价值。其中直接价值是木材薪材与林副产品，主要是木材产品价值，间接价值包括防风固沙、保育土壤、涵养水源、固碳释氧、净化大气、生物多样性保护、森林游憩等七个方面。根据前人的研究结果，木麻黄防护林不同生态功能的价值评价采用如下方法（图9-1）。

（一）市场价值法

该方法以其生产的产品价值为根据，是一种应用广泛、便于理解的价值评价方法，在这里主要用于木麻黄防护林活立木的经济价值估算。

（二）剂量－反应关系法

该方法根据木麻黄防护林建立后农作物得到庇护，最大限度地减少风沙灾害，从粮食作物增产取得相应的经济价值来估算木麻黄防护林防风固沙、改善小气候的生态价值（叶功富等，2011）。

（三）替代市场法

当森林所发挥的某些效应无法直接用市场价格衡量时，找到这些效益的替代品的市场和价格，通过估算替代品的花费来代替森林的某项生态效益的价值。例如，为获得因水土流失而丧失的氮、磷、钾养分而购买等量化肥的费用等。此法被用于估算木麻黄防护林在保育土壤方面产生的经济价值。

（四）替代工程法

此方法是指生态系统遭到损坏后，用人工建造一个能替代原来的某项功能的工程所需的费用。例如，一片森林被毁坏后，使涵养水源的功能丧失，需要建造能储蓄相同水量的水库所需要的费用。该方法用于估算木麻黄防护林的涵养水源价值。

（五）碳税法

该方法是估算植物光合作用固定的 CO_2 量和释放的 O_2 量，然后使用国际上普遍认可和采用的碳税率来估算森林在固碳释氧上的价值。

（六）替代花费法

是指森林起到的净化大气作用如果需要通过人工治理所需要的费用。该方法用于估算木麻黄防护林在净化大气上的价值。

（七）支付意愿法

支付意愿是目前比较常见的价值判定经济学指标，是指人们为获取某一物品或服务而愿意支付的货币数目，多采用调查问卷的方法获取。该方法被用于估算木麻黄对生物多样性保护上产生的价值（张建国，1998）。

（八）条件价值法

条件价值法（contingent value method，CVM）是通过针对游憩目的地旅游者问卷调

查的方式，获得他们对该游憩资源的最大支付意愿，最终得到该游憩目的地经济价值的货币评价。

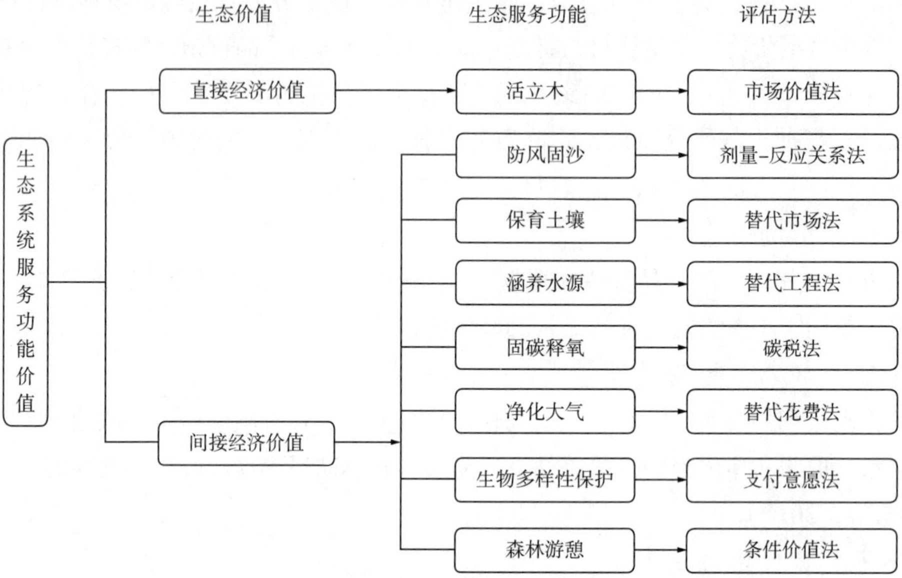

图9-1　木麻黄防护林生态服务功能价值评估

二、直接经济价值

直接经济价值主要是指木麻黄防护林活立木的经济价值。木麻黄木材热值高，适合于用于薪材、木炭产品、生产纸浆、建筑用材等。但木麻黄沿海防护林作为生态公益林的一部分，年采伐量小，因此，仅计算其活立木年生长量价值，采用市场价值法来估算其经济价值。计算公式为：

$$V_木 = S \times W_木 \times R_木 \times P_木 = B \times R_木 \times P_木$$

式中，$V_木$为活立木的经济价值（元/年）；S为森林面积（hm^2）；$W_木$为森林单位面积蓄积量（m^3/hm^2）；$R_木$为年均生长率（%）；$P_木$为木材产品价格（元/m^3）；B为活立木蓄积量（m^3）。

根据2018年福建地区森林资源清查的数据，福建滨海地区木麻黄面积是16521hm^2，活立木蓄积量为1198807m^3，年均生长率为5.4%，目前市场上木麻黄木材的平均价格为300元/m^3，因此，可估算出福建省木麻黄防护林的直接经济价值为1942.1万元/年，单位面积木麻黄防护林年均经济价值为1175.5元/（$hm^2 \cdot a$）（谢义坚，2020）。根据2018年广东地区森林资源清查的数据，广东省木麻黄面积为20260.2hm^2，活立木蓄积量为932332m^3，年均生长率为6.1%，目前市场上木麻黄木材的平均价格为300元/m^3，可估算出广东省木麻黄防护林的年均直接经济价值为1706.2万元/年，单位面积木麻黄防护林年均经济价值为842.1元/（$hm^2 \cdot a$）。根据2018年海南省森林资源清查的数据，海南省滨海地区木麻黄面积为29080hm^2，活立木蓄积量为1832400m^3。

根据海南木麻黄的年均生长率为 6.45%（陈君，2007），木麻黄木材的平均价格为 300元 /m³，可估算出海南省木麻黄防护林的年均直接经济价值为 3545.7 万元 / 年，单位面积木麻黄防护林年均经济价值为 1219.3 元 /（hm²·a）（表 9-4）。

表 9-4　华南沿海三省木麻黄活立木价值估算

地区	防护林面积（hm²）	活立木蓄积量（m³）	活立木价值（万元 / 年）	单位面积活立木价值［元 /（hm²·a）］
福建	16521.0	1198807	1942.1	1175.5
广东	20260.2	932332	1706.2	842.1
海南	29080.0	1832400	3545.7	1219.3

三、间接经济价值

（一）防风固沙价值

木麻黄防护林带的防风效果明显，给海岸后沿的农作物带来显著的保护和增产效益。据研究，沿海防护林、农田林网的林带动力效应（aerodynamic effect of shelterbelt，指在一定的防护范围内，林带所引起的风速、风向、乱流交换等气象要素的变化）可减弱风速 28%~40%，减少农作物的枯叶率 30%~60%，风折率 22%（关德新，1998）。根据木麻黄防护林对沿海农作物（主要为水稻）的增产所取得的相应价值来估算其生态价值。

福建省木麻黄防护林在防风固沙上每年获得的价值估算为 132168 万元 / 年，平均单位面积的防护价值为 8 万元 /（hm²·a）（谢义坚，2020）。广东省木麻黄防护林在防风固沙上每年的价值估算为 96737 万元，平均单位面积的防护价值为 4.8 万元 /（hm²·a）（石文华，2010）。海南省木麻黄防护林在防风固沙上每年的经济价值估算为 13500~18000 万元 / 年，取其中间值为 15750 万元 / 年，平均单位面积的防护价值为 0.25 万元 /（hm²·a）（欧阳志云等，2004）。

（二）保育土壤价值

保育土壤价值分为固土的价值和保肥价值。木麻黄防护林截留降水，降低了地表径流对土壤的冲刷侵蚀，同时，林木的根系支持固定土壤，减少水土的流失量。根据广东省调查规划院（2022）的《广东省生态公益林监测评价报告（2018—2021）》结果，有林地植被的土壤，年平均单位面积土壤流失量为 0.9t/hm²，无林地土壤的年平均单位面积流失量高达 6.0t/hm²。另外，木麻黄防护林可以减少土壤养分流失，并改善土壤结构。木麻黄的根系活动和地上有机体的生长、积累、凋落物分解，能够对土壤微生物的组成和活动产生积极影响，并使土壤物理性质、肥力和结构发生变化，提高了土壤的物理性质、化学性质和生物活性。此外，木麻黄根系通过和弗兰克氏菌共生具有固氮能力，使土壤中有效氮含量增多。木麻黄还能通过与外生或内生菌根菌共生，扩大养分的吸收能力和范围，能对沙土中低浓度而分散的营养元素起到富集作用。

森林的固土量计算，使用最广泛的经验模型是美国通用土壤流失方程（USLE），即根据有林地和无林地的侵蚀差异来计算，可表现为潜在土壤侵蚀量与现实土壤侵蚀量的差值，其计算公式为：

$$A_c = A_p - A_r$$

式中，A_c 为固土量（t/ 年）；A_p 为潜在土壤侵蚀量（t/ 年）；A_r 为现实土壤侵蚀量（t/ 年）。

根据《广东省生态公益林监测评价报告》，木麻黄防护林的林地固土量为 6.0–0.9=5.1t/hm²，那么福建省 16521hm²、广东省 20260.2hm² 和海南省 29080.0hm² 木麻黄沿海防护林的固土量估算分别为 84257.1t/ 年、103327.0t/ 年和 148308.0t/ 年。

森林固土价值 = 森林固土量 × 土壤经济价值。根据《广东省生态公益林监测评价报告》，土壤经济价值定价 0.87 元 /t，那么福建省、广东省和海南省木麻黄防护林年固土价值分别为 73303.7 元、89894.5 元和 129028.0 元。

减少土壤养分流失或保持土壤肥力的价值用土壤中的氮、磷、钾养分的价值来代替。保肥价值计算公式如下：

$$W_N = A_c \cdot C_N \cdot R_N \cdot P_N$$

$$W_P = A_c \cdot C_P \cdot R_P \cdot P_P$$

$$W_K = A_c \cdot C_K \cdot R_K \cdot P_K$$

式中，W 为木麻黄防护林的保肥量，A_c 为木麻黄防护林的固土量，C_N、C_p、C_k 分别为土壤中全氮、磷、钾成分的含量（%），R_N、R_P、R_K 分别为纯 N、P_2O_5、K_2O 折算成化肥的比例，分别为 60/28、406/62、74.5/38（周毅等，2005），R_N、R_P、R_K 分别是氮、磷、钾肥的市场价格。

福建木麻黄防护林土壤的全氮、磷、钾含量分别为 0.281%、0.014% 和 0.248%（谢义坚，2020），广东省木麻黄防护林土壤的全氮、磷、钾含量分别为 0.074%、0.050% 和 1.935%（石文华，2010），海南省木麻黄防护林土壤的全氮、磷、钾含量分别为 0.026%、0.026% 和 1.160%（陈君，2007）。氮、磷、钾类化肥参考 2020 年的价格，分别为 2400 元 /t、800 元 /t 和 2200 元 /t。那么福建省木麻黄防护林保肥的价值为：

$$W_N = A_c \cdot C_N \cdot R_N = 84257.1 \times 0.281\% \times 60/28 \times 2400 = 1217635.5 \text{ 元 / 年}$$

$$W_P = A_c \cdot C_P \cdot R_P \cdot P_P = 84257.1 \times 0.014\% \times 406/62 \times 800 = 61795.8 \text{ 元 / 年}$$

$$W_K = A_c \cdot C_K \cdot R_K \cdot P_K = 84257.1 \times 0.248\% \times 74.5/38 \times 2200 = 901267.2 \text{ 元 / 年}$$

$$W_{总} = 1217635.5 + 61795.8 + 901267.2 = 2180698.5 \text{ 元 / 年}$$

根据以上公式，估算得福建木麻黄防护林保肥的价值为 218.1 万元 / 年，广东木麻黄防护林保肥的价值为 928.5 万元 / 年，海南木麻黄防护林保肥的价值为 781.8 万元 / 年。

木麻黄防护林保育土壤的价值为固土价值 + 保肥价值，因此，福建、广东和海南三省木麻黄防护林的保育土壤价值分别为 225.4 万元 / 年、937.5 万元 / 年和 794.7 万元 / 年（表 9–5）。

表 9-5 华南沿海三省木麻黄防护林保育土壤的价值估算

地区	固土量（t/年）	固土价值（万元/年）	保肥价值（万元/年）				固土保肥价值（万元/年）
			氮	磷	钾	合计	
福建	84257.1	7.3	121.8	6.2	90.1	218.1	225.4
广东	103327.0	9.0	39.3	27.1	862.1	928.5	937.5
海南	148308.0	12.9	19.8	20.2	741.8	781.8	794.7

（三）涵养水源价值

木麻黄防护林涵养水源价值的估算采用替代工程法，即木麻黄防护林被毁坏后，使涵养水源的功能丧失，需要建造能储蓄相同水量的水库所需要的费用。单位水库库容的投资造价为 0.67 元 /m³（谢义坚，2020），由此福建、广东和海南的木麻黄防护林涵养水源价值分别估算为 486.3 万元 / 年、333.5 万元 / 年和 736.5 万元 / 年（表 9-6）。

表 9-6 华南三省木麻黄防护林保育土壤价值估算

地区	防护林面积（hm²）	涵养水源总量（m³/年）	涵养水源价值（万元/年）	单位面积涵养水源价值 [元/(hm²·a)]
福建	16521.0	7257600.0	486.3	253.3
广东	20260.2	4977549.0	333.5	224.0
海南	29080.0	10992240.0	736.5	253.3

（四）固碳释氧价值

本章第一节在论述木麻黄防护林生态服务功能时，已估算出福建、广东和海南三省木麻黄防护林的固碳和释氮的年均总量（表 9-3）。根据国际上普遍认可和采用的瑞典碳税率（150 美元 /t）（中国生物多样性国情研究报告，1998），而美元兑换人民币按照现在的汇率 1 ：6.7 换算，计算得到福建、广东和海南三省木麻黄防护林的固碳价值分别为 64731.4 万元 / 年，79382.1 万元 / 年和 163655.3 万元 / 年。另外，根据我国原卫生部发布的氧气价格为 1299.1 元 /t（谢义坚，2020），估算出福建、广东和海南木麻黄防护林的释放 O_2 价值分别为 61087.3 万元 / 年、74913.2 万元 / 年和 337096.9 万元 / 年。

木麻黄防护林固碳释氧的价值为固定 CO_2 价值加释放 O_2 价值，因此福建、广东和海南三省木麻黄防护林每年固碳释氧总价值分别为 125818.7 万元 / 年、154295.3 万元 / 年和 318100.4 万元 / 年（表 9-7）。

表 9-7 华南三省木麻黄防护林固碳释氧价值估算

地区	木麻黄面积（hm²）	固定 CO_2 量（t/年）	固定 CO_2 价值（万元/年）	释放 O_2 量（t/年）	释放 O_2 价值（万元/年）	固碳释氧价值（万元/年）
福建	16521.0	644093.3	64731.4	470227.6	61087.3	125818.7
广东	20260.2	789871.1	79382.1	576654.3	74913.2	154295.3

（续表）

地区	木麻黄面积（hm²）	固定 CO_2 量（t/年）	固定 CO_2 价值（万元/年）	释放 O_2 量（t/年）	释放 O_2 价值（万元/年）	固碳释氧价值（万元/年）
海南	29080.0	1628411.0	163655.3	1188862.0	154445.1	318100.4

（五）净化大气价值

森林生态系统通过叶片的作用对大气污染物（如二氧化硫、氮氧化物、粉尘、重金属等）有害气体具有吸收、过滤、阻隔和分解等作用，同时，可以增加空气湿度、提供负离子和萜烯类（如芬多精）等有利于人体健康的物质。空气污染常以硫化物为主，SO_2 是大气中分布较广、影响较大的气态污染物，因而，森林吸收污染物的价值，也主要是净化 SO_2 的价值，另外，森林的滞尘能力也是其净化空气功能的一个重要体现。因此，我们在估算木麻黄的净化空气价值时以吸收 SO_2 和滞尘产生的价值计算。

在《中国生物多样性国情研究报告》中，列出了木麻黄和其他植物对吸收 SO_2 和滞尘能力的比较。木麻黄树种吸收 SO_2 能力可达到 88.7kg/（hm²·a），滞尘量达到 10.1t/（hm²·a）（表 9-8）。根据国家发展和改革委员会 2003 年颁布的《排污费征收标准及计算方法》，SO_2 的治理费用为 1.2 元/kg，降尘治理费用为 0.15 元/kg，由此可计算出福建木麻防护林每年吸收 SO_2 的价值为 16521hm²×88.7kg/（hm²·a）×1.2 元/kg=175.9 万元/年。同理，可计算出广东和海南木麻黄防护林每年吸收 SO_2 的价值分别为 215.7 和 306.5 万元/年。此外，可计算出福建、广东和海南三省木麻黄防护林的滞尘量分别为 166862.1t/年、204628.0t/年和 293708.0t/年，其产生的滞尘价值分别为 2502.9 万元/年、3069.4 万元/年和 4405.6 万元/年。吸收 SO_2 价值和滞尘价值相加，可估算出福建、广东和海南三省木麻黄防护林的净化空气价值分别为 2678.8 万元/年、3285.1 万元/年和 4715.1 万元/年（表 9-9）。

表 9-8　不同树种吸收 SO_2 和滞尘能力的比较

树种	杉树	松树	自然阔	软阔	桉树	木麻黄
吸收 SO_2 能力 [kg/（hm²·a）]	117.6	117.6	88.7	887.7	887.0	88.7
滞尘能力 [t/（hm²·a）]	32.0	34.5	10.1	10.1	10.1	10.1

注：数据引自《中国生物多样性国情研究报告》（中国生物多样性国情研究报告编写组，1998）。

表 9-9　华南沿海三省木麻黄防护林净化空气价值估算

地区	木麻黄面积（hm²）	吸收 SO_2 量（t/年）	吸收 SO_2 价值（万元/年）	滞尘量（t/年）	滞尘价值（万元/年）	净化空气价值（万元/年）
福建	16521.0	1465.4	175.9	166862.1	2502.9	2678.8
广东	20260.2	1797.1	215.7	204628.0	3069.4	3285.1
海南	29080.0	2579.4	309.5	293708.0	4405.6	4715.1

（六）生物多样性保护价值

森林对生物多样性保护价值的计量相对困难和较有争议，因其需要结合自然科学和社会科学进行评价，很难制定出一个符合所有人预期的评价标准。尽管如此，众多学者进行了大量探索，提出了如物种保护基准法、支付意愿调查法、费用效益分析法、市场价值法、机会成本法等，其中支付意愿调查法应用最为广泛。

根据《中国生物多样性国情研究报告》的调查研究结果，我国民众可为生物多样性保护支付的愿意金额平均为 10 元 / 人，基于此可计算出华南沿海三省木麻黄防护林生物多样性保护功能的价值。如 2021 年福建省人口 4200 万，福建民众对于生物多样性的支付意愿共为 42000 万元 / 年，目前福建省共有森林面积 8979000hm²，那么公众平均每公顷森林的支付意愿为 46.8 元 /（hm²·a）。木麻黄防护林面积为 16521.0hm²，可估算出福建木麻黄防护林每年发挥的生物多样性保护价值为 77.3 万元。广东省 2021 年的人口为 12684 万人，对于生物多样性的支付意愿共为 126840 万元 / 年，而目前广东省共有森林面积 6864600hm²，公众平均每公顷森林的支付意愿为 184.8 元 /（hm²·a）。广东省木麻黄防护林面积为 20260hm²，可估算出广东省木麻黄防护林每年发挥的生物多样性保护价值为 374.3 万元。海南省 2021 年的人口为 1020 万人，对于生物多样性的支付意愿共为 10200 万元 / 年，目前海南省共有森林面积 1874800hm²，公众平均每公顷森林的支付意愿为 54.4 元 /（hm²·a）。海南省木麻黄防护林面积为 29080hm²，可估算出海南省木麻黄防护林每年发挥的生物多样性保护价值意愿共为 158.2 万元 / 年（表 9-10）。

表 9-10　华南沿海三省木麻黄防护林生物多样性价值估算

地区	木麻黄面积（hm²）	人口数量（万人）	多样性保护支付意愿 [元 /（hm²·a）]	生物多样性保护价值（万元 / 年）
福建	16521.0	4200	46.8	77.3
广东	20260.2	12684	184.8	374.3
海南	29080.0	1020	54.4	158.2

（七）游憩价值

森林游憩（forest recreation）功能是指森林生态系统为人类提供休闲和娱乐的场所，具有使人消除疲劳、愉悦身心、有益健康的功能。相应的服务功能价值是指森林生态系统为人类提供休闲和娱乐场所而产生的价值（王珍，2010）。就森林游憩功能的内涵而言，其价值应体现在森林游憩区为公众所提供的服务，即公众开展森林游憩过程中获得的舒适体验。目前对森林游憩价值的评价主要有两大方法体系，即条件价值法（CVM）和旅行费用法（travel cost method，TCM）。CVM 是一种直接调查方法，直接询问公众对某种生态系统服务的支付意愿（willingness to pay，WTP）或对修复某种生态系统服务损坏所能接受的支付意愿（willingness to accept，WTA）。TCM 是利用游憩的各种费用（常以交通费和门票费作为旅行费用）求得"游憩商品"的消费者剩余（consumer surplus）作为森林景观游憩的价值（陈应发，1996）。TCM 属于替代市场法之一，它把游憩费用作为一种替代物来考量旅游者对旅游资源的评价，它是目前最流行的游憩价值评价方法。

华南木麻黄沿海防护林虽然部分被改建成为滨海森林公园，但几乎全部免费对公众开放，因此，对木麻黄防护林的游憩价值估算使用 CVM 方法更合理，主要通过向游人进行问卷调查来评估其游憩价值。福建木麻黄防护林的游憩价值没有现成的估算数据可以引用，但根据福建省第八次森林资源连续清查统计数据（2013），福建森林游憩总价值为 1161600 万元 / 年（陈花丹等，2018；陈钦，2020）。福建 16521hm^2 的木麻黄防护林面积占了全省生态公益林 2817333hm^2 的 1/170.5，那么木麻黄防护林的游憩价值也约为福建森林游憩总价值的 1/170.5，即 6812.9 万元 / 年。广东木麻黄防护林的游憩价值使用 CVM 方法估算为 10740.6 万元 / 年（李怡，2010）。海南木麻黄防护林的游憩价值也没有现成的估算数据可以引用，但据周亚东等（2011）估算，海南全省公益林面积为 796198.4hm^2，森林游憩总价值为 128800 万元 / 年，面积为 29080hm^2 的木麻黄防护林占了公益林面积的 1/27.4，那么木麻黄防护林的游憩价值也约占海南森林游憩总价值的 1/27.4，即 4700.7 万元 / 年（表 9-11）。

表 9-11　华南沿海三省木麻黄防护林游憩价值估算

地区	木麻黄面积（hm^2）	游憩价值（万元 / 年）	单位面积游憩价值 [元 /（hm^2·a）]
福建	16521.0	6812.9	4123.8
广东	20260.2	10740.6	5301.4
海南	29080.0	4700.7	1616.5

（八）木麻黄防护林总价值

由表 9-12 可知，福建、广东和海南三省木麻黄防护林的活立木价值分别为 1942.1 万元 / 年、1706.2 万元 / 年和 3545.7 万元 / 年，每公顷产生的木材经济价值分别为 1175.5 元 /（hm^2·a）、842.1 元 /（hm^2·a）和 1219.3 元 /（hm^2·a）。生态服务功能总价值分别为 269976.3 万元 / 年、268300.0 万元 / 年和 348018.1 万元 / 年，可见，木麻黄防护林在滨海地区生态环境改善和提升中发挥着重大的服务功能。其中，木麻黄防护林在滨海地区的防风固沙和固碳释氧两种生态服务功能的价值估值最高，如木麻黄的防风固沙价值在福建占了总价值的 49.0%，在广东占了总价值的 36.1%；而固碳释氧价值在福建占了总价值的 46.6%，在广东占了总价值的 57.5%，在海南占了总价值的 91.4%。由此可见，木麻黄防护林在滨海地区的防风固沙和固碳释氧两种生态服务功能的贡献最大，而在生物多样性保护、保育土壤和涵养水源方面的生态服务功能贡献较小。

表 9-12　华南沿海三省木麻黄防护林木材与生态服务功能总价值估算

分类	产品或服务	经济价值（万元 / 年）		
		福建	广东	海南
直接价值	活立木	1942.1	1706.2	3545.7
间接价值	防风固沙	132168.0	96737.0	15750.0
	保育土壤	225.2	937.5	794.7

（续表）

分类	产品或服务	经济价值（万元/年）		
		福建	广东	海南
间接价值	涵养水源	253.3	224.0	253.3
	固碳释氧	125818.7	154295.3	318100.4
	净化大气	2678.8	3285.1	4715.1
	生物多样性保护	77.3	374.3	158.2
	森林游憩	6812.9	10740.6	4700.7
	合计	269976.3	268300.0	348018.1
	平均 [万元/(hm^2·a)]	16.3	13.2	12.0

第十章 木麻黄树种

本章主要介绍木麻黄科植物最新分类的 93 个种及 13 个亚种（附录 1），对国内外主要栽培种和一些有利用前景的栽培树种作较详细介绍，并对一些罕见的木麻黄种作简要介绍，供将来木麻黄植物开发利用参考（附图 10-1~ 附图 10-6）。

第一节　木麻黄属

一、短枝木麻黄

俗名普通木麻黄、木麻黄（casuarina）、海滨倩栎（coast sheoak/beach sheoak）、澳大利亚松（Australian pine）、马尾橡树（horsetail oak）、铁木（ironwood）、吹哨松（whistling pine）等。

短枝木麻黄包含短枝木麻黄本种和短枝木麻黄因卡那亚种。

所有木麻黄植物中，短枝木麻黄是天然分布范围最广、可适应海岸各种类型土壤、耐盐碱、在世界范围引种最早且人工栽培面积最大的木麻黄树种，也是中国栽培面积最大的木麻黄树种。短枝木麻黄的抗风、耐盐、耐瘠薄、抗干旱、抗沙埋等特性使得它在沿海地区的防风和沙丘固定上有特别高的利用价值。短枝木麻黄适合暖和至酷热的亚热带和热带气候，能耐一个较大范围的温度，但不能抗霜冻天气。

（一）形态特征

短枝木麻黄本种，属乔木，高 7~35m，胸径可达 70cm 以上，主干明显，树干直，树冠较窄，呈圆锥形。绿色小枝（branchlet）是主要光合作用器官，长 10~30cm，下垂，节间长 5~13mm，粗 0.5~1.0mm；每节上有鳞片状小齿叶 6~8 枚，长 0.3~0.8mm，小枝节间的齿叶直立；小枝上的脊（furrow）间明显有棱沟（ridge），棱沟具稀疏至密的绒毛。短枝木麻黄以雌雄异株为主，少量雌雄同株；雄花花序长 0.7~4.0cm，基部有覆瓦状排列的苞片。蒴果椭圆形，两端钝，长 1.2~2.4cm，粗 0.9~2.3cm，具短柄，果柄长

3~10mm。蒴果小苞片尖，较薄，轻度木质化，苞片稍长且外被短柔毛；种子灰棕色，不发亮；带翅种子，长 4~8mm。树体主干上部树皮无开裂，灰褐色，且有灰白色斑点；下部树皮呈不规则条状开裂，粗糙，深褐色。每年有 1~2 次开花和结实。木材心材黑棕色，坚硬且较重。在我国华南地区花期为 3—5 月，8—10 月蒴果成熟。染色体数 2n=18。

短枝木麻黄因卡那亚种为 6~12m 高的小乔木，干形一般，树皮灰棕致密，枝条上有扁豆状突起。小枝灰绿色，下垂或半下垂，节间 7~13mm 长，直径 0.7~1.0mm 宽，小枝未老熟时脊和棱沟被密绒毛；脊明显呈棱角或平（同一小枝上可能发现两种极端情况），而平的经常有皱；齿叶约长 0.7mm。雄性花序长 1.2~2.5cm。蒴果密被白色至锈色绒毛；果柄长 3~13mm；蒴果较短枝木麻黄本种稍小，果长 10~23mm，粗 1.0~2.0mm。未成熟时就有白色细柔毛（Doran & Hall，1983；NRC，1984；徐燕千和劳家骐，1984）。小枝也具有密集明显的绒毛。染色体数为 2n=18。

（二）分布与生境

在澳大利亚，短枝木麻黄在东北部的亚热带至热带沿海地区都有天然分布，但有些地区呈不连续的分布状态。分布区海拔为 0~100m，气候为湿热气候区至半湿热气候区。在滨海地区，多数为无霜区，但在新南威尔士州（New South Wales）北部地区每年有 1~3 次霜冻期。分布区内降水量为每年 700~2150mm，最低纪录为年降水量 175~1100mm，通常在 6—8 月时会经历旱季。然而，短枝木麻黄已被成功地引种到降水量低至 200~300mm 和高达 5000mm 的地区。降雨类型由南部的中夏雨型至北部的强季风降雨型。分布地形可在迎海坡面、沙丘或沙质台地上。土壤为沙土至沙壤土，有些地方沙土厚可达 2m 或以上。当地面长有各种杂灌时，它常以乔木或灌木形式出现。

短枝木麻黄通常分布在低海拔地区，但在一些国家可能延伸到的内陆地区，包括火山灰沉积的干旱地、频繁火烧地、酸性红黏土、珊瑚石灰石等贫瘠退化生境，主要生长在海边形成一个紧靠红树林的狭长林带或散生群体。在阔叶林（如桉树）地上，还可以形成丛生群体。

该树种天然分布区从澳大利亚北领地州（Northern Territory）的达尔文市附近，向东至昆士兰的凯恩斯。除澳大利亚之外，马来西亚、菲律宾、巴布亚新几内亚美拉尼西亚、密克罗尼西亚、所罗门群岛、瓦努阿图、斐济、汤加、新喀里多尼亚、波利尼西亚和关岛等太平洋岛屿上也有天然分布（Smith，1981；Whistler，2000）。其中短枝木麻黄本种的天然分布区从马来西亚的海岸延伸至亚热带的澳大利亚、美拉尼西亚、密克罗尼西亚、菲律宾和波利尼西亚等。而短枝木麻黄因卡那亚种分布于暖半湿润气候带（warm sub-humid zone）的昆士兰州和新南威尔士州北部的海岸带地区，且多出现在岩石地带上。除澳大利亚之外，新喀里多尼亚也有因卡那木麻黄的天然分布（Johnson，1980；Wilson & Johnson，1989）。短枝木麻黄本种和亚种均能耐石灰质和轻度盐碱化土壤，根部能形成根瘤，具有根蘖萌生能力。

（三）引种后生长表现

短枝木麻黄引种历史较长，在世界范围内许多国家都有种植，但该树种的不同种源在引种栽培后表现出复杂的遗传变异模式，值得深入研究。多数情况下该树种的引种都是成功的，特别是引种后其早期生长较快，同时广泛引种使其生态范围扩大。如在美国夏威夷，该树种在黏土中生长表现良好，在 pH 值较低的酸性土壤上或季节性积水的立地上都能正常生长。它可生长在海拔 600m 的高山上，也可生长在降水量达 5000mm 的地区。短枝木麻黄的生长限制条件表现在定植初期，它对杂草的竞争能力较弱，尤其在被密集杂草覆盖的地方。其次它的小苗易受到蚂蚁、蟋蟀和其他害虫的危害，也易受根腐病危害。另外它对火烧敏感，火烧后的树木多数会死亡。短枝木麻黄 3~4 年生幼树砍伐后树桩能萌芽。

在较高经营水平下，短枝木麻黄生长速度很快，如造林后 8 个月可达 3m 或以上。短枝木麻黄比较适宜海边种植，在海岸线的 0~50m 范围内建立的木麻黄沿海防护林起到重要的防风固沙、防灾减灾作用，尚无其他树种可以取代其地位。现将短枝木麻黄在中国引种表现简述如下。

短枝木麻黄从 1987 年引进至 20 世纪 20 年代主要用于庭院绿化和行道树，20 世纪 50 年代初开始大面积用于沿海防护林建设，至今在海南、广东、福建、广西和浙江南部沿海地区都有种植。短枝木麻黄种植面积占中国木麻黄人工林面积 80% 左右，目前已成为沿海地区主要造林树种之一。它可大致分为热带引种区（海南）、南亚热带引种区（广东东南部、广西南部和福建南部）和亚热带引种区（广东北部、福建东北部和浙江东南部等）。

热带及南亚热带区内气候条件最适宜短枝木麻黄生长，长速较快。亚热带地区北缘生长一般，但土壤条件好的立地上仍生长良好。在同一立地上连续种植短枝木麻黄时，其第二、三、四代人工林生产力普遍比第一代差。短枝木麻黄林生长表现与其林分土壤类型及其自身种源等均有密切关系。

在碱性滨海沙土上，短枝木麻黄林分生产力水平最高，年平均高生长量约 1.5~2.0m，胸径为 1.5cm 左右。由于该类型土壤常有海潮浸淹补充沙土养分，木麻黄第二代人工林仍能保持较高生产力且病虫害较轻。

在距离海岸几十或几百米以外的酸性滨海沙土上，由于淋溶强、盐分低，几乎无钙离子存在。在地势高且沙层厚的区域，短枝木麻黄生长较好，但第二代开始林分生产力明显降低且病虫害较重。在地势低且季节性或常年积水的地方，木麻黄生长不良；在距离海岸稍远的残积滨海沙土上，当母质为玄武岩时，短枝木麻黄生长良好，如雷州半岛地区；而当母质为花岗岩时，则生长较差。

砖红壤或红壤是华南地区典型土壤类型之一。20 世纪 50 年代后，短枝木麻黄在这类土壤上种植面积增大，主要用作用材林、农田防护林、行道树及庭院绿化树等，一般情况下这类土壤上短枝木麻黄生长良好。

国际种源试验表明，短枝木麻黄种源之间的生长差异是非常明显的。20 世纪 80 年代后，国际合作项目试验表明来自泰国、马来西亚、菲律宾的一些种源生长良好；同时，国内收集的短枝木麻黄次生种源表现也不错，如来自海南省文昌县、广东省湛江市、海南省临高县、广东省茂名市电白区、福建省惠安县等地的国内次生种源在生长速度、干形、抗逆性等方面表现良好。

（四）栽培措施

1. 主要繁殖方式

短枝木麻黄可以通过种子繁殖或多种无性繁殖方式（如水培、沙培扦插、嫁接、高枝压条、组培）进行繁殖。短枝木麻黄种植 2~6 年就可结实，每年 2—5 月开花，当年 7—11 月成熟，9—10 月为成熟盛期。而其天然林中，一年四季都开花结实。在国内也发现有些植株成熟期推迟到翌年 2 月的现象。结实量随年龄增加而增多，2~5 年可生产鲜蒴果 0~0.7kg/ 株；6~8 年为 0.2~1.4kg/ 株，9~12 年生 1.0~7.5kg/ 株，主要因种源立地及气候因素而异。短枝木麻黄蒴果采集后放在阴凉处 3~7 天即可有种子脱落，收藏于冰箱（3~5℃）密封保存即可，但最好采用当年种子育苗的方法。具体种子繁殖和无性繁殖方法见本书第六章。

2. 造林密度

中国第一代短枝木麻黄纯林，主要是用作固沙和防风，多采用密植，密度 4500~6700 株 /hm²，这样林分郁闭早，固沙能力强，但 4~5 年生时如不及时间伐会出现早衰现象，同时这种密植方式会使造林成本增加。经过大量试验表明，适宜采用 2500~3000 株 /hm²，即株行距 1.7m×2.0m~2.0m×2.0m，较适合短枝木麻黄人工林的初植密度。

3. 混交种植

实践证明，从第二代开始后的短枝木麻黄纯林表现看，病虫害发生频繁，林分生产力和稳定性降低，混交林的建立将有助于这些问题的缓解。短枝木麻黄混交树种选择，可选以下树种：金龟树（*Pithecellobium dulce*）、印度黄檀（*Dalbergia sissoo*），印楝（*Azadirachta indica*）、亚洲玉蕊或滨玉蕊（*Barringtonia asiatica*）、黄槿（*Hibiscus tiliaceus*）、榄仁树（*Terminalia catappa*）、苦楝（*Melia azedarach*）、海南蒲桃（*Syzygium cumini*）、腰果（*Anacardium occidentale*）、榕属（*Ficus*）、金合欢属（*Acacia*）、桉属（*Eucahyptus*）或伞房桉属（*Corymbia*）、决明属（*Cassia*）和南方松类（*Pinus*）等。20 世纪 70 年代以来，华南地区的造林实践证明，与短枝木麻黄混交比较成功的树种有椰子（*Cocos nucifera*）、琼崖海棠（*Calophyllum inophyllum*）、隆缘桉（*Eucahyptus exserta*）、柠檬桉（*Corymbia citriodora*）、赤桉（*Eucalyptus camaldulensis*）、湿地松（*Pinus elliottii*）、加勒比松（*Pinus caribaea*）、湿加松（*Pinus elliottii × caribaea*）、大叶相思（*Acacia auriculiformis*）、台湾相思（*Acacia confusa*）、露兜树（*Pandanus tectorius*）、潺槁树（*Litsea glutinosa*）、橘桔类（*Citrus*）等。混交造林时多采用带状或块状混交方式。在华南地区，沿海乡镇的村庄周围，常见短枝木麻黄与苦楝混交林，生长良好。

（五）育种措施

中国 20 世纪 50 年代开始营造短枝木麻黄人工林。由于种子来源渠道复杂，因此种源混杂严重和种子品质较低。60 年代后提倡袋苗造林，70 年代开始了母树林和种源林经营，但多数是利用种源来源不清楚的人工林改造而成。80 年代后，开始注意从国外引进新种源，包括次生种源，使短枝木麻黄基因资源得到丰富，但引种历史较短，科学合理地设计和营建的种子园数量很少，未能大量为生产提供种子。与此同时，70 年代开始了杂交育种和无性系选育工作，并取得了一些成绩，如培育出了 *C. equisetifolia × glauca*、*C. equisetifolia × cunninghamiana* 等杂交种，并选育出了许多抗病无性系。另一个技术上的巨大进展是发明了木麻黄嫩枝水培生根技术（梁子超和岑炳沾，1982）。采用水培繁殖技术可以低成本地大规模生产短枝木麻黄无性系苗，营造了大面积的短枝木麻黄无性系人工林，优良短枝木麻黄无性系的大规模应用大大提高了木麻黄人工林的生产力。20 世纪 80 年代期以来，热林所利用多个国际合作项目和国内科技项目，引进了 100 余个种源的短枝木麻黄并对其遗传改良方面进行了大量研究，其中 90 年代热林所科研人员参加国际木麻黄种源试验的工作，这项工作有 29 个国家同时参加，涉及来自 16 个国家的 40 个代表性的种源。

（六）主要用途

短枝木麻黄是华南地区最好的薪炭材，热值达到 7181cal/kg。在沿海地区，木材可用于木炭生产、造船、矿柱、建筑模板或支柱等。树皮可生产单宁或染料，其单宁含量为 16%~19%。木材加工成为旋切板材，也可用于生产纸浆。在干旱地区或干旱季节，小枝叶作为生畜饲料。在生态防护应用上，主要用于沿海防护林、农田防护林、困难立地造林先锋树种等。它也被广泛用于华南地区滨海城市的行道树和景观绿化用途等。

二、粗枝木麻黄

俗名沼泽木麻黄（swamp sheoak）。粗枝木麻黄是中国引种较早的木麻黄植物之一。该树种能生长在别的树种不能存活的困难立地上，如盐碱、水淹、地下水位高等困难地，它甚至能忍耐周期性的海水潮汐水淹。它部分群体天然分布在靠海具有大量盐雾的地方，是木麻黄科植物中最耐盐的种之一。因为该树种部分种源分枝较低和容易在周围形成根蘖，它的林冠一般在较低的地方开始形成，当修剪后会促进更多根蘖形成，产生大量的根蘖灌丛，因此人们倾向于把它作为防护树种使用。该树种根系结瘤丰富，可从根蘖部位产生大量固氮根瘤。

（一）形态特征

粗枝木麻黄为高大乔木，高达 10~30m，少数为高 2m 的灌木；主干明显且通直，基部会形成明显的板根；枝下高较长，主干上常有小枝萌生；通常在根部会产生大量根蘖。自然生长，特别是孤立生长的粗枝木麻黄树冠较窄，枝条稀疏；树皮灰褐色至灰黑色，鳞状微裂，表面粗糙，浅纵裂或块状剥裂，内皮呈浅黄色；小枝分散而下垂，灰绿色，小枝比短枝木麻黄和细枝木麻黄的更粗更长，可长达 38cm，粗 1.0~1.5mm；小枝节间长 8~20mm，粗 0.9~1.2mm，偶尔具蜡质，脊平至稍圆形；其落叶小枝（粗约 1mm）的节间有每轮 12~20 枚小齿叶，狭披针形，稍短，直立，长 0.6~0.9mm，顶端外弯，后渐呈截平，齿间距较疏；嫩枝齿叶长而内弯；宿存小枝条长约 30cm，常出现齿叶脱落现象。雌雄异株；雄花序长 1.2~4cm，粗 0.2~0.3cm，每厘米有 7~10 轮花序，着生在小枝条顶端。雌花花药长约 0.8mm，鳞状苞片每轮 12~16 个。蒴果椭圆形，两端截平，长 0.9~2.0cm，粗 0.7~0.9cm，蒴果由铁锈色到被白绒毛渐变为无毛，果柄长 0.3~1.2cm；小苞片钝尖、披针形，较薄且轻度木质化，外被长柔毛；种子带翅，长 3.5~5.0mm，黄棕色并间有黑色条斑，不发亮，种翅有棕色中脉和边脉。粗枝木麻黄根部除有固氮根瘤外，还有较大根瘤节，从其可萌出枝条并长成小苗。染色体数 2n=18。

（二）分布与生境

粗枝木麻黄主要天然分布于澳大利亚东海岸，地理范围由 25.0°~36.5°S，海拔为 0~30m，从南起新南威尔士州的 Bermagui，北至昆士兰州的 Gladstone，通常生长于靠近海岸的地区，但在费雷泽岛（Fraser Island）和较内陆的悉尼地区和辛格尔顿（Singleton）地区也有天然分布。它的天然群体常形成纯林。其分布区气候属温暖湿润型气候，也有部分温暖半湿润气候区。最热月平均最高温为 27~30℃，最冷月平均最低温为 4~11℃。自然分布区中，沿海地区为无霜区，但内陆分布区有时会有霜冻。年平均降水量为 1000mm，北部地区为夏雨型，南部地区为弱夏雨型。粗枝木麻黄常出现在平缓地的沼泽地带，盐碱地或咸水地边缘。它也生长在河床上或小溪边，受潮水影响常形成 5~50m 宽的带状纯林。当粗枝木麻黄在河流的入海口地区和细枝木麻黄的分布有重叠时，偶尔会产生杂交后代。该树种最普遍生长于靠近入海口或河口潮间带的沼泽地边缘，稍微高于潮间带。它也常在海岸边沿被发现有分布，其生长立地的地下水位较高，接近于地表（距离地表 30cm 以内）。在天然分布区内，粗枝木麻黄多出现在冲积土壤，沙质或泥质黏重土壤，土壤能提供丰富营养元素，但盐浓度较高。该树种有时也天然生长在湿润、多岩石的海岬上，土壤多为酸性，但也有碱性。虽然粗枝木麻黄的大部分天然林分生长在酸性土壤上，但它在澳大利亚中部半干旱地的碱性和地下水位高的黏壤土上也能生长良好。粗枝木麻黄常以纯林形式出现在疏林地至阔叶林群落中，但当生长在红树植物［主要是白骨壤（Avicennia marina）］的较干燥立地上或白千层属植物的沼泽地上时，它常呈自然混交林状态。它也常生长在细叶桉天然林的边缘地带。在海边前缘地带，当经常遭遇火烧时，它会呈小灌丛状群落生长。因粗枝木麻黄比细枝木麻黄耐盐，所以，同一河流的淡水区域常有细枝木麻黄分布，而近海地带则为粗枝木麻黄分布。

（三）种源引进、栽培与育种

粗枝木麻黄被引种后其适应范围明显扩大，适合温度范围为 5~33℃。在以色列、塞浦路斯、肯尼亚、马拉维、南非、埃及、美国佛罗里达州及中国等的沼泽地或盐碱地上都种植成功。如在埃及，已证明它比细枝木麻黄和短枝木麻黄更耐干旱；在以色列，它比其他所有的木麻黄种表现要更好，甚至在盐碱地上造林 12~14 年后能长到 20m。它在干旱高盐的沙漠上也能生长，如它能生长在非常干旱的内盖夫沙漠上，它甚至还能生长在表面有一层盐霜的高盐（5%）土壤上；在夏威夷，它常被种植在风化后的玄武岩上。它也能被种植在纯石灰岩风化的沙壤中且生长良好。从海平面至海拔 900m，降水量为 500~4000mm 的地区均可生长；在美国佛罗里达南部，粗枝木麻黄在纯石灰岩沙土上也同样生长良好；在泰国，粗枝木麻黄幼苗能忍耐含钙量极高的土壤，如含 30% 石灰石的土壤上仍能生长成林。

无论原产地或引种栽培后，粗枝木麻黄的根蘖萌生能力都很强，树根周围常有大量根部萌条出现。有人认为粗枝木麻黄不如细枝木麻黄和短枝木麻黄长得那么高，是由于这些大量的根蘖限制了其高生长之故。从我国华南地区的引种结果看，粗枝木麻黄幼树生长慢，常有枯梢现象，抗风性较弱。在海南省琼海市的试验林中，5 年生时，平均高 4.8m 左右，受 10 级以上台风袭击后有 5%~10% 植株会被损坏。

粗枝木麻黄的新萌生的根蘖常会被牲畜啃食，作为牲畜饲料的价值有限。因为，它可以通过根部萌芽进行大量的无性繁殖更新，在夏威夷该树种的树高通常较细枝木麻黄和短枝木麻黄要矮，分析认为可能是因为过多的根蘖萌生消耗了过多的水分和养分，抑制了它的树高生长。

粗枝木麻黄的一些种间杂交种，如 *C. cunninghamiana × glauca* 或 *C. glauca × cunninghamiana* 生长表现良好。在埃及，杂交种 *C. glauca × cunninghamiana* 的种子发芽率达 57.6%~61.5%，且生长表现良好，树干通直，12~15 年生高可达 20m。中国也获得了粗枝木麻黄的杂交种 *C. cunninghamiana × glauca* 和 *C.equisetfolia × glauca*，但它们的嫩枝水培生根较难且生长较慢，因而没有大面积推广应用。

粗枝木麻黄以种子繁殖为主，但也可以利用嫩枝水培生根进行无性繁殖，但其嫩枝水培生根能力较之短枝木麻黄要低。其他培育措施同短枝木麻黄。

（四）主要用途

粗枝木麻黄心材棕色，密度 980kg/m³，比较耐虫蛀和腐蚀，特别是对粉蠹属（*Lyctus*）的害虫抗性大。木材用于栅栏、船桨、水中木桩等。它也是非常好的薪材，也用于农田防护林、困难立地（盐碱、干旱、贫瘠）造林、行道树等。

使用该树种时，应注意其根蘖萌生能力极强的特性，如果管理不当会成为一种杂草性灾害。

三、细枝木麻黄

俗名河滨倩栎（river sheoak）、溪栎（creek oak）、河滨栎（river oak）、长枝木麻黄、沿海木麻黄。

细枝木麻黄包括细枝木麻黄本种和细枝木麻黄麦冬亚种。细枝木麻黄是木麻黄属中最大的乔木之一，干形通直、树形优美，可用于景观绿化、行道树和防护植物种植，适合于半干旱地区使用，它能提供巨大的荫蔽作用，但对环境几乎没有不利的影响。它能抗一定的低温，适应性强，能忍耐周期性的洪水，因此，在澳大利亚主要用于保护河岸的侵蚀。因它在保护河岸侵蚀上的重要性，故在澳大利亚新南威尔士州细枝木麻黄未经许可是不能砍伐的。

（一）形态特征

细枝木麻黄为高大乔木，高 15~35m，胸径 0.5~1.5m，但在澳大利亚干旱地区树高一般不超过 12m。树干通直，树冠尖塔形，树皮较硬，灰褐色，鳞片状微裂或小块状剥裂或浅纵裂，树皮平滑或有小裂纹。小枝上的齿叶直立；枝条近平展或前端稍下垂，近顶端处常有叶贴生的白色线纹；小枝密集，柔软细长，有条纹，生长旺盛的小枝下垂，发育不良的小枝呈直立状，长 15~38cm，直径 0.5~0.7cm，具浅沟槽及钝棱；小枝节间长 4~9mm，直径 0.4~0.7mm，大部分无毛。棱沟的边缘经常有微小的垄（干燥时）；脊由平到呈棱形；小枝节间的齿叶 6~10 枚，直立，长 0.3~0.5mm，狭披针形。雌雄异株。雄性花序长 0.4~4cm，每厘米花序着生 11~13 轮花穗；花药长 0.4~0.7mm；蒴果长椭圆形，被稀疏绒毛，长 7~14mm，粗 0.4~1.0cm，着生于长 2~9mm 的果柄上；蒴果苞片三角形，钝尖或锐尖，较薄，较轻度木质化且苞片稍长，成熟时苞片很快裂开，带翅种子从中脱出；种子灰白且较小，长 2~4mm。染色体数 2n=18。根部能形成根瘤，具有根蘖萌生能力。

细枝木麻黄麦冬亚种也是高大乔木，高达 20m；小枝节间长 4~7mm，直径 0.5~0.7mm；小枝节间的齿叶数 6 或 7 枚，不宿存，呈不均一的黄色；小枝脊由近乎平到呈棱角形；蒴果小，苞片锐尖。

（二）分布及生境

细枝木麻黄是澳大利亚分布最广的木麻黄种之一。天然分布于澳大利亚东部和北部的淡水流域两旁，形成从新南威尔士州（37°S）至昆士兰州（12°S）到北领地州内一个窄长的区域。它在大分水岭（Great Dividing Range）两侧及北领地州的高降水区都有分布，通常生长在小溪或河流的两岸。它的分布海拔为 0~1100m。细枝木麻黄麦冬亚种被发现主要天然分布在北领地州降水量较高地区的河流两岸。

细枝木麻黄天然分布区的气候条件从温湿带至高温半干旱地区，可耐轻度霜冻，年降水量 500~1520mm，其分布区的降雨类型从南部的弱夏雨型至北部季风强降雨型。分布区土壤通常是冲积土，由粉沙壤土至沙土到沙砾土都有分布。

细枝木麻黄天然林通常是纯林，主要生长在河溪两岸的正常水位和最大洪水位之间的区域，偶尔也生长在河岸台地上或河岸至岩石山之间的区域上，如石灰岩地区。土壤范围是轻质沙土至含石砾壤质土。

（三）种源引进、栽培与育种

细枝木麻黄从海平面至海拔 800m，年降水量 500~5000mm 的地区皆能种植。它在阿根廷和邻近国家被广泛栽种用于防风和河岸的保护，在美国佛罗里达州也广泛种植。在夏威夷，它在酸性熔岩发育成的土壤上生长良好，它在埃及是防护林带的重要树种，在以色列大量种植于铁路和公路旁作为防风和绿化树种用途，在津巴布韦的布拉瓦约市被大量用于街道的行道树等。细枝木麻黄在抗盐能力上不如它的近缘种粗枝木麻黄,种植在石灰质土壤上时会可能生长不良变萎黄,幼树时期易被放牧的牲口毁坏。

细枝木麻黄生长速度要慢于短枝木麻黄,年平均高生长 0.8~1.5m,胸径生长 0.4~1.5cm。但不同种源间生长表现差异较大,来自澳大利亚北部种源生长比其南部种源生长稍好。海南琼海市细枝木麻黄种源试验造林 5 年后的结果表明,平均高为 5.0~7.0m,平均胸径 4.5~5.6cm,多数种源干形通直。一些种源在 3~4 年生时开始结果,但结实量很少,每株仅十至几十个蒴果。

在我国,细枝木麻黄的栽培面积较小,主要是使用它的天然杂交种如 *C. cunninghamiana × equisetifolia* 造林。在海南省岛东林场 4 年生树高可达 8~9m,胸径 8~10cm。该杂种树干通直,树皮光滑,红褐色或潜黄色。细枝木麻黄每年结实 1 次,华南地区在 11 月至翌年 1 月开花,6—9 月蒴果成熟。结实年龄通常要在栽植 3 年以上,多数在 5 年后才开始结实。细枝木麻黄的繁殖方法以种子繁殖为主,虽然也能利用嫩枝水培生根方法无性繁殖,但因其嫩枝生根率较低,所以难以大规模繁殖无性系在生产上推广应用。造林初植密度一般为 2m × 2m,也可采用 1.7m × 2.0m 或 2.0m × 2.5m。在混交林营造方面,尝试过与桉树、相思及松类等用材树种混交,也试过与经济作物,如柑橘类混交,效果都较好。

它的育种工作基本同短枝木麻黄同步进行,20 世纪 70 年代获得一些杂交种,如 *C. cunninghamiana × equisetfolia* 及 *C. cunninghamiana × glauca*。20 世纪 80 年代开始重视种源引种,中国已引进几十个种源的细枝木麻黄。国际种源的多年试验结果表明,来自澳大利亚昆士兰北部的种源较适合中国华南地区种植。在抗病育种,特别是抗青枯病选育方面,也选育出了一些抗病无性系,细枝木麻黄抗青枯病能力稍好于短枝木麻黄。

(四)主要用途

细枝木麻黄木材的材质稍轻,密度为 900kg/m^3,在木材中属中等密度,可做建筑用材、装饰品等。细枝木麻黄树形美,是优良的景观绿化树种之一,它也可作为堤坝或其他水域防侵蚀树种,干旱地造林树种,农田防护林及行道树等。

四、约虎恩木麻黄

俗名 Jemara,木麻黄属植物,在我国普遍称之为山地木麻黄。该树种为高大的乔木,为长寿命先锋树种,树干通直、树形雄伟,生长在海平面至 3000m 高山的多种类型土壤上,适合用于建立人工林。它适合生长在湿热的气候,或有较长干旱期的季风气候,或热带的高原地区。它在泰国曼谷附近地区致密的黏土上生长迅速,具有一定的耐盐性,在各种类型土壤上都能生长良好。它能和一些旺盛生长的热带杂草如白茅进行竞争,因此,在泰国被大量种植。在泰国,一般通过无性繁殖的方法进行小苗繁殖。中国 20 世纪 80 年代引进该种,在酸性砖红壤上生长良好。

（一）形态特征

高大乔木，树高 20~35m，胸径 0.5~1.0m，树干通直、干形优良，具有圆锥形或窄圆锥形树冠，枝皮及树皮多数较平滑，但有的树皮较粗糙或有拴皮或纵裂状；枝条稀疏；小枝灰绿至暗绿色，不易断，长 15~30cm，粗 0.6~0.9mm，节间长 0.6~1.0cm，小齿叶 9~11 枚，较短；雌雄异株，雄花着生于小枝顶部，蒴果着生于永久性枝条上，较小，长 0.6~1.2cm，粗 0.6~0.9cm，呈卵圆形或椭圆形，具长 0.2~0.5cm 的木质短柄。蒴果苞片外端呈半圆形，较薄、较轻度木质化且稍长。种子较小，不发亮，带翅长 4~5mm，灰白至灰棕色，有明显中脉和边脉（Pinyopusarek & Boland，1990；NRC，1984）。

（二）分类、分布及生境

过去几十年它在分类命名上一直比较混乱。根据植物学文献，1854 年即有种名 *C. montana* 的记载，但没有对它进行描述。1868 年，Miquel 才对木麻黄种 *C. junghuhniana* 进行了第一次描述。根据国际植物命名法规定，种名 *junghuhniana* 被认定为有效的命名，因为它是最先被描述的种。*C. montana* Miq. 应作为 *C. junghuhniana* Miq. 的同名种。有学者认为，根据该种的形态上的地理变异应再分为两个亚种，即山地木麻黄本种和山地木麻黄帝汶亚种。山地木麻黄本种分布在印度尼西亚的爪哇岛（Java）、巴厘岛（Bali）、龙目岛（Lombok）、松巴哇岛（Sumbawa）和弗洛雷斯岛（Flores）。山地木麻黄帝汶亚种分布在印度尼西亚的帝汶岛（Timor）、沃特岛（Water）、松巴岛（Sumba）或松巴哇岛（Pinyopusarerk & Boland，1990）。前者构成散生种群，小枝节间有粗糙中等或细密质地的小齿叶。在裸露的立地上，该种的树皮形成粗糙、深裂的栓皮，这一特征在木麻黄植物中是罕见的。也有研究认为，山地木麻黄帝汶亚种在帝汶岛也有 2 种类型，当地人称之为白木麻黄（White casuarina）和黑木麻黄（Black casuarina），前者长在山脚地带，小枝较长且粗壮。而后者长在河边，小枝条短而细。

山地木麻黄本种的典型分布区主要是在海拔 1500~3000m 的火山地带，部分也生长在 1000m 以下地带。山地木麻黄帝汶亚种分布在近海的低海拔地带上，甚至在沿海前缘地带。在天然分布区中，山地木麻黄多以纯林出现，分布地理位置在印度尼西亚和东帝汶境内，纬度 7°~10° S，经度为 110°~127° E。降水类型为季风夏雨型，年平均降水量 700~1500mm 或 2000mm。分布区年平均温度为 13~28℃。

山地木麻黄生长的土壤范围较宽，从火山灰土、沙土至黏重的酸性土壤上都有分布，帝汶岛地区的碱性土壤（pH=8.5）上也有分布。

（三）种源引进、栽培与育种

引种后使其适生范围扩大，如泰国可生长在 pH 值为 2.8 的土壤上（Chittachumnonk，1983）。其次，发现其抗旱能力较强，并能耐一定程度水淹（Verhoef，1943）。它较能耐火烧，并且火烧后萌芽能力强。该种在泰国、印度、坦桑尼亚、肯尼亚、津巴布韦、澳大利亚和中国等国家都有引种（表 10-1）。

表 10-1　山地木麻黄及其杂种引种后的生长表现

树种	国家或地区	林龄（年）	树高（m）	DBH（cm）	注释
山地木麻黄 （*C. junghuhniana*）	中国海南	5.0	14.2	15.1	优势木
	中国广东	4.0	6.5	5.5	平均木
	中国福建	3.0	5.2	3.8	平均木
	坦桑尼亚	4.3	8.1	9.8	Mwihomeke，1990
	坦桑尼亚	8.0	16.0	19.0	Mwihomeke，1990
	坦桑尼亚	10.0	24.0	30.8	Mwihomeke，1990
	坦桑尼亚	33.0	26.8	38.4	Mwihomeke，1990
	津巴布韦	16.5	21.0	16.1	Mullin，1983
	肯尼亚	26.0	25.5	38.0	NRC，1984
杂交种 （*C. junghuhniana* × *equisetifolia*）	印度	20 个月	5.0	—	Kondas，1983
	泰国	5.0	21.0	15.0	Chittachumnonk，1983

注：国内数据来自热林所。

大约在 1900 年，山地木麻黄与短枝木麻黄的杂交种（*C. junghuhniana* × *equisetifolia*）被引进泰国，1951 年又被从泰国引种到印度南部（Kondas，1983），这个杂交种已成为这 2 个国家某些地区的主要造林树种之一。它兼有山地木麻黄和短枝木麻黄的优良性状，生长快，树干通直且树冠优美，是良好的景观绿化树种。该杂种的抗旱能力远远好于短枝木麻黄（Kondas，1983）。但这个杂种不能结实，主要靠扦插繁殖苗木。山地木麻黄既可用种子繁殖，也可通过嫩枝水培生根技术进行无性繁殖，但插条生根率较低，有待进一步研究提高其生根率。它的种子较小，每千克可达 100 万~160 万粒。新鲜种子发芽率较高，一般 80%~90% 以上。种子需储存于干燥且低温条件下，否则会很快失去生命力。除泰国和印度利用水培生根技术无性繁殖山地木麻黄杂种外，其他国家或地区（包括原产地印度尼西亚）仍主要利用种子繁殖山地木麻黄。山地木麻黄造林株行距多采用 2.0m × 2.0m、2.0m × 2.5m 或 2.0m × 3.0m。同短枝木麻黄一样，可与某些树种混交，如桉树、相思、银桦等。

山地木麻黄似乎没有很严重的病虫害，但有时也会受某些害虫危害，如马来西亚天牛（*Aristobia approximator*）（Hittachumnonk，1983）及白蚁（termites）等。在泰国也受黄星蝗（*Aulaches miliaris*）危害；在中国海南和广东，山地木麻黄造林初期会受大蟋蟀危害。

1986 年，我国开始了山地木麻黄的引种和野外种源试验。后来在广东、海南和福建等地开始用于营造人工林，目前造林总面积已超过 30hm²，但主要在广东建立人工林。研究发现该树种在水土流失严重的荒山头上有广泛应用前景。

（四）主要用途

山地木麻黄适合生长在热带或温暖地区，或季风气候的干旱地区，以及热带草原气候地区。它在多种立地条件上都生长良好，也能与热带地区的杂草竞争，如白茅草

（*Imperata cylindrca*），因此它常被作为这些地区的造林先锋树种。它树形优美，树冠雄伟，是优良的景观绿化或行道树种，在农林复合系统、防护林建立及土壤改良方面也有广泛应用前景。其木材密度为 800~968kg/m³，热值为 4100~7180cal/kg，是良好的薪炭材。其木材也可用作栅栏、建筑、矿柱及电杆等。由于它能耐一定的火烧，有时也被用于建立防火林带。

五、鸡冠木麻黄

俗名黑木麻黄（black sheoak），该种原分为 2 个亚种，即鸡冠木麻黄亚种和波普木麻黄亚种，但现在波普木麻黄已被单独划分为 1 个种。

该种是最近才引种到中国的木麻黄种，在 1986 年前国内曾在有些植物园引种过，但已遭破坏。该树种在原分布区主要作为农业上的遮阴和防护树使用，或为当地人提供薪材，但在干旱期可为牲口提供饲料。该树种要求的降水量大于 400m，它是一种很好的防风树种，也可用于景观绿化。当生长空间足够时它会从地面开始就具有浓密的树冠。

（一）形态特征

乔木，树高 10~20m，直径可达 1m。当树木种植密度较大时，林分的主干在超过树高一半的地方都能保持通直。散生树木有发育良好且密集的宽树冠。树皮暗灰色至几乎黑色，较厚，微裂或似鱼鳞状开裂，而枝条或树干上部树皮细密平滑。小枝条硬，新抽小枝的小齿叶直立且较分散；生长健壮个体的小枝下垂，发育不良的个体的小枝展开；小枝长 10~25cm，粗 0.5~1.0mm，节间通常轻微皱缩，节间长 8~17mm，粗 0.6~0.9mm，稍被蜡质，偶尔有稀疏的绒毛；关节部分容易脱落。脊平或带有中间浅凹槽，经常被蜡质；每轮小齿叶 8~12 枚，直立，长 0.5~0.7mm，宿存；永久性小枝条齿叶常脱落。雌雄异株。雄花序着生于小枝条顶部部分，花序长 1.3~5cm，每厘米着生 6~10 轮小花；花药长 0.8~1.1mm。雌花序每轮有 9~16 朵小花。蒴果木质，未成熟时带有铁锈色的短绒毛，成熟后几乎无毛，灰棕色，椭圆或卵圆形，长 1.5~3.0cm，粗 1.0~2.0cm，果柄长 1~14mm。小苞片相对较薄（但比短枝木麻黄厚些），三角形，大小为（0.3~0.4）cm×（0.3~0.4）cm，苞片向外辐射状伸展，顶部较尖，背有长条痕或细沟，走向为从苞片顶角向基部。种子灰白色，椭圆形，平滑，不发亮，带翅种子长 6~10.5mm，纸状透明翅上有明显的中脉。拉丁文中"cristata"为"鸡冠状的"意思，可能与其蒴果上的长尖苞片似鸡冠有关。根部有固氮根瘤，根蘖（root sucker）能力强。染色体 2n=18。（Doran & Hall，1983）

（二）分布及生境

主要分布在澳大利亚东部温暖半湿润地区，也出现在温暖半干旱地区中稍湿润地带上。它的分布区域在新南威尔士州的特莫拉（Termora）至昆士兰州南部克来蒙大分水岭的内陆上形成 1300km×400km 的一条长地带，也有一些种群出现在昆士兰州稍干旱的罗克汉普顿（Rockhampton）附近的近海地区。一些鸡冠木麻黄和波普木麻黄的中间过度形态分布在从伯克至新南威尔士州的康多博林地区。在它分布区域中低洼且开放的林地或灌丛干草原上，鸡冠木麻黄常常是唯一的乔木树种。其分布区海拔175~350m，夏季很热但冬天有几天的霜冻期。最热月平均温度为 30~35℃，最冷月平均温度为 1~5℃。该树种分布地区的降水量非常不稳定，可以低至 175mm，但蒸发量可达到 2500mm 或更高，但多数年降水量 450~650mm。分布区的南部为均匀降水型，北部为强夏雨型，分布区土壤为黏重的黑或灰色壤土，或弱碱性土壤，其生长的小地形常是地势相对低洼处，常生长在表面含有钙结核的灰色或褐色黏土上。但也有分布在一些特殊立地上，如石英岩山、碎沙石高原、粗骨土、红色或灰色壤质土、轻质灰色沙土、重黏土及河边台地纯沙土上。

分布区内主要植被类型为阔叶林，但也能构成稀疏林、稀疏阔叶林或高灌木林。常以纯林形式出现，也可同相思（如镰叶相思 *Acacia harpophylla*、垂枝相思 *A. pendula*）、桉属（如小套桉 *E. microtheca*、杨叶桉 *E. populea*）、*Atalaya* 属（如 *A. hemiglauca*），异树藻属（如 *Heterodendron cleitoliccm*）及澳大利亚柏属（*Callitris*）植物构成混交林。

（三）种源引进、栽培与育种

该树种能生长在板结的黏土或碱性（pH 值 8.8）或钙含量达到 3.5% 的土壤上。它的根系在分布区大部分地点都能与弗兰克氏固氮菌结瘤，但在干旱的内陆地区根瘤较难形成，通常在更深的土层中才有根瘤。

该树种一般通过根蘖繁殖更新，因此，会形成大片浓密的单一性别林分，造成其种群的遗传多样性低，使其更易受到病害虫侵袭。人工栽培时幼树需要保护，不受食草动物的侵害。

1986 年我国引进该种进行野外试验，但从海南和福建两地的树木生长表现看，都不是太理想。在海南省琼海县，5 年生的平均树高为 2.61m，胸径 1.35cm，保存率 46.7%~64.4%，但已有个别植株已结实。该种在苗期生长良好，且接种后可以结瘤。鸡冠木麻黄主要是以种子繁殖，方法同短枝木麻黄。造林株行距可采用 1.5m×2m 或 2m×2m。建议对该种进一步进行多地点引种试验，并引进新种源供进一步筛选，以便找出适合特殊立地条件的种源。

（四）主要用途

在干旱季节，原产地的鸡冠木麻黄小枝常被用作牛羊的饲料。用作防风植物时，由于其树冠密，可单行或双行种植。其木材边材较宽，乳白色；心材红棕色且致密，比重大，达 1100kg/m³，是优良的车削产品或工艺品用材。它的木材也是良好的薪材，也可用作栅栏及建筑用材等。

六、肥木木麻黄

俗名西澳沼泽木麻黄（Western Australian swamp sheoak）。

（一）形态特征

1~2m 灌木或 5~20m 乔木，主干不明显，干形一般，冠稍宽，在较密林分中主干常超过树高一半以上；树皮厚，坚硬，暗灰色，有条纹；小枝硬、下垂或展开，长达21cm，节通常被蜡质，干燥后顶端不膨大或轻微膨大；小枝上的脊平滑，灰绿至深绿色；小齿叶每轮9~16枚，偶尔会轻微展开，较长，0.3~2mm，是木麻黄属中齿叶最长的种，和粗枝木麻黄相似；齿叶在新抽的枝条上直立，但永久性小枝条上齿叶会脱落。雌雄异株，雄花序着生于小枝条顶端，雌花着生于永久性枝条上。蒴果球形或两端钝，蒴果无柄或着生在10mm长的柄上；蒴果长10~20mm，粗8~10mm；苞片较薄，轻度木质化且苞片稍长，外端钝平；种子不发亮。根系能形成固氮根瘤，也可萌生根蘖。染色体数2n=18（Doran & Hall，1983；Turnbull，1986；NRC，1984）。

（二）分布与生态

主要分布于澳大利亚州西南部的沿海或内陆地区、南澳大利亚州（South Australia）中部、首都领地（Australian Capital Territory）的西北部及新南威尔士州南部。分布区海拔为0~300m。它在南澳大利亚州的托伦斯湖（Torrens Lake）附近有分布，但被认为是未完全演化的波普木麻黄。

该种的天然分布区大多数为温暖半湿润或半干旱气候区，但也有部分分布在温暖干旱性气候区。分布区年均最高温29~34℃（极端高温为37℃），年均最低温度为5~9℃。沿海的分布区为无霜区，但内陆分布区每年会有1~2次霜冻。分布区年降水量125~500mm，呈明显的冬雨型。分布区地形为沙质平原、缓坡地形或低山坡地形。该木麻黄种多生长在接近最高潮水的沼泽地、河岸、内陆盐湖边缘或山脚平地上，或微咸至盐碱的河岸或咸水湖附近。但也出现在碱性壤土、红黄壤沙土、钙质壤土或灰色石灰土上。

天然林常构成单一树种密灌丛或小乔木林。在西澳大利亚州的内陆地区它可与赤桉、野桉（E. rudis）、白千层属（如Melaleuca camaldulensis）等植物混生。散生的肥木木麻黄可生长在无脉相思灌木林的边缘地带。在西澳大利亚州它偶尔和波普木麻黄产生自然杂交现象。

（三）种源引进、栽培与育种

1990年，热林所从澳大利亚引进肥木木麻黄，并种植于海南岛东部。该树种苗期生长良好，苗木形态上类似鸡冠木麻黄。芽苗移栽进营养袋3个月后，苗高可达20~35cm。接种弗兰克氏菌后可结出根瘤，但造林后成活率低且生长不良。

种子繁殖为主。最佳发芽温度为28~30℃。每千克平均有840000粒种子。耐盐性强。栽培等措施同短枝木麻黄。建议在盐碱地、低洼地及风景区等进一步引种试验。

（四）主要用途

盐碱地、沼泽地、河边及水库边造林用种。由于干形优美，可作风景树，也可利用其固氮性能改良土壤，也是良好防护用种、木材良好的薪材。

七、大木麻黄

大木麻黄为木麻黄属，是中国在1988年才引进的新种。高大乔木，常比细枝木麻黄还要高大，树高30~40m，少数可达50~60m。该种与细枝木麻黄和山地木麻黄亲缘关系相近。

大木麻黄是巴布亚新几内亚东南部的特有种，沿河生长，范围从北部省份图菲（Tufi）附近延伸到米尔恩湾省（Milne Bay Province）的格瓦里乌河（Gwariu river）（Johnson，1982）。据报道，它是最高的木麻黄之一，最高达 50~60m，但通常高35~40m。它生长在海拔高达 600m 的低地河流位置的密集林分中，其栖息地包括砾石岸（gravel banks）和火山残迹经侵蚀后的小溪谷（small gullies in eroded volcanic debris）。它沿河形成密林，在石砾河床和其他开阔地上能自我更新。研究者认为，大部分是依靠从根部根蘖萌条成林（NRC，1984）。据报道，该物种生长非常迅速，与细枝木麻黄和印度尼西亚帝汶岛的山地木麻黄亲缘关系最密切，后两种生长在低地冲积河岸上。

大木麻黄的经济价值潜力，以及其与近亲种杂交的可能性，在该木麻黄研究的论文中得到了认可（Johnson，1982），但从未获得过自然杂交种子，且该种尚未被纳入田间试验以评估和确认其潜力。我国 1988 年将该种引种于海南岛东部种植，其苗期生长良好，3 个月生时，苗高达 20~30cm。人工接种弗兰克氏固氮菌可以结瘤，但造林成活率较低且生长不良。可能是种植立地过于干旱之故。所以，建议今后应在近水或地下水位高处种植，如河边、水库边或鱼塘边等。

八、小齿木麻黄

小齿木麻黄含小齿木麻黄本种及小齿木麻黄短小齿亚种（Johnson，1982）。该树种是热带高地的一个典型树种，天然分布在巴布亚新几内亚，大部分生长在高地山谷中。它沿着河床形成纯林，但有时和巴布亚木麻黄混生。它通常生长在小溪岸边、山脊顶部、废弃园地或村庄里。巴布亚新几内亚政府鼓励当地农民在山地上种植小齿木麻黄作为薪材使用。山地省份的林业部门给当地的土地拥有者分派树苗用于种植。该树种具有很强的自我更新能力，有助于荒山的绿化。该树种的木材被用作建筑材料，但因经久耐用，也适合作为栅栏的材料，但在高原山地上因为晚上温度低，它的主要用途还是薪材。它也被用于防风林，大部分的村庄种植小齿木麻黄作为与其他村庄的分界线。该树种在与一些生长旺盛的杂草（如白茅、新几内亚野生甘蔗、南麦冬）竞争下也能生长良好。咖啡是巴布亚新几内亚高原山地的主要经济作物，小齿木麻黄被用于咖啡林中作为遮阴树种和通过固氮作用改良土壤。该树种能产生根瘤，主要通过种子更新，通常不能根蘖繁殖。然而，它在被火烧后或被其他的非人为破坏后能形成萌条。小齿木麻黄能在贫瘠的土壤上生长，但似乎对高盐浓度敏感。在夏威夷它易被强风毁坏。该树种表现得比其他任何别的木麻黄种更脆弱。

（一）小齿木麻黄本种

中等至高大的乔木，树高 10~30m，直径 0.6m。树皮灰棕色，较硬，开裂且裂纹呈不规则片状剥落，具根蘖；小枝灰绿，每轮 6 枚小齿叶，长度 ≥ 8mm。雌雄异株。雄花序着生于小枝条末端，每轮有 4 个鳞片。雌花卵球形，每个花有 1 个子房且具 2 个柱头，有 1 大和 2 小鳞片。蒴果较小，直径小于 1cm，木质，蒴果成熟裂开后种子从中脱出。该树种有根瘤，少量根蘖（Ataia，1983；NRC，1984）。

原产于巴布亚新几内亚海拔 1500~2500m 或更高的山地上，降水量范围为 1900~2600mm，全年的湿度都比较高，多分布在高原的山谷及沿河地带，常形成大面积纯林。有时与巴布亚木麻黄伴生。分布区土壤为沙土、黏壤土、冲积扇土或草甸土。

以种子繁殖为主。该树种大多数生长在沿着小溪或河流沿岸的沙壤上，但在崩积土、腐殖质的褐黏土、冲积土和草甸土上也能生长良好。在夏威夷等地区已有引种，在降水量高达 5000mm 且排水良好的地区生长良好。但在贫瘠土壤上不能生长，并对高盐敏感。与其他木麻黄相比，它的枝条特别脆，易受风害（Ataia，1983；NRC，1984）。主要用作防护林、复合农林业及土壤改良等。木材可作建筑用材、栅栏及薪材等。

（二）小齿木麻黄短小齿亚种

与本种相比，亚种齿叶短（≤0.5mm），蒴果更小，雄花鳞片轮间更紧密。分布于新几内亚主岛高原及印度尼西亚的伊里安贾亚（Irian Jaya）地区。在河边至高山地带都有纯林分布。树高可 23m，直径 31cm，树冠狭窄，树皮厚，棕色，鳞状开裂。雌雄异株。分布区内平均最高温度 24~30℃，平均最低温度 11~15℃，年降水量约 2000~3000mm，通常每年有三分之二时间为雨季，旱季为 7—8 月。土壤为沙壤土至酸性砖红性红壤，个别土壤母质为石灰石（Askin et al.，1990）。

主要用途是改良土壤，防止土壤侵蚀，用于牧场防护林等。木材可作栅栏，并把枝叶放在顶上防雨淋，也是良好薪材等。它已成为印度尼西亚主要在造林树种之一。在巴布亚新几内亚和印度尼西亚，分别独立开发小齿木麻黄本种和小齿木麻黄短小齿亚种的农林复合系统，用作防护林、土壤改良、矿柱、薪炭材等。天然分布在巴布亚新几内亚高地的小齿木麻黄的生物学特性、生境和用途都已有详细的记载（Ataia，1983；Askin et al.，1990；Bourke，1985）。在巴布亚新几内亚高地，农民常会休耕土地 10~20 年来栽植小齿木麻黄，这已成为他们传统耕作方式的一部分。该树种在新几内亚岛以外较少为人所知，但在夏威夷它的生长速度非常快。

九、山神木麻黄

俗名溪铁木（creek ironwood）、山地铁木（mountain ironwood）。原产于太平洋上的新喀里多尼亚，被认为是新喀里多尼亚的特有种，具有与粗枝木麻黄相似的特性，但它更耐潮湿和高温（Gáteblé，2015；Thomson & Gáteblé，2020）。它在格朗德特尔群岛的主岛（the main island of Grande Terre）上非常常见，特别是在岛西海岸的低降水量区域（年降水量为 900~1100mm），而在群岛的其他地方发现频率较低。山神木麻黄可以在多种生境形成单一树种的林分，包括次生和杂灌植被，超镁铁质岩（ultramafic substrates）上的灌丛和干燥丛林，但它明显偏好低洼地和河岸立地（海拔 5~350m）。在有利的生境中，它长到 15~35m 高，但在困难立地上可矮化成灌木丛。山神木麻黄在新喀里多尼亚被广泛作为景观绿化林和防风林栽培，它的生长特性包括早期生长速度快（每年长高约 1m），直立、小枝条细长、以及浅黄色的雄花序和红色的雌花序。雄性花朵常被蜜蜂"访问"。它在 20 世纪 70 年代和 80 年代被广泛用于镍矿场的植被恢复，但是当种植密度太高时，它往往会阻止其他树种的生长。它非常坚硬的木材可用作柱材，也是一种备受推崇的薪材。我国曾于 20 世纪 90 年代引种（表 10-2）。

十、山口木麻黄

山口木麻黄是印度尼西亚的新几内亚西部（Western New Guinea）门曼山地区（Mt. Doormanregion）的特有种，在山区海拔 2700~4000m 处形成密集的林分，它是一种灌木状树木，高至 8m，小枝条直立，小枝直径约 0.7~1.0mm（Johnson，1983）。它在其他热带高地环境中种植的价值潜力尚未得到研究，但可能仅限于在热带、亚热带、亚高山地区具有挑战性的环境中进行土壤保护和改良种植（表 10-2）。

十一、波普木麻黄

俗名黑栎（black oak）。乔木，高 5~15m。相比鸡冠木麻黄，它树形一般较小且干形较差，蒴果较小，苞片也较短。嫩枝上的齿叶伸直或弯曲；节间直径 1~1.8mm，被较多的蜡质和短而密的绒毛；齿叶 9~13 枚，具永久的铁锈色绒毛；带翅种子，长5.5~7.0mm。分布在澳大利亚昆士兰州较远的西南部，至新南威尔士州较远的西部和维多利亚州的西北部，以及南澳大利亚州的岛屿到西澳大利亚州的南部岛屿。通常生长在具有轻质表土和钙质底土的红褐壤地区。我国已引种过，适宜种植区为广东、福建、广西和云南。

十二、圆柱木麻黄

圆柱木麻黄是从位于新喀里多尼亚的格朗特尔岛北部省（North Province of Grande Terre）的瓦澳特（Vavouto）半岛延伸出的一种罕见的小地域性树种，它仅限于生长在超镁铁质岩上干燥丛林中的低海拔（＜200m）立地上。形态上接近山神木麻黄，其特点是更大、更硬、更长的小枝，以及更密集和更直立的习性（高达 7m）。该树种在河床和土壤固定方面具有利用潜力，原因是其具有强大的根蘖习性。然而，它的根蘖习性往往会降低其在一般园林绿化种植中的使用价值。圆柱木麻黄是一种耐旱、生长相对缓慢（年均高生长约 0.5m）的树种，这可能限制其在土地恢复和农林复合系统中更广泛的应用（Gáteblé，2015）（表 10-2）。

十三、似胶木麻黄

俗称 Aneityum。天然分布在瓦努阿图，该种是还未有详细描述的木麻黄属树种之一。雌雄异株，分布于北部地区，分布海拔 50~100m（表 10-2）。

十四、平行木麻黄

树体细高，高达 15m，胸径达 30cm。天然分布在瓦努阿图，也是还未有详细描述的木麻黄属树种之一。平行木麻黄是 Santo 北部特有的树种，其分布区局限于低地，海拔 5~150m，如大海湾（Big Bay）附近的河道长廊森林（riverine gallery forests），包括阿波纳河（Apouna River）和马劳河（Malao River）的一条支流；它生长在含沙质、砾石和卵石沉积物的冲积土壤上（表 10-2）。

表 10-2　太平洋岛屿部分木麻黄种的概述

种名	天然分布	主要用途[1]	认知状态[2]
木麻黄属			
山神木麻黄	新喀里多尼亚	MR、O、SP、W、F、T、SH	****
短枝木麻黄	库克岛、斐济、法属玻利尼西亚、新几内亚岛、马绍尔群岛、马里亚纳群岛、新喀里多尼亚、所罗门群岛、汤加、图瓦卢、瓦努阿图	CP、O、SP、W、F、T、TM、SH	****
似胶木麻黄	瓦努阿图	W、SH	*
大木麻黄	巴布亚新几内亚	F、T	**
小齿木麻黄	巴布亚新几内亚	W、F、T	***
山口木麻黄	巴布亚新几内亚	SP	**
平行木麻黄	瓦努阿图	W、F、T、SP	*
圆柱木麻黄	新喀里多尼亚	SP	**
裸孔木麻黄属			
扁柏木麻黄	新喀里多尼亚	MR、O、M	***
德普兰克木麻	新喀里多尼亚	MR、O	***
苍白木麻黄	新喀里多尼亚	未描述	*
纤细木麻黄	新几内亚岛	未描述	*
媒介木麻黄	新喀里多尼亚	O、SP	**
银齿木麻黄	新喀里多尼亚	O	**
中果木麻黄	新几内亚岛	未描述	*
节花木麻黄	新喀里多尼亚	O	**
巴布亚木麻黄	巴布亚新几内亚，所罗门群岛	MR、T、F、O	***
波森木麻黄	新喀里多尼亚	MR、SP	***
香料木麻黄	新几内亚岛	未描述	*
葡萄木麻黄	斐济	F、T、SP、O	***
韦布木麻黄	新喀里多尼亚	O、SP	**

注：1. 主要用途：CP= 沿海防护，F= 薪材，MR= 矿区植被恢复，M= 医药，O= 园林绿化，SH= 檀香寄主植物，SP= 土壤保护，TM= 传统医药，T= 木材，W= 防风林；2. 认知状态：**** 非常了解，*** 一般了解，** 有限了解或仅限研究；* 非常不了解。

第二节　裸孔木麻黄属

一、古木麻黄

主要特征为齿叶尖锐，直边，缺乏边缘，4 条气孔带的每个带具 1~2 个气孔，没有毛状体。小枝的节呈四面体，横截面长度 2~6mm，宽度 0.75~1mm。轮生的齿叶 4 枚，尖锐，侧平直，顶部尖，基部圆形到钝，乳状突起不明显。气孔沟浅而开放，气孔带暴露，气孔长度 20~23μm，宽度 15~18μm。表皮上的蜡质不明显。表皮细胞呈六角形至正方形，对斜壁无角质层增厚。具有裸孔木麻黄属植物典型的下皮层，皮层细胞呈卵形和花形。小苞片高度突出，上扬 90°，在每对小苞片的基部都有一个明显的苞片。苞片横向扩张，比高更宽，圆锥体，长 13mm，直径 10mm。小苞片上的毛状体未知。雄性花序未知。雌性花序未知（Scriven & Hill，1995）。

二、澳大利亚木麻黄

小乔木，树高 4~7m，具有板根，树冠宽大而稍平，树形烛台状。树皮开裂，褐色。小枝条坚硬，上举，长约 13cm；嫩枝条具铁锈色或白色的柔软小毛；节间呈锐角，长 2~4mm，直径 0.5~0.8mm，平滑；齿叶长 0.4~0.7mm。雌雄同株或雌雄异株，雄性花序杂合，花穗长 1.5~2.0mm，花药长 0.5mm。蒴果短圆柱状，长 7~10mm，粗 8~10mm，带有白色或铁锈色绒毛，尤其是在未成熟时更明显，果柄约长 5mm，苞叶没有细纹，小苞片有细纹，尖锐；带翅种子，长 7~8mm，淡褐色。

只有几个小的种群分布在昆士兰 Thornton Peak 或附近，生长在雨林或云雾林中，大部分生长在小河附近。与别的裸孔木麻黄种不同的是，它在嫩枝顶端上有白色或铁锈色的绒毛，成熟的蒴果上一般也有绒毛，而且器官大小和形状和同属的种也有差异。

三、扁柏木麻黄

扁柏木麻黄是一种雌雄异株的圆形灌木或乔木，高 2~15m，生长在海拔低于 600m 立地上，主要分布在靠近格朗德特尔群岛（Grande Terre）超镁铁质马西夫松蛇纹岩（ultramafic massifson serpentines）或棕色高镁质土壤棕色高镁土（brown hypermagnesian soils）上。在栽培中，植物习性通常是圆锥形和半下垂的，具有相当细的亮绿色小枝叶，没有排列成明显的螺纹。该树种具有作为观赏植物的潜力，特别是在盆栽和园林绿化方面，并可用于退化的镍矿开采地点恢复。它很容易从种子和插条繁殖，其生长速度在建立时相对较好。它很少用于传统药物和薪材（表 10-2）。

四、德普兰克木麻黄

德普兰克木麻黄是一种灌木至小乔木，高 2~15m，发现于格朗德特尔群岛（Grande Terre）南部超镁铁质岩山丘（ultrabasic massif）上，生长在海拔 200~300m（很少达到 900m）山地上。它生长在酸性（pH 值 4.7）、含铁质的硬质土或砾石土壤上。德普兰克木麻黄具有优美的树形，其侧枝小枝条排列成宝塔状。它在景观美化和矿场修复方面的利用潜力与扁柏木麻黄相似。它具有内生菌根和弗兰克氏固氮菌，在新喀里多尼亚是铁铅土上的先锋树种（表 10-2）。

五、苍白木麻黄

分布于新喀里多尼亚，该木麻黄种尚未有详细描述（Thomson & Gâteblé，2020）（表 10-2）。

六、纤细木麻黄

分布于新几内亚岛（New Guinea），该种尚未有详细描述（Thomson & Gâteblé，2020）（表 10-2）。

七、媒介木麻黄

媒介木麻黄是一种灌木至乔木，树高 2~15m，发现于格朗德特尔岛南部地区（如 Kouakoue，Montagnedes Sources，Me Ori，Dzumac）的超镁铁质岩山地（ultramafic substrates mountains）。媒介木麻黄也具有优美的树形，呈伞状，具有厚的并呈肿胀的节点小枝条。与其他种一样，它特殊的小枝和生态习性在园林绿化和观赏应用上具有潜在的价值，也可以用于一些困难立地的植被恢复（表 10-2）。

八、银齿木麻黄

银齿木麻黄是一种雌雄异株的灌木，高 4~5m。它被发现在低地（海拔 5~200m），来自格朗德特尔岛（Grande Terre）南部的河岸生境，Thio-Mt.Dore 线以东，它的分布被限制在超镁铁质岩土壤类型中。它小枝的直立、锥形、嫩绿色（fine green）到灰绿色，是一种优美的观赏植物。但它的生长速度极慢，高生长约为每年 10~15cm，这限制了它在园林绿化和矿场恢复中的使用（表 10-2）。

九、中果木麻黄

分布丁新几内亚岛，该种尚未有详细描述（Thomson & Gâteblé，2020）（表 10-2）。

十、富贵木麻黄

分布于印度尼西亚的加里曼丹岛（Kalimantan）和新几内亚地区，树高可达 25m，树干纤细，侧枝条多并向斜上方生长，冠形非常优美。天然生长于各种类型的森林和灌丛中。生长立地常为贫瘠或营养元素失调的土壤，如泥炭沼泽、岩石山或石灰石丘陵等。已在太平洋群岛的一些地区有种植，是非常优良的绿化树种。

十一、节花木麻黄

该种的树体大小中等，高大灌木或小乔木，雌雄异株或同株。常绿嫩枝条和落叶枝条相似；所有的节呈四边形；枝上棱沟浅而张开，气孔裸露。退化小齿叶 4 枚，轮生。小枝上的雄性花序和小枝相似；小苞片宿存。雌性花序生长在短或延长的小枝上，和小枝相似。蒴果大部分生长营养枝上，苞叶侧向扩大超过了高；小苞片突起，在蒴果背上呈圆形但没有裂开也没有背部的突起。带翅种子具细槽、无毛、黄褐或灰色，无光泽。染色体数 2n=16。

节花木麻黄通常生长在格朗德特尔群岛（Grande Terre）岛中部和北部的河流岸边。它主要分布在非超镁铁质岩（non–ultramafic substrates）土壤类型上，包括混合冲积土中。它的枝条茂密，有时在一些花园中作为观赏植物种植，例如在 Ponerihouen 地区。与韦布木麻黄相比，节花木麻黄具有相对直立的小枝条，但韦布木麻黄常易与节花木麻黄混淆（Johnson，1982）（表 10–2）。

十二、巴布亚木麻黄

树高达 30m，主干侧枝稀疏但每个侧枝上小枝浓密簇生，小枝条下垂不明显。树干上可长出红色的不定根。雌雄同株或异株。主要分布于巴布亚新几内亚，常出现于低海拔地带，部分也分布在高原上。它比小齿木麻黄更耐贫瘠土壤。

巴布亚木麻黄天然分布在巴布亚新几内亚和所罗门群岛，海拔从近海平面至2000m。在所罗门群岛，它主要生长在圣伊莎贝尔南部和舒瓦瑟尔东南部的超镁铁质岩土壤上（Whitmore，1966）。它是一种长寿的先锋大乔木树种，雌雄同株，高达 50m，胸径大于 50cm。巴布亚木麻黄能适应各种土壤环境，包括酸性、贫瘠、超碱性土壤等。在自然界中，它在森林和人工草原的边缘形成单一树种纯林。在印度尼西亚的马鲁古群岛（Maluku）及新几内亚常作为风景树使用（表 10–2）。在夏威夷，它也被作为优良观赏树种之一。在巴布亚新几内亚高地的传统农林复合系统中，它常用于农作物的混作或轮作树种，用于遮阴或增加土壤养分。巴布亚木麻黄在退化地的生态恢复，包括矿区修复等具有很高的应用潜力。它也是一种非常优美的绿化树种，可用于薪材、建筑材、木炭和木制工艺品的生产。

图 10-1　巴布亚木麻黄用于矿场修复（拍摄：S. Tutua）

图 10-1 为 4 年生树苗在所罗门群岛圣伊莎贝尔矿场的修复试验中，pH 值为 4.95 的褐色 / 红色黏壤土，可交换碱为钙、镁和钾（低氮、低有效磷）以及较高的锰和镍水平，典型的砖红壤，来自超镁铁质岩。

十三、波森木麻黄

波森木麻黄是一种小枝茂密的、分布广泛的中小型乔木，高达 15m，生长在中低海拔（200~700m）的侵蚀斜坡和格朗德特尔岛的热带雨林中。它只发生在超镁铁质岩的铁质土壤上，其种植潜力受到缓慢生长速度的限制（L'Huillier et al.，2010）。波森木麻黄可能是受干扰和退化环境中的关键生态树种。最近发现的以波森木麻黄为食的毡蚧科（Eriococcidae）的新属和种——毡蚧（*Dzumacoccus baylaci*）（Hodgson et al.，2018），表明波森木麻黄在保持森林生物多样性中发挥重要作用（表 10-2）。

十四、罗非木麻黄

分布于印度尼西亚的马鲁古群岛和苏拉威西岛（Swlawesi）和菲律宾群岛。自然生长于山地森林群落中，高 10~25m，属慢生树种。树冠稀疏而大，小枝条稍下垂，但不像巴布亚木麻黄和苏门答腊木麻黄那样成簇状。生长在易起火的干燥坡地、石灰石丘陵及火山口地区，海拔分布由低海拔至约 1000m。常被用作特殊立地上的景观树，也是农林复合系统常用树种，也适于热带高原地区生长。在菲律宾有人工种植。早在 17 世纪，罗姆菲尔斯（Rumphius）就描述过这个种，因此罗非木麻黄亦称罗氏木麻黄。

十五、香料木麻黄

分布于新几内亚岛，该种尚未有详细描述（Thomson & Gáteblé，2020）（表 10-2）。

十六、苏门答腊木麻黄

树高可达30m，具明显的圆筒形树干，干形好，能与弗兰克氏菌形成固氮根瘤。分布于太平洋的大部分地区，可生长于贫瘠的酸性土壤及沼泽地上等，分布海拔0~1000m。其长至30m高时，树冠形状与巴布亚木麻黄相似，但其蓇果比后者大约2倍。沼泽地上生长时可出现支柱根（即气生根），可作观赏及绿化树种用途，木材可作薪材等。

十七、葡萄木麻黄

葡萄木麻黄是斐济5个高岛的特有种。通常生长在近海平面至900m的贫瘠酸性红黏土上。它具有树冠上枝条上扬、密集和砍后萌生力强的特点。葡萄木麻黄为小乔木至大乔木，高5~25m，胸径达2m，树体的大小取决于当地的肥力和降水情况。它生产非常致密的木材（气干密度1070kg/m³），是已知最硬的木材之一，但在地面接触中耐久性较低（Alston，1982）。它是优质的燃料和木炭原材料，但主要作为景观绿化植物种植，也用于防风林种植（表10-2）。它作为长周期防风林树种有些不足之处，因为随着树木的成长，它的树冠变得开放和横向蔓延。它会受到黄吹棉介壳虫（*Icerya seychellarum*）危害（Smith，1981；Keppel & Ghazanfar，2011；Thomson & Thaman，2016）。

十八、韦布木麻黄

韦布木麻黄是一种在新喀里多尼亚的格朗德特尔岛（Grande Terre）上潮湿和河流边森林中发现的木麻黄科树种。雌雄异株，高度可达10~15m，在适宜立地上有下垂的小枝条。它发生在南部多尔山（Mt. Dore），最常见于岛的东海岸，尤其是在延根（Hienghene）和普埃波（Pouébo）之间的东北部，但在西海岸也有分布。它在火山沉积土壤上较为常见，但在超镁铁质岩上也有生长。在延根地区周围，它通常被用作篱笆或观赏灌木。韦布木麻黄具有作为大型盆栽观赏植物和固定河岸的潜力。它的生长速度在开始时相当缓慢（每年增加高约20cm），但在田间种植后生长显著增加（表10-2）。

第三节　隐孔木麻黄属

一、巴拉望木麻黄

乔木，树高10m或更高。落叶小枝条长6~8cm，节间长2.5~5mm，直径0.4~0.5mm，棱沟内偶尔有白色软毛。齿叶窄三角形，长0.3~0.7mm，背有尖锐叶状体。蓇果着生在短或中细长的小枝条末端，有黄褐色软毛；蓇果长3~4mm；苞片高

1~2mm，无明显条纹；苞片 1~2 轮，背侧棱脊突出可达 5mm ；带翅种子，长约 6mm，翅纸质（Johnson，1988）（图 10-2 ）。

自然分布于菲律宾的巴拉望岛（Dilcher et al.，1990）。仅能从菲律宾西南部巴拉望岛的收集的 4 个标本推断它的分布区。它除了沿着溪流生长之外，它还在马拉斯高河（Malasgao River）海拔 160m 处阿博兰（Aborlan）森林边缘收集到该种。该木麻黄种较罕为人知，它具有更细长和尖锐的脊状叶状体，明显区别于具有宽阔叶状体的顶生木麻黄（Johnson，1988）。

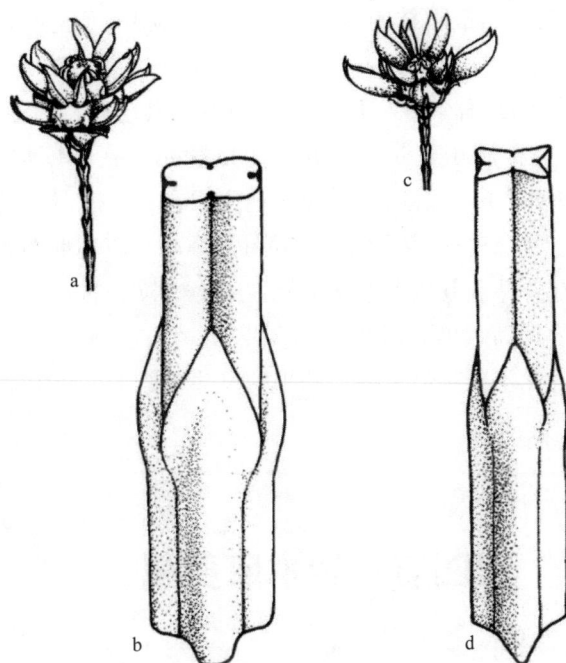

图 10-2　隐孔木麻黄属两个种的形态比较（Johnson,1988）

注：a 为顶生木麻黄果序；b 为顶生木麻黄小枝；c 为巴拉望木麻黄果序；d 为巴拉望木麻黄小枝。

二、顶生木麻黄

乔木，树高 10~30m，树皮片状或鳞片状开裂。落叶小枝长 7~12cm，每节长 4~7mm，直径 0.7~0.9mm，小枝棱沟内偶有白色软毛，齿叶窄三角，长 0.7~1.0mm，叶状体圆形。小枝条横截面呈圆形，嫩的永久性小枝与落叶小枝类似；所有小枝纵向具 4 条棱沟，棱沟深且几乎闭合，隐藏着一排排的气孔；每轮小齿叶 4 枚；齿叶边缘有乳状突起，叶鞘齿弯曲部分重叠。小枝棱沟内含 8 条气孔带，每条带具 5~7 个气孔；雌雄异株，雄性花序未知；雌性花序着生在中等长度的小枝上，与营养小枝相似。蒴果通常长在光合作用小枝上，具白色软毛，有 1、2 或 3 个轮；蒴果长 4~6mm；苞片高，粗 2.0~2.5mm，无明显条纹；苞片突出 5~7mm，木质，背部突起和背侧棱脊明显；带翅种子，长约 6mm，浅棕色，暗淡，翅透明（Johnson，1988）。

天然分布区从加里曼丹岛、哈马黑拉岛（Halmahera）至新几内亚岛（Dilcher et al.，1990；Quintela-Sabarís et al.，2019）。它生长在超镁铁质岩土壤上的山脊和斜坡上热带雨林中的林隙中（Johnson，1988）。在马来西亚沙巴（Sabah）的蛇纹岩土壤上，顶生木麻黄常与富贵木麻黄、苏门答腊木麻黄一起成为优势树种（Van der Ent et al.，2016）。如其他木麻黄一样，顶生木麻黄叶子退化成齿状叶，作为生存策略去适应贫瘠的土壤（Dörken & Parsons，2017），光合作用功能由每年凋落的绿色小枝完成，根系能与弗兰克氏菌形成共生固氮根瘤，帮助植物吸收氮（Benson & Dawson，2007）。顶生木麻黄是矿区植被恢复的优良树种之一。

顶生木麻黄多被发现在热带雨林山脊或斜坡上的林隙中。在京那巴鲁（Kinabalu）山上，它被发现在佩纳塔兰河（Penataran River）的河岸、花岗岩山脊和古老的山体滑坡上，有时形成小范围的纯林。在印度尼西亚的哈马黑拉岛，它通常生长在山上的风化蛇纹石黏土上，是一种用于建筑和薪材常见的树木。在印度尼西亚的贾贾普拉（Djayapura，以前称为 Hollandia）附近，它被发现生长在靠近森林边缘的侵蚀红土上，或者有时生长在森林内，分布海拔从海平面到海拔 200m。该木麻黄种树皮为鳞片状，老树上有圆形的树冠。在一些新几内亚收集的标本中，树枝上的树皮厚实，粗糙且有栓皮，但这一特征在加里曼丹岛收集的标本中并不明显。小枝呈灰绿色的，这可能是由于小枝棱沟中有明显的短毛。不同种群之间在蒴果的尺寸上似乎存在细微的差异，但这些差异可能并不显著。

第四节　异木麻黄属

一、似针木麻黄

灌木，1~3m 高，树皮光滑，薄而有细槽。倒数第二级小枝木质化，小枝不具蜡质，上举，尖形，长 1.5~3.0cm，具有一个延伸的小节；小枝的节圆柱形或四边形，光滑，长 1.5~3.0cm，直径 0.6~0.9mm，嫩时有绒毛；脊圆形，具有宽的中间凹槽；齿叶 4 枚，直立，或在嫩株和新抽小枝上伸长而向后弯曲，稍微重叠或不重叠，长 0.8~1.3mm，宿存；雌雄异株，雄性花序念珠状，长 1~4cm，每厘米着生 4.5~5.5 轮；花药长 0.7~0.9mm，花梗长 4~10mm；蒴果卵形或半球形，长 15~19mm，含苞片则长 20~26mm，直径 13~18mm，被短而密的毛；蒴果小苞片突出，厚，无毛，尖形，其突起部分在小苞片靠近顶端的地方形成一条黄色的垄，延伸成为一条长 4~9mm 的尖锐而古怪的芒刺，顶尖常有钩，宿存。带翅种子，长 6mm，黑色。染色体 2n=28。未引种到中国，潜在适生区为云南、广西。分布在西澳大利亚州的 Tambellup-Ravensthorpe 地区，生长在沙漠的灌木丛中。蒴果的形状被长的苞片所遮掩，比小松木麻黄要更细长。

二、尖裂木麻黄

含 2 个亚种，尖裂木麻黄本种和尖裂木麻黄扁核亚种。灌木或小乔木，高 3~8m；树皮光滑或开裂；小枝在成熟后常被明显蜡质外膜，倒数第二个小枝呈木质化；小枝向上伸展，长达 20cm；节间距长 10~25mm，宽 0.7~1.2mm，具疣状突起，偶尔有绒毛；脊扁平，微有疣状突起；齿叶 10~14 枚，直立，长 0.3~1.3mm，少数长达 1.8mm，不脱落。雌雄异株，雄性花序长 1~8cm，每厘米着生 3.5~6 轮；花粉囊长 1.2~2.1mm；蒴果圆柱形至卵形，长 15~35mm，粗 15~28mm，有细的白绒毛或无毛，嫩时常具有更长的铁锈色毛，无柄或着生在 10mm 长的果柄上；苞叶突起，小苞片和突起部分没有区别，非常厚，锥形，尖而具有很多长达 1.5mm 的刺或偶尔被分成两半的，或小苞片加上突起部分被分成 2 或 3 个尖形或尖锐体。小苞片不脱落。长带翅种子，长 6~12mm，无毛，黑色或深褐色。染色体 2n=24。未引种到中国，潜在适宜引种区域为云南和广西。

该种蒴果的苞片比许多别的种的苞片更突出。区别这 2 个亚种的首要依据是蒴果小苞片是否完全分开，以及新抽的小枝上的齿叶的分散程度。在这些小苞片里一些过渡形态的个体被发现即使在同一个蒴果里也有完整的或分开的。分布在澳大利亚西南部和南部，另一个分布地域从 Murchison River 的北部到 Merredin 附近。

尖裂木麻黄本种，小苞片和突起部分融合。锥形，尖形，短短地被分成两半；生长在新枝上的齿叶分散或向后弯曲。节间距长 10~25mm。齿叶 10~14 枚，少数 9 枚，直立或有些分散，长 0.3~1.3mm（少数达到 1.8mm）。蒴果长 15~35mm，粗 15~20mm（少数达到 28mm）；小苞片和突起部位的区别不明显，尖形，相当多的尖刺长达 1.5mm，偶尔在顶端被短短地分成两半。

尖裂木麻黄扁核亚种，生长在嫩枝上的齿叶直立或分散；节间距 12~20mm；齿叶 11~13 枚，直立，长 0.4~1mm；蒴果长 25~32mm，粗 18~22mm；小苞片和突起被分成 2 或 3 部分，尖形或尖锐，具有长 1mm 的尖刺。分布从澳大利亚马勒瓦（Mullewa）附近至梅里登（Merredin）的北部，还有向东的一些地方，侧面与西部和南部的尖裂木麻黄本种分布区相接。

三、短穗木麻黄

灌木，高约 3m。树皮平滑或开裂；倒数第二级小枝木质化；小枝上举，长达 7cm；节间长 2~5mm，直径 0.4~0.7mm，通常棱沟内有细密的绒毛；脊的基部附近常有中间的凹槽；齿叶 5~7 枚，直立，长 0.2~0.5mm。通常雌雄同株，雄性花序念珠状，长 5~17mm，每厘米轮生 9~16 轮；花药长 0.3~0.6mm。蒴果长 7~14mm，直径 5~8mm，苞片不明显；蒴果柄长 2~4mm。带翅种子，长 2.5~4mm，无毛，红褐色至黑色。染色体数 2n=44。与沼泽木麻黄有亲缘关系较近，但各部分通常比沼泽木麻黄小。分布在新南威尔士州新英格兰高地边缘的西部，从埃马维尔南部（Emmaville S）至盖拉（Guyra）

和莫尔顿（Moredun）地区；生长在矮疏林中低养分的沙壤土立地上。未引种到中国，潜在适生区域为福建、广东、广西。

四、田缘木麻黄或田野木麻黄

俗名灌丛木麻黄（shrubby sheoak）。该树种通常长成浓密、多分枝的灌丛状，高1~3m，但也有少数长成主干明显带有浓密树冠的形态。枝条浓密，小枝向上伸展长达20cm。小枝节间光滑，长 6~13mm，宽 0.6~1.2mm，在棱沟内常有绒毛；小枝上的脊弯曲或扁平，具有一条小但明显的垄；齿叶 7~9 枚，直立，长 0.3~1.2mm，不脱落。雌雄异株或同株。雄性花序长 0.4~2.8cm，每厘米着生 8.5~11 轮；花粉囊长 0.6~1mm；蒴果长圆柱形，长 19~42mm，粗 10~17mm；在苞叶和苞片之间有短的白绒毛，无柄或有时着生在长 5mm 的花梗上；苞叶不明显；苞片突出，平头或钝尖，突起部分和小苞片融合。带翅种子，长 4.7~10mm，黑色。染色体 2n=24。有时从根部和地下茎部萌生出小枝，该种现象主要出现在南部靠海岸的种群。一些南部海岸的群体产生较大的蒴果但它们通常没有像毛被木麻黄那样的果柄，也没有像它们那样有较突出的蒴果苞片。

广泛分布在西澳大利亚州的西南部，如沿着麦田带（wheat blet）生长，从默奇森河的北部延伸到达靠近雷文斯索普南部的海岸和埃斯佩兰斯东部。生长在沙质平原、红壤或生长在极端贫瘠的土壤上。它也被发现生长在壤土、砖红壤浅黏土和粗砾土上。该种未有结瘤和根蘖方面的报道。它只能收获到小直径的木材，木材的特性尚未知。该树种分布在西澳的温带地区，分布区每年的霜冻期有 1~12 天。分布在靠近海平面至约 375m 海拔的地区。主要分布区属于半干旱气候带，但也有部分分布区延伸到半湿润和干旱气候带，分布区平均降水量为 225~400mm，记录到的最低降水量是140~250mm，且属于冬雨型。

该树种可以用于防风作用，株距 2~3m 的单行种植可以为牲畜或住所提供很好的防护作用。该树种也能用于生态和水土保持作用，它现在主要用于建立较矮的、篱笆形的防护林带。它能生长在各种类型的土壤，包括沿海沙地。中国已经引种种植过，潜在适生区域为海南、广东、广西、福建。

五、小角木麻黄

灌木，直立至分散，高 2~3m。树皮光滑至有细裂纹或脱落。小枝具蜡质，向上伸展，长达 26cm；小枝节间长 6~11mm，少数达到 16mm，宽 0.9~1.4mm，光滑，无毛；脊扁平或轻微呈圆形；齿叶 8~10 枚，直立至稍微分散，不重叠，长 0.3~0.6mm。雌雄异株，雄性花序长 0.5~2cm，每厘米着生 10~16 轮；花粉囊长 0.5~0.9mm。蒴果圆柱形，长8~15mm，粗 7~9mm，呈不规则形状，由稀少的绒毛至无毛，无柄或着生在长 3mm 的短柄上；蒴果小苞片由钝尖至圆头形，在小苞片基部附近有锥形突起分隔，且具有每年脱落的黄色的芒，通常尖形，长 2~5mm，具有沟或向后弯的顶端。带翅种子，长 3~4mm，无毛，红褐色。分布区从西澳大利亚州的伍宾（Wubin）东南部至诺斯曼（Norseman），生长在沙原的高大石楠树丛中。尚未引种到中国，潜在适宜区域为福建、广东、广西。

六、厚木麻黄

灌木，高1~2m，树皮光滑，雌雄异株或同株；小枝长17cm，疏松并上举；小枝节间长10~20mm，直径1.2~2.0mm，平滑，棱沟具有密绒毛；脊明显圆形；齿叶7~10枚，长1.1~3mm，纤细，分散至稍微向后弯曲，通常不重叠，脱落。雄性花序少数念珠状，长约2cm，每厘米轮生3.5~4轮；小苞片宿存；花药长0.8~1mm。蒴果长圆柱形，无柄或柄长3mm；蒴果长15~34mm，直径12~15mm；小苞片钝形至尖形，锥形突起稍微比小苞片短。带翅种子长5~8mm，黑色。和念珠木麻黄的区别在于它的小枝上有较大和较厚的节，小枝棱沟有明显的绒毛，不脱落，小齿叶较长，具有较大的种子。该种分布在塔斯马尼亚岛。常见于悬崖顶上裸露立地。尚未引种到中国，潜在适生区域为云南、福建、广东、广西。

七、德凯斯木麻黄

俗名荒漠倩栎或沙漠木麻黄（desert sheoak）。该树种是澳大利亚最热和最干旱的地区——澳大利亚中部最值得关注的树种之一。它是澳大利亚中部部分地区中景观最明显的树种，以稀疏个体或小树丛的形式生长。它通常是这种连灌木都罕见的荒漠景观中唯一的乔木树种。

乔木，高10~16m。树干通直，通常超过总树高的一半。该树种长大后具有优美树形和枝条下垂的习性，但幼树生长得更通直；树皮厚而开裂；倒数第二级小枝木质化；小枝下垂，可长达50cm，不被蜡质；小枝延伸的倒数第二级小枝很多，圆柱状或多边形，光滑；小枝节间长2~6cm，直径0.7~1.5mm，由有绒毛渐变为无毛；脊扁平，具有宽而浅的中间凹槽；齿叶4枚，尖锐，通常直立、不重叠，长1.7~3.2mm。雌雄异株，雄性花序长2~4cm，每厘米着生10轮；小苞片宿存；花药长0.7~0.8mm。蒴果木质化严重，卵形或椭圆形，长2.8~9.5cm，粗2.0~3.5cm；由嫩时有毛变为无毛；果柄长5~15mm；蒴果小苞片尖形，隆起部分也是尖形，几乎和小苞片一样长，在成熟时裂开，以至在小苞片下表现出单独的月牙形；带翅种子，长8.5~17mm，无毛，深褐色至黑色。染色体2n=28。已引种中国，适生区广东、广西、云南。

分布在澳大利亚北领地（NT）、南澳大利亚（SA）和西澳大利亚（WA）东南部，主要天然分布区在澳大利亚北领地南部的爱丽丝泉（Alice Spring）的西部和南部，以及西澳大利亚和南澳大利亚交界地区。该树种可以忍耐极端的温度条件，如它可忍耐最热季节中平均温度可达35℃，最高可达47℃的气温。另外，该地区冬天的最低温可下降至 −7℃。分布区在海拔250~700m的范围，平均年降水量为220mm，最低纪录是38mm，年蒸发量超过3000mm。德凯斯木麻黄生长在深厚的沙壤土或起伏地形中的沙丘间低洼地带，在偶然的大雨中水流可以渗流进这些土层中。在野外已经发现了它的根瘤，但不常见。未有根蘖报道。该树种未被大量测试过，更没有获得它的人工栽培知识。它比其他木麻黄生长更缓慢。在被滴灌的条件下，它在爱丽丝泉 6 年可以生长到 4m 高。该树种可能不能忍耐碱性土壤。

八、横断木麻黄

乔木，高 8~15m，也有少数高 1~3m 的灌木。小枝上举，长达 14cm；小枝节间四边形，长 3~7mm，直径 0.6~0.8mm，在嫩时有细的绒毛；脊明显有棱角；齿叶 4 枚，直立，长 0.6~1mm。雌雄同株，雄性花序长 1~3.5cm，每厘米轮生 8~10 轮；花药长 0.9~1mm；蒴果短圆柱形，长 10~20mm，直径 15~24mm，少数长达 40mm 和直径 30mm；少数蒴果直径比长度更长或相当于长度，有疣状突起，无果柄或柄长 2mm；苞叶不明显；小苞片钝，具有带微尖的 3 个浅裂片，突起部分比小苞片还长，被分成 12~20 个小部分，尖形或具有弯曲顶部。带翅种子，长 7~9mm，黑色。染色体数 2n=20。分布在澳大利亚西澳大利亚州的东南部，从沃拉克伍德（Wlackwood）河南岸至登马克（Denmar）；生长在双色桉（_E. diversicolor_）林肥沃的土壤上，也生长在布拉夫山（Bluff Knoll）和斯特林岭（Stirling Range），在那里它在灌木林中生长像灌木或衰弱的乔木。尚未引种到中国，潜在适生区域为云南、福建、广东、广西。

九、镰菌木麻黄

直立或近直立的灌木，高 0.5~2m。该种长有木质瘤（lignotuberous），树皮光滑。小枝上举，长约 12cm；小枝节间长 6~8mm，直径 0.5~0.6mm，平滑，无毛；脊圆形（常近圆形）；齿叶 5~7 枚，直立，嫩时稍微重叠，长 0.2~0.5mm，在顶部部分通常不脱落。雌雄异株或雌雄同株，雄性花序稍延长，念珠状，长 4~10mm；小苞片宿存；花药长 0.7~0.9mm。蒴果短圆柱形，长 8~11mm，直径 5~7mm，着生在长 3~7mm 的细长果柄上；小苞片光滑，钝形至尖形，具有细小的刺，锥形突起比小苞片短。带翅种子长约 3mm，暗褐色。

仅分布在澳大利亚新南威尔士州的纳比亚克（Nabiac）地区。与双微木麻黄和僵硬木麻黄的区别在于它小枝上有较纤细的节，只有稍微呈圆形的脊和 5~7 枚齿叶，且它通常有短的念珠状的雄性花序。与变色木麻黄的区别在于它小枝上有蓝绿色小节。它可以和滨海木麻黄杂交。生长在沙壤的高灌木林中。尚未引种至中国，潜在适生区域为云南、福建、广东、广西。

十、迪尔斯木麻黄

俗名迪尔斯木麻黄（Diels's sheoak）。小乔木，高 5~9m，生长较矮小且树冠浓密，树冠一般在树干的上部形成，下部生长出较细的分枝。树皮光滑或开裂。小枝长 20cm，上举，小枝节间长 6~10mm，直径 0.8~1.0mm，平滑，无毛；脊呈棱角；齿叶 6~8 枚，稍微分散，长 0.5~0.7mm，其尖端容易脱落，宿存。雌雄异株，雄性花序头状，长 5~6mm；花药长 0.8~1.1mm。蒴果圆柱形，长 14~30mm，粗 12~17mm，被细绒毛至无毛，无果柄或着生在长 7mm 的果柄上，分散或相对于枝向后变弯。苞叶厚，小苞片和突起部分不能区分，尖形至钝尖。带翅种子长 8~10mm，浅褐色。染色体数 2n=28。天然分布在西澳大利亚，生长在中等肥力的沙壤土或山地红壤上，但当其生长在干旱的多砾石山脊时会只长成高 4m 的灌木状。大部分分布在西海岸靠海 300km 以内，在 26~30°S。分布区的夏季长且非常热，最热月平均温度达到 38℃。分布区海拔在近海平面至 300m，平均降水量为 300~500mm，降雨集中在冬季且每年的降雨变化很小。该树种是防风和遮阴的优良树种，但随着年龄的增加底下的分枝会干枯脱落。西澳大利亚州的林业部门推荐用于建立多行的防护林带，它也被用于市政绿化。在夏季高温、降水量低和不稳定和多石头的土壤上用于生产薪材和木材具有很大的优势。中国引种过该种，适生区域为福建、广东、广西。

十一、双微木麻黄

该种含有 3 个亚种，即双微木麻黄本种、双微木麻黄米米卡亚种和双微木麻黄联合亚种。

灌木或小乔木，高 1~5m，树皮光滑。小枝上举，长达 23cm；小枝节间圆柱形，长 5~12mm，宽 0.6~1.1mm，常具蜡白色外膜，无毛；脊圆形至成棱角；齿叶 6~9 枚，直立至分散，大部分不重叠，长 0.3~0.8mm，脱落。雌雄异株或同株，雄性花序偶尔呈念珠状，长 0.5~5cm，每厘米轮生 5~10 轮；小苞片宿存；花药长 0.5~0.8mm。蓇果为短至长的圆柱形，长 5~20mm，粗 5~12mm；偶尔呈不规则形状，嫩时有绒毛；果柄长 2~10mm；小苞片尖形至钝尖，锥形突起比小苞片短。带翅种子，长 3.5~5mm，黑褐色。

和僵硬木麻黄的区别在于它的小枝大多数有较短和较细的节，齿叶较短和大部分不重叠或显著散开或不脱落，且它有更小的蓇果和通常是雌雄同株。该种和裸花木麻黄的分布范围有部分重叠，与其区别在于双微木麻黄的小枝节间具有明显更圆的脊和多数不重叠的齿叶，同时还具有宿存小苞片和较小的花药和蓇果，以及少量的念珠状雄性花序。

分布在新南威尔士州几个不连续的地区，从 Pilliga Scrub 的南部到特莫拉（Temora），从 Capertee 到 Bathurst 和从布莱克希思（Blackheath）南部到布雷德伍德（Braidwood），在悉尼地区和伊登（Eden）附近也有独立的分布。它生长在台地、斜坡和海岸线范围内，也生长在砂岩的山脊和山腰的灌木丛和矮疏林里。

它的 3 个亚种介绍如下。

（一）双微木麻黄本种

灌木，高 2~5m。小枝节间常具有蜡白色外膜；脊圆形，有时仅稍圆形；齿叶 6 或 7 枚，窄三角形，侧边直，长 0.3~0.5mm。花药长 0.5~0.7mm。蓇果小苞片钝形至尖形。染色体数 2n=22。分布从 Pilliga Scrub 南部至特莫拉（Temora）和在新南威尔士州的 Capertee 至 Bathurst 地区内；生长在台地和西部斜坡上。

（二）双微木麻黄米米卡亚种

灌木，高 1~2.5m。小枝节间常具有蜡白色外膜；脊成棱角至圆形；齿叶 6~10 枚，阔三角形，侧边弯曲，长 0.3~0.6mm。花药长 0.5~0.7mm。蒴果小苞片钝形至阔尖。染色体数 2n=22/44（具多倍体）。分布在悉尼地区的金斯福德（Kingford）至 Little Bay 和希思科特（Heathcote）的西北部，也分布在布莱克希思至塔拉尔加（Taralga）和邦达努（Bundanoon）的台地中心。

（三）双微木麻黄联合亚种

灌木，高 1~2.5m。小枝节间不被蜡白色外膜；脊成棱角至圆形；齿叶 6~8 枚，阔至窄三角形，侧边直或弯曲，长 0.4~0.8mm。花药长 0.6~0.8mm。蒴果小苞片钝形至尖形。分布在 Sassafras 至巴瑟斯特湖和布雷德伍德地区，在新南威尔士州伊登的西南部具有一个明显独立的分布区域；生长在海岸线和邻近的台地。在形态学上介于其他两个亚种之间，但分布更南。

尚未引种至中国，潜在适生区域是福建、广东、广西。

十二、双针木麻黄

灌木，高 1~3m，树皮较光滑。小枝上举，长达 35cm；小枝节间平滑，长 10~20mm，宽 0.8~1.5mm，少数呈蜡白色，棱沟无毛；脊呈棱角至圆形，少数具有稀而细的绒毛；齿叶 6~8 枚，直立，嫩时稍微重叠，长 0.5~1.2mm，少数不脱落。雌雄异株，雄性花序少数呈念珠状，长 1.5~5cm（个别达 9cm），每厘米着生 4.5~6.5 轮；小苞片宿存；花药长 0.8~1.3mm。蒴果长圆柱形，长 13~35mm（个别达 50mm），粗 11~22mm；常具有长达 12mm 的不结果的顶端；果柄长 2~15mm，少数长达 32mm；小苞片钝形至尖形，锥形突起比小苞片短。带翅种子，长 4~8mm，深褐色至黑色。2n=22/33。该种主要分布在澳大利亚新南威尔士州，在布罗肯湾（Broken Bay）和 Porthacking 之间的人类活动频繁地区，这个种和滨海木麻黄之间的自然杂交是相当普遍的。尚未引种至中国，潜在适生区域为福建、广东、广西。

十三、德拉蒙木麻黄

具有错综复杂枝条的灌木，高 0.5~3.0m；倒数第二级小枝绿色。小枝长 2cm，小枝节间圆柱形或有棱角，长 1.5~2.5mm，宽 0.9~1.2mm，平滑，棱沟有毛；脊呈棱角或圆形，中间具有垄；齿叶 6 或 7 枚，不重叠，直立或在顶端稍微展开，顶端部分非常薄且易脱落，只留下圆的基部，长 0.5~0.9mm（基部长 0.2~0.3mm）。雌雄异株，雄性花序长 4~10mm，每厘米着生 20 轮；花药长约 0.7mm。蒴果卵圆形至圆柱形，长 8~15mm，粗 7~8mm，无果柄，着生在木质化的小枝上；小苞片厚，平顶和三角形，被分成 5~8 个球形突起。带翅种子长 3.0~4.0mm，具稀疏的毛。该种的种子有一个非常短的翅和在果的侧边有疏而短的（1~2mm 长）白毛。染色体 2n=20。只限于分布在西澳大利亚的 Three Spring Wongan 山区，生在砖红壤山脊上或沙质平原上的高灌木丛中。尚未引种至中国，潜在适生区域为福建、广西、云南。

十四、伊姆河木麻黄

俗称伊姆山倩栎（Emu Mountain sheoak）。雌雄异株，树冠分散型灌木，高 0.5~1.5m。树皮光滑，小枝上举，长达 12cm；小枝节间长 4~8mm，直径 0.5~0.9mm，光滑，棱沟无毛；小枝的脊成棱角至弯曲；齿叶 6 或 7 枚，直立至稍微分散，不重叠，长 0.3~0.7mm，易脱落。雄性花序长 1~3cm，每厘米着生 8.5~9.5 轮；小苞片宿存；花药长 0.8~0.9mm。蒴果圆柱形，长 12~28mm，粗 6~15mm，少数不规则形状和具有长 5mm 不结果的顶端；果柄长 3~13mm，纤细；蒴果小苞片钝尖至钝形，锥形突起，比小苞片短而从它的底部分叉。带翅种子，长 4.5~7.5mm，黑褐色至黑色。分布从澳大利亚昆士兰伊姆山（Mt. Emu）的北斜坡，至库鲁姆（Coolum）的北部，南到昆士兰州的卡劳德拉（Caloundra）地区。长在酸性火山土壤的低矮灌木林中和 Wallum 地区附近。不同种群有轻微差异，和海鹊木麻黄有密切亲缘关系，但能通过它更短的节间距，更长的花药，更圆的脊和更少的齿叶来区别。尚未引种至中国，潜在适生区域为福建、广东、广西。

十五、毛被木麻黄

灌木，枝条密集，直立，高 1~3m。小枝向上伸展，长达 23cm；小枝节间光滑，在棱沟间常有绒毛，长 5~18mm，宽 0.5~1.1mm；脊扁平或轻微弯曲，没有垄；齿叶 8~10 枚，直立或少数轻微分散，长 0.3~1mm（少数达到 1.6mm），不脱落。雌雄异株或同株；雄性花序长 1~3.5cm，每厘米着生 7~11 轮；花药长 0.6~0.8mm。蒴果长圆柱形，长 20~45mm，粗 13~21mm；在苞叶和苞片之间有短白色绒毛和一些较长的铁锈色的毛；果柄长 4~15mm，苞叶不明显；小苞片具有平至尖头的顶部，除了突起部分的顶部被一条弯曲或直的线或穿过小苞片的锯齿状缺口所标志外，突起部分完全和小苞片熔合。带翅种子，长 5~10.5mm，黑色。蒴果的苞叶比田野木麻黄的更明显和更厚；在顶部下的小苞片有锯齿状缺口但没有田野木麻黄那么显著。和田野木麻黄有较近的亲缘关系，但区别在于它具有着生在果柄上的蒴果和外被更多不脱落的毛，且脊上没有一条小垄。分布在西澳大利亚的 Comet Vale 至诺斯曼等周边区域；常长在岩石缝隙或附近。它包含有 2 个亚种，即毛被木麻黄本种和毛被木麻黄大齿亚种。

（一）毛被木麻黄本种

小枝节间距长 5~14mm，宽 0.5~0.9mm；小枝的脊由扁平至轻微弯曲，没有垄；齿叶 8 或 9 枚，长 0.3~1mm。雄性花序长 10~34mm，每厘米着生 7 轮；蒴果长 23~39mm，粗 13~18mm；蒴果的苞叶稍微加厚，小苞片很短，不超过蒴果本身；蒴果着生在长 4~13mm 的果柄上，具有圆头或平头的顶部。分布在西澳大利亚的 Comet Vale 至 Kalgoorlie 地区；通常生长在多碎石的斜坡上和靠海平缓的岩层上。

（二）毛被木麻黄大齿亚种

小枝间间距长 9~18mm，直径 0.8~1.1mm，脊平坦至稍微弯曲，没有垄；齿叶 8~11

枚，长 0.5~0.9mm（少数达 1.6mm）。雄性花序长 16~35mm，每厘米着生 10~11 轮。蒴果长 20~38mm，直径 14~21mm；蒴果的苞叶明显加厚，小苞片显著突出，超过蒴果本身，呈尖或钝的顶部；果柄长 4~15mm；侧生的苞叶较厚，在基部浅裂成两片；2n=4。分布在西澳大利亚的诺斯曼（Norseman）地区，在赞瑟斯（Zanthus）东南和南部也有分布记录。生长在花岗岩岩层周围。尚未引种至中国，潜在适生区域为福建、广东、广西。

十六、纤维木麻黄

灌木，高 0.5~1.5m；树皮光滑，薄而有细槽。次级小分枝木质化；小枝长 2~5cm，共有 2~4 节，圆柱形，每节长 8~16mm，无毛；齿叶 4 枚，直立，朝顶端的地方具有宽而发白半透明的边缘，长 1.5~2.0mm。雌雄异株，雄性花序长 4~7mm；花药长 0.5~0.6mm。蒴果近圆柱形至球形，长 11~25mm，粗 9~11mm，具有长而粗糙的毛；蒴果小苞片薄，长尖形，常呈芒状和钩状，具有从小苞片基部裂开的锥形突起，还有长 1~2mm 的向后弯曲的芒刺。带翅种子，长 6~7mm，无毛，褐色至黑色。分布在澳大利亚西南部，在西澳大利亚 Tammin 附近有一个种群被发现；生长在低山脊上疏灌木丛中的沙壤和砖红壤上。这个种的特点是蒴果具有长 1.0~2.0cm 且缠结在一起的粗糙的毛，从蒴果的苞叶和小苞片之间突出。它被澳大利亚列为濒危植物种。尚未引种至中国，潜在适生区域为云南、福建、广东、广西。

十七、线齿木麻黄

灌木，高 1.5~3m。树皮渐变粗糙。小枝上举，长达 20cm；小枝节间长 12~15mm，直径 0.5~0.8mm，光滑，嫩时具有绒毛从棱沟突出长达 2mm，但渐变无毛；脊具棱角，具中间的垄；齿叶 5 或 6 枚，分散向后弯曲，不重叠，长 1.5~2.0mm，少数不脱落。雌雄异株。雄性花序延长。蒴果圆柱形至筒形，长 14~30mm，粗 11~18mm，带有稀疏的绒毛；果柄长 2~9mm；小苞片尖锐至钝尖，常具有小刺，锥形突起和小苞片一样长或超过小苞片。带翅种子长 6.5~9mm，黑褐色至黑色。染色体数 2n=44。只限分布在昆士兰州温室山（Mt. Glasshouse），生长在斜坡的顶部和裸露坡面上部，或与其他灌木一起生长在粗面岩的裂缝里。它和滨海木麻黄的区别在于它是灌木，有更长的节间距和有更长的齿叶，齿叶由向后弯至散开，只有 5 或 6 枚。尚未引种至中国，潜在适生区域为海南、广东、福建、广西。

十八、费雷泽木麻黄

俗名西澳倩栎（Western Australian sheoak）。小乔木，高 5~15m，直径 0.5~1.0m，土壤贫瘠时树高仅 2~5m。树形直立，主干约为树高的三分之二，树冠稀疏。树皮光滑、软且有鳞状开裂，灰色。倒数第二级小枝木质化。小枝易脱落，长 16~32cm，上举，径粗 0.1cm，暗绿色。小枝节间长 7~15mm，0.8~1.3mm 直径，个别有明显的蜡白色；小枝的脊弯曲，具疣状突起或平滑。每轮着生 6~8 枚三角形齿叶，稍分散，长 0.7~1.2mm。雌雄异株，雄花序着生在小枝顶部，长圆柱形，长 3~10cm，径粗 0.3~0.5cm，每厘米着生 5 或 6 轮，长 0.7~1.2mm 的花药。雌花每轮 6~8 个苞片。蒴果粗糙，长 1.5~4.0cm，径粗 1.5~3.0cm，卵圆形或圆柱形，果柄无或长 0.3~3.2cm。小苞片由钝尖至钝，突起部分比小苞片稍短且被分成 4~8 部分，有短而突的铁锈色突起且苞片背面有皱纹，裂开时裂口宽的 0.4mm 左右。带翅种子长 9~10mm，无毛，深褐色至黑色。染色体数量 2n=26。种子暗棕色，果翅透明。边材灰白色，心材暗红色，密度 830kg/m^3，是良好的车削工艺品（如球、蛋、盘子、碗、钢琴腿等）用材，也可作为薪材。仅分布于澳大利亚西南部的沿海低地上，分布区最高温度 20~30℃，最冷平均气温 4.5~10℃，年降水量 750~1000mm。分布区从西澳大利亚的珀斯至澳尔巴尼（Albany）的达令山区（Darling Range）上，在西澳大利亚的穆拉（Moora）和朱里恩（Jurien）湾之间有独立的种群；作为亚冠层树种生长在边缘桉（*Eucalyptus marginata*）林的红壤上；在海岸附近生长在疏林的沙壤或红壤上。中国已引种，潜在适生区为广东、福建、广西。

十九、变色木麻黄

纤细、直立的灌木，高 1~2m。树皮光滑，小枝上举，长达 20cm；小枝节间长 5~11mm，粗 0.5~0.7mm，平滑，无毛，脊圆形；齿叶 5~7 枚，直立至稍分散，不重叠或嫩时轻微重叠，长 0.2~0.5mm，易脱落。雌雄异株或雌雄同株，雄性花序念珠状，长 0.2~2.5cm，每厘米着生约 5 轮；小苞片宿存；花药长 0.7~0.8mm。蒴果圆柱形，长 10~13mm，粗 7~8mm，着生在长 4~7mm 的果柄上；小苞片钝尖至钝，具有小刺，锥形突起部分比小苞片短得多，顶部钝。带翅种子，长 3.0~3.5mm，浅褐色。只有几个小的种群分布在坎伯兰高原的彭里斯（Penrith）东北部的卡斯尔雷州属森林（Castlereagh State Forest）里或新南威尔士州附近；生长在疏林里的第三纪冲积沙砾土上。和僵硬木麻黄的区别在于它有较短、更纤细的节（节上通常只有稍圆的脊），5~7 枚齿叶通常较短，易脱落和更少分散和重叠，且它有更小的蒴果。和镰菌木麻黄的区别在于它的小枝具有黄绿色的节，脊有时有明显的圆形，齿叶侧边直且稍分散。尚未引种至中国，潜在适生区域为广东、福建、广西。

二十、球果木麻黄

灌木，高 1.5m。树皮光滑，小枝向上伸展，长达 12cm；小枝节间长 1.7~2.8cm，粗 0.9~1.2mm，光滑，在棱沟上长有短的绒毛；脊轻微弯曲；齿叶 10~12 枚，直立至轻微散开，长 0.6~1mm，不脱落。雌雄异株，雄性植株尚不了解。蒴果近球形，棋盘格状，无果柄；蒴果长 15~17mm，粗 13~15mm；苞叶不明显；具有平头的顶部的小苞片被分为 3 个钝体。带翅种子，长 6.0~6.5mm，无毛，浅褐色。这个种和硬枝木麻黄的区别是有更短的齿叶，较细的小节，种子颜色较淡和小苞片裂开。

二十一、格兰木麻黄

灌木，高 1.5~4m。树皮光滑，小枝上举，长达 15cm；小枝节间长 5~12mm，粗 0.7~1mm，平滑，无毛，具有蜡白色外膜；脊成棱角至圆形；齿叶 6 或 7 枚，直立或少数稍微分散，嫩时会重叠，0.4~0.8mm 长，易脱落。雌雄异株，雄性花序念珠状，长 1~4cm，每厘米着生 5 或 6 轮；小苞片宿存；花药长 0.7~0.8mm。蒴果长圆柱形，长 13~35mm，粗 7~9mm，具有较短约 3mm 的不结果的顶端；果柄长 2~6mm；小苞片钝尖至钝形，锥形突起比小苞片短。带翅种子，长 4.5~5.5mm，黑色。染色体数 2n=22/33/44。仅分布在维多利亚州的格兰皮恩斯地区（The Grampians）；生长在砂岩缝隙中。和念珠木麻黄和泽费木麻黄亲缘关系密切，但能通过该种有更多棱角的脊和有更明显蜡白色外膜的节能区分出来。尚未引种到中国，潜在适生区域为福建、广东、广西。

二十二、格雷维尔木麻黄

灌木，高 15~30cm；次级小分枝绿色，小枝上举，尖形，长 1~3cm；具有延长的小节 1 或 2 个，圆柱形或近四边形，小枝节间长 10~24mm，粗 0.5~0.8mm，嫩时常被绒毛；脊扁平或具有宽而浅的中间凹槽；齿叶 4 枚，由直立至稍微分散，重叠，通常有短的毛缘，长 0.3~0.6mm，宿存。雄性花序长 2~5mm，密集。花药长 0.6~0.7mm。蒴果不显眼，长 9~14mm，粗 6~9mm，卵形，无规则，无果柄，具有密集的绒毛，渐变为无毛；苞片具有不脱落的芒刺，长 1.5mm；小苞片厚但相对的小，尖锐，突起部分比小苞片本身要短，分裂成 4~6 个锥形体。带翅种子，长 5.5~7.0mm，深褐色，具有长而铁锈色的毛。仅分布在西澳大利亚的朱里恩湾（Jurien Bay）至莫甘伯（Mogumber）地区；生长在矮林中。这个种具有特殊种子，通常是无翅且非常饱满的，具有大量的密而长（5~7mm）具铁锈色的被隔开的毛（容易脱落）。尚未引种至中国，潜在适生区域为云南、广西。

二十三、裸花木麻黄

灌木或小乔木，高 2~5m。树皮光滑或开裂。小枝上举，长达 20cm；小枝节间 5~12mm 长，粗 0.5~1.0mm，平滑，大多数棱沟有毛；脊稍圆形，常具有稀疏或细密的绒毛；齿叶 6~8 枚，少数 9 枚，直立，嫩时在基部稍微重叠，长 0.4~0.7mm，早落。雌雄异株或少同株。雄性花序念珠状，长 5~6cm，每厘米轮生 3~5 轮；小苞片早落；花药长 0.8~1.4mm。蒴果通常长圆柱形，长 14~40mm，粗 9~12mm；常具有长 3mm 不结果的顶端，常有稀疏的绒毛；果柄长 3~8mm；小苞片钝形至尖形，锥形突起稍比小苞片短，钝形。带翅种子，长 4.5~7mm，深褐色至黑色。2n=22/44。分布在新南威尔士州南部的皮利加（Piliga）南部至地势低的古本尔（Goulburn）河谷和格伦戴维斯（Glen Davis）地区；生长在砂岩山坡沙壤土的低矮疏林中。和本属大多数种的区别在于它有长而显著的念珠状雄性花序，花序上具有早落的小苞片。和多纹木麻黄（*A. strata*）的区别在于它有较短和较纤细的节，节上棱沟通常有毛，齿叶稍短，6~9 枚。它在地理分布上和双微木麻黄（*A. diminuta*）有重叠。

二十四、赫尔姆斯木麻黄

又名赫氏木麻黄。灌木，1~5m 高。小枝直立，长达 16cm；小枝节间长 3~7mm，粗 0.7~0.9mm，平滑，无毛；脊扁平至轻微弯曲，常具有不明显的中间的凹槽，在朝向节的基部更明显；齿叶 5 或 6 枚，直立，长 0.3~0.5mm，脱落。雌雄异株，雄性花序长 0.5~2.5cm，每厘米着生 9~12 轮；花药长 0.5~0.7mm。蒴果通常长圆柱形，长 15~33mm，粗 8~13mm，具有平滑的外形和棋盘格状的表面，有短的白色绒毛，嫩时有铁锈色绒毛，无果柄或着生在长 4mm 的果柄上；苞叶不明显；小苞片厚，苞片和突起部分不能区分，整个小苞片被分成 4~7 个钝或截平部分。带翅种子，长 4~5mm，浅褐色。染色体数 2n=24。分布从西澳大利亚的楠加林（Nungarin）至南澳大利亚的西北部。

二十五、休格尔木麻黄

俗名岩石倩栎（rock sheoak）、花岗岩木麻黄（granite sheoak）。乔木，树高 5~14m，而在贫瘠土壤上树高仅 3m（Midgley et al., 1983）。密生时圆柱状生长，散生时树冠宽，主干仅为树高的 1/4~1/3。树干皮硬，暗灰至近黑色，粗糙，纤维多，纵裂时多条状剥落。分枝皮光滑。小枝条上每轮 8~12 枚齿叶，齿叶长约 1mm；雌雄异株。蒴果圆柱形或椭圆形，长 1.4~3.0cm，粗 1.4~2.4cm。苞片木质、表面光滑尖部稍钝。和轮生木麻黄接近，但休格尔木麻黄的小枝更纤细和具有小苞片更弯曲的蒴果。分布于西澳大利亚州的西南半干旱至半湿润地区，年降水量 175~500mm，冬雨型。平均最热月温度 29~35℃，平均最冷月温度 4℃，内陆地区每年 1~6 次霜冻。土壤为粗质花岗岩土、沙质平地土壤、铁矿石土或黄色黏沙土、砾质土、沙黏土及各种沙质氧化土和老成土。主要生长在小麦产地边缘、稀疏草原灌丛。主要用途为作特殊立地上防护林、风景林及薪炭林等。中国已经引种过该种。

二十六、矮木麻黄

灌木，直立至展开，高 0.2~2m；倒数第二级小枝绿色或小枝基部木质化。树皮光滑或有细槽。小枝上举，长达 12cm，小枝偶具蜡质外膜；延长的小节多数圆柱形或四边形，棱角上呈光滑或锯齿状，小枝节间长 3~6mm，粗 0.8~1.2mm，平滑，有时蜡白色，无毛，或棱沟有细绒毛；脊由呈角度至显著的圆形，常具有中间锯齿状的垄；齿叶 5~7 枚，直立，嫩时在基部重叠，长 0.4~0.5m，早落或不脱落。雌雄异株，少量雌雄同株。雄性花序非常短，长 0.6~1.8cm，每厘米着生 12~16 轮；花药长 0.7~0.8mm。蒴果圆柱形，长 12~22mm（少数达 33mm），粗 10~17mm，长只比粗稍大，具有相当光滑的轮廓和棋盘状表面，无果柄；小苞片厚，顶部平和呈三角形，被分成 6~8 个钝或尖形部分。带翅种子，长 5~6mm，黑色，无毛或多毛；翅平截，比种子短。染色体数 2n=20。

广泛分布于西澳大利亚的默奇森河南部至以色列特（Israelite）海湾的南部和东部沿岸；生长在沙壤的灌木丛中。未引种至中国，潜在适生区域为福建、广西、云南。

二十七、纤皮木麻黄

俗名细纹倩栎（stringy bark sheoak）。枝条稀疏的小乔木，高 3~10m。倒数第二级小枝木质化。树皮丝纤维状（这是木麻黄科中，仅有的丝纤维状树皮的种）。小枝下垂或上举，长 21cm，小枝无蜡白色；小枝的节长且多数圆柱状，具疣状突起；小枝节间长 4~7mm，粗 0.5~0.6mm，无毛；脊轻微弯曲，具有中间突起的垄或行；齿叶 7~9 枚，直立，长 0.3~0.5mm，齿叶不重叠和不脱落。雌雄异株，雄性花序长 2~4cm，每厘米轮生 7~14 轮；花药长 0.5~0.8mm。蒴果圆柱形，长 10~20mm，粗 9~12mm，密被绒毛；果柄长 3~8mm；小苞片尖锐至钝，具有 2 或 3 部分突起，尖锐至钝，少数只有 1 个突起。带翅种子，长 5~6mm，无毛。染色体数 2n=24。分布从澳大利亚昆士兰州的赫伯顿（Herberton）地区南部至新南威尔士州的沃里亚尔达（Warialda）；生长在砂岩或砖红壤山脊的林地里。国内未引种，潜在适生区域为广东、福建、广西。

二十八、莱曼木麻黄

含 2 个亚种，莱曼木麻黄本种和莱曼木麻黄爱卡亚种。灌木，高 1.5~4.0m。小枝节间长 5~9mm，粗 0.7~1.2mm，偶尔具有蜡质外膜；脊圆形至成棱角；齿叶 7 或 8 枚，不重叠，长 0.4~0.8mm，易脱落。雌雄异株或少同株。雄性花序常呈念珠状，长 1~3cm，每厘米轮生 5~8 轮；花药长 0.6~0.9mm。蒴果长 12~35mm，粗 7~12mm，果柄长 2~38mm，少数无果柄；带翅种子，长 4~5.5mm，黑色。染色体数 2n=22。分布在西澳大利亚的翁格拉普（Ongerup）附近至埃斯佩兰斯（Esperance）的东部。已引种至中国，潜在适生区域为福建、广东。

二十九、滨海木麻黄

俗名黑倩栎（black Sheoak）。

（一）形态特征

灌木或小乔木，高 3~15m。通常直立，冠窄，在土壤贫瘠和风害严重地区，会长成葡萄状或小于 3m 的灌木。树皮黑色或暗棕色，树皮平滑或纵裂，或有栓皮，厚可达 3cm。小枝条细小，绿至灰绿，直径 0.5mm，直立生长，但永久性小枝条会上举或下垂生长，可长达 20cm（少数达 35cm）。小枝偶有蜡白色外膜。小枝的节多数圆柱形，平滑或偶尔有疣状突起；节间长 4~10mm，粗 0.4~1mm，平滑，棱沟有毛；脊有棱角或弯曲，具有中间的垄。齿叶为每轮 6~8 枚，少数 5 或 9 枚，直立或少数分散，不重叠，长 0.3~0.9mm，通常脱落；雌雄异株或同株，雄性花序长 0.5~5cm，每厘米着生 6~12.5 轮；小苞片宿存或少数个别脱落；花药长 0.4~0.8mm。蒴果圆柱形，较大，长 1.0~4.5cm，粗 0.8~2.1cm，少数粗比长大，椭圆至圆柱形，至少在嫩时有绒毛；果柄长 0.4~2.3cm，小苞片薄，尖形至钝，具有比小苞片短厚的锥形突起附属物，偶有 2 个侧边的突起，但不形成脊状物，蒴果可长时间宿存于树上，木质鳞状苞片张开时很显眼。带翅种子，长 0.4~1.0cm，或种子长 5~6mm，宽 2~4mm，无毛，深褐色至黑色，发亮。染色体数 2n=22（Doran &hall，1983；NRC，1984；Turnbull，1986）。

（二）分布生境

海滨木麻黄是澳大利亚不同纬度和海拔上分布最广的种，在澳大利亚东海岸昆士兰州的约克角（Cape York）至塔斯马尼亚州（Tasmania）南部构成宽 100km 林带。有些分布区由海边伸入内陆达 300km。一般分布在海拔 300m 以下，如新南威尔士州的沃宁山。

由于该种地理分布范围大，气候变化也大，多数出现在湿润、半湿润气候区，也出现在寒冷半湿润气候区至湿热气候区，且极少部分会出现在寒冷气候区。南部低海拔区霜期 1~10 天，南部高海拔区则 30~70 天。年降水量为 650~1250mm，最低纪录为 300~500mm。北部地区降水为强季风型，向南变化至塔斯马尼亚的均匀分布降水型。它生长在低地平原、起伏丘陵山地或山坡上，也出现在沼泽地边缘地带、岩石地、沙滩地、荒原及沙丘后的沙质低地上。土壤类型多为沙土、灰化土、粗骨土或岩石荒土。

滨海木麻黄在群落中主要构成疏林或高阔叶林中的下层群丛，但也在阔叶林或密林中空阔地带出现。同时，在灌木林及混交矮林中，它常是作为优势树种出现。它可以形成非常密集的林分。伴生植物有桉属（如 *E. acmenoides*、*E. andreusii*、*E. intermedia*、*E. pilularis* 及 *E. tetraodonta*）、杯果木属（*Angophora*）（如 *A. calyculata*）、聚果木属（*Syncarpia*）、金合欢属（如 *Acacia aulacocarpa*、*A. crassicarpa* 及 *A. flavescens*）、银桦属（如 *Grevilla pteridifolia*、*G. glauca*）、白千层属（如 *Melaleuca brassii*）、金柳梅属（如 *Neofabricia myrtifolia*）及澳大利亚柏属（*Callitris*）等（Turnbull，1986；NRC，1984；Dora & Hall，1983）。

（三）种源引进、栽培及育种

1986 年，热林所在海南和福建进行了引种和野外试验，结果非常成功。在海南琼海，5 年生时树高为 5.0~8.0m，胸径 7.0~10.0cm，2~5 年时开始结实。该种树形优美，是良好的绿化树种。喜欢排水良好的立地，适合华南地区种植。以种子繁殖为主，发芽温度 28~30℃为佳。其他栽培技术同短枝木麻黄。

不同种源在生长表现上有相当大的差异，海南琼海试验中有的种源（来自澳大利亚新南威尔士州）表现为丛状即分枝很多；而有的种源（来自昆士兰州）则表现为一个主干；同时，前者小枝绿色或黄绿色，后者常年浓绿色。该种抗风能力比短枝木麻黄稍差，受 10 级以上台风袭击时有 5%~20% 会受到危害，主要表现为风倒而不是风折。今后需要进行多点引种试验并扩大其种源引入，选择出一些适合绿化防护用的种源。

（四）主要用途

干旱季节，新鲜小枝条可作为牲畜饲料。心材红棕色，较硬，中等耐腐；木材易开裂，密度 960kg/m³。是良好的薪材，木炭仅含 1.0% 灰质。木材可用于建筑等，如建房、粗家具或车削工艺品。在需要建立低矮防护时，滨海木麻黄是理想的选择。同时它也是土壤保护和景观美化的优良树种。

20 世纪 80 年代初引种至中国，已种植于海南、广东、福建、广西、浙江等。

三十、利曼氏木麻黄

俗名大栎（bull oak）。乔木，高 5~15m 或 20m，胸径 0.6m。枝干向上生长，主干占树高大部分，主干上常分几个大枝。树冠开阔，树皮暗黑色且有浅沟。小枝条比其他木麻黄稍粗壮，多直立上举生长，常被蜡质，长达 40cm，粗 1~1.5mm，枝皮有裂沟。小枝节间距长 8~22mm，粗 1~2mm，棱沟里具有细小的绒毛，特别是在不成熟时。脊由扁平至稍微圆形，生有疣状突起；延长的小节很多，圆柱状，具有疣状突起；齿叶轻微重叠，通常宿存。每轮齿状叶 9~15 枚，多数 11 枚，直立，长 0.5~1.0mm，永久性小枝条上的齿叶较靠近枝茎。雌雄异株；雄性花序长 1.5~4.5cm，每厘米着生 5~8 轮；小苞片整个突起，每年单个脱落。花药长 1~1.3mm。蒴果是非常短的圆柱形，嫩时有绒毛，无果柄或着生在长 5mm 的果梗上。蒴果较特别，呈半球状，粗大于长，长 0.5~1.2cm，粗 0.8~1.7cm。蒴果苞片不明显，小苞片由尖锐至圆头状，突起部分锥形或扁平，圆头状，比小苞片体短得多，而在苞片体基部的附近分叉。带翅种子，长 4.5~5.0mm，无毛，红褐色。染色体 2n=56。

自然分布于澳大利亚东南部的广阔地区，包括昆士兰州中南部、新南威尔士州中部至维多利亚州西北部；分布区海拔 0~800m，年降水量 380~800mm，多数为温暖半湿润气候，少数为温暖半干旱气候；分布区地形为平原和缓坡，在干旱区则生长在沼泽边缘和洼地周围，也可长在山坡和山脊处。土壤范围为砾质粗沙土、轻壤土及重黏土或石砾；植被多为阔叶林地，少矮疏林或高灌木丛。伴生种有桉类、澳大利亚柏、杯果木属植物及各种灌木。心材红色，有明显射线，密度 1100kg/m³。可作薪材，也可用于景观树。早期生长快，可用于防护林带。该种有时会有根蘖。中国已引种广东、福建，适生区域为海南、广东、福建、广西。

三十一、麦克林木麻黄

含有 3 个亚种，即麦克林木麻黄本种、麦克林木麻黄毛线亚种和麦克林木麻黄旱生亚种。

灌木，高 0.5~3.0m。树皮光滑。小枝上举，长达 20cm；小枝节间长 7~17mm，粗 0.8~1.4mm，平滑，棱沟有绒毛或无毛；脊稍圆形；齿叶 7~10 枚，向后弯曲至散开，通常在基部重叠，长 0.7~2mm，不脱落。雌雄异株或少数雌雄同株。雄性花序密而厚，长 1~4cm，每厘米着生 4.5~10 轮；小苞片宿存；花药长 0.8~1.5mm。蒴果圆柱形，长 12~22mm（少数达 30mm），粗 8~14mm，少数粗比长大；无果柄或果柄长 3mm；小苞片钝至钝尖，锥形突起比小苞片稍短。带翅种子，长 5~7.5mm，暗红褐色至黑色。分布从南澳大利亚州的洛夫蒂山区（Lofty Ranges）南部至维多利亚州东到西部。未引种至中国，潜在适生区域为福建、广东、广西。

麦克林木麻黄与巴拉多木麻黄亲缘关系密切。一些来源于维多利亚州小沙漠（Little Desert）地区的种可能与麦克林毛线亚种接近，通常在这个分布范围的南部也有旱生亚种至麦克林本种的过渡形态。3 个亚种特点如下。

（一）麦克林木麻黄本种

小枝具有圆形的脊和无毛的棱沟。小枝节间长 9~17mm，直径 0.8~1.2mm，棱沟通常无毛；脊圆形；齿叶 7~10 枚，长 0.7~2mm。雄性花序每厘米着生 6~9 轮；花药长 0.9~1.1mm。染色体数 2n=44。分布从南澳大利亚州的洛夫蒂山区南部至维多利亚州的波特兰（Portland）附近。生长在沙壤的灌木林中。

（二）麦克林木麻黄毛线亚种

小枝棱沟有毛，且常多毛；小枝节间长 11~15mm，直径 1~1.3mm，棱沟通常有大量的绒毛；脊稍微圆形；齿叶 8 或 9 枚，长 1.5~2mm。雄性花序每厘米具有约 7 轮；花药长 1.1~1.5mm。仅知其分布在维多利亚州的格兰皮恩斯（The Gramipians）西部地区，生长在沙壤的林地中。

（三）麦克林木麻黄旱生亚种

小枝棱沟通常在嫩时有绒毛；脊由几乎平至稍微圆形。小枝节间长 7~13mm，直径 0.8~1.4mm，嫩时棱沟有毛，常渐变无毛；齿叶 7 或 8 枚，长 0.7~1.5mm。雄性花序每厘米轮生 4.5~5 轮；花药长 0.8~1.5mm。染色体数 2n=44。

三十二、梅德木麻黄

灌木，高 1~3m。树皮光滑。小枝上举，长达 19cm；小枝的节圆柱形，长 5~12mm，径粗 0.5~0.8mm，大部分棱沟无毛；脊弯曲至有棱角；齿叶 6~8 枚，直立或轻微分散，少数在基部重叠，长 0.3~0.8mm，脱落。雌雄异株或少数雌雄同株。雄性花序个别念珠状，长 1~4.5cm，每厘米着生 5~7 轮；小苞片宿存；花药长 0.6~1mm。蒴果圆柱形，长 14~27mm（少数达 45mm），粗 8~15mm，无果柄或果柄长 12mm；小苞片钝形至尖形，锥形突起稍微比小苞片短。带翅种子，长 5~8mm，深红褐色至黑色。仅分布在澳大利亚新南威尔士州威尔逊岬（Wilsons Promontory）的北端；生长在沙壤上的低矮林中。

在分类上可能起源于滨海木麻黄和巴拉多木麻黄的自然杂交（它们和梅德木麻黄分布在同一个地区但不在这一个特殊的位置上），表现相当稳定和能自我繁殖。与滨海木麻黄的区别是梅德木麻黄树皮光滑，小枝棱沟通常无毛，具有多数是念珠状的雄性花序，蒴果柄通常更短；与巴拉多木麻黄的区别是梅德木麻黄有更纤细的小枝，小枝上的齿叶直立至稍微分散，齿叶更纤细和更短且易脱落。

三十三、小穗木麻黄

灌木，高 0.1~1m，枝条交错生长。倒数第二级小枝绿色，小枝长达 5cm；小枝的节四边形，长 2~6mm，粗 0.6~0.8mm，表面平滑，还有呈开放式而明显的棱沟；脊成角度，在角上有非常细小疣状或锯齿状突起；齿叶 4 枚，不重叠，直立但顶部最后分散且宿存，仅留下圆形的基部，长 0.4~1.3mm（黑色顶部长 0.3~1mm）。雌雄异株。雄性花序长 1.5~3mm；花药长 0.5~0.6mm。蒴果短圆柱形至卵形，长 8~12mm，粗 5~10mm，不规则，无果柄；小苞片厚，被分成 6~9 个小瘤，圆形或平顶，具有长 0.5~3mm 而易脱落的刺。带翅种子无翅，长 2.5~5mm，有毛，通常铁锈色的毛。种子量大，长而被隔膜分开。染色体数 2n=20。分布在西澳大利亚州南部，从沿海靠近杰拉尔顿（Geraldton）东南部的斯特罗伯里（Strawberry）至澳尔巴尼（Albany）和雷文斯索普（Raventsthorpe）东部的蒙格林努普洒河（Munglinup River）；生长在灌木丛中的砾质沙土、砖红壤上。我国尚未引种，潜在适生区域为福建、广西、云南。

三十四、中性木麻黄

灌木，高 0.5~2m。树皮光滑。小枝上举，长达 10cm；小枝节间长 4~10mm，粗 0.3~0.8mm，平滑，棱沟通常无毛；脊圆形至近平；齿叶 5~7 枚，直立且紧贴至偶尔分散，稍微重叠，长 0.3~0.8mm，少数不脱落。雌雄异株或同株。雄性花序少数念珠状，长 0.5~1.5cm，每厘米着生 9~11 轮；小苞片宿存；花药长 0.5~0.8mm。蒴果圆柱形，长 9~16mm，粗 7~13mm；无果柄或果柄长 5mm；小苞片钝形至尖形，锥形突起通常比小苞片稍短。带翅种子，长 4~6mm，深红褐色至黑色。分布从维多利亚州的格兰皮恩斯（The Grampians）至拜恩斯代尔（Bairnsdale）地区附近；生长在沙壤的灌木丛中或疏林中。尚未引种至中国，潜在适生区域为福建、广东、广西。

以独立的种群分布，种群间出现了一些变异，特别是在维多利亚州东部获取的样品有更粗的小枝（虽然仍有短的齿叶）。中性木麻黄一般比其他相关的种，如麦克林木麻黄和巴拉多木麻黄有更纤细的枝和更直立的齿叶。明显不同于麦克林木麻黄是中性木麻黄有纤细的雄性花序。与小木麻黄不同的是中性木麻黄缺乏蜡质外膜和脊中间的凹槽，且常有更长的齿叶（长 0.3~0.8mm），且齿叶呈褐色而不是小木麻黄的淡黄色。

三十五、念珠木麻黄

灌木，高 1.5~4m。小枝节间长 6~11mm，粗 0.6~1.2mm，至少被轻微蜡白色；脊显著至稍微圆形；齿叶 6~9 枚，直立且紧贴至稍微分散，通常重叠，顶部不脱落，长 0.5~1mm。通常雌雄同株。雄性花序长 1~3.5cm，每厘米着生 3.5~7 轮；花药长 7~1.2mm。蒴果长 15~30mm，粗 8~14mm；蒴果果柄长 2~10mm；小苞片尖形至钝尖；苞片突起部分比小苞片短或相当。带翅种子长 5~6mm，深褐色至黑色。染色体数 2n=44。尚未引种至中国，潜在适生区域为福建、广东、广西。

分布在塔斯马尼亚岛的东部和北部，也分布在澳大利亚的弗林德斯岛（Flinders Island）和巴斯海峡（Bass Strait）的肯特群岛（Kent Group）地区；生长在沙壤的低洼地的疏林中。

与格兰木麻黄相似，与泽费木麻黄（*A. zephyrea*）也相近似，不同在于它是四倍体且大多数是雌雄同株，有较宽的齿叶且齿叶大多数直立和相互紧贴（偶尔齿叶分散），特别是节间还有更明显的蜡白色。小枝的节在粗糙度上不同，且脊明显不同。

三十六、米勒木麻黄

俗名盐倩栎（slaty sheoak）。含 3 个亚种：米勒木麻黄本种、米勒木麻黄背沟亚种和米勒木麻黄高山亚种。

灌木，高 0.5~3m。树皮光滑。小枝上举，长达 12cm；小枝节间长 3~11mm，粗 0.6~1.1mm，有棱角至圆柱状，常具有一些疣状突起，常具蜡白色，棱沟通常无毛；脊有显著棱角且具有中间白色的拱起（常呈细锯齿状）；齿叶 5~8 枚，直立，不重叠，长 0.3~0.6mm，早落。雌雄异株或少同株。雄性花序常呈念珠状，长 1~4cm，每厘米着生 6~8 轮；小苞片宿存；花药长 0.5~1.0mm；蒴果圆柱形，长 14~30mm，粗 9~18mm，常有短达 5mm 的不结果顶部，无果柄或果柄长 16mm；小苞片突起没有超出果体很多，钝形或尖形，厚的锥形突起比小苞片短。带翅种子，长 6~9mm，黑色。分布在南澳大利亚州的塞杜纳（Ceduna）和弗林德斯山区（Findlers Ranges），东到维多利亚州的本迪戈（Bendigo），也包括南澳大利亚的袋鼠岛。生长在多石硅质土壤上的密灌丛和矮林中。尚未引种至中国，潜在适生区域为福建、广东、广西。3 个亚种简介如下。

（一）米勒木麻黄本种

灌木，高 0.5~3m。小枝节间长 3~8mm，粗 0.6~0.8mm；脊接近棱沟的边缘常常高出（干时）；齿叶 5 或 6 枚，少数 7 枚，长 0.3~0.5mm。蒴果柄 1~8（少数长达 16mm）；蒴果长 14~28mm（少数达 35mm），粗 9~12mm（少数达 15mm）；染色体数 2n=22。

（二）米勒木麻黄背沟亚种

灌木，高 2~3m。小枝节间长 5~11mm，粗 0.9~1.1mm；脊边缘不高出，缘平；齿叶 6 或 7 枚，少数 8 枚，长 0.4~0.6mm。蒴果长 18~30mm，粗 12~18mm，着生在长 8~17mm 坚实的果柄上。仅分布在的袋鼠岛，在岛的东部和北部可能有一些向米勒木麻黄亚种过渡的形态。

（三）米勒木麻黄高山亚种

灌木，高 1.5~3m。小枝节间长 5~7mm，粗 0.7~1mm；脊边缘不高出，缘平；齿叶 7 或 8 枚，少数 6 枚，长 0.3~0.5mm。蒴果长 18~30mm，粗 12~17mm，无果柄或果柄长 3mm，粗 2.5mm；染色体数 2n=22。

三十七、纳纳木麻黄

低矮灌木，高 0.2~2m，枝条伸展。树皮光滑。次末端小枝木质化。小枝上举，长达 8cm；小枝常具有蜡质外膜；延长的节多数，直立，平滑；小枝节间长 5~6mm，粗 0.5~0.8mm，棱沟具绒毛；脊稍圆形；齿叶 5 或 6 枚，少数 4 枚，直立，长 0.3~0.6mm，不重叠或早落。雌雄异株或少数同株。雄性花序密，稍延长，长 5~10mm，每厘米着生

16~20 轮；花药长 0.5~0.6mm。蒴果圆柱形至筒形，长 14~24mm，粗 10~15mm，无果柄或果柄长 3mm；小苞片厚，苞片体与突起部分不能区别，尖形至锐尖，被分成 2 个较大或 3 个（少数达 5 个）较小的部分。带翅种子，长 4~6mm，无毛，红褐色至黑色。染色体 2n=22/33/44（具三倍体或四倍体）。尚未引种至中国，潜在适生区域为福建、广东、广西。

分布从新南威尔士州的考恩和格伦戴维斯（Cowan and Glen Davis），东至维多利亚州的热那亚河上游（upper Genoa river）。生长在海岸和台地灌木丛下的砂岩上。

这是澳大利亚东部唯一的种，因为蒴果上的厚的、不连续的小苞片和突起，蒴果具有相当平滑的轮廓和棋盘状的表面。在它的分布区域内有相当多的不连续种群。

三十八、海蛇木麻黄

灌木，高 1~3m。树皮平滑或开裂。小枝长达 19cm；小枝节间常具有蜡白色外膜，长 7~14mm，粗 0.6~1mm；脊圆形至成棱角；齿叶 7~9 枚，直立至轻微分散，不重叠，长 0.5~1.3mm，脱落。雄性花序不呈念珠状，长 1~2.5cm，每厘米着生约 6 轮；花药长 0.8~1.2mm。蒴果长 9~20mm，粗 7~12mm，果柄长 3~15mm。小苞片钝至钝尖。带翅种子，长 3.5~6mm，浅褐色。只分布在澳大利亚新南威尔士州南部、新英格兰地区的南端和从 Bralga Tops 至 Curricabark 和 Glenrock 的邻接的海岸线范围。生长在高的灌木丛和矮的疏林中的蛇纹岩层缝隙。尚未引种，潜在适生区域为福建、广东、广西。

该种与僵硬木麻黄相似。区别在于海蛇木麻黄通常更短和更纤细的节，上面具有更圆形的脊和更直立的齿叶（不重叠和不脱落），它的蒴果小苞片更尖和种子颜色更淡。植株在暴露的状态下长得矮小，在较荫蔽的条件下长成乔木型。

三十九、沼泽木麻黄

俗名沼泽倩栎（swamp sheoak）。灌木，高 0.3~3m，枝条伸展。树皮光滑。小枝上举或向后弯曲，长达 20cm；小枝节间长 5~14mm，粗 0.7~1mm，平滑，棱沟通常密被绒毛；脊扁平或稍微圆形，常具有中间的凹槽，偶尔有绒毛（不是生长在凹槽里）；齿叶 6~8 枚，直立或分散，不重叠，长 0.5~0.9mm，常不脱落。雌雄同株或异株。雄性花序长 1~2.5cm，每厘米着生 7~9 轮；小苞片宿存；花药长 0.7~1.1mm。蒴果长 10~18mm，粗 7~13mm，圆柱状至卵形，无果柄或果柄长 2mm；小苞片尖形至钝形，锥形突起比小苞片短，常具有细密而早落的刺。带翅种子，长 3.5~5mm，暗褐色至黑色。2n=22/44。

分布在新南威尔士州、维多利亚州、南澳大利亚州东南角和塔斯马尼亚州。尚未引种，潜在适生区域为福建、广东、广西。

四十、巴拉多木麻黄

又名奇异木麻黄。灌木，高 0.5~2m。树皮光滑。小枝上举，长达 15cm；小枝节间长 6~14mm，宽 0.6~1.2mm，平滑，无毛；脊圆形；齿叶 7~11 枚，分散至向后弯曲，通常有点重叠，长 0.3~2mm，不脱落。雌雄异株或少量同株。雄性花序少数呈念珠状，长 1~3cm，每厘米着生 3.5~7 轮；小苞片宿存；花药长 0.7~1.2mm。蒴果圆柱状，长 13~25mm，粗 7~13mm，无果柄或果柄长 3mm；小苞片钝至钝尖，锥形突起比小苞片稍短。带翅种子，长 4~8mm，深红褐色至黑色。染色体数 2n=44。分布区从维多利亚州的格兰皮恩斯（Grampians）地区，到墨尔本地区至维多利亚的威尔逊角；常生长在沙壤的高灌木林里。国内尚未引种，潜在适生区域为海南、广东、福建、广西。

巴拉多木麻黄与麦克林木麻黄有密切亲缘关系，它们在格兰皮恩斯地区有或多或少的分布重叠区，但在别处有不同的分布范围。麦克林木麻黄明显地比巴拉多木麻黄更粗糙（尽管威尔逊角的巴拉多木麻黄可能也粗糙），脊没有那么显著的圆形，齿叶明显不脱落，显得更重叠和向后弯曲，尤其是在非常密、厚的雄性序穗上。这 2 个种和中性木麻黄和小木麻黄的亲缘关系也比较密切。

四十一、小松木麻黄

灌木，高 1~3m。小枝长 2~6cm，具有 1 个延长的小节；小枝节间四边形，长 2~5cm，粗 1~1.2mm，通常有毛；脊扁平或具有浅的中间的凹槽；齿叶 4 枚，直立，长 4.5~5.0mm。雄性花序长 5~10mm，每厘米轮生 8~10 轮；花药长 1~1.4mm。蒴果长 14~25mm，粗 12~16mm，无果柄或着生在长 5mm 的果柄上；苞片顶部具有细小而早落的刺，突起部从分苞片的基部裂开，延伸成长 3~7mm 的芒刺，约和苞片顶部一样长或超过。带翅种子，长 10~11mm，深褐色至黑色。染色体 2n=28。只分布在西澳大利亚的海登（Hyden）至邓布尔扬（Dumbleyung）地区；生长在砖红壤的高灌木林和矮树林中。尚未引种至中国，潜在适生区域为云南、福建、广东、广西。

和似针木麻黄相似，但通常树体更大。雌性植株具有一个主干和大量和其并排的分枝，整个轴由垂直一致向南倾斜 30°~40°；雄性植株更小和更分散，没有主干，分枝更少，丛生。

四十二、港湾木麻黄

灌木，高 3~5m，纤细。树皮光滑。小枝下垂至分散，长达 27cm；小枝节间圆柱形，长 13~20mm，粗 0.8~1mm，通常具有模糊的蜡白色外膜，无毛；脊圆形至有时成棱角；齿叶 7 或 8 枚，分散至向后弯曲，常轻微重叠，长 0.7~1.1mm，常常不脱落。雌雄异株。雄性花序念珠状，长 5~10cm，每厘米着生 3.5~4.5 轮；小苞片宿存；花药长 0.8~1mm。蒴果圆柱形，长 12~15mm，粗 8~10mm，果柄长 2~15mm；小苞片钝，锥形突起比小苞片短。带翅种子，长 4~5mm，黑褐色。尚未引种，潜在适生区域为福建、广东、广西、海南。

与僵硬木麻黄和双微木麻黄相比，港湾木麻黄有显著的念珠状花序。与僵硬木麻黄流放亚种相比，港湾木麻黄通常有更长的节间距和有更长、更宽的齿叶。它和僵硬木麻黄更明显的差异在于它有更圆的脊和常有更纤细的节；和双微木麻黄的区别在于它分散和大部分轻微重叠的齿叶，更长的节间距和较长，较疏的雄性花序。

四十三、小木麻黄

灌木，高 0.2~2m，枝条展开。树皮光滑。小枝上举或分散，长达 12cm；小枝节间长 3~9mm，宽 0.4~1mm，平滑，无毛，通常具有蜡质外膜；脊扁平长或稍微圆形，具有模糊的中间凹槽或线；齿叶 5~7 枚，直立，重叠，长 0.3~0.5mm，仅在顶部不脱落。雄性花序长 1.3~2cm，每厘米着生 8~11 轮；小苞片宿存；花药长 0.6~1mm。蒴果近球形或短圆柱形，有时果直径与果长一样长，无柄；蒴果长 10~15mm，直径 8~11mm（少数达 13mm）；小苞片钝尖至钝形，锥形突起比小苞片短。带翅种子，长 4.5~5.0mm，深褐色至黑色。染色体 2n=22/33/44/55。分布从南澳大利亚州约克半岛，东到维多利亚州的大小沙漠（Big and Little Desert）；生长在沙壤里的灌木林里。尚未引种，潜在适生区域为福建、广东、广西、海南。

与麦克林木麻黄和巴拉多木麻黄的区别在于它有纤细无毛且具蜡质外膜的小枝，节上有平至圆的脊（具有中间的纹线或凹槽）和短而直立的齿叶，还有纤细的雄性花序。

四十四、多枝木麻黄

分成两叉的灌木，高 1m；倒数第二级小枝绿色。小枝上举，轮生，长 1~6cm；延长小枝的节 1~5 个，圆柱状至近似角状，长 6~20mm，粗 0.6~1mm，棱沟无毛或有毛；脊呈圆形，缺中间的凹槽；齿叶 5 枚，上举而展开，明显有重叠，长 0.6~1.3mm，宿存，深褐色，具有宽而白色齿状边缘。雄性花序为头状花序，长 1.5~2.0mm，具有突起的苞叶；花药长 0.6~0.7mm。蒴果卵形至圆柱形，长 9~13mm，粗 7~9mm，无果柄，具有 1~2mm 短而粗糙的毛，围绕在苞叶和小苞片周围。苞叶嫩时密被绒毛，具有早落的深褐色的尖端，边缘宽而呈不规则齿状；蒴果表面被明显突出的蒴果苞片、铁锈色的毛和每年脱落的粗糙灰毛或毛状的附属物所遮掩。小苞片不明显，圆头，能被明显的小突起浅浅地分开。带翅种子，长 4.5~5.0mm，深褐色（包括短翅），在靠近基部的种子两边具有短的绒毛。仅分布在西澳大利亚的巴德金格拉（Badgingarra）至丹达拉甘（Dandaragan）地区；生长在沙漠的灌木丛中。尚未引种至中国，潜在适生区域为福建、广西、广东、海南。

四十五、僵硬木麻黄

含两个亚种，僵硬木麻黄本种和僵硬木麻黄流放亚种。

灌木，高 0.5~4m。树皮光滑。小枝上举，长达 33cm；小枝节间长 10~25mm，粗 0.7~1.5mm，光滑，通常无毛；脊成棱角至圆形，具有中间的垄；齿叶 7~10 枚，分散或向后弯至直立，嫩时有稍微重叠，长 0.4~1.3mm，通常不脱落。雌雄异株。雄性花序少数显念珠状，长 1~7cm，少数长达 9cm，每厘米着生 4~6.5 轮；小苞片宿存；花药长 0.7~1.2mm。蒴果圆柱形至卵形，长 8~27mm，粗 7~14mm，有毛；果柄长 2~9mm；小苞片平截至钝形，锥形突起比小苞片短。带翅种子，长 3~7.5mm，半褐至深褐色。分布从昆士兰州南部的麦克弗森（McPherson），南到新南威尔士州伊博（Ebor）地区，在昆士兰州的 Mount Cooroora 有独立分布；另外也分布在新南威尔士州的 Koonyuma 和塔里（Taree）的 Big Nellie 北部。生长在贫瘠的含有酸性花岗岩、流纹岩或粗面岩的沙土上。尚未引种，潜在适生区域为广东、福建、广西、海南。2 个亚种简介如下。

（一）僵硬木麻黄本种

小枝节间长 10~25mm，粗 0.8~1.5mm；齿叶向后弯曲至近直立，重叠，长 0.4~1.3mm，不脱落。雄性花序有时呈短的念珠状。蒴果长 8~27mm，粗 7~14mm。带翅种子，长 3~7.3mm。染色体数 2n=22。遍布昆士兰州除 Mount Cooroora 以外的区域。

（二）僵硬木麻黄流放亚种

小枝节间长 10~14mm，粗 0.7~0.9mm；齿叶直立至稍微分散，仅在嫩时稍微重叠，比僵硬木麻黄亚种稍窄，长 0.4~0.9mm，少数不脱落。雄性花序明显呈念珠状。蒴果长 9~19mm，粗 6~11mm。带翅种子，长 3.5~4.5mm。仅分布在昆士兰州 Pomona 附近的 Mount Cooroora；生长在多石（粗面岩）的山坡上。

与僵硬木麻黄本种（它在分布在地理位置上是不重叠的）的区别在于它有更少重叠、分散稍微更窄的齿叶和有更明显念珠状雄性花序。和伊姆河木麻黄及海鹊木麻黄的区别在于它明显具有更长的节间距，棱沟无毛，齿叶 7~9 枚，通常有更小的蒴果。

四十六、似栎木麻黄

又名罗布斯塔木麻黄。灌木，高 0.2~3m。树皮光滑。小枝上举，长达 20cm；小枝节间长 7~14mm，粗 0.7~1.1mm，平滑，无毛；脊圆形，有时仅轻微圆形；齿叶 5~7 枚，近直立至展开，嫩时少数稍微重叠，顶端部分通常不脱落，长 0.6~1mm。雌雄同株或少异株。雄性花序少数念珠状，长 0.5~4.5cm，每厘米着生 5~9 轮；小苞片宿存；花药长 0.8~1.2mm。蒴果圆柱状，长 12~20mm，粗 7~12mm，常呈不规则形，具有稀疏绒毛，无果柄或果柄长 3mm；小苞片钝尖至钝形，锥形突起比小苞片短，尖形至钝形，具刺。带翅种子，长 5.5~6.0mm，黑色。分布在南澳大利亚州的洛夫蒂山区（Lofty Ranges）的南部；生长在具有矮灌木的山地上或具有林下灌木的疏林里。尚未引种至中国，潜在适生区域为广东、福建、广西。

与巴拉多木麻黄不同在于它总是无毛的节间具有较圆的脊和较少展开，具有大多数不重叠的齿叶，且它通常是雌雄同株。和多纹木麻黄不同在于它常常有较短的节间距和较短和较纤细的齿叶，还有宿存的雄性小苞片和较短的蒴果柄。它是较罕见的种，且被认为有灭绝危险。

四十七、小村木麻黄

灌木，高 1~3m。小枝长达 18cm，小枝节间长 8~11mm，粗 0.7~0.9mm；齿叶 7 或 8 枚，直立，老时稍微分散，长 0.2~0.6mm，少数不脱落。雄性花序念珠状，长 1~2.5cm，每厘米着生 7.5~8 轮；花药长 0.7~0.8mm。蒴果短圆柱状，长 6~19mm，粗 6~10mm。果柄长 2~14mm；带翅种子，长 2.8~5mm。仅分布在昆士兰州的威伯巴（Wyberba）和新南威尔士州的 Boonoo Falls 之间地域。生长在斜坡的花岗岩裂缝和沿着多石头的河边。尚未引种至中国，潜在适生区域为广东、福建、广西、海南。

与僵硬木麻黄接近，但区别在于它新鲜时齿叶不分散，形成明显不同的种群。

四十八、硬枝木麻黄

灌木，高 1~3m，蔓生。小枝分散，或下垂，长达 23cm；小枝节间距长 20~52mm，粗 1.0~1.5mm，平滑，少数在棱沟有毛；脊由扁平至轻微弯曲；齿叶 10~11 枚，直立，长 1.3~2.7mm，不脱落。雌雄异株。雄性花序长 6~16mm，密集。花药长 0.5~0.8mm。蒴果近圆柱形，长 18~25mm，粗 13~19mm；无果柄，无毛；苞片不明显；小苞片和突起因熔合明显加厚，苞片由嫩时的钝尖渐变为厚的圆头，偶尔有会脱落的微小的刺。带翅种子，长 5~8mm，黑色。染色体 2n=48。

沿着西澳大利亚海岸的西南部有零星分布，从博登到大澳大利亚湾（Great Australian Bight）的西部；分布在矮树丛和小树林中，生长在多石的山坡的红壤上和靠海公路边的石灰岩土壤上。该种有蔓生和展开的习性，常具有单个主茎和弓形下垂小枝，尤其在雌性植株上。尚未引种至中国，潜在适生区域为云南、广西。

四十九、仿造木麻黄

灌木，高 1~3m，小枝长达 19cm；小枝节间长 13~22mm，直径 0.9~1.3mm，棱沟有毛或无毛（在同一植株上同时存在）；脊圆形或有棱角；齿叶 6 枚，长 0.5~1.1mm。雄性花序长 1.5~4.5cm，每厘米着生约 4 轮；花药长约 1.3mm。蒴果常不规则形，长 4~33mm，粗 9~12mm，具有长达 12mm 的不结果顶端；果柄长 3~14mm，宽约 2mm；小苞片由钝尖至钝。带翅种子长 4.5~6mm。仅知道分布在新南威尔士州布提布提（Booti Booti）国家公园和纳比亚克（Nabiac）之间的 Myall 湖地区；生长在沙壤的灌木林中。尚未引种至中国，潜在适生区域为福建、广东、广西。

与双针木麻黄相似但通常更纤细，干时具有更少棱角的脊，蒴果更小。

五十、多刺木麻黄

灌木，高 2~4m。树皮光滑至有细裂纹或脱落。倒数第二级小枝木质化。小枝具蜡质，具有 8~13mm 的长节，粗 1~1.8mm，延长的小节很多，圆柱形，光滑或有疣状突起；齿叶 9~11 枚，直立，在基部轻微重叠，长 0.5~1.0mm。雌雄同株。雄性花序长

1.5~3cm，每厘米着生 7 或 8 轮；小苞片不脱落。花药长 0.8~1.3mm。蒴果卵形至圆柱形，长 10~23mm，粗 8~12mm，无果柄或着生在长 6mm 的果柄上；突起常延长成为一条长 4~11mm、每年脱落的芒刺。蒴果苞片不明显；小苞片具有刺状的突起。带翅种子，长 5.5~7mm，无毛，由深紫褐色至黑色。广泛分布从西澳大利亚州的克罗斯南部至诺斯曼和维多利亚女王泉（Queen Victoria Spring）；生长在沙原的高石楠树丛中。尚未引种至中国，潜在适生区域为广东、福建、广西。

多刺木麻黄原先被看成是大果型的小角木麻黄，因为它的生长习性相似和归类上的交叠，但在蒴果上的大小上有差异；多刺木麻黄带翅种子黑色；有疣状突起和有更坚硬一点的节；齿叶 9~11 枚，稍微重叠和更阔一点；雌雄同株。一些从纳拉伯平原收集的样品缺乏蒴果小苞片突起部位的长刺（但有长 1mm 的尖形顶端）。这可能是一个可作为亚种识别的种群。

五十一、多纹木麻黄

灌木或小乔木，高 1~4m。树皮光滑或在老树上有点开裂。小枝上举，长达 10cm；小枝节间长 8~20mm，粗 0.8~1.4mm，平滑，通常无毛，常具有蜡质外膜；脊圆形，有时稍微圆形；齿叶 5~7 枚，直立，重叠，长 0.6~1.8mm，顶端部分常不脱落。雌雄异株或同株。雄性花序少数念珠状，长 1~3cm，每厘米着生 5~7 轮；小苞片早落；花药长 0.7~1.3mm。蒴果圆柱形，长 16~33mm，粗 10~13mm，果柄长 3~12mm；小苞片钝，锥形突起比小苞片短，少数被浅浅地分成 2 或 3 部分。带翅种子，长 6~7mm，深褐色至黑色。2n=22/33/55。分布在南澳大利亚州南部山区（Southern Ranges）和袋鼠岛。生长在砖红壤或沙壤上的灌木林里。尚未引种至中国，潜在适生区域为广东、福建、广西。

具有可变异的习性，可能和它具有多倍体的不同染色体倍数水平有关。

五十二、棋格木麻黄

灌木或乔木，高 3~5m。小枝上举；小枝节间长 7~14mm，粗 0.7~1mm，无毛；脊弯曲；齿叶 8 或 9 枚。雌雄异株。雄性花序长 2~4cm，每厘米着生 7 或 8 轮；花药长约 0.8mm，宽比长更大。蒴果长 26~55mm，粗 14~18mm；蒴果不结果的顶部长 5mm；果柄长 7~13mm；苞叶厚，小苞片钝，苞片体和突起部分不能区分。带翅种子，长 5~7.5mm。分布在西澳大利亚的辛格尔顿山；生长在山坡的岩石缝隙中。未引种至中国，潜在适生区域为云南。

五十三、海鹊木麻黄

灌木，高约 1m，少数达 2.5m。树皮平滑或开裂。小枝节间距长 7~12mm，粗 0.7~0.8mm；脊呈棱角；齿叶直立，长 0.3~0.6mm，偶尔不脱落。雄性花序长 0.5~4.5cm；花药长 0.6~0.8mm。蒴果长 10~26mm，粗 9~15mm；果柄长 8~14mm；小苞片钝。带翅种子深褐色。仅知道分布在昆士兰库伦山（Mt Coolum）的风积"S"形斜坡的上部；形成一个密而封闭的矮林。与伊姆河木麻黄相似。尚未引种至中国，潜在适生区域为海南、广东、福建、广西。

五十四、香木木麻黄

灌木，高 0.3~2m，枝条错综复杂。树皮光滑。倒数第二级小枝木质化。小枝没有或具轻微蜡白色；延长的小枝多数，圆柱状，平滑；小枝长达 3cm，粗 0.4~0.6mm，无毛；脊轻微圆形或扁平，常具有模糊的中间凹槽；齿叶 5 或 6 枚，直立，长 0.3~0.5mm，齿叶不重叠或宿存。雌雄同株或异株。雄性花序非常短，1~4 轮，着生在小枝顶部，长 1~5mm；花药长 0.4~0.6mm。蒴果短圆柱状至球形，长 8~20mm，粗 8~15mm，长和宽几乎一样大，多刺；果梗细长，长 2~7mm；小苞片薄，尖形，偶尔具有钩状尖端，突起部分在小苞片低处分叉，具有几乎和小苞片一样长的锥形部分和具有长 2~8mm 的黄色粗糙的芒，其上具有早落、钩形的尖端。带翅种子，长 5.0~6.0mm（少数达 10mm），无毛，黑色。染色体 2n=44。分布在西澳大利亚州，从默奇森河起，南到澳尔巴尼附近，东到埃斯佩兰斯。生长在山脚的砖红壤和沙原上的灌木丛中。尚未引种至中国，潜在适生区域为广东、福建、广西、云南。

五十五、扭枝木麻黄

灌木，高 1.7m。树皮光滑或开裂。小枝分散，扭曲，长达 10cm；小枝节间长 6~10mm，粗 0.8~1mm，光滑，无毛或在棱沟有短绒毛；脊弯曲，在中间有凹槽；齿叶 7 枚，分散至直立，不重叠，长 0.5~0.8mm，不脱落。雌雄异株。雄性花序长 5~9mm，密集；花药长 1.1~1.2mm。蒴果圆柱形，长 10~15mm，粗 10mm，无果柄；苞叶不明显；小苞片平头，突起部分也平头，比小苞片更短。带翅种子长 5.5~6mm，浅褐色。仅在西澳大利亚的莱克金（Lake King）西部的自然保护区里和附近的 2 个种群被发现；生长在花岗岩发育的沙壤地上高而密的灌木丛中。尚未引种至中国，潜在适生区域为广东、福建、广西。

与球果木麻黄相似，但通过小枝更短的节间距和数量更少、更宽、更厚的齿叶能容易地区分出来。它和那些在蒴果上有不分开苞片突起的种有更明显的区别。

五十六、森林木麻黄

俗名玫瑰倩栎（rose sheoak）或森林栎树（forest oak）。中国 20 世纪 80 年代引进。已引种于海南、广东、福建，表现良好。

（一）形态特征

乔木，高 5~30m，直径 0.3~1.3m. 通常为下冠层木。主干分叉前长度为树高一半或多于树高一半，大枝条基本直立生长，树冠稀疏。树皮厚，软，有栓皮，暗灰至黑色，有纵向和横向裂缝且短而尖状隆起。枝条末部的小枝条丛生并常下垂，所以看上去树冠稀疏，暗绿色，小枝条细软，老一点小枝条基部常铜棕色，长达 14cm，下垂；

倒数第二级小枝木质化。小枝不具蜡白色；长的节很多，节圆柱形，嫩时四边形，长0.5~0.6cm，粗0.4~0.5mm，棱沟内有绒毛；脊轻微弯曲；每轮4~5个齿状叶且呈三角形，直立，长0.3~0.8mm，不重叠或脱落。雌雄异株雄或少量雌雄同株。雄性花序长0.5~3cm，每厘米着生7~12轮；花药长0.5~0.6mm。雄花鳞片多每轮4个，少数5个，着生于小枝条末端1.3~3.0cm。雌花着生于枝条上，幼果长1~3cm；每轮苞片常5个，少数6~8个。成熟蒴果短圆柱状或筒状，苞片较厚且稍短，苞片背部疣状突起附属物或有疣状突起，偶尔被密绒毛，下垂或分散；柄长8~30mm；蒴果卵球形，长1.5~3.3cm，粗1.2~2.5cm。苞片厚，尖锐，外背上突起部分被分成比小苞片稍短或一样长的8~12个小瘤状物，即木质苞片背上有溜状物开裂后背部紧聚在一起形成坚固的脊状苞片聚集物。蒴果可长时间宿存于树上。带翅种子，长4~10mm，宽2~3mm，翅有边脉，无毛，种子发亮，浅褐色至深褐色。2n=24（Doran & Hall，1983；NRC，1984；Boland et al.，1987）。

（二）分布与生境

森林木麻黄天然分布于澳大利亚东部沿海，南起新南威尔士州中部的瑙拉（Nowra）、麦格丽山口（Macquarie Pass）和悉尼杰诺兰钟乳岩（Jenolan Caves），北至昆士兰州北部的科恩（Coen）和麦基尔雷思岭（Mcllwraith），在新南威尔士州及昆士兰州北南部分布区上，它遍及沿海地域及沿海山地，但在昆士兰北部的分布只出现在沿海地域及大分水岭的上部地域，多生长于在海岸的山坡上和疏林和高疏林的下层林中的各种土壤中。它也出现在弗雷泽岛（Fraser）、布莱克当台地（Blackdown）及云格拉山（Eungella）。生长在昆士兰州北部种群的脊常有更多棱角。与滨海木麻黄相比，该种通常生长在养分含量较丰富土壤和更潮湿树林中。分布纬度16~35° S，海拔0~1100m。

分布区气候由北部的热带半湿润气候区至南部的温暖半湿润气候区。在北部山地分布区，每年有1~5次霜冻，而海边则无霜冻。南部地区每年5~20次霜冻。分布区内平均最高温度25~30℃，平均最低温度为0~15℃。年平均降水量1000~2000mm，多数950~1250mm，最低年降水记录400~600mm，皆为夏雨型。

生长小地形为低地、起伏丘陵或山顶。土壤类型有多种，从沙质冲积土壤至黏重土壤，土壤太贫瘠时，它不能生长。土壤母质有砂石、页岩、玄武岩及花岗岩石砾。

森林木麻黄主要作为森林中的林冠下层树种，伴生树种数量很多，其中包括澳大利亚东部地区的主要商业用材树种，如桉属的 E. pilularis、E. saligna、E. micriocorys、E. acmenoides、E. paniculata 和 E. propinqua，聚果木属（Syncarpia）、红胶木属（Tristania）、金合欢属（Acacia）等植物（Doran & Hall，1983；NRC，1984；Boland et al.，1987）。

（三）种源引种、栽培和育种

1986年和1988年，在海南岛和福建（仅1986年）开始了引种试验。在海南琼海，5年生时树高2.5~3.8m，胸径1.2~2.5cm，1年生以下小枝条基部呈铜棕色，未结实。心材暗红色，有好看的黑色射线，密度1000kg/m³，坚硬，除射线部分外，木材细密，易机械加工，不易开裂。除做成家具外，可作车削工艺品、地板、各种嵌板和装饰板、历史建筑用房板及高级壁炉用材。另外，它还可用作景观绿化树、土壤改良及防护林用树等。

五十七、毛齿木麻黄

灌木，高 0.5~3m，直立至分散。树皮有细条纹状槽。倒数第二级小枝木质化。小枝不具蜡白色，长的小节很多，圆柱形，平滑；小枝上举，长达 30cm；小枝节间长 9~15mm，粗 0.9~1mm，无毛；脊明显有棱角，具有中间的垄；齿叶 8~10 枚，长而分散，长 1.8~3.5mm，在较老的节上常只留有约 1mm 的长度，齿叶不重叠，不脱落。雌雄异株或少数同株。雄性花序长 3~8cm，每厘米着生 8 轮；花药长 1~1.2mm。小苞片宿存。蒴果圆柱形至筒形，长 15~50mm，粗 14~20mm，有毛，无果柄；小苞片纤细，尖锐或尖形，具有密的白色绒毛，长 3mm 的细刺，通常尖锐，突起部分几乎和小苞片一样长，大小和形状和小苞片相似。带翅种子，长 8~10mm，无毛，深褐色至黑色。2n=20。分布从西澳大利亚的澳尔巴尼东部到埃斯佩兰斯和斯特内；生长在高的灌木林中，通常生长在粗骨土上。该种长而分散的齿状叶是澳大利亚西部种中最明显的特征。未引种至中国，潜在适生区域为广东、福建、广西。

五十八、轮生木麻黄

俗名下垂倩栎（drooping sheoak）。乔木，高 4~10m，其树冠有圆形的习性，树皮开裂。倒数第二级小枝木质化。小枝没有蜡白色；小枝下垂，长达 40cm；小枝节间长 15~40mm，粗 0.7~1.5mm，大部分棱沟密被绒毛；长的小节多数，圆柱形，脊轻微弯曲，带有疣状突起；齿叶 9~13 枚，分散，长 0.7~1.2mm。齿叶不重叠，不脱落。雌雄异株或少同株。雄性花序长 3~12cm，每厘米轮生 2.5~4 轮；花药长 1.2~2.5mm。小苞片每年脱落，常有一双或单一的被片。蒴果圆柱状至圆球状，长 20~50mm，粗 17~30mm；无果柄或着生在长 10mm 的果柄上；苞叶具有细长的尖端；小苞片由钝至尖，通常尖形，突起部分和苞片熔合或不明显，仅约和苞叶一样长。带翅种子，长 7~12mm，无毛，深黑褐色。染色体数 2n=26。

广泛分布在从澳大利亚新南威尔士州的科巴（Cobar）附近，向南延伸至接近悉尼附近片层页岩海岸和南部海岸；除西北的弗林德斯（Flinders）和高勒山区（Gawler Ranges）外，遍布维多利亚州；西至南澳大利亚州的艾尔（Eyre）半岛和袋鼠（Kangaroo）岛；也分布在塔斯马尼亚州，从东部海岸朗塞斯顿（Launceston）至金斯敦（Kingsto）和塔斯曼半岛（Tasman Peninsula）。常生长在多草林地，形成纯林或在桉树林中，长在多岩石海岸、干燥岩石山、内陆山脊等立地上。分布区降水量 600~900mm。它常用于侵蚀立地植被恢复，具有适度的耐盐性，并且是干燥地区有用的景观树种。该树种在冬季开花（Marcar et al.，1995），在生态上非常重要，因为它的蒴果为许多鹦鹉提供了稳定的食物来源，包括辉凤头鹦鹉（Glossy Black Cockatoo，*Calyptorhynchus lathami*），该鸟仅以木麻黄属和异木麻黄属种子为食物（Schodde et al.，1993）。已引种至中国，潜在适生区域为福建、云南。

五十九、泽菲木麻黄

灌木，高 0.5~2m。树皮平滑或开裂。小枝长达 19cm，小枝节间长 4~15mm，粗 0.6~1.3mm，偶尔具有轻微的蜡白色；脊成棱角或圆形；齿叶 7~9 枚，少数达 10 枚，分散至直立，常具有轻微的重叠，长 0.4~1.2mm，顶点最终不脱落。雄性花序常呈念珠状长，1~3.5cm，每厘米着生 5~7 轮；花药长 0.7~0.9mm。蒴果长 10~25mm，粗 6~11mm，果柄长 2~15mm；带翅种子，长 4.0~5.5mm，黑色。染色体数 2n=22。

分布从澳大利亚西部的低洼地至中部和东南部高地上，以及塔斯马尼亚州的国王岛（King Island）；生长在灌木丛中和岩层缝隙中。未引种至中国，潜在适生区域为福建、广东、广西。

根据节间的长度和齿叶重叠的形状和数目，种群之间有较大变异（变种），可能在分类上值得重视。靠近海的植株形状显粗糙。从 Cradlemin 到圣克莱尔湖（Lake St Clair）和玛格丽特湖（Lake Margaret）的种群都有短和纤细的节，这些具有清晰植株形状的种分布在高地上。

参考文献

毕华，刘强，2000. 海南昌江县海滨土地风沙化及其环境整治 [J]. 中国沙漠，20（2）：223-228.

蔡三山，陈京元，2008. 苗木猝倒病及研究进展 [J]. 湖北林业科技，6：38-41.

蔡志浓，郑秀芳，蔡惠玲，等，2013. 利用薄膜培养基法检测褐根病分泌之生体外分解酵素 [J]. 台湾林业研究，62（2）：184-194

岑炳沾，黄丽芳，梁子超，等，1983. 应用木麻黄的电导特性诊断青枯病的研究 [J]. 华南农业大学学报，4（4）：70-77.

陈保乃，1979. 木麻黄制浆工艺的研究 [J]. 林化科技（6）：374-378.

陈德旺，2003. 木麻黄大叶相思混交林生长效果、防护功能和土壤肥力研究 [J]. 防护林科技，（3）：13-15.

陈德志，2015. 沿岸前沿风沙运动规律及其对木麻黄防护林的影响 [D]. 福州：福建农林大学.

陈端钦，2001. 木麻黄优良无性系水培容器育苗与造林技术 [J]. 防护林科技（3）：69-71.

陈花丹，郭国英，岳新建，等，2018. 福建省森林生态系统服务功能价值评估 [J]. 林业勘察设计，（1）：5-10.

陈君，2007. 海南岛沿海防护林生态系统服务功能价值估算与实现 [D]. 广州：华南热带农业大学.

陈礼浪，李增平，2016. 木麻黄红根病病原菌鉴定及其生物学特性测定 [J]. 热带作物学报，37（6）：1188-1193.

陈启锋，李志真，黄群策，1998. 弗兰克氏菌的研究进展与前景 [J]. 福建农林大学学报（自然科学版）（4）：2-9.

陈胜，李永林，韩金发，等，2000. 木麻黄小枝沙培育苗技术研究 [J]. 防护林科技，（S1）：76-78.

陈小勇，林鹏，2002. 厦门木麻黄种群交配系统及近交衰退 [J]. 应用生态学报，13（11）：1377-1380.

陈应发，1996. 旅行费用法 – 国外最流行的森林游憩价值评估方法 [J]. 生态经济，4：35-38.

陈永忠，2009. 海南沿海防护林体系现状及建设对策. 林业调查规划，34（5）：104-107.

陈远生，1982. 珠江三角洲的农田防护林 [J]. 广东林业科技（6）：8-13.

陈芝卿，1978. 木麻黄的新害虫——龙眼蚁舟蛾 [J]. 昆虫知识（应用昆虫学报）（3）：91-92.

程文俊，1985. 木麻黄嫁接种子园种子活力比较研究初报 [J]. 广东林业科技（2）：28-31.

池方河，陈青英，2005. 玉环木麻黄沿海防护林体系设计及防护效益分析 [J]. 华东森林经理，19（4）：29-31.

戴雨生，康立新，梁海珍，等，1996. 江苏泥质海岸防护林土壤微生物数量分布及其类群的研究 [J]. 南京林业大学学报，20（1）：53-57.

邓冬旺，陈传国，2021. 广东省第三期沿海防护林体系建设 . 林业调查规划，46（1）：101-106.

丁衍畴，1996. 湛江地区沿海沙地木麻黄造林经验总结 [J]. 林业科学（2）：15-21.

董玉祥，2006. 中国的海岸风沙研究：进展与展望 [J]. 地理科学进展，25（2）：357-366.

杜棣芬，1981. 木麻黄白粉病的发生和防治 [J]. 广东林业科技（5）：41.

杜棣芬，黄慈英，1990. 木麻黄育种的策略及优良无性系在生产中的应用 [J]. 广东林业科技（5）：33-35.

方惠兰，童普元，方少华，等，1997. 沿海防护林害虫研究 [J]. 浙江林业科技，17（1）：9-13.

方志伟，赵朝片，1996. 平潭县防护林建设中存在问题及对策 [J]. 林业经济问题（6）：52-55.

符启基，岑辽，2008. 浅论海南万宁东海岸锆钛砂矿集区的资源潜力 [J]. 资源环境与工程，22（1）：6-9.

付甜，2016. 木麻黄水培生根生理特性及遗传变异的研究 [D]. 长沙：中南林业科技大学 .

高静，2007. 海南岛东部滨海砂矿废弃地植被恢复效应的比较研究 [D]. 海口：海南师范大学 .

高静，刘强，王敏英，2007. 海南岛东部滨海砂矿废弃地植被恢复效应的比较研究 [J]. 海南师范学院学报（自然科学版），20（2）：161-166.

葛菁萍，林鹏，2002. 厦门三种木麻黄属（*Casuarina*）植物的种内遗传变异和种间亲缘关系分析 [J]. 黑龙江大学自然科学学报（4）：110-114.

弓明钦，陈应龙，仲崇禄，1997. 菌根研究及应用 [M]. 北京：中国林业出版社 .

古尔恰兰·辛格，2008. 植物系统分类学：综合理论及方法 [M]. 北京：化学工业出版社 .

关德新，1998. 农田防护林体系空气动力效应研究 [D]. 沈阳：中国科学院沈阳应用生态研究所 .

关松荫，1986. 土壤酶及其研究法 [M]. 北京：农业出版社 .

广东省森林病虫普查办公室，1983. 广东省森林病虫天敌名录 [M]. 广州：广东省森林病虫普查办公室，151-162.

广东省林业调查规划院，2022. 广东省生态公益林监测评价报告 [R]. 广州：广东省调查规划院 .

郭启荣，林益明，周涵滔，等，2003. 4 种木麻黄亲缘关系的 RAPD 分析 [J]. 厦门大学学报（自然科学版），42（3）：23-29.

郭权，梁子超，1986. 木麻黄抗青枯病品系的筛选技术和综合防治措施 [J]. 林业科技通讯（4）：7-9.

郭瑞红，2007. 滨海沙地木麻黄防护林生态系统的碳贮量和碳吸存 [D]. 福州：福建农林大学 .

郭瑞华，1996. 福建省沿海防护林体系工程建设现状与对策 [J]. 林业资源管理（6）：40-42.

韩强，仲崇禄，张勇，等，2017a. 海南临高山地木麻黄的材性遗传变异与种源选择 [J]. 分子植物育种，15（11）：4715-4723.

韩强，仲崇禄，张勇，等，2017b. 山地木麻黄种源在海南临高的遗传变异及选择 [J]. 林业科学研究，30（4）：595-603.

何坤益，萧如英，邓书麟，2001. 应用 RAPD 分子指纹研究木贼叶木麻黄国际种源之遗传变异 [J]. 台湾林业科学，16（4）：285-293.

何学友，1998. 福建省沿海木麻黄衰枯原因的研究 [J]. 福建林业科技，25（3）：40-45.

何学友，2007. 木麻黄病害研究概述 [J]. 防护林科技，2：27-30.

侯杰，2006. 滨海沙地木麻黄防护林根际土壤性质研究 [D]. 福州：福建农林大学 .

侯元兆，张佩昌，王琦，等，1995. 中国森林资源的核算研究 [M]. 北京：中国林业出版社 .

胡德活，林绪平，阮梓才，等，2001. 杉木无性系早 – 晚龄生长性状的相关性及早期选择的研究 [J]. 林业科学研究，14（2）：168-175.

胡海波，康立新，梁珍海，等，1995. 泥质海岸防护林土壤酶活性与理化性能关系的研究 [J]. 东北林业大学学报，23（5）：37-45.

胡海波，梁珍海，康立新，等，1994. 泥质海岸防护林改善土壤理化性能的研究 [J]. 南京林业大学学报，18（3）：13-18.

胡海波，张金池，高智慧，等，2001. 岩质海岸防护林土壤微生物数量及其酶活性和理化性质的关系 [J]. 林业科学研究，15（1）：88-95.

胡盼，仲崇禄，张勇，等，2015. 短枝木麻黄种群苗期表型多样性评价 [J]. 西北植物学报，35（5）：1013-1020.

胡守荣，夏铭，郭长英，等，2001. 林木遗传多样性研究方法概况 [J]. 东北林业大学学报 29（3）：72-75.

黄金水，蔡守平，何学友，等，2012. 东南沿海防护林主要病虫害发生现状与防治策略 [J]. 福建林业科技，39（1）：165-170.

黄金水，1991. 木麻黄害虫名录初报 [J]. 福建林业科技，18（4）：83-94.

黄金水，何学友，等，2012. 中国木麻黄病虫害 [M]. 北京：中国林业出版社 .

黄义雄，1988. 平潭农田防护林生态经济效益的初步研究 [J]. 中国水土保持（4）：33-36.

黄义雄，郑达贤，方祖光，等，2003. 福建滨海木麻黄防护林带的生态经济效益研究 [J]. 林业科学，39（1）：31-35.

姜清彬，2011. 细枝木麻黄再生体系及农杆菌介导遗传转化研究 [D]. 北京：中国林业科学研究院 .

金国东，2009. 广东沿海防护林建设与发展探讨 [J]. 黑龙江生态工程职业学院学报，22（1）：7-8.

金国庆，秦国峰，刘伟宏，等，2011. 不同林龄马尾松的种源选择效果 [J]. 林业科学，47（2）：41-45.

金继祖，2019. 木麻黄耐盐相关基因挖掘及功能验证 [D]. 临安：浙江农林大学.

康丽华，1997a. 木麻黄根瘤内生菌——弗兰克氏菌侵染特性的研究 [J]. 林业科学研究，10（3）：233-236.

康丽华，1997b. 木麻黄弗兰克氏菌接种技术与接种效果的研究 [J]. 林业科学研究，10（4）：341-347.

康丽华，罗成就，彭耀强，等，1997. 粗枝木麻黄接种弗兰克氏菌的研究 [J]. 广东林业科技，13（4）：25-28

康丽华，仲崇禄，1999. 华南地区木麻黄人工林根瘤生态分布特性的研究 [J]. 土壤与环境，8：212-215.

孔繁文，戴广翠，何乃蕙，等，1994. 森林环境资源核算与政策 [M]. 北京：中国环境科学出版社.

李春艳，李传荣，许景伟，等，2007. 泥质海岸防护林土壤微生物、酶与土壤养分的研究 [J]. 水土保持学报，21（1）：156-160.

李冠军，梁安洁，姚成硕，等，2022. 盐胁迫对木麻黄内生真菌固体培养次生代谢产物的影响 [J]. 应用与生态环境生物学报，28（1）：129-136.

李金昌，1999. 要重视森林资源价值的计量和应用 [J]. 林业资源管理（5）：43-45.

李金丽，2016. 林木种苗猝倒病及其防治措施 [J]. 中国农业信息，3：144-146.

李茂瑾，2008. 木麻黄造林措施和混交造林技术研究 [J]. 安徽农学通报（17）：183-184.

李茂瑾，2010. 滨海沙地后沿几种木麻黄混交林防护功能与土壤作用研究 [J]. 安徽农学通报（13）：188-189.

李茂瑾，2017. 景观型木麻黄优良品系筛选研究 [J]. 防护林科技（2）：5-8.

李楠，2018. 短枝木麻黄耐寒生理及分子解析 [D]. 北京：中国林业科学研究院.

李倩，毛少利，莫娇，等，2017. 蛋白组学在植物中的研究 [J]. 广西林业科学，46（4）：400-402.

李荣锦，仇才楼，2000. 沿海防护林体系对农业环境的保护功能及效益 [J]. 江苏林业科技，27（6）：45-47.

李炎香，吴英标，1995. 木麻黄小枝繁殖试验 [J]. 林业科学研究（3）：297-302.

李怡，2010. 广东省沿海防护林综合效益计量与实现研究 [D]. 北京：北京林业大学.

李玉科，陈家东，1994. 福建省林木良种现状与对策 [J]. 福建林业科技，21（3）：5.

李振，张勇，魏永成，等，2021. 短枝木麻黄种子散布模式及子代群体的遗传多样性分析 [J]. 林业科学研究，34（5）：24-31.

李志真，2002. 福建弗兰克氏菌（Frankia）研究 [D]. 福州：福建农林大学.

李志真，谭芳林，叶功富，等，2000. 木麻黄沿海防护林小气候效应的定位研究初报 [J]. 福建林业科技，27（1）：1-4.

连育青，1987. 福建海岸风沙危害的治理 [J]. 中国水土保持（2）：22-23.

梁子超，岑炳沾，1982. 木麻黄抗青枯病植株小枝水培繁殖法 [J]. 林业科学，18（2）：199-202.

梁子超，陈小华，1982. 木麻黄青枯病菌小种和菌系的鉴定 [J]. 华南农学院学报，3（1）：57-62.

梁子超，王祖太．1982. 粗杂木麻黄对青枯病抗性的测定 [J]. 热带林业科技（1）：31-34.

梁子超，1986a. 木麻黄的无性繁殖和抗青枯病品系的筛选 [J]. 热带林业科技（2）：1-6.

梁子超，1986b. 木麻黄抗青枯病小枝水培繁殖法 [J]. 林业科技通讯（5）：24-26.

廖清江，2007. 应用木麻黄无性系在海岸沙地建立防护林效果分析 [J]. 海峡科学（4）：41-42.

林光耀，李荫森，1990. 我省营造沿海农田防护林的意义及今后建设的若干问题 [J]. 福建水土保持（2）：30-33.

林红叶，2010. 沿海木麻黄防护林可持续经营配套技术研究 [D]. 福州：福建农林大学．

林捷，聂森，潘自宝，等，2014. 平潭沿海防护林生物多样性研究 [J]. 防护林科技，11（134）：1-3.

林什权，仲崇禄，白嘉雨，2003. 广东省电白县 5 年生山地木麻黄种源试验及评选 [J]. 林业科学研究，16（4）：506-510.

林雪锋，陈顺伟，方建华，等，2007. 木麻黄嫩枝水培育苗试验 [J]. 浙江林业科技（4）：57-59.

刘步铨，2001. 福建省沿海防护林体系二期建设工程总体构想 [J]. 林业勘察设计（2）：20-23.

刘成路，冉焰辉，陶悠，等，2013. 海南岛海岸线木麻黄林现状调查 [J]. 林业资源管理（2）：102-106，118.

刘芬，2015. 低温胁迫对细枝木麻黄无性系生理指标和转录组的影响 [D]. 长沙：中南林业科技大学．

刘海，2014. 基于高通量测序的木麻黄转录组分析 [D]. 福州：福建农林大学．

刘海隆，张艳，郑心力，等，2014. 木麻黄和地胆草体外抑菌试验研究 [J]. 河北农业大学学报，37（5）：110.

刘继龙，2007. 沙质海岸木麻黄马占相思混交林生产力和生态效益分析 [J]. 安徽农学通报（6）：111-112.

刘秋霞，2008. 林木溃疡病的综合防治 [J]. 国土绿化，6：55.

刘宪钊，2011. 热带海岸木麻黄人工林近自然经营模式研究 [D]. 北京：中国林业科学研究院．

柳云龙，吕军，王人潮，2001. 低丘红壤复垦后土壤微生物特征研究 [J]. 水土保持学报，15（2）：64–67.

龙斯曼，1986. 一个成功的人工林生态系统——南三林场木麻黄海防林生态经济效益调查 [J]. 生态学杂志，5（3）：10–13.

陆文，薛杨，林之盼，2010. 木麻黄苗圃常见病虫害防治研究 [J]. 热带林业，38（2）：45，46–47.

罗焕亮，王军，邵志芳，等，2002. 木麻黄青枯菌的根表吸附及根内增殖与其致病性关系 [J]. 林业科学研究，15（1）：13–20.

罗美娟，2002. 沿海木麻黄防护林生态作用研究进展 [J]. 防护林科技，9：46–48.

罗美娟，2005. 短枝木麻黄种源群体遗传多样性与遗传变异规律研究 [D]. 福州：福建农林大学.

吕财发，李旭明，2017. 木麻黄病虫害综合防治探讨 [J]. 防护林科技（11）：105–107.

马常耕，2004. 我国杨树育种中的若干问题商榷 [J]. 青海农林科技（增刊）：1–8.

马海滨，康丽华，江业根，等，2011. 我国木麻黄青枯病防治研究进展与对策 [J]. 防护林科技，5：44–48.

马妮，2014. 盐、旱及水淹胁迫下短枝木麻黄种源的响应机理研究 [D]. 北京：中国林业科学研究院.

马妮，张勇，仲崇禄，等，2014. 粗枝木麻黄在海南的种源试验与早期选择 [J]. 林业科学研究，27（3）：435–440.

莫小香，2013. 海岸退化沙地不同植被恢复模式的土壤性质变化研究 [D]. 福州：福建农林大学.

莫小香，叶功富，游水生，等，2013. 海岸退化沙地不同植被恢复模式的土壤微生物量及其与土壤养分的关系 [J]. 福建林学院学报，33（2）：146–150.

欧阳志云，王如松，赵景柱，1999. 生态系统服务功能及其生态经济价值评价 [J]. 应用生态学报，10（5）：635–640.

欧阳志云，王如松. 2000. 生态系统服务功能的生态价值与可持续发展 [J]. 世界科技研究与发展，22（5）：45–50.

欧阳志云，赵同谦，赵景柱，等，2004. 海南岛生态系统生态调节功能及其生态经济价值研究 [J]. 应用生态学报，15（8）：1395–1402.

秦敏，王焰玲，崔玉海，等，1990. 几株不同种属来源的木麻黄植物根瘤共生放线菌 –*Frankia* 的研究 [J]. 微生物学杂志，10（1）：65–72

邱广昌，梁子超，1987. 木麻黄盐害肿枝病研究 [J]. 华南农业大学学报，8（2）：49–56.

饶显生，程书建，刘化桐，等，2001. 杉木无性系苗期选择可靠性分析 [J] 福建林学院学报，1（22）：82–85.

容向东，张景宁，1989. 木麻黄黄化丛枝病的研究 [J]. 植物病理学报（4）：217–221.

茹广欣，张国栓，冯胜，等，2002. 黑杨无性系的苗期选择分析 [J]. 河南农业大学学报，36（2）：143-146.

沈熙环，1990. 林木育种学 [M]. 北京：中国林业出版社 .

沈振洪，2011. 海岸内侧丘陵山地木麻黄和马占相思混交造林研究 [J]. 安徽农学通报，17（7）：143-144.

石文华，2010. 广东省木麻黄沿海防护林综合效益评估 [D]. 北京：北京林业大学 .

孙晓梅，张守攻，侯义梅，等，2004. 短轮伐期日本落叶松家系生长性状遗传参数的变化 [J]. 林业科学，40（6）：68-74.

孙战，王圣洁，王旭，等，2020. 木麻黄与根系微生物关系研究进展 [J]. 世界林业研究，33（4）：25-30.

孙战，张勇，马海滨，2020. 粤西木麻黄青枯病成灾原因及防治策略 [J]. 温带林业研究，3（3）：6-10，49.

谭芳林，李志真，叶功富，等，2003. 木麻黄连栽对沿海沙地土壤养分含量及酶活性的影响 [J]. 林业科学，39（1）：32-37.

谭芳林，林捷，王志洁，等，2003. 台湾相思更新木麻黄防护林对土壤理化性质及酶活性的影响 [J]. 江西农业大学学报（自然科学版），25（1）：54-59.

谭芳林，林捷，张水松，等，2003. 沿海沙地湿地松林地土壤养分含量及酶活性研究 [J]. 林业科学，39（1）：169-173.

谭芳林，叶功富，张水松，等，2000. 木麻黄基干林带小气候效应及梯度变化的研究 [J]. 防护林科技（专刊1）：108-110.

王兵，杨锋伟，郭浩，等，2008. 森林生态系统服务评估规范（LY/T1721-2008）[S]. 北京：中国标准出版社 .

王宏志，1984. 北部湾海岸防护林的建设问题 [J]. 广西农业科学（1）：62-64.

王会儒，2010. 白龙江干热河谷地带造林技术 [J]. 防护林科技（5）：110-111.

王军，苏海，邓志文，1997. 青枯假单胞杆菌对木麻黄致病机理的初步研究 [J]. 森林病虫通讯，2：21-22，31.

王军，1997. 木麻黄对青枯菌的水平及垂直抗性研究 [J]. 林业科学，33（5）：427-431.

王庆斌，张玉波，刘国刚，等，2002. 美洲黑杨杂种无性系引种苗期选择 [J]. 东北林业大学学报，30（5）：11-14.

王绥安，薛杨，符小干，等，2008. 木麻黄在废弃钛矿地造林技术 [J]. 热带林业（3）：24-25.

王小云，叶功富，卢昌义，等，2008. 不同生长发育阶段木麻黄农田防护林的防风效应 [J]. 海峡科学（10）：87-89.

王玉，2020. 海南岛木麻黄人工海防林天然更新困难的障碍机制 [D]. 海口：海南师范大学 .

王珍，2010. 福建省沿海木麻黄防护林生态系统服务功能及其评价 [D]. 福州：福建农林大学 .

王志洁，2000. 木麻黄沿海防护林林内降水特征的研究 [J]. 福建林业科技，27（4）：10-13.

魏初奖，谢大洋，庄晨辉，等，2004. 福建省木麻黄毒蛾灾区区划及其应用研究 [J]. 江西农业大学学报，26（5）：774-777.

魏龙，张方秋，高常军，等，2016. 广东沿海典型木麻黄防护林带风场的时空特征 [J]. 林业与环境科学，32（4）：1-6.

魏永成，张勇，孟景祥，等，2021. 不同种源短枝木麻黄对青枯病的生理生化响应及早期选择 [J]. 林业科学，57（11）：134-141.

魏永成，张勇，仲崇禄，等，2019. 不同抗性短枝木麻黄种源苗木接种青枯病菌后酚类物质含量的变化 [J]. 热带亚热带植物学报，27（3）：309-314.

温远光，李信贤，和太平，等，2000. 广西沿海防护林生物多样性保育功能的研究 [J]. 防护林科技，1：1-4.

吴马愿，2010. 晋江市沿海防护林主要害虫及其防治研究 [J]. 林业勘察设计（2）：131-133.

吴逸波，2007. 海岸沙荒风口建立木麻黄防护林关键技术研究 [J]. 海峡科学，2：62-64.

吴正，黄山，胡守真，1992. 海南岛海岸风沙及其治理对策 [J]. 华南师范大学学报（自然科学版）（2）：104-107.

吴正，吴克刚，1990. 中国海岸风沙研究的进展和问题 [J]. 地理科学，10（3）：230-237.

伍恩华，刘强，王敏英，2012. 海南岛北部木麻黄防护林调落物量及养分归还动态 [J]. 华南师范大学学报（自然科学版），44（2）：123-128.

武冲，张勇，马妮，等，2012. 接种菌根菌短枝木麻黄对低温胁迫的响应 [J]. 西北植物学报，32（10）：2068-2074.

项东云，兰保国，1997. 广西桉树无性系选育与栽培调查 [J]. 广西林业科学，26（4）：170-178.

肖胜生，郭瑞红，叶功富，2007. 沿海木麻黄衰退机理与维护途径的研究进展 [J]. 热带林业，35（2）：15-17.

谢国浩，1981. 木麻黄实生种子园 [J]. 广东林业科技，5：40.

谢国浩，蒙玉晚，韩土真，等，1980. 木麻黄有性杂交试验初报 [J]. 林业科技通讯，10：1-3.

谢卿楣，1991. 不同种木麻黄抗青枯病与一些生理生化指标的关系 [J]. 福建林学院学报，11（2）：192-196.

谢一青，2009. 不同宿主植物根瘤 *Frankia* 及其生物学特性 [J]. 应用与环境生物学报，15（5）：645-649.

谢义坚，2020. 福建滨海木麻黄防护林生态系统服务功能价值评估及生态补偿机制研究 [D]. 福州：福建师范大学.

谢永辉，张林，李正跃，等，2010. 蓟马虫瘿和虫瘿蓟马研究进展 [J]. 中国植保导刊，30（6）：11-15.

熊瑜，2011. 木麻黄多纹豹蠹蛾的发生与防治 [J]. 防护林科技（1）：68-69，93.

宿少锋，薛杨，林之盼，等，2020. 海南省文昌市废弃钛矿区物种多样性特征与环境因子的关系 [J]. 水土保持通报（4）：155-162.

徐俊森，2005. 福建海岸木麻黄防护林更新造林技术研究 [J]. 防护林科技（4）：5-7.

徐馨，王法明，邹碧，等，2013. 不同林龄木麻黄人工林生物多样性与土壤养分状况研究 [J]. 生态环境学报，22（9）：1514-1522.

徐燕千，劳家骐，1984. 木麻黄载培 [M]. 北京：中国林业出版社 .

徐燕千，刘有美，李理，1982. 珠江三角洲农田防护林立地类型研究 [J]. 华南农学院学报，3（3）：87-99.

徐正球，岑炳沾，陈炳铨，1996. 木麻黄无性系对青枯菌抗性及其与 POD 酶 SOD 酶关系 [J]. 林业科学研究，（专刊）：53-58.

许景伟，王卫东，王月海，2008. 沿海防护林体系工程建设技术综述 [J]. 防护林科技，（5）：69-72.

许秀玉，王明怀，张卫强，等，2017. 青枯菌对木麻黄防御酶活性及可溶性蛋白含量的影响 [J]. 西南林业大学学报（3）：107-112.

许秀玉，曾锋，黎珊颖，等，2009. 广东省沿海防护林体系建设现状、问题与对策 [J]. 广东林业科技，25（5）：98-101.

薛杨，杨众养，王小燕，等，2015. 琼北地区木麻黄林下植被调查与分析 [J]. 热带林业，43（2）：45-48.

杨彬，2019. 海南岛木麻黄海防林天然更新特征、影响因素及评价 [D]. 海口：海南师范大学 .

杨成华，花锁龙，1983. 木麻黄苗木溃疡病研究初报 [J]. 中国森林病虫，3：6-7.

杨青青，杨众养，余雪标，等，2016. 不同林龄木麻黄沿海防护林林下植被多样性研究 [J]. 热带作物学报，37（2）：359-364

杨涛，严重玲，李裕红，等，2003. 盐胁迫下木麻黄幼苗 Na^+、Cl^- 的累积及其抗盐能力评价 [J]. 福建农业学报，18：155-159.

杨万勤，王开运，2002. 土壤酶研究动态与展望 [J]. 应用与环境生物学报，8（5）：564-570.

杨振寅，仲崇禄，张勇，等，2007. 元谋干热河谷木麻黄引种试验 [J]. 南京林业大学学报（自然科学版），31（4）：57-60.

杨政川，邓书麟，陈财辉，2004. 应用 ISSR 解析木麻黄种源之遗传变异与种源关系 [J]. 台湾林业科学，19（1）：79-88.

杨政川，张添荣，陈财辉，等，1995. 木贼木麻黄在台湾之种源试验 I. 种子重与苗木生长 [J]. 林业试验研究报告，10（2）：2-7.

姚宝琪，刘强，2010. 中国东南沿海混交海防林建设研究进展 [J]. 防护林科技，3：58-61.

姚光裕，1991. 木麻黄硫酸盐法制浆造纸 [J]. 纸和造纸（2）：21.

姚培森，2016. 晋江深沪湾风口沿海防护林修复改造技术 [J]. 福建林业科技，43（2）：185–189.

叶功富，冯泽幸，潘惠忠，等，1996. 木麻黄优良无性系的选择试验 [J]. 防护林科技（S1）：62–64.

叶功富，邱进清，1995. 木麻黄国际种源苗期生长及抗盐性试验 [J]. 福建林学院学报，15：301–306.

叶功富，高美玲，徐俊森，等，2000. 滨海沙地木麻黄低效防护林生长特性的研究 [J]. 防护林科技（S1）：24–28.

叶功富，侯杰，张立华，等，2012. 木麻黄连栽林地根际土壤化学性质与酶活性动态 [J]. 亚热带水土保持，24（2）：1–5.

叶功富，黄宝龙，张水松，等，1997. 木麻黄栽培生理生态学研究进展 [J]. 防护林科技，30（1）：31–35.

叶功富，隆学武，潘惠忠，等，1996. 木麻黄林的凋落物动态及其分解 [J]. 防护林科技（专辑）：30–34.

叶功富，聂森，林武星，等，2013. 木麻黄沿海防护林建设技术规程（福建省地方标准 DB35/T 1348—2013）[S]. 福州：福建省质量技术监督局.

叶功富，潘惠忠，徐俊森，等，1996. 木麻黄降水淋溶的养分含量 [J]. 防护林科技（专辑）：35–39.

叶功富，王珍，高伟，等，2011. 福建省沿海防护林生态系统服务功能及其评价. 第十三届中国科协年会 – 沿海生态建设与城乡人居环境，2013 年 9 月 21–22 日，天津 [C]. 北京：中国林学会.

叶功富，徐俊森，隆学武，等，1996. 木麻黄低效林改造技术的试验研究 [J]. 防护林科技（S1）：73–76.

叶功富，张水松，徐俊森，等，2000. 木麻黄低效林类型划分及量化指标的研究 [J]. 防护林科技（S1）：33–36.

叶功富，郑锟，徐俊森，等，2008. 林带结构对木麻黄海岸带防护林的防风效能影响 [J]. 海峡科学，10：90–92.

岳新建，2010. 东南沿海木麻黄防护林优化配置研究 [D]. 福州：福建农林大学.

叶舟，2007. 木麻黄小枝提取物的抗蚁及抑菌生物活性 [J]. 热带作物学报，28（3）：104–107.

尤龙辉，叶功富，陈增鸿，等，2013. 公路建设对木麻黄生长及林下植被物种多样性的影响 [J]. 浙江农林大学学报，30（1）：38–47.

游月娥，2005. 木麻黄混交林防护效能和改土效果研究 [J]. 西北林学院学报（4）：36–38.

余婉芳，2005. 木麻黄种子育苗技术研究 [J]. 林业实用技术（7）：23–24.

俞浩，张艳，刘海隆，等，2017. 日粮中添加木麻黄、地胆草对文昌鸡生长性能的影响

[J]. 中兽医学杂志，5：3-5.

曾焕生，2005. 木麻黄防护林带对改善农田小气候效应的研究 [J]. 防护林科技，3：21-23.

曾少玲，陈贰，罗建华，等，2016. 沿海困难立地木麻黄与不同树种混交试验及造林技术总结 [J]. 热带林业，44（3）：4-8.

张彩凤，杨小波，李东海，等，2012. 木麻黄海防林林下物种多样性及其与土壤因子关系 [J]. 林业资源管理，（4）：80-85.

张东柱，1997. 立枯丝核菌引起山木麻黄和大花紫薇苗猝倒病 [J]. 台湾林业科学，12（1）：47-52

张嘉宾，1982. 关于计算森林效益的基础理论与程序的初步研究 [J]. 林业经济管理，3：1-5.

张建国，1998. 森林经营经济效益计量的理论与实践 [J]. 林业经济问题，18（4）：1-3.

张景宁，许东，刘仲健，等，1983. 木麻黄丛枝病病原研究 [J]. 植物病理学报，13（4）：37-42.

张水松，林武星，叶功富，等，2000. 海岸带风口沙地提高木麻黄造林效果的研究 [J]. 林业科学，36（6）：39-46.

张水松，叶功富，吴寿德，等，2000. 木麻黄防护林更新改造技术研究概述 [J]. 防护林科技（S1）：128-132.

张水松，叶功富，徐俊森，等，2000. 木麻黄基干林带分类更新理论、更新方式和更新造林关键技术研究 [J]. 防护林科技（S1）：41-50.

张炎，2019. 木麻黄愈伤组织再生体系的构建和转基因研究 [D]. 临安：浙江农林大学.

张一粟，2004. 首个转基因抗盐碱杨树新品种问世，中天杨让盐碱地不再荒芜 [J]. 中国林业，38：26-27.

张颖，2022. 我国森林生物多样性变化的评价研究 [J]. 林业资源管理，4：45-52.

张勇，聂森，仲崇禄，等，2018. 木麻黄不同亲缘关系间嫁接对嫁接亲和力和花诱导的影响 [J]. 林业与环境科学，34（5）：20-23.

张勇，2013. 三种木麻黄的遗传改良研究 [D]. 北京：中国林业科学研究院.

张勇，仲崇禄，陈羽，等，2011. 海南 5 年生木麻黄优良无性系的选择与评价 [J]. 南京林业大学学报（自然科学版），35（5）：25-30.

张勇，仲崇禄，陈羽，等，2017. 木麻黄无性系生长过程的研究 [J]. 林业科学研究，30（4）：588-594.

赵可夫，李法曾，1999. 中国盐生植物 [M]. 北京：科学出版社.

郑惠成，林继强，高雅，等，1992. 普通木麻黄对青枯病的抗性及其生理生化机制的初步研究 [J]. 福建林业科技（1）：9-13.

郑惠成，林继强，高雅，1991. 普通木麻黄抗青枯病无性系的初步筛选 [J]. 福建林业科技（4）：70-74.

郑惠成，1996. 普通木麻黄抗感青枯病无性系与根瘤固氮活性及生物量关系的研究 [J]. 福建林业科技（2）：44-47.

郑锟，叶功富，陈胜，等，2008. 不同结构木麻黄农田防护林带的防风效果 [J]. 海峡科学，10：90-92.

郑郁善，王舒凤，陈礼光，2000. 木麻黄等种子超干贮藏生理生化特性的研究 [J]. 江西农业大学学报（4）：554-558.

仲崇禄，1993. 木麻黄苗期最佳固氮基因型组合体研究 [J]. 林业科学研究，6（6）：654-660.

仲崇禄，2000. 木麻黄遗传变异规律的研究 [D]. 北京：中国林业科学研究院 .

仲崇禄，白嘉雨，1998. 山地木麻黄家系遗传参数估算与家系选择 [J]. 林业科学研究，11（4）：361-369.

仲崇禄，陈祖沛，1995. 华南地区山地木麻黄引种试验 [J]. 广东林业科技，11（3）：46-49.

仲崇禄，弓明钦，白嘉雨，等，2003. 接种菌根菌的木麻黄种源 / 家系苗的变异研究 [J]. 林业科学研究，16（5）：588-594.

仲崇禄，施纯淦，王维辉，等，2001. 华南地区短枝木麻黄种源试验 [J]. 林业科学研究，14（4）：408-415.

仲崇禄，施纯琏，王维辉，2002. 华南地区山地木麻黄种源试验与筛选 [J]. 林业科学，38（6）：58-65.

仲崇禄，张勇，陈羽，等，2013. 木麻黄栽培技术规程（广东省地方标准 DB44/T 1235-2013）[S]. 广州：广东省质量技术监督局 .

仲崇禄，张勇，魏永成，等，2019. 木麻黄栽培技术规程（林业行业标准 LY/T 3092-2019）[S]. 北京：国家林业和草原局 .

中国生物多样性国情研究报告编写组，1998. 中国生物多样性国情研究报告 [M]. 北京：中国环境科学出版社 .

周亚东，薛杨，李广翘，等，2011. 海南生态公益林生态系统服务功能价值评估报告 [J]. 热带林业，39（2）：31-37.

周毅，苏志尧，1998. 公益林生态效益计量研究进展 [J]. 世界林业研究，2（3）：13-17.

周永学，苏晓华，樊军锋，等，2004. 引种欧洲黑杨无性系苗期生长测定与选择 [J]. 西北农林科技大学学报（自然科学版），32（10）：102-106.

朱光泰，2008. 南盘江干热河谷地区马尾松造林技术 [J]. 广西林业科学（3）：153-155.

Abe T，Yasui T，Makino S，2011. Vegetation status on Nishi-jima Island（Ogasawara）before eradication of alien herbivore mammals：rapid expansion of an invasive alien tree，*Casuarina equisetifolia*（Casuarinaceae）[J]. Journal of Forest Research，16：484-491.

Aboel-Nil M M，1987. Micropropagation of Casuarina. *In*：Bonga J M and Durzan D J（Eds），cell and tissue culture in forestry，Vol.3，casehistories：gymnosperms，angiosperms and palms[M]. Dordrecht：Artinus Nijhott Publishers.

Adamsm D，Kelly J M，Gocayne J D，et al.，1991. Complementary DNA sequencing：expressed sequence tags and human genome project[J]. Science，252：1651-1656.

Agashe S N，Bapat B N，Bapath N，et al.，1994. Aerobiology of *Casuarina* pollen and its significance as a potential aeroallergen[J]. Aerobiologia，10：123-128.

Agnihothrudu V，1963.A concise key for the identification of common primary root rots of tea in Northwest India[J]. Two and a Bud'（News Lett. Tockluicet Sta.），10（3）：31-32.

Ahang A，Lopezm F，Torrey T G，1984. A comparison of cultrual characteristics and infectivity of *Frankia* isolates from root nodules of *Casuarina* species[J]. Plant and Soil，78：79-90.

Aher A N，Pal S C，Yadav S K，et al.，2009. Antioxidant activity of isolated phytoconstituents from *Casuarina equisetifolia* Frost（Casuarinaceae）[J]. Journal of Plant Sciences，4：15-20.

Ahmad Z，Yadav V，Shahzad A，et al.，2022. Micropropagation，encapsulation，physiological，and genetic homogeneity assessment in *Casuarina equisetifolia*[J]. Frontiers in Plant Science，13.

Akkermans A D L，Baker D D，Huss-Danell K，et al.，1984. Preface[J]. Plant Soil，78：ix-x.

Aldrich-Blake R N，1932.On the fixation of atmospheric nitrogen by bacteria living symbiotically in root nodules of *Casuarina equisetifolia*[J]. Oxford Forestry Memoirs No.14[G].20p.

Al-Zaravi A J，Attrackchi A A，Tarabeit Am，et al.，1979. Newhosts of *Hendersonia toruloidea*[J]. Pakist. J. Sci. and Ind. Res.，22（5）：251.

Andersen A N，T R New，1987.Insect inhabitants of fruits of *Leptospermum*，*Eucalyptus* and *Casuarina* in South-eastern Australia[J]. Aust. J. Zool.，35：327-36.

Anderson J P E，Domsch K H，1980. Quantities of plant nutrients in the microbial biomass of selected soils[J]. Soil Science，130（4）：211-216.

Anon，1941. Plant diseases recorded in New South Wales. Suppl. No.2 N.S.W. Dept Agric. Contrib. No.306[G]. Sydney：N.S.W. Dept Agric.16pp.

Anon，1963. Plant Pathology. *In*：1962 Report Dept Agric.，Mauritius[R]. Mauritiu：Dept Agric，43-7.

Anon，1952. Insect pests of *Casuarina equisetifolia*[G]. Forest Research in India，1948/49 Part I：52-53

Arabidopsis G I，2000. Analysis of the genome sequence of the flowering plant *Arabidopsis thaliana* [J]. Nature，408（6814）：796-815.

Arahou M，Diem H G，1997. Iron deficiency induces cluster（proteoid）root formation in *Casuarina glauca*[J]. Plant and Soil，196：71-79.

Arumugam D，Abraham P，Pulpayil V，et al.，2022. Inter and intra-specific hybridization，pollen-pistil interactions and hybrid seed set in four species of *Casuairna* L.[J]. Australian

Journal of Botany, 70 (2): 174–186.

Ayin C M, Alvarez A M, Awana C, et al., 2019. *Ralstonia solanacearum*, *Ganoderma australe*, and bacterial wetwood as predictors of ironwood tree (*Casuarina equisetifolia*) decline in Guam[J]. Australasian Plant Pathol., 48: 625–636.

Ayin C M, Schlub R L, Yasuhara-Bell J, et al., 2015. Identification and characterization of bacteria associated with decline of ironwood (*Casuarina equisetifolia*) in Guam[J]. Australasian Plant Pathology, 44 (2): 225–234.

Bakshi B M, Ram Reddym A, Singh S, et al., 1970.Disease situation in Indian forests. 1. stem disease of some exotics due to *Corticium salmonicolor* and *Monochaetia unicornis*[J]. Indian Forester, 96 (11): 826–829.

Barlow B A, 1958. Heteroploid twins and apomixis in *Casuarina rana*[J]. Aust. J. Bot., 6: 204–219.

Barlow B A, 1959. Polypoid and apomixes in the *Casuarina distyla* species group[J]. Australian J of Botany 7 (3): 238–251.

Barlow B A, 1981. Casuarinas–a taxonomic and biogeographic review. *In*: Midgley S J, Turnbull J W, Johnson R D (eds.). Casuarina Ecology Management and Utilization[M]. Melbourne: CSIRO, 10–18.

Batista-Santos P, Duro N, Rodrigues A P, et al., 2015. Is salt stress tolerance in *Casuarina glauca* Sieb. ex Spreng. associated with its nitrogen-fixing root-nodule symbiosis? An analysis at the photosynthetic level[J]. Plant Physiol Biochem, 96: 97–109.

Bazan de Segura C, 1966. Nematodes on Casuarina in Peru[J]. Fitopatologia, 1 (2): 41–43.

Beaulieu J, Plourde A, Daoust G, et al., 1996. Genetic variation in juvenile growth of *Pinus strobus* in replicated Quebec Qrovenance-progeny tests. Forest Genetics, 3 (2): 103–112.

Begum R, Rizwana A R, 1979. Blister disease threat to *Casuarina*[J]. Geobios, 6 (1): 35–36.

Berry A M, Myrold D D (eds), 1997. Proceedings of the 10th International Conference on Frankia and Actinorhizal Plants[M]. Physiol Plant, 99: 564–731.

Bogusz D, Franche C, Gherbi H, et al., 1996. Causuarinaceae-*Frankia* symbiosis: molecular study of the host-plant[J]. Acta Botanica Gallica, 143 (7): 621–633.

Boland D J, Brookerm I H, Chippendale G M, et al., 1987. Forest Trees of Australia (New Edition) [M]. Melbourne: Nelson Wadsworth.

Boucher C A, Gough C L, Arlat M, 1992. Molecular genetics of pathogenicity determinants of *Pseudomonas solanacearum* with special emphasis on HRP genes[J]. Phytopathology, 30 (30): 443–461.

Bowen G D, Theodorou C, 1979. Interactions between bacteria and ectomycorrhizal fungi[J]. Soil Biology and Biochemistry, 11: 119–126.

Brundrettm C, Abbott L K, 1991. Roots of jarrah forest plants. I.Mycorrhizal associations of shrubs and herbaceous plants[J]. Aust. J. Bot. 39：445–457.

Bulloch B T，1994. Nodulation by *Frankia* increases growth of Casuarinaceae in a New Zealand horticultural soil[J]. New Zealand Journal of Crop and Horticultural Science，22 （1）：39–44.

Campbell L D，Holden A M，1984. Miocene Casuarinaceae fossils from southland and central Oiago，New Zealand[J]. New Zealand J. Bot.，22：159–167.

Cardoso I M，Meer P V，Oenema O，et al.，2003. Analysis of phosphorus by ^{31}PNMR in Oxisols under agroforestry and conventional coffee systems[J]. Geoderma，112：51–57.

Chang E H，Chen C T，Chen T H，et al.，2011. Soil microbial communities and activities in sand dunes of subtropical coastal forests[J]. Applied Soil Ecology，49：256–262.

Chang S C，1975. Host plants，egg laying and larva feeding habits of *Macularia* white spotted longicorn beetles[J]. Journal of Agriculture and Forestry，24：13–20.

Chatterjee P N，1955. Ecology and control of the cricket *Gymnogryllus humeralis* Walker （Orthoptera，Gryllidae）amajor pest of *Casuarina equisetifolia* Forst. Seedlings in Bombay State，with a list of other pests of Casuarina[J]. Indian Forester，81：509–515.

Chaves M M，Flexas J，Pinheiro C，2009a. Photosynthesis under drought and salt stress：regulation mechanisms from whole plant to cell[J]. Ann. Bot. 103：551–560.

Chaves M M，Flexas J，Pinheiro C，2009b. Electrolyto leakage and lipid degradation account for cold sensitivity in leaves of *Coffea* sp. Plants[J]. Plant Physiol.，160：283–292.

Chen T H，Chiu C Y，Tian G，2005. Seasonal dynamics of soil microbial biomass in coastal sand dune forest[J]. Pedobiologia，49：645–653.

Chowdhury M D Q，Lizuka F I K，Takashima Y，et al.，2008. Radial variation of wood properties in *Casuarina equisetifolia* growing in Bangladesh [J]. Journal of Wood Science，55：139–143.

Christophel D C，1980. Occurrence of *Casuarina* megafossils in the Tertiary of south-eastern Australia[J]. Aust. J. Bot.，28：249–259.

Christophel D C，1989. Evolution of the Australian flora through the Tertiary[J]. Pl. Syst. Evol.，162：63–78.

Chung H H，Liu S C，1986. *Frankia* and endomycorrhizal association in coastal windbreaks of plantation of *Casuarina*. Proceedings of 18th IUFRO World Congress，Div 2，Vol II[J]. Forest Plant and Forest Protection，（SP）：455–468.

Chung H H，1989. Mycorrhizal association and the establishment of coastal windbreaks of casuarina on Penghu Island：some preliminary results. Proceedings of a Workshop on Multipurpose Tree Species[C]. Taibei：Taiwan Forestry Research Institute，43–46.

Cleland J B，1934. Toadstools，mushrooms and other larger fungi of South Australia. Parts I and II[M].（Reprint，1976）. Adelaide：Govt. Printer.

Coetzee J A, Muller J, 1984. The phytogeographic significance of some extince Gondwana pollen tyeps from the Tertiary of the southwestern Cape (South Africa) [J]. Ann.Missouri Bot. Gard., 71 : 1088–1099.

Coetzee J A, Praglowski J, 1984. Pollen evidence for the occurrence of *Casuarina* and *Myrica* in the Tertiary of South Africa[J]. Grana, 23 : 23–41.

Cohen M, 1963. Infection of lychee and peach seedlings with cultures of *Clitocybe tabescens*[J]. Phytopath, 53 (3): 358–359.

Cooke M B, 1892. Handbook of Australian fungi[M]. London : Williams and Norgate.

Cotterill P P, Dean C A, 1990. Successful tree breeding with index selection[M]. Melbourne : National Library of Australia Cataloguing.

Crandall B S, Gravatt G F, 1967.The distribution of *Phytophthora cinnamomi*[J]. C.E.I.B.A., 13 (1): 43–53.

Cunningham G H, 1963. Thelephoraceae of Australia and New Zealand. New Zealand D. S. I. R. Bull. No.145[G]. Wellington : Govt Printer, 234–64.

Cunningham G H, 1965.Polyporaceae of New Zealand. New Zealand D.S.I.R. Bull. No.164[G]. Wellington : Govt Printer.

Das B L, 1996.Role of casuarina in stabilization of shifting sand in Inida and its impact on integrated rural development. *In* : Pinyopusarerk K, Turnbull J W, Midgley S J (eds), 1996. Recent Casuarina Research and Development[C]. Canberra : CSIRO, 286p : 204–208.

Daula N D, Batista–Santos P, Costam, et al., 2016. The impact of salinity on the symbiosis between *Casuarina glauca* Sieb. ex Spreng and N_2–fixing *Frankia* bacteria based on the analysis of nitrogen and carbon metabolism[J]. Plant Soil, 398 : 327–337.

Davidson N J, True K C, Pate J S, 1989. Water relations of the parasite : host relationship between themistletoe *Amyema linophyllum* (Fenzl) Tieghem and *Casuarina obesa* Miq. [J]. Oecologia, 80 : 321–330

Dawson J O, Berg R H, Paschkem W, et al., 1999. The 11th International Conference on Frankia and Actinorhizal Plants at Champaign. CanJ Bot, 77 : 1203–1400.

Delapeña F A, Raymundo A K, Militante E P, et al., 1994. Biological control of damping–off fungi of Agoho (*Casuarina equisetifolia* L.) using antagonistic bacteria[J]. Biotropia (7): 1–11.

Dell B, Malaiczuk N, Bougher N L, et al., 1994. Development and function of *Pisolithus* and *Scleroderma* ectomycorrhizas formed *in vivo* with *Allocasuarina*, *Casuarina* and *Ecalyptus*[J].Mycorrhiza, 5 : 129–138.

Devaraj P, Duangnamon D, 2020.Reclamation of limestone mine spoil through casuarina plantation. *In* : Haruthaithanasan M, Pinyopusarerk K, Nicodemus A, Bush D Thomson L (eds). Casuarinas for Green Economy and Environmental Sustainability[C]. Bangkok :

Kasetsart Agricultural and Agro-Industrial Product Improvement Institute, Kasetsart University.306 p : 50-55

Diagne N, Diouf D, Svistoonoff S, et al., 2013. Casuarina in Africa : Distribution, role and importance of arbuscular mycorrhizal, ectomycorrhizal fungi and *Frankia* on plant development[J]. Journal of Environmental Management, 128 : 204-209.

Diallom D, Duponnois R, Guisse A, et al., 2006. Biological effects of native and exotic plant residues on plant growth, microbial biomass and N availability under controlled conditions[J]. European Journal of Soil Biology, 42 : 238-246.

Diedecke H, 1911. Die Gattung Phomopsis[J]. Ann.mycol., 9 : 20-34.

Diem H G, Dommergues Y R, 1990. Currrent and potential uses and management of Casuarinaceae in the tropics and subtropics. *In* : Schwintzer C R, Tjepkema J D（eds.）. The Biology of Frankia and Actinorhizal Plants[M]. San Diego : Academic Press , 317-342.

Diem H G, Dommergues Y, 1983. The isolation of *Frankia* from nodules of *Casuarina*[J]. Can. J. Bot. 61, 2822-2825.

Diem H G, Duhoux E, Zaidh, et al., 1999. Cluster roots in Casuarinaceae : Role and relationship to soil nutrient factors[J]. Annals of Botany 85 : 929-939.

Diem H G, Gauthier D.1981a. Effect of inoculation with *Glomus mosseae* on growth and nodulation of actinorhizal *Casuarina equisetifolia*[J]. 5th NACOM Prog. And Abstr. P13.

Diem H G, Gauthier D, 1981b. Ecology of VA mycorrhizae in the tropics : the Semi-arid Ⅱ one of Senegal[J]. Acta Oecologin, 2（1）: 53-62.

Diem H G, Gauthier D, Dommergues Y R, 1982a. Isolation of *Frankia* from nodules of *Casuarina equisetifolia*[J]. Can. J.Microbiol. 28 : 526-530.

Diem H G, Gauthier D, Dommergues Y R, 1982b. Isolement et culture *in vitro* d'une souche infective et effective de *Frankia* isolate de nodules de *Casuarina* sp[J]. C.R. Acad. Sci. Paris 295 : 759-763.

Diem H G, Gauthier D, Dommergues Y R, 1983. An effective strain of *Frankia* from *Casuarina* sp.[J]. Can. J. Bot., 61 : 2815-2821.

Dilcher D L, Christophel D C, Bhagwandin H O, et al., 1990. Evolution of the Casuarinaceae : morphological comparisons of some extant species[J]. American Journal of Botany, 77（30）: 338-355.

Dinkelaker B, Hengeler C, Marschmer H, 1995. Distribution and function of proteoid roots and other root clusters[J]. Botanica Acta, 108 : 183-200.

Dionf D, Gherbi H, Prin Y, et al., 1995. Hairy root nodulation of *Casuarina glauca* : A system for the study of symbiotic gene expression in an actinorhizal tree[J]. Plant-Microbe Interactions（MPMI）, 8（4）: 532-537.

Dixon R K, Brown S, Houghton R A, 1994. Carbon pools and flux of global forest ecosystems[J]. Science, 262 : 185–190.

Dommergues Y R, Diem H G, Sougoufara B, 1990. Nitrogen fixation in Casuarinaceae : quantification and improvement. *In* : El–Lankanymh, Turnbull J W, Brewbaker (eds). Advances in Casuarina Research and Utilization[C]. Cairo : DDC, AUC, 110–121.

Dommergues Y R, 1997. Contribution of actinorhizal plants to tropical soil productivity and rehabilitation[J]. Soil Biol. Biochem. 29 (5) : 931–941.

Dorairaj S, Wilson J, 1981. Effects of sex on growth vigour in *Casuarina equisetifolia*. National Seminars on Tree Improvement, Tamil Nadu, Coimbatore, India[C]. Coimbatore : IFGTB, 72–78.

Doran J C, Hall N, 1983. Notes on fifteen Australian casuarina species. *In* : Midgley S J, Turnbull J W, Johnston R D (eds). 1983. Casuarina Ecology, Management and Utilization[C].Melbourne : CSIRO, 19–52.

Dos Santos Aniceta Clotilde, 1966. *Phomopsis casuarinae* (F. Tassi) Diedecke[J]. Bol. Sci. Broteriana (Ser.2), 40 : 45–53.

Dos Santos de Azevedo, Natalina F, 1960. *Dothiorella* sp. agente demurchidao em M*yrica faya* Ait[J]. Publ. Soc. Flor. Agric. Portugal. , 27 : 101–9.

Doyle J, 1940. Effect of inversion of a small piece from the fruit–body of *Ganoderma lucidus* (Leyss.) Karst. growing *in situ* on the trunk of *Casuarina equisetifolia*[J]. Nature (3684) : 899–900.

Duhoux E, Sougoufara B, Dommergues Y, 1986. Propagation of *Casuarina equisetifolia* through axillary buds of immature female inflorescence culture *in vitro*[J]. Plant Cell Reports, 3 : 161–164.

Duhoux E, Leroux M, Phelep M, et al., 1990. Improving Casuarinaceae using *in vitro* methods. *In* : El–Lakanym, Turnbull J W, Brewbake J (eds). Advances in Casuarina Research and Utilization[C]. Cairo : DDC, AUC, 174–187.

Dunn G M, Taylor D W, Nester M R, et al., 1994. Performance of twelve selected Australian tree species on a saline site in southeast Queensland[J]. Forest Ecology and Management, 70 : 255–264.

Duponnois R, Diedhiou S, Chotte J L, et al., 2003. Relative importance of the endomycorrhizal and/or ectomycorrhizal associations in *Allocasuarina* and *Casuarina* genera[J]. Can. J.Microbiol. 50 : 691–696.

Duro N, Batista–Santos P, Costa M, et al., 2016. The impact of salinity on the symbiosis between *Casuarina glauca* Sieb. ex Spreng. and N_2–fixing *Frankia* bacteria based on the analysis of nitrogen and carbon metabolism[J]. Plant Soil, 398 : 327–337.

Dutta R K, Agrawal M, 2001. Litterfall, litter decomposition and nutrient release in five exotic plant species planted on coalmine spoils[J]. Pedobiologia, 45 : 298–312.

El-Lakany M H，1985. Biological effects of shelterbelts and windbreaks in arid regions. Semin. Int. Brise-Vent IDRC-MR117e，f[R]，104–110.

El-Lakany M H，Luard E J，1982. Comparative salt tolerance of selected *Casuarina* species[J]. Aust. Forest Res.，13：11–20.

El-Lakany M H，Turnbull J W，Brewbake J，1990. Advances in Casuarina Research and Utilization[C]. Cairo：DDC，AUC，241p.

El-Osta M L M，Megahed M M，1990. Properties and utilization of *Casuarina* wood in Egypt. *In*：El-Lankanym，Turnbull J W，Brewbake J，1990. Advances in Casuarina Research and Utilization[C]. Cairo：DDC，AUC，188–194.

Eluwa M C，1979. Biology of *Lixus camerunus* Kolbe（*Coleoptera curculionidae*）：amajor pest of the edible vernonias（Compositae）in Nigeria[J]. Revue de Zoologie Africaine，93（10）：223–240.

English K M I，Mckerras I M，Dyce A L，1957. Notes on themorphology and biology of a new species of *Chalybosoma*（Diptera，Tabanidae）[J]. Proceedings，of the Linnean Society of New South Wales，82（3）：289–296.

Erikson G，Ekberg I，2001. An introduction to Forest genetics[M]. Uppsala：SLU.

Fan C，Qiu Z，Zeng B，et al.，2017. Selection of reference genes for quantitative real-time PCR in *Casuarina equisetifolia* under salt stress [J]. Biologia Plantarum，61（3）：463–472.

FAO，2005. Global Forest Resources Assessment 2005.（FAO Forestry Paper，147）[R]. Rome，Italy.

Felix S，Orieux L，1963. Charcoal stump rot，a root disease of tea plants inmauritius[J]. Rev. Agric. et Sucr. de I'llemaurice，42：247–8.

Fischer C E C，1905. Casuarina barkeating caterpillar[J]. Indian Forester，31：9–18.

Fisher N，Moore A，Brown B，et al.，2014. Two new species of *Selitrichodes*（Hymenoptera：Eulophidae：Tetrastichinae）inducing galls on *Casuarina*（Casuarinaceae）[J]. Zootaxa，3790（4）：534–542.

Fleming A I，Williams E R，Turnbull J W，1988.Growth and nodulation of provenance of *Casuarina cunninghamiana* inoculated with a range of *Frankia* sources[J]. Australian Journal of Bot.，36：1714–187.

Franche C，Diouf D，Laplaze L，et al.，1998. Soybean（*Ibc3*），*Parasponia*，and *trema* hemoglobin gene promoters retain symbiotic and nonsymbiotic specificity in transgenic Casuarinaceae：Implications for hemoglobin gene evolution and root nodule symbioses[J]. Molecular Plant-Microbe Interactions（MPMI），11（9）：887–894.

Franche C，Diouf D，Le Q V，et al.，2010. Genetic transformation of the actinorhizal tree *Allocasuarina verticillata* by *Agrobacterium tumefaciens*[J]. Plant Journal，11（4）：897–904.

Franche C，Gherbi H，Benabdoun M，et al.，2011. New insights in the molecular events underlying actinorhizal nodulation in the tropical tree *Casuarina glauca*[J]. BMC Proccedings, 5 (suppl 7): 33.

Franche C, Normand P, Pawlowski K, et al., 2016. An update on research on *Frankia* and actinorhizal plants on the occasion of the 18th meeting of the *Frankia*–actinorhizal plants symbiosis. Symbiosis, 70 (1–3): 1–4.

Franche C, Diouf D, Le Q V, et al., 1997. Genetic transformation of the actinorhizal tree *Allocasuarina verticillata* by *Agrobacterium tumefaciens*[J]. The Plant Journal, 11 (4): 897–904.

Froggatt W W, 1933. Coccidae of the Casuarinas[J]. Proceedings of Linnean Society of New South Wales, 58: 363–374.

Gardner W K, Parbery G D, Barber D A, 1982. The acquisition of phosphorus by *Lupinus albus* L. I. Some characteristics of the soil/root interface[J]. Plant Soil, 68: 19–32.

Gardner W K, Parbery G D, Barber D A, 1983. The acquisition of phosphorus by *Lupinus albus* L. III. The probable mechanism by whick phosphorus movement in the soil/root interface is enhanced[J]. Plant Soil, 70: 107–124.

Gaskin J F, Wheeler G S, Purcellm F, et al., 2009. Molecular evidence of hybridization in Florida's sheoak (*Casuarina* spp.) invasion[J]. Molecular Ecology, 18: 3216–3226.

Gauthire D, Diemh G, Dommerrgues Y, 1983. Preliminary results of research on *Frankia* and endomycorrhizae associated with *Casuarina equisetifolia*. *In*: Midgley S J, Turnbull J W, Johnston R D (eds). Casuarina Ecology Management and Utilization [C]. Melbourne: CSIRO, 211–217.

Geary T F, 1983. Casuarinas in Florida (USA) and some Caribbean Islands. *In*: Midgley S J, Turnbull J W, Johnston R D (eds.). Casuarina Ecology Management and Utilization [C]. Melbourne: CSIRO, 107–109.

Gherbi H, Franche C, Duhoux E, et al., 1997. Cloning of a full–lengh symbiotic hemoglobin cDNA and in–situ localization of hemoglobin mRNA in *Casuarina glauca* and *Allocasuarina verticillata* root nodule[J]. Physiol. Plant., 99: 608–616.

Gherbi H, Nambiar–Veetil M, Zhong C, et al., 2008. Post–transcriptional gene silencing in the root system of the actinorhizal tree *Allocasuarina verticillata*[J]. Mol. Plant–Microbe Interact, 21 (5): 518–524.

Gianinazzi–Pearson V, Gianinazzi S, 1992. Influence of intergeneric grafts between host and non–host legumes on formation of vesicular–arbuscular mycorrhiza[J]. New Phytol, 120: 505–508.

Goel V L, Behl H M, 2005. Growth and productivity assessment of *Casuarina glauca* Sieb. ex. Spreng on sodic soil sites[J]. Bioresource Technology, 96: 1399–1404.

Goos R D, 1980. Some helicosporous fungi from Hawaii[J]. Mycologia, 72: 595–610.

Gordon J C, Wheeler C T, Perry D A, 1979.Introduction. *In*: Gordon J C, Wheeler C

T, Perry D A, Corvallis O R (eds), Symbiotic Nitrogen Fixation in The Management of Temperate Forests[M]. Oregon State University : Forest Research Laboratory, p1.

Graça I, Mendes V M, Marques I, et al., 2019. Comparative proteomic analysis of nodulated and non-nodulated *Casuarina glauca* Sieb. ex Spreng. grown under salinity conditions using Sequential Window Acquisition of All Theoreticalmass Spectra (SWATH-MS) [J]. Int. J.mol. Sci., 21 (1): 78.

Greene D W, 1991. Reduced rates and multiple sprays of paclobutrazol control growth and improve fruit quality of 'Delicious' apples[J]. J. Amer. Soc.hort. Sci., 116 (5): 807–812.

Griffin A R, Whiteman P, Rudge T, et al., 1993. Effect of paclobutrazol on flower-bud production and vegetative growth in two species of *Eucalyptus*[J]. Can. J. For. Res., 23 (4): 640–647.

Griffin C, Ellis D, Beavis S, et al., 2013. Coastal resources, livelihoods and the 2004 Indian Ocean tsunami in Aceh, Indonesia[J]. Ocean & Coastalmanagement, 71 : 176–186.

Gtari M, Dawson J O, 2011. An overview of actinorhizal plants in Africa[J]. Funct. Plant Biol. 38 : 53–661.

Gtari M, Benson D R, Nouioui I, et al., 2019. 19th International Meeting on Frankia and Actinorhizal Plants[C]. Antonie van Leeuwenhoek, 112 : 1–4.

Gullan P J, 1984. A revision of the gall-forming coccoid genus *Cylindrococcus* Maskell (Homoptera : Eriococcidae) [J]. Australian J of Zoology, 32 : 677–690.

Gullan P J, 1978. Male insects and galls of the genus *Cylindrococcus* Maskell (Homoptera : Coccoidea) [J]. Australian Journal of Entomology, 17 : 53–61.

Habib A, Isa A L, Awadallah W H, 1972. Studies on *Cnephasia* in Egypt. I——Life and seasonal history (Lepidoptera, Tortricidae) [J]. Bulletin of the Societe Entomologique d' Egypte, 56 : 313–322.

Hahn D, Nickel A, Dawson J, 1994. Assessing *Frankia* populations in plants and soil using molecular methods[J]. FEMS Microbiology Ecology, 29 : 215–227.

Hansford G C, 1956. Australian fungi. III. New species and revisions (continued) [J]. Proc. Linn. Soc. N.S.W, 81 : 23–51.

Harris S L, Silvester W B (eds), 1994. Frankia and actinorhizal plants : 9th international conference[J]. Soil Biol Biochem., 6 : 525–661.

Haruthaithanasan M, Pinyopusarerk K, Nicodemus A, et al (eds), 2020. Casuarinas for green economy and environmental sustainability[C]. Bangkok : Kasetsart Agricultural and Agro-Industrial Product Improvement Institute, Kasetsart University.

Harwood C E, Mazanec R A, 2001. A report for the RIRDC/LWA/FWPRDC Joint Venture Agroforestry Program[R], 27–47.

Hassan F A, 1990.Important insect pests of casuarina in Egypt. *In* : El-Lakany, Turnbull

J W, Brewbaker J L (eds). Advances in Casuarina Research and Utilization[C]. Cairo: DDC, A.U.C, 102–109.

Hazel L N, Lush J L, 1942. The efficiency of three methods of selection[J]. Journal of heredity, 11 (33): 393–399.

He X H, Critchley C, 2008. *Frankia* nodulation, mycorrhization and interactions between *Frankia* and mycorrhizal fungi in casuarina plants. *In*: Varma A (Ed.), Mycorrhizae State of the Art, Genetics and Molecular Biology, Eco–function, Biotechnology, Eco–physiology, Structure and Systematics (Third Edition) [M]. Springere Verlap Gmb H, Germany, 767–781.

He X, Critchley C, Ng H, et al., 2004. Reciprocal N ($^{15}NH_4$ or $^{15}NO_3^-$) transfer between nonN$_2$–fixing *Eucalyptus maculate* and N$_2$–fixing *Casuarina cunninghamiana* linked by the ectomycorrhizal fungus *Pisolithus* sp.[J]. New Phytologist, 163: 629–640.

He X, Critchley C, Ng H, et al., 2005. Nodulated N$_2$–fixing *Casuarina cunninghamiana* is the sink for net N transfer from non–N$_2$–fixing *Eucalyptusmaculate* via an ectomycorrhizal fungus *Pisolithus* sp. Using $^{15}NH_4^+$ or $^{15}No_3^-$ supplied as ammonium nitrate[J]. New Phytologist, 167: 897–912.

Henson M, Smith H J, 2007. Achievements in forest tree genetic improvement in Australia and New Zealand 1: *Eucalyptus pilularis* Smith tree improvement in Australia[J]. Australian Forestry, 70 (1): 4–10.

Higa M, Iha Y, Aharen H, et al., 1987. Studies on the constituents of *Casuarina equisetifolia* J. R. & G. Forst[J]. Bulletin of the College of Science. University of the Ryukyus, No.45: 147–158.

Hill C F, 1979. New plant disease records in New Zealand[J]. New Zealand J of Agricultural Research, 22 (4): 641–645.

Hill R S, Whang S S, Korasidis V, et al., 2020. Fossil evidence for the evolution of the Casuarinaceae in response to low soil nutrients and a drying climate in Cenozoic Australia[J]. Australian Journal of Botany, 68 (3): 179–194.

Hill R S, 1990. Sixty million years of change in Tasmania's climate and vegetation[J]. Tasforests, 2: 89–98.

Hittachumnonk P, 1983.Silviculture of *Casuarina junghuhniana* in Thailand. *In*: Midgley S J, Turnbull J W, Johnston R D (eds). 1983. Casuarina Ecology, Management and Utilization[C]. Melbourne: CSIRO, 102–106.

Ho K Y, Lee C S, 2011. ISSR–based genetic diversity of *Casuarinas* spp. in coastal windbreaks of Taiwan[J]. Afr. J. Agric. Res. 6 (25): 5664–5671.

Ho K Y, Ou C H, Yang J C, et al., 2002a. An assessment of DNA polymorphisms and genetic relationships of *Casuarina equisetifolia* using RAPD markers[J]. Bot. Bull. Acad. Sin.,

43 : 93-98.

Ho K Y, Ou C H, Yang J C, et al., 2002b. An assessment of genetic diversity and documentation of hybridization of *Casuarina* grown in Taiwan using RAPD markers[J]. Int. J. Plant Sci., 163 : 831-836.

Hodgson C, Germain J F, Matile-Ferrero D, 2018. A new genus and species of felt scale (Hemiptera : Coccomorpha : Eriococcidae) from New Caledonia on an endemic species of Casuarinaceae[J]. Zootaxa, 4387 (2) : 375.

Hönerlage W, Hahn D, Zepp K, et al., 1994. Ahypervariable 23S rRNA region provides a discriminating target for specific characterization of uncultured and cultured *Frankia*[J]. Syst. Appl.microbiol., 17 : 433-443.

Hossainm K, Akhter S, Riadh S M, 1998. Effect of polybag size on initial growth of *Casuarina equisetifolia* seedlings in the nursery[J]. Chittagong University Journal of Science, 22 (Ⅱ) : 43-46.

Hossainm K, 2011. *Casuarina equisetifolia*-a promising species for green belt project of coastal and off-shore islands of Bangladesh.*In* : Zhong C L, Pinyopusarerk K, Kalinganire A and Franche C (eds). Improving Smallholder Livelihoods through Improved Casuarina Productivity[C]. Beijing : China Forestry Publishing house. 272p : 200-206.

Hsieh C M, Shih T H, 1964. Observation on the morphdogical chararcteristics of mycorrhizal fungi of *Casuarina*[J]. Scientia Silvne Sinicae, 9 (3) : 252-256.

Hu P, Zhong C L, Zhang Y, et al., 2016. Geographic variation in seedling morphology of *Casuarina equisetifolia* subsp. *equisetifolia* (Casuarinaceae) [J]. Australian Journal of Botany, 64 : 160-170.

Huang G H, Zhong C L, Su X H, et al., 2009. Genetic Variation and Structure of native and intriduced *Casuarina equisetifolia* (L. Johnson) provenance[J]. Silvae Genetica, 58 (1-2) : 79-85.

Huss-Danell K, Wheeler C T, 1987. Frankia and Actinorhizal Plants. Proceedings of the International Meeting, Umeå, Sweden[J]. Physiol Plant, 70 : 235-377.

IPMA, 2020. Overview of Indian paper industry[Z]. Indian Paper Manufacturers Association. http : //ipma.co.in/overview/.

Islam S S, 2003. State of forest genetic resources conservation and management in Bangladesh[R]. Rome : Working Paper FGR/68E, FAO, 1-27.

Jacob J P, Senthil K, Naveenkumar A, 2016.Evaluation and Biochemical Characterization of Casuarina Clones Resistant to the Bark Feeder *Indarbela quadrinotata* Walker (Lepidoptera : metarbelidae) . *In* : Nicodemus A, Pinyopusarerk K, Zhong C L, Franche C (Eds) . Casuarina improvement for securing rural livelihoods[C]. Coimbatore : Institute of Forest Genetics and Tree Breeding, 191-197.

Jacobsen-Lyon K, Jensen E O, Jørgensen J E, et al., 1995. Symbiotic and nonsymbiotic hemoglobin genes of *Casuarina glauca*[J]. The Plant Cell, 7（2）: 213-223.

Jamaludheen V, Kumar B M, 1999. Litter of multipurpose trees in Kerala, India: variations in the amount, quality, decay rates and release of nutrients[J]. Forest Ecology and Management, 115: 1-11.

Janes J M, 1897. Les endophytes radicaux de quelques plantes javanaises. Annales du Jardin[J]. Botanique Buitenzorg, 14: 202.

Jashimuddin M, Masum K M, Salamm A, 2006. Preference and consumption pattern of biomass fuel in some disregarded villages of Bangladesh[J]. Biomass and Bioenergy, 30: 446-451.

Jennifer M, Moody-Weis, Heywood J S, 2001. Pollination limitation to reproductive success in the Missouri evening primrose, *Oenothera macrocarpa*（*Onagraceae*）[J]. Amer. J. Bot., 88（9）: 1615-1622.

Jiang Q B, Ma Y Z, Zhong C L, et al., 2015. Optimization of the conditions for *Casuarina cunninghamiana* Miq. genetic transformation mediated by *Agrobacterium tumefaciens*[J]. Plant Cell, Tissue and Organ Culture（PCTOC）, 121: 195-204.

Jin H, Wan Y W, Liu Z, 2017.Comprehensive evaluation of RNA-seq quantification methods for linearity[J]. BMC Bioinformatics, 18（4）: 117-126.

Johnson L A S, 1980. Notes on Casuarinaceae I [J]. Telopea, 2: 83-84.

Johnson L A S, 1982. Notes on Casuarinaceae II [J]. Journal of Adelaide Botanical Gardens, 6: 73-87.

Johnson L A S, 1983. *Casuarina orophila. In*: van Royen P（Ed）[J]. The Alpine Flora of New Guinea, 4: 2046.

Johnson L A S, 1988. Notes on Casuarinaceae III.The new genus *Ceuthostoma*[J]. Telopea 3: 133-137.

Johnson L A S, Wilson K L, 1989. Casuarinaceae: a sysnopsis[M]. *In*: Carne P R, Blackmore S（eds.）, Evaluation, Systematics and Fossil History of the Hamamelide. Vol. 2: Higher Hamamelide, Systemarics Association Special volume, No. 40B. Oxford: Clarendom Press, 167-188.

Johnston A, 1960. A supplement to a host list of plant diseases in Malaya.Mycological Papers, No.77[G]. Kew: C.m. I.

Jorge T F, Tohge T, Wendenburg R, et al., 2019. Salt-stress secondary metabolite signatures involved in the ability of *Casuarina glauca* tomitigate oxidative stress[J]. Environmental and Experimental Botany, 166.

Ke Z, Qi O, Hao L, et al., 2017.A global characterization of the translational and transcriptional programs induced by methionine restriction through ribosome profiling and

RNA-seq[J]. BMC Genomics, 18（1）: 189-201.

Kenichi T, 2014. Genetic diversity of *Ralstonia solanacearum* and disease management strategy[J]. Journal of General Plant Pathology, 80 : 504-509.

Kennedy V R, 2020. Possible benefits for future climate change adaptation from genetic diversity in the Casuarinaceae. *In* : Haruthaithanasan M, Pinyopusarerk K, Nicodemus A, Bush D, Thomson L（eds）. Casuarinas for Green Economy and Environmental Sustainability[C]. Bangkok : Kasetsart University, 260-267.

Khalifa A, Isa A L, Awadallah W H, 1972. Studies on *Cnephasia* in Egypt. II. Symptoms of infestation（Lepidoptera : Tortricidae）[J]. Bulletin of the Societe Entomologique d'Egypte, 56 : 323-331.

Khalil-Ur-Rehmanm, Long S, Li C X, et al., 2017. Comparative RNA-seq based transcriptomic analysis of bud dormancy in grape[J]. BMC Plant Biology, 17（1）: 18-29.

Khan A G, 1993. Occurrence and importance of mycorrhizae in aquatic trees of New South Wales, Australia[J]. Mycorrhiza, 3 : 31-38.

Khasa P, Furlan V, Lumande K, 1990.Root symbionts of important forest species in Zaire[J]. Bios et Forests Tropiques, 224 : 27-33.

Knight B P, Mcgrath S P, Chaudri A M, 1997. Biomass carbon measurements and substrate utilization patterns of microbial populations from soil anent wish cadmium, copper, or zinc [J]. Applied and Environmental Microbiology（63）: 39-43.

Ko W H, Hunter J E, Kuniloto R K, 1973. Rhizoctonia diseases of Queensland maple seedlings[J]. Plant Dis. Reporter , 57（11）: 907-909.

Kolesik P, Brown B T, Purcellm F, et al., 2012. A new genus and species of gall midge （Diptera : Cecidomyiidae）fron *Casuarina* trees in Australia[J]. Australian Journal of Entomology, 51 : 223-228.

Kolesik P, 1995. *Skusemyia allocasuarinae*, a new genus and species of Cecidomyiidae （Diptera）damaging lateral branch buds of droomping sheoak, *Allocasuarina verticillata* in Australia[J]. Transactions of the Royal Society of South Australia, 119 : 41-46.

Kondas S, 1983. *Casuarina equisetifolia*-Amultipurpose cash crop in India. *In* : Midgley S J, Turnbull J W and Johnston R D（eds.）. Casuarina Ecology, Management and Utilization[C]. Melbourne : CSIRO, 66-76.

Koske K E, Halvorson W L. 1981. Ecological studies of vesicular-arbuscular mycorrhizae in a barrier dune[J]. Can. J. Bot., 59 : 1413-1422.

Kucho K I, Tobita H, Utsumi S, et al., 2022. Biology of actinorhizal symbiosis from genomics to ecology : the 20th International Meeting on Frankia and Actinorhizal Plants[J]. Journal of Forest Research, 27（2）: 96-99.

Kullan A R, Kulkarni A V, Kumar R S, et al., 2016. Development of microsatellite markers and their use in genetic diversity and population structure analysis in Casuarina[J]. Tree Genetics & Genomes, 12 : 49.

Kumar R, Pandey K K, Chandrashekar N, et al., 2011. Study of age andheight wise variability on calorific value and other fuel properties of *Eucalyptus* hybrid, *Acacia auriculaeformis* and *Casuarina equisetifolia*[J]. Biomass & Bioenergy, 35 : 1339–1344.

Lalonde M, Camire C, Dawson J O, 1985. Frankia and actinorhizal plants. Proceedings of the international meeting, Quebec, Canada[M]. Plant Soil, 87 : 1–208.

Lambeth C C, 1983. Juvenile–mature correlations in pinaceae and in placations for early selection[J]. Forestry Science, 36 : 189–194.

Lamont B, 1982.mechanisms for enhancing nutrient uptake in plants, with particular reference tomediterranean South Africa and Western Australia[J]. The Botanical Review 48 : 597–689.

Lamont B, 1993. Why arehairy root clusters so abundant in themost nutrient–impovershed soils of Australia[J]. Plant and Soil, 155/156 : 269–272.

Lamont B, Brown G, Mitchell D T, 1984. Structure, environmental effects on their formation, and function of proteoid roots in *Leucadendron laureolum* (Proteaceae) [J]. New Phytol, 97 : 381–390.

Laplaze L, Gherbi H, Duhoux E, et al., 2002. Symbiotic and nonsymbiotic expression of *cgMT1*, a metallothionein–like gene from the actinorhizal tree *Casuarina glauca*[J]. Plant Mol. Biol., 49 : 81–92.

Laplaze L, Ribeiro A, Franche C, et al., 2000. Characterization of a *Casuarina glauca* nodule–specific subtilisin–like protease gene, a homolog of *Alnus glutinosa ag12*[J]. Plant–Microbe Interactions (MPMI), 13 (1): 113–117.

Larsen M J, Lombard F F, Hodges C S (Jr), 1985. Hawaiian forest fungi V. a new species of *Phellinus* (Hymenochaetaceae) causing decay of *Casuarina* and *Acacia*[J]. Mycologia. 77 (3): 345–352.

Le Q V, Bogusz D, Gherbih, et al., 1996. *Agrobacterium tumefaciens* gene transfer to *Casuarina glauca* : a tropical nitrogen–fixing tree[J]. Plant Science, 118 : 57–69.

Levy S E, Myers R M, 2016. Advancements in next–generation sequencing [J]. Annual Review of Genomics and Human Genetics, 17 (1): 95–115.

Lih B, Li N, Yang S Z, et al., 2017. Transcriptomic analysis of *Casuarina equisetifolia* L. in responses to cold stress[J]. Tree Genetics & Genomes, 13 : 7.

Li R F, Huang J C, 2011. Important roles of Casuarina in coastal shelterbelt construction inhainan province. *In* : Zhong C L, Pinyopusarerk K, Kalinganire A, Franche C (eds). Improving Smallholder Livelihoods through Improved Casuarina Productivity [C]. Beijing : China Forestry Publishinghouse. 272p : 220–224.

Lindgren D, Danusevicius D, Rosvall O, 2008. Balanced forest tree improvement can be enhanced by selecting among many parents but maintaining balance among grandparents[J]. Can. J. For. Res., 38 : 2797–2803.

Liu X, Lu Y, Xue Y, et al., 2014. Testing the importance of native plants in facilitation the restoration of coastal plant communities dominated by exotics[J]. Forest Ecology and Management, 322 : 19–26.

Lowe R, Shirley N, Bleackley M, et al., 2013.Transcriptomics technologies[J].Plos Computational Biology（5）: 1005457.

Luechanimitchit P, Luangviriyasaeng V, 1996. Study of sex ratio and relationship between growth and sex in *Casuarina equisetifolia* in Thailand. *In* : Pinyopusarerk K, Turnbull J W, Midgley S J（Eds）. Improving Smallholder Livelihoods Through Improved Casuarina Productivity, Danang, Vietnam[C]. Canberra : CSIRO Forestry and Forest Products, 30–32.

Luechanimitchit P, Luangviriyasaeng V, Laosakul S, et al., 2017. Genetic parameter estimates for growth, stem–form and branching traits of *Casuarina junghuhniana* clones grown in Thailand[J]. Forest Ecology and Management, 404 : 251–257.

Lui L S, Martorell L F, 1973.Diplodia stem cankers and dieback of *Casuarina equisetifolia* in Puerto Rico[J]. J. Agric. Univ. Puerto Rico, 42（3）: 255–261.

Maggia L, Bousquet J, 1994. Molecular phylogeny of the actinorhizal hamamelidae and relationships with host promiscuity toward *Frankia*[J]. Molecular Ecology, 3 : 459–467.

Maggia L, Nazaret S, Simonet P, 1992. Molecular characterization of *Frankia* isolates from *Casuarina equisetifolia* root nodules harvested in West Africa（Senegal and Gambia）[J]. Acta Ecol., 13 : 453–461.

Maily D, Margolish A, 1992. Forest floor and mineral soil development in *Casuarina equisetifolia* plantation on the coastal sand dunes of Senegal[J]. Forest Ecology and Management 55 : 1–4.

Maiti R, 1997.World Fiber Crops[M]. Enfield : Science Publishers.

Margulies M, Egholm M, Altman W E, et al., 2005. Genome sequencing in microfabricated high–density picolitre reactors [J]. Nature, 437（7057）: 376–380.

Marudarajan D, Ramakrishnan T S, Soumini C K, 1950. Wilt of *Casuarina*[J]. Curr. Sci. India, 19（2）: 634.

Maskell W M, 1892. Further coccid notes : with descriptions of new species, and remarks on coccids from New Zealand, Australia, and elsewhere[J]. Transactions and Proceedings of the New Zealand Institute, 24（1）: 1–64, 13.

McKone M J, 1987. Sex allocation and outcrossing rate : a test of the oretical predictions using bromegrasses（*Bromus*）[J]. Evolution, 41 : 591–598.

McLuckie J, 1923. Studies in symbiosis IV. The root nodules of *Casuarina cunninghamiana* and their physiological significance[J]. Proceedings of Linnean Society of New South Wales 48：194-205.

MeCoy A E，Parsons R D，1974. Lime chlorosis of calcifuges on Australian coastal sands[J]. In German Democratic Republic Flora，163（1/2）：37-45.

Mejia A S，1954. Sclerotium wilt of Supa（*Sindara supa* Merr.）[J]. Philippine J. For.，9：119-129.

Merwinm L，Elam P M，Dyer D A，1992. Early growth of *Casuarina glauca* performance in California，USA[J]. Nitrogen Fixing Tree Research Reports 10：141-144.

Michail S H，Elaros I M，Adb-El-Rehimm A，1967. Two Polyporaceae causing wood rot of *Casuarina* in United Arab Republic（Egypt）[J]. Phytopath.Mediterranea，6（3），173-174.

Midgley S J，Turnbull J W，Johnston R D（eds），1983. *Casuarina* Ecology，Management and Utilization[C]. Melbourne：CSIRO.

Mieheh，1918. Anatomische untersuchung der Pilz-sybioses bei *Casuarina equisetifolia*[J]. Flora of Jena. 111/112：431-449.

Minz G，1953.Further tests on the pathogenicity of *Diplodia* from various hosts to citrus fruit[J]. Palest. J. Bo1. Res. Ser.，8（2）：190-192.

Misra A K，2013. Editorial[J]. J Biosci.，38：675.

Moezel P G，Van der，Walton C S，et al.，1989. Screening of salinity and water logging tolerance in five casuarinas species[J]. Landscape and Urban Planning，17（4）：331-337.

Mohamed A I，Anuratha C S，Sharma J K，1991. Bacteria wilt of *Casuarina equisetifolia* in India[J]. Eur. J. For. Path. 21：234-238.

Mohanan C，Sharma J K，1993. Disease of *Casurina equisetifolia* in India[J]. Comm. For. Res. 72（21）：48-52.

Moncurm W，Boland D J，Harbard J L，1997. Aspects of the floral biology of *Allocasuarina verticillata*（Casuarinaceae）[J]. Australian Journal of Botany，45：857-869.

Moore N J，Morna G F，1989. Microgeographic patterns of allozyme variation in *Casuarina cunninghamiana* Miq. Within and between themurrumbidgece and Coastal Drainage System[J]. Australian Journal of Botany，37：181-192.

Morgenstern E K，1996. Geographic variation in Forest Trees[M]. Vancouver：UBC Press.

Mori Y，Ishikawa S，Ohnishi H，et al.，2017. Involvement of ralfuranones in the quorum sensing signaling pathway and virulence of *Ralstonia solanacearum* strain OE1-1[J]. Molecular：Plant Pathology，19（2）：454-463.

Morna G F，Bell J C，Tunrbull J W，1989. A cline in genetic diversity in river she oak *Casuarina cunninghamiana*[J]. Australian Journal of Botany，37：169-180.

Morton J F，1980. The Australian pine or beefwood（*Casuarina equisetifolia* L.），an invasive "weed" tree in Florida[J]. Proc. Fla. Statehot. Soc., 93：87-95.

Mound L A, 1970. Convoluted maxillary stylets and the systematics of some Phlaeothripine Thysanoptera from Casuarina trees in Australia[J]. Aust. J. Zool., 18：439-463.

Mound L A, Crespi B J, Tucker A, 1988. Polymorphism and kleptoparasitism in thrips (Thysanoptera：Phlaeothripidae) from woody galls on Casuarina trees[J]. Australian Journal of Entomology, 37：8-16.

Mound L A, Crespi B, 1992. The complex of Phlaeothripine thrips (Insecta, Thysanoptera) in woody stem galls of Casuarina trees in Australia[J]. Journal of Naturalhistory, 26 (2)：395-406.

Mullin L J, 1983. Cauarina in Zimbabwe. In：Midgley S J, Turnbull J W, Johnston R D (eds). Casuarina Ecology, Management and Utilization[C]. Melbourne：CSIRO, 110-113.

Muralirangan M C, 1978. Feeding preferences of adults and mandibular morphology in the different instars of Eypreponcnemis alacris alacris (Serv.) (Orthoptera：Acrididae) [J]. Current Science, 47 (3)：101-104.

Mwihomeke S T, 1990. Growth and fuelwood productivity of Casuarina montana Jungh. and its limitation for agroforestry use in the Tanzaniahig hlands. In：El-Lakany M H, Turnbull J W, Brewbaker J L (eds). Advance in Casuarina Research and Utilization[C]. Cairo：DDC, AUC, 222-232.

Nagarajan B, Nicodemus A, Sivakumar V, et al., 2006. Phenology and control pollination studies in Casuarina equisetifolia[J]. Silvae Genetica, 55 (4-5)：149-155.

Nasr H, Ghorbelh M, Zaid H, 2005. Patterns in vegetative biomass, nitrogen and ^{15}N natural abundance in field-grown Casuarina glauca Sieber ex. Spreng. bearing cluster roots[J]. International J of Botany, 1 (2)：168-174.

National Research Council (NRC), 1984. Casuarinas：Nitrogen Fixing Trees for Adverse Site[M].Washington D C：National Academy Press.

Ndiaye P, Mailly D, Pineaum, et al., 1993. Growth and yield of Casuarina equisetifolia plantations on the coastal sand dunes of Senegal as a function of microtopography[J]. Forest Ecology and Management, 56：13-28.

Ndoye A L, Sadio O, Diouf D, 2011. Genetic variation of Casuarina equisetifolia subsp. equisetifolia and C. equisetifolia subsp. incana populations on the northern coast of Senegal[J]. Genetics and Molecular Research, 10 (1)：36-46.

Nehook F, 1964. Review of forest diseases Australia and New Zealand[R]. FAO/FORPEST Leaflet 64-VI Newhook, Report：1-9.

Ngom M, Diagne N, Laplaze L, et al., 2015. Symbiotic ability of diverse Frankia strains on Casuarina glauca plants inhydroponic conditions[J]. Symbiosis, 70：79-86.

Ngom M, Gray K, Diagne N, et al., 2016. Symbiotic performance of diverse Frankia strains on salt–stressed *Casuarina glauca* and *Casuarina equisetifolia* plants[J]. Frontiers in Plant Science, 7 : 1331.

Ngom M, Oshone R, Diagne N, et al., 2016. Tolerance to environmental stress by the nitrogen–fixing actinobacterium *Frankia* and its role in actinorhizal plants adaptation[J]. Symbiosis, 70 : 17–29.

Nguyen Hoang Nghia, Pham Q T, Pinyopusarerk K, 2011. Research and development of *Casuarina equisetifolia* in Vietnam. *In* : Zhong C L, Pinyopusarerk K, Kalinganire A and Franche C（eds）. Improving Smallholder Livelihoods through Improved Casuarina Productivity[C]. Beijing : China Forestry Publishing House.

Nguyen V D, 2002. Addressing the opening of anti–desertification conferencehold by Ministry of Agriculture and Rural Development. Report of anti–desertification conference[M]. Hanoi : Ministry of Agriculture and Rural Development.

Nicodemus A, Christi Sagaria Y, Kannan K, et al., 2011. Production of inter–provenance and inter–specifichybrids of *Casuarina equisetifolia* and *C. junghuhniana* and their early evaluation for growth and form traits. *In* : Zhong C L, Pinyopusarerk K, Kalinganire A, Franche C（eds）. Improving Smallholder Livelihoods through Improved Casuarina Productivity[C]. Beijing : China Forestry Publishing House, 61–67.

Nicodemus A, Mayavel A, Bush D, et al., 2020. Increasing productivity of casuarina plantation in Inida through genetically improvrd seeds and clones. *In* : Haruthaithanasan M, Pinyopusarerk K, Nicodemus A, Bush D, Thomson L（eds）. Casuarinas for Green Economy and Environmental Sustainability[C]. Bangkok : Kasetsart University.

Nicodemus A, Sivakumar V, Murugesan S, et al., 2020. Contributions of casuarina planting to India's green economy and environmental sustainability. *In* : Haruthaithanasan M., Pinyopusarerk K, Nicodemus A, Bush D, Thomson L（eds）. Casuarinas for Green Economy and Environmental Sustainability[C]. Bangkok : Kasetsart University.

Niknam S R, McComb J, 2000. Salt tolerance screening of selected Australian woody species–a review[J]. Forest Ecology and Management, 139 : 1–19.

Normand P, Fernandez M, Simonet P, et al., 1992. Frankia and Actinorhizal Plants. Proceedings of The 8th International Conference, Lyon, France[C]. Acta Oecol., 13 : 1–516.

Normand P, Pawlowski K, Dawson J O（eds）, 2003. Frankia symbiosis. Proceeding of the 12th Meeting on Frankia and Actinorhizal Plants, Carry–le–Rouet, France, June 2001[J]. Plant Soil, 254 : 1–244.

Obertello M, Santi C, Sym O, et al., 2005. Comparison of four constitutive promoters for the expression of transgenes in the tropical nitrogen–fixing tree *Allocasuarina verticillata*[J]. Plant Cell Reports, 24 : 540–548.

Obertello M, Wall L, Laplaze L, et al., 2007. Functional analysis of the metallothionein gene *cgMT1* isolated from the actinorhizal tree *Casuarina glauca*[J]. Plant–Microbe Interactions (MPMI), 20 (10): 1231–1240.

Ohira W, Honda K, Harada K, 2012. Reduction of tsunami inundation by coastal forests in Yogyakarta, Indonesia: a numerical study[J]. Natural Hazards and Earth System Sciences, 12: 85–95.

Orian G, 1949. Divisions of Pant Pathology. *In*: 1948 Report, Dept Agric., Mauritius [R]. Mauritius: Dept Agric.

Orian G, 1951a. Divisions of Pant Pathology. *In*: 1949 Report, Dept Agric., Mauritius [R]. Mauritius: Dept Agric.

Orian G, 1951b. Divisions of Pant Pathology. *In*: 1950 Report, Dept Agric., Mauritius [R]. Mauritius: Dept Agric.

Orian G, 1952. Division of Plant Pathology. *In*: 1951 Report, Dept Agric., Mauritius [R]. Mauritius: Dept Agric.

Orian G, 1953. Botanical Division. *In*: 1952 Report, Dept Agric., Mauritius [R]. Mauritius: Dept Agric.

Orian G, 1961. Diseases of filao (*Casuarina equisetifolia*) forest in Mauritius[J]. Revue Agricole et Sucriere de Lile Maurice Port Louis: 17–45.

Orwa C, Mutua A, Kindt R, et al., 2009. Agroforestry Database: a Tree Reference and Selection Guide Version 4.0[G]. World Agroforestry Centre, Kenya.

Pannell J R, 1997. Variation in sex ratios and sex allocation in androdioecious *Mercurialis annua*[J]. Journal of Ecology, 85: 57–69.

Park J S, Husseneder C, Schlub R L, 2019.Morphological and molecular species identification of termites attacking ironwood trees, *Casuarina equisetifolia* (Fagales: Casuarinaceae), in Guam[J]. Journal of Economic Entomology, 112 (4): 1902–1911.

Parsons T J, Sinkar V P, Stettler R F, et al., 1986. Transformation of poplar by *Agrobacterium tumefaciens*[J]. Nature Biotechnology, 4: 533–536.

Pate J S, True K C, Kuo J, 1991. Partitioning of dry matter and mineral nutrients during a reproductive cycle of the mistletoe *Amyema linophyllum* (Fenzl.) Tieghem parasitizing *Casuarina obesa* Miq. [J]. Journal of Experimental Botany, 42 (4): 427–439.

Patino L H, Ramírez J D, 2017. RNA–seq in kinetoplastids: A powerful tool for the understanding of the biology and host–pathogen interactions[J]. Infection Genetics & Evolution, 49: 273–282.

Paulsson K, 1987. Effects of windbreaks on evapotranspiration and windspeed in Sidi Bouzid, Central Tunisia. Part 2. Study of Four Windbreaks[M]. Int. Rural Dev. Cent., Swed. Univ. Agric. Sci., Sweden.

Petch T, 1914. The fungus disease of*hevea brasiliensis*. Pap. Int. Rubber Congr. Batavia,

Indonesia[C]. Batavia : Indonesia.

Phelep M, Petit A, Martin L, et al., 1991. Transformation and regeneration of a nitrogen-fixing tree, *Allocasuarina verficillata* Lam[J]. Nature Biotechnology, 9 : 461–466.

Pinyopusarerk K, 2020. Four decades of international research and development in casuarinas. *In* : Haruthaithanasan M, Pinyopusarerk K, Nicodemus A, Bush D, Thomson L (eds). Casuarinas for Green economy and Environmental Sustainability [C]. Bangkok : Kasetsart. Agricultural and Agro–Industrial Product Improvement Institute, Kasetsart University.

Pinyopusarerk K, Boland D J, 1990. *Casuarina junghuhniana*–An Indonesian species of promise for the tropics. *In* : El–Lankany M, Turnbull J W, Brewbake J, 1990. Advances in Casuarina Research and Utilization[C]. Cairo : DDC, AUC.

Pinyopusarerk K, Kalinganire A, Williams E R, et al., 2004. Evaluation of international provenance trials of *Casuarina equisetifolia*. ACIAR Technical Reports No. 58[R]. Canberra : CSIRO.

Pinyopusarerk K, Turnbull J W, Midgley S J (eds), 1996. Recent Casuarina Research and Development[C]. Canberra : CSIRO.

Pinyopusarerk K, Williams E R, Wasuwanich P, et al., 1995. International provenance trials of *Casuarina equisetifolia* : assessment manual[J]. Canberra : CSIRO Division of Forestry.

Pochnall D T, 1989. Late eocene to earlymiocene vegetation and climatic history of New Zealand[J]. Journal of Royal Society of New Zealand, 19 : 1–19.

Potgieter L J, Richardson D M, Wilson J R U, 2014a. *Casuarina cunninghamiana* in the Western Cape, South Africa : determinants of naturalization and invasion, and options for management[J]. South African Journal of Botany, 92 : 134–146.

Potgieter L J, Richardson D M, Wilson J R U, 2014b. Casuarina : biogeography and ecology of an important tree genus in a changing world[J]. Biological Invasions, 16 : 609–633.

Qian X, Ba Y, Zhuang Q, et al., 2013. RNA–seq technology and its application in fish transcriptomics[J].Omics : A Journal of Integrative Biology, 18 (2): 98.

Quintela–Sabaris C, Auber E, Sumail S, et al., 2019. Recovery of ultramafic soil functions and plant communities along an age–gradient of the actinorhizal tree *Ceuthostoma terminale* (Casuarinceae) in Sabah (Malaysia) [J]. Plant Soil, 440 : 201–218.

Racette S, Louis I, Torrey J G, 1990. Cluster root formation by *Gymnostoma papuanum* (Casuarinaceae) in relation to aeration and mineral nutrient availability in water culture[J]. Can. J. Bot. 68 : 2564–2570.

Racette S, Torrey J G, 1989. Root nodule initiation in *Gymnostoma* (Casuarinaceae) and *Shepherdia* (Elaeagnaceae) induced by *Frankia* strain HFPGp11[J]. Can J. Bot., 67 : 2873–2879.

Rajendran K, Devaraj P, 2004. Biomass and nutrient distribution and their return of *Casuarina equisetifolia* inoculated with biofertilizers in farm land[J]. Biomass & Bioenergy，26：235-249.

Raman N，Elumalai S，1991. Studies ofmycorrhizal and actinorhizal association in *Casuarina equisetifolia* in Coramandal coastal region[J]. Journal of Tropical Forestry，7（2）：138-150.

Rao R，Khatoon A，2017. Aluminate treated *Casuarina equisetifolia* leaves as potential adsorbent for sequestering cu（Ⅱ），Pb（Ⅱ）and Ni（Ⅱ）from aqueous solution[J]. Journal of Cleaner Production，165（1）：1280-1295.

Reddell P，Bowen G D，1986. Host-*Frankia* specificity within the Casuarinaceae[J]. Plant and Soil，93：293-298.

Reddell P，Bowen G D，Robson A D，1986. Nodulation of Casuarinaceae in relation to host species and soil properties[J]. Aust. J. Bot. 34，435-444.

Reddell R，Yun Y，Shipton W A，1997. Cluster roots and mycorrhizae in *Casuarina cunninghamiana*：their occurrence and formation in relation to phosphorus supply[J]. Aust. J. Bot.，45：41-51.

Reid D A，1958. A new species of *Thelephora* from Malaya[J]. Kew Bull.，13（2）：227-8.

Rhoads A S，1952.The destructiveness of *Clitocybe* root rot to plantings of *Casuarina* in Florida[J]. Lloydia1，5（3）：161-84.

Ribeiro A，Berry A M，Pawlowski K，et al.，2011. Actinorhizal plants. Funct[J]. Plant Biol.，38：v-vii.

Riley E A，1960. A revised list of plant diseases in Tanganyika[R] Territory. C.M.I. Kewmyc. Pap. No.7，42.

Riley I T，2020. Cryptically galled infructescence：a new sheoak gall type in *Allocasuarina luehmannii* and *Casuarina pauper*（Casuarinaceae）[J]. Australian Journal of Botany，68：369-375.

Roberds J H，Bishir J W，1997. Risk analyses in clonal forestry[J]. Canadian Journal of Forest Research，27：425-432.

Rodriguex-Barrueco C，1972. Effect of ammonium nitrogen on the fixation of atmospheric nitrogen by *Casuarina* nodules[J]. Anales de Edafologia y Agrobiologia 31（11/12）：905-916.

Rogers G K，1982. The Casuarinaceae in the southeastern United States[J]. Journal of the Arnold Arboretum，63：357-373.

Rose S L，1980. Mycorrhizal associations of some actinomycete nodulated nitrogen-fixing plants[J]. Canadian Journal of Botany，58：1449-1454.

Roussis A，Van de Sande K，Papadopoulou K，et al.，1995. Characterization of the soybean gene *GmENOD4O-2*[J]. Journal of Experimental Botany，46（6）：719-724.

Rouvier C，Prin Y，Reddell P，et al.，1996. Genetic diversity among *Frankia* strains nodulating member of the family Casuarinaceae in Australia revealed by PCR and restriction fragment length polymorphism analysis with crushed root nodules[J]. Appl. Environ. Microbiol. 62 : 979–985.

Samant S S, Dawson J O, Hahn D, 2015. Growth responses of indigenous *Frankia* populations to edaphic factors in actinorhizal rhizospheres[J]. Systematic and Applied Microbiology, 38 : 501–505.

Samarakoon M B, Tanaka N, Limura K, 2013. Improvement of effectiveness of existing *Casuarina equisetifolia* forests inmitigating tsunami damage[J]. Journal of Environmental Management, 114 : 105–114.

Sanger F, Nicklen S, Coulson A R, 1977. DNA sequencing with chain–terminating inhibitors [J]. Proceedings of the National Academy of Sciences of the United States of America, 74 (12): 5463–5467.

Sanginga N, Bowen G D, Danso S K, 1990. Genetic variability in symbiotic nitrogen fixation with and between provenances of two casuarina species using ^{15}N–labelled methods[J]. Soil Biol Biochem, 22 (4): 539–547.

Sanjeeva Raj P J, 1959. Bionomics of stem girdler (*Sthenias grisator* Fab.) (Cerambycidae : Coleoptera) from Tambaram, South India[J]. Indian J Ent., 21 : 163–166.

Santi C, Svistoonoff S, Constans L, et al., 2003. Choosing a reporter for gene expression studies in transgenic actinorhizal plants of the Casuarinaceae family[J]. Plant & Soil, 254 (1): 229–237.

Santos C L, Tavares F, 2012. A step further on *Frankia* biology[J]. Arch. Microbiol., 194 : 1–2.

Santra S, Nandi B, 1974. Studies on the utilization of nitrogen by *Fomes durissimus* Lloyd from wood of *Swietenia mahogani*, *Casuarina equisetifolia* and *Mimusops elengi*[J]. Curr. Science India, 43 (13): 425–426.

Santra S, Nandi B, 1975. Strain variation among *Fomes durissimus* Lloyd attacking different host wood [J]. Acta Soc. Bot. Poloniae, 44 (3): 317–21.

Sarkar A M, Jahanm–S, Nayeem J, et al., 2021. Chemical and morphological characterization and pulping of *Casuarina equisetifolia*[J]. Nordic Pulp & Paper Research Journal, 36 (4): 559–569.

Sasidharan K R, Balu A, Deeparaj B, et al., 2005. Screening *Casuarina equisetifolia* provenances against the bark caterpillar, *Indarbela quadrinotata* and possible biochemical factors determining resistance strain variation among *Fomes durissimus* Lloyd attacking differenthost wood[J]. J of Tropical Forest Science, 17 (4): 625–630.

Sasidharan K R, Nicodemus A, Varma R V, et al., 2016. Insect pests of *Casuarina equisetifolia* in Tamil Nadu, India and their eco–friendly management. *In* : Nicodemus A., Pinyopusarerk K, Zhong C L, Franche C (Eds) . Casuarina Improvement for Securing Rural

Livelihoods[C]. Coimbatore : Institute of Forest Genetics and Tree Breeding, 198–208.

Schlub R L, Ayin C M, Avarez A M, et al., 2020. Ecology of Guam's *Casuarina equisetifolia* and research into its decline. *In* : Haruthaithanasan M, Pinyopusarerk K, Nicodemus A, Bush D, Thomson L (eds). Casuarina for Green Economy and Environmental Sustainability [C]. Bangkok : Kasetsart Agricultural and Agro-Industrial Product Improvement Institute, Kasetsart University, 237–245.

Schlub R L, Mersha Z, Aimem C, et al., 2011. Guam ironwood (*Casuarina equisetifolia*) tree decline conference and follow-up. *In* : Zhong CL, Pinyopusarerk K, Kalinganire A, Franche C (Eds). Improving Smallholder Livelihoods through Improved Casuarina Productivity[C]. Beijing : Chinese Forestry Publishing House, 239–246.

Schmid J L, Addison D S, Donnelly M A, et al., 2008. The effect of Australian Pine (*Casuarina equisetifolia*) removal on Loggerhead Sea Turtle (*Caretta caretta*) incubation temperatures on Keewaydin Island, Florida[J]. Journal of Coastal Research, 55 : 214–220.

Schmid T L, 1997. Tree improvement glossary–Illustrated glossary of terms used in forest tree improvement[J]. Technical Note No. 46 Danida Forest Seed Centre Humlebaek Denmark : 33.

Schwencke J, Bureau J M, Crosnier M, et al., 1998. Cytometric determination of genome size and base composition of tree species of three genera of Casuarinaceae[J]. Plant Cell Reports, 18 : 346–349.

Scotti-Campos P, Duro N, Costam D, et al., 2016. Antioxidative ability and membrane integrity in salt-induced responses of *Casuarina glauca* Sieber ex Spreng. in symbiosis with N_2-fixing *Frankia* Thr or supplemented with mineral nitrogen[J]. Journal of Plant Physiology, 196–197 : 60–69.

Scriven L J, Christophel D C, 1990. A comparison of fossil and extant *Gymnostoma* using numerical techniques. *In* : Douglas J G, Christophel D C (Eds). Proceedings of the 3rd International Organisation of Palaeobotanists Conference[C]. Melbourne : A–Z Printer, 137–147.

Scriven L J, Hill R S, 1995. Macrofossil Casuarinaceae : their identification and the oldest macrofossil record, *Gymnostoma antiquum* sp. nov., from the late paleocene of New South Wales, Australia[J]. Australian Systematic Botany, 8 : 1035–1035.

Sellstedt A, 1988. Nitrogenase activity, hydrogen evolution and biomass production in different Casuarina symbioses[J]. Plant and Soil , 105 : 33–40.

Sellstedt A, Normand P, Dawson J O, 2007. *Frankia*—the friendly bacteria—infecting actinorhizal plants. Physiol[J]. Planta, 130 : 315–317.

Selvakesavan R K, Dhanya N N, Thushara P, et al., 2016. Intraspecies variation in sodium partitioning, potassium and proline accumulation under salt stress in *Casuarina equisetifolia* Forst[J]. Symbiosis.

Shanem W, Lambers H, 2005. Cluster roots : a curiosity in context[J]. Plant and Soil, 274 : 101–125.

Shipton W A, Burggraaf A J P, 1983.Aspects of cultural behaviour of *Frankia* and possible ecological implications[J]. Canadian Journal of Botany 61 (11) : 2783–2792.

Sidhu O P, 1990. Ocurrence of VAM in *Casuarina equisetifolia* L[J]. Current Science, 59 (8) : 422–423.

Silvester W B, 1977. Dinitrogen fixation by plant associations excluding legumes. *In* : Hardy R W F and Gibson Ah (eds). A treatise on Dinitrogen Fixation, Sect. IV [M], New York : Wiley.

Simonet P, Navarro E, Rouvier C, et al., 1999.Co–evolution between *Frankia* populations and host plants in the family Casuarinaceae and consequent patterns of global dispersal[J]. Environmental Microbiology, 1 (6) : 525–33.

Simonet P, Normand P, Hirsch A M, et al., 1990.The genetics of the *Frankia*–actinorhizal sysbiosis. *In* : Greshoff P M (ed). Molecular Biology of Symbiotic Nitrogen Fixation[M]. CRC Press, Boca Raton, Florida.

Sirohi C, Bangarwa K S, Dhillon R S, et al., 2020. Varietal comparison of wheat and paddy under *Casuarina equisetifolia* based agroforestry system on sodic wasteland of India. *In* : Haruthaithanasan M, Pinyopusarerk K, Nicodemus A, Bush D, Thomson L (eds). Casaurina for Green Economy and Environmental Sustanability [C]. Bangkok : Kasetsart University, 68–76.

Smith L, Kile G A, 1981.Distribution of hosts of *Armillaria* root rot in Melbourne suburban gardens strain variation among *Fomes durissimus* Lloyd attacking differenthost wood[J]. Australasian Plant Path., 10 (3) : 41–3.

Sogo A, Jaffré T, Tobeh, 2004. Pollen–tube growth and fertilization mode in *Gymnostoma* (Casuarinaceae) : their characteristics and evolution[J]. Journal of Plant Research, 117 : 249–251.

Sogo A, Noguchi N, Jaffré T, et al., 2004. Pollen–tube growth pattern and chalazogamy in *Casuarina equisetifolia* (Casuarinaceae) [J]. Journal of Plant Research, 117 : 37–46.

Sogo A, Setoguchih, Jaffré T, et al., 2001. Molecular phylogeny of Casuarinaceae based on *rbcL* and *matK* gene sequences[J]. Journal of Plant Research 114 : 459–464.

Sougoufara B, Duhoux E, Dommergues Y R, 1987. Improvement of nitrogen fixation by *Casuarina equisetifolia* through clonal selection[J]. Arid Soil Res. Rehabil., 1 : 129–132.

Steane D A, Wilson K L, Hill R S, 2003.Using *matK* sequence data to unravel the phylogeny of Casuarinaceae[J]. Molecular Phylogenetics and Evolution 28, 47–59.

Sun D, Dickinson G R, 1993. Responses to salt stress of 16 *Eucalyptus* species, *Grevillea robusta*, *Lophostemon confertus* and *Pinus caribaea* var. *hondurensis*[J]. For.

Ecol.Manage., 60 : 1-14.

Sun D, Dickinson G R, 1995. Salinity effects on tree growth, root distribution and transpiration of *Casuarina cunninghamiana* and *Eucalyptus camaldulensis* planted on a saline site in tropical north Australia[J]. Forest Ecology and Management, 77 : 127-138.

Sutton B C, 1980. The Coelomycetes. Fungi Imperfecti with Pycnidia, Acervuli and Stromata[M]. Kew : Commonwealth Mycological Institute, 397-388.

Svistoonoff S, Laplaze L, Auguy F, et al., 2003a. *cg12* expression is specifically linked to infection of roothairs and cortical cells during *Casuarina glauca* and *Allocasuarina verticillata* actinorhizal nodule development[J]. Molecular Plant-Microbe Interactions (MPMI), 16 (7): 600-607.

Svistoonoff S, Laplaze L, Auguy F, et al., 2003b. Expression pattern of *ara12*, an *Arabidopsis* homologue of the nodule-specific actinorhizal subtilases *cg12/ag12*[J]. Plant and Soil, 254 : 239-244.

Svistoonoff S, Laplaze L, Liang J R, et al., 2004. Infection-related activation of the *cg12* promoter is conserved between actinorhizal and legume-rhizobia root nodule symbiosis[J]. Plant Physiology, 136 : 3191-3197.

Swamy B G L, 1948. A contribution to the life history of *Casuarina*[J]. Proceedings of the American Academy of Arts and Sciences, 77 : 1-32.

Sy M O, Constans L, Obertellom, et al., 2006. Analysis of the expression pattern conferred by the *PsEnod12B* promoter from the early nodulin gene of *Pisum sativum* in transgenic actinorhizal trees of the Casuarinaceae family[J]. Plant and Soil, 281 : 281-289.

Sy M O, Hocher V, Gherbi H, et al., 2007. The cell-cycle promoter *cdc2aAt* from *Arabidopsis thaliana* is induced in the lateral roots of the actinorhizal tree *Allocasuarina verticillata* during the early stages of the symbiotic interaction with *Frankia*[J]. Physiologia Plantarum, 130 : 409-417.

Syahbudin A, Adriyanti D T, Bai H, et al., 2013. New social values on the establishment of cemara udang (*Casuarina equisetifolia*) in the Southern coast of Yogyakarta[J]. Procedia Environmental Sciences, 17 : 79-88.

Synder T E, 1919. Injury to casuarina trees in southern Florida by the mangrove borer[J]. Journal of Agricultural Research, 16 (6): 155-164.

Talbot P H B, 1964.A list of plant diseases in South Australia. Waite Agric. Res. Inst. Adelaide. Limited distribution, roneo report[R]. Adelaide : Waite Agric. Res. Insti. : 69.

Tani C, Sasakawa H, 2003. Salt tolerance of *Casuarina equisetifolia* and *Frankia* Ceq1 strain isolated from the root nodules of *C. equisetifolia*[J]. Soil Sci. Plant Nutr., 49 (2): 215-223.

Tani C, Sasakawa H, 2006. Proline accumulates in *Casuarina equisetifolia* seedlings under salt tress[J]. Soil Science and Plant Nutrition, 52 : 21–25.

Thaiutsa B, 1990. Estimating productivity of *Casuarina equisetifolia* grown on Tin–mine land. *In* : El–Lakany M H, Turnbull J W, Brewbaker J L (eds). Advance in Casuarina Research and Utilization[C]. Cairo : Desert Development Center, A.U.C. : 94–101.

Thamsm C, 1977. New host records and behavior observation on Florida Cerambycidae[J]. Coleopterists Bulletin, 31 (1) : 83–86.

Theodorou C, Reddell P, 1991. *In vitro* synthesis of ectomycorrhizas on Casuarinaceae with a range of mycorrhizal fungi[J]. New Phytol., 118 : 279–288.

Thomson L A J, Gáteblné G, 2020. Casuarinaceae genetic resources in the Pacific Islands : enhancing their contributions to the green economy. *In* : Haruthaithanasan M, Pinyopusarerk K, Nicodemus A, Bush D, Thomson L (eds.). Casuarina for Green Economy and Environmental Sustainability[C]. Bangkok : Kasetsart Agricultural and Agro–Industrial Product Improvement Institute, Kasetsart University : 31–40.

Thuy N B, Tanaka N, Tanimoto K, 2012. Tsunami mitigation by coastal vegetation considering the effect of tree breaking[J]. Journal of Coast Conservation, 16 : 111–121.

Thuy N B, Tanimoto K, Tanaka N, et al., 2009. Effect of open gap in coastal forest on tsunami run–up–investigations by experiment and numerical simulation[J]. Ocean Engineering, 36 (15) : 1258–1269.

Tisa L S, 2005. Preface[J]. Symbiosis, 39 : 59.

Titze J F, Van de Pennent E, 1983. Provisory list of diseases species. *In* : Midgley S J, Turnhbull J W and Johnston R D (eds). Casuarina Ecology Management and Utilization [C]. Melbourne : CSIRO, 220–224.

Tolentino E L, Abarquez A, 2011. Casuarinas in the Philippines : land rehabilitation, climate change adaptation and industry use. *In* : Zhong C L, Pinyopusarerk K, Kalinganire A, Franche C (eds). Improving Small Holder Livelihoods through Improved Casuarina Productivity[C]. Beijing : China Forestry Publishing House, 207–213.

Torrey J G, Tjepkema J D, 1979. Symbiotic nitrogen fixation in actinomycete–nodulated plants[J]. Preface. Bot. Gaz., 140 : i–ii.

Torrey J G, Tjepkema J D, 1983. International conference on the biology of *Frankia* introduction[J]. Can. J. Bot., 61 : 2765–2767.

Torrey J G, 1983 Root development and root nodulation in *Casuarina*. *In* : Midgley S J, Turnbull J W, Johnston R D (eds). 1983. Casuarina Ecology, Management and Utilization [C]. Melbourne : CSIRO, 180–192.

Trinickm J, 1977. Vesicular–arbuscular infection and soil phosphorus utilization in *Lupinus* spp.[J] New Phytol. 78 : 297–304.

Turnbull J W, 1990. Taxonomy and genetic variation in Casuarinas. *In* : El–Lakany M H,

Turnbull J W, Brewbaker J L（eds）. Advance in Casuarina Research and Utilization[C]. Cairo：DDC, AUC, 1–12.

Vasanthakrishna M, Bagyaraj J D, Nirmalnat H P J. 1995. Selection of efficient VA mycorrhizal fungi for *Casuarina equisetifolia*–second screening[J]. New Forests, 9：157–162.

Vasse J, Frey P A, 1995. Microscopic studies of intercellular infection and protoxylem invasion of tomato roots by *Pseudomonas solanacearum*[J]. Molecular Plant–Microbe Interactions, 8（2）：241–251.

Velculescu V E, Zhang L, Zhou W, et al., 1997. Characterization of the yeast transcriptome[J].Cell, 88（2）：243–251.

Verhoef L, 1943. Root studies in the tropics. VI. Further data about the oxygen requirement of the root system[J]. Kortemeded. B.P.S. 81：1–65.

Vikashini B, Shanthi A, Ghosh D, 2018. Identification and expression profiling of genes governing lignin biosynthesis in *Casuarina equisetifolia* L. [J]. Gene., 676：37–46.

Vinothkumar K, Velumani R, Karthi S, et al., 2016. Selection and evaluation of Casuarina phenotypes for windbreak agroforestry system[C]. *In*：Nicodemus A, Pinyopusarerk K, Zhong C L, Franche C（eds）. Casuarina Improvement for Securing Rural Livelihoods[C]., Coimbatore：Institute of Forest Genetics and Tree Breeding, 178–182.

Wall L G, Chaia E, Dawson J O, 2010. Special volume devoted to the 15th International Frankia and Actinorhizal Plant Meeting[J]. Symbiosis, 50：1–2.

Wallace G B, 1951.Annual Report of the Plant Pathologist, 1949. *In*：1949 Report Dept. Agric., Tanganyika, Tanzania [R]. Tanganyika：Dept.Agric., 115.

Walters N E M, 1964.Fungi in the herbarium of Wood Preservation Section, Division of Forest Products, Melbourne. CSIRO, Div. For. Products Proj.P.11, Sub–Proj.P.11.6. Prog. Rept No.2[G]. Canberra：CSIRO.

Wang Y, Zhang J, Qiu Z, et al., 2021. Transcriptome and structure analysis in root of *Casuarina equisetifolia* under NaCl treatment. PeerJ.9：e12133.

Wang Y, Zhang Y, Fan C, et al., 2021. Genome–wide analysis of MYB transcription factors and their responses to salt stress in *Casuarina equisetifolia*[J]. BMC Plant Biol., 21（1）：328.

Warren M W, Zou X, 2002. Soil macrofauna and litter nutrients in three tropical tree plantations on a disturbed site in Puerto Rico[J]. Forest Ecology and Management, 170：161–171.

Wei Y, Zhang Y, Meng J, et al., 2021. Transcriptome and metabolome profiling in naturally infested *Casuarina equisetifolia* clones by *Ralstonia solanacearum*[J]. Genomics, 113（4）：1906–1918.

Wellman F L, GrantT J, 1951.An apparent virus disease of Casuarina in the American tropics[J]. Plant Dis. Reporter, 35（11）: 498–499.

Weste G, Vithanage K, 1978.Effect of *Phytophthora cinnamomi* on microbial populations associated with the roots of forest flora.host list of *Phytophthora cinnamomi*[J]. Aust. J. Bot. 26（2）: 153–167.

Weste G, 1975.The distribution of *Phytophthora cinnamomi* within the National Park, Wilson's Promontory, Victoria[J]. Aust. J. Bot. , 23 : 67–76.

Wheeler G S, Taylor G S, Gaskin J F, et al., 2011. Ecology and management of Sheoak（*Casuarina* spp. ）, an invader of coastal Florida, U.S.A.[J]. Journal of Coastal Research, 27（3）: 485–492.

Whitehead D R, 1969. Wind pollination in angiosperms : evolutionary and environmental considerations[J]. Evolution, 23 : 28–35.

Williams C G, Hamrick J L, 1996. Elite populations for conifer breeding and gene cnservation[J]. Can. J. For. Res., 26 : 453–461.

Williams D R, Potts B M, Smethurst P J, 2003. Promotion of flowering in *Eucalyptus nitens* by paclobutrazol was enhanced by nitrogen fertilizer[J]. Can. J. For. Res., 33 : 74–81.

Williams E R, Matheson A C, Harwood C E, 2002. Experimental Design and Analysis for Tree Improvement[M]. Melbourne : CSIRO.

Wilson J L, Johnson L A S, 1989. Casuarinaceae. *In* : Flora of Australia. Hamamelidales to Casuarinales[M]. Canberra : Australian Government Publishing Service.

Wilson K L, Johnson L A S, 1989. Casuarinaceae. *In* : Gorge A S, Telford I R H, Thompsonh S, Chapman A D（eds）. Flora of Australia.3 : Hamamedidales to Casuarinales[M]. Canberra : Australian Government Publish Service.

Winship L J, Benson D R, 1989. Proceedings of the 7th International Conference on Frankia and Actinorhizal Plants[J]. Plant Soil, 118 : 1–247.

Wolstenholme B N, Whiley A W, Saranah J B, 1990. Manipulating vegetative reproductive growth in avocado（*Persea americana*）with paclobutrazol foliar sprays[J]. Scientiahort., 41 : 315–327.

Xu X, Zhou C, Zhang Y, et al., 2018. A novel set of 223 EST–SSR markers in *Casuarina* L. ex Adans. : polymorphisms, cross–species transferability, and utility for commercial clone genotyping[J]. Tree Genetics & Genomes, 14 : 30.

Yang Q, Zhang A H, Miao J H, et al., 2019. Metabolomics biotechnology, applications, and future trends : A systematic review [J]. RSC Advances, 9（64）: 37245–37257.

Yasodha R, Kathirvel M, Sumathi R, et al., 2004. Genetic analyses of Casuarinas using ISSR and FISSR markers. Genetica, 122 : 161–172.

Ye G, Zhang H, Chen B, et al., 2019. *De novo* genome assembly of the stress tolerant forest species *Casuarina equisetifolia* provides insight into secondary growth[J]. Plant J., 97（4）: 779–794.

Ying S L, Chien C Y, Davidson R W, 1976. Root rot of *Acacia confusa*[J]. Quart. J. Chinese Forestry, 9（1）: 17–21.

Yu W, Zhang Y, Xu X Y, et al., 2019. Molecular markers reveal low genetic diversity in *Casuarina equisetifolia* clonal plantations in south China[J]. New Forests, 51: 689–703.

Zaïd E H, Arahou M, Diemh G, et al., 2003. Is Fe deficiency rather than P deficiency the case of cluster root formation in *Casuarina* species? [J]. Plant and Soil, 248: 229–235.

Zelles L, 1999. Fatty acid patterns of phospholipids and lipopoly saccharides in the characterization of microbial communities in soil a review [J]. Biology and Fertility of Soils （29）: 111–129.

Zentmyer G A, 1976. Distribution of the Amating type of *Phytophthora cinnamomi*[J]. Phytopath., 66（6）: 201–203.

Zhang Y, Hu P, Zhong C L, et al., 2020. Analyses of genetic diversity, differentiation and geographic origin of natural provenances and land races of *Casuarina equisetifolia* based on EST–SSR markers[J]. Forests, 11: 432.

Zhang Y, England N, Broadhurst L, et al., 2022. Gene flow and recruitment patterns among disjunct populations of *Allocasuarina verticillata*（Lam.）L.A.S. Johnson[J]. Forests, 13, 1152.

Zhang Y, Wu C, Zhong C L, et al., 2011. Effects of medium components and storage conditions on pollen germination of *Casuarina equisetifolia* under *in vitro* conditions. *In*: Zhong C L, Pinyopusarerk K, Kalinganire A, Franche C（eds）. Improving Small Holder Livelihoods through Improved Casuarina Productivity [C]. Beijing: China Forestry Publishing House, 272p: 95–101.

Zhang Y, Zhong C L, Chen Y, et al., 2010. Improving drought tolerance of *Casuarina equisetifolia* seedlings by arbuscular mycorrhizas under glasshouse conditions[J]. New Forests, 40: 261–271.

Zhang Y, Zhong C L, Chen Y, et al., 2014. A novel approach for controlled pollination in *Casuarina equisetifolia*[J]. Silvae Genetica 63（1–2）: 76–80.

Zhang Y, Zhong C L, Han Q, et al., 2016. Reproductive biology and breeding system in *Casuarina equisetifolia*（Casuarinaceae）– implication for genetic improvement[J]. Australian Journal of Botany, 64: 120–128.

Zhang Z Z, Lopezm F, Torrey J G, 1984. A comparison of cultural characteristics and infectivity of *Frankia* isolates from root nodules of Casuarina species[J]. Plant and Soil, 78

（1-2）: 79-90

Zhong C L, Zhang Y, Chen Y, et al., 2010. Casuarina research and applications in China[J]. Symbiosis, 50（1-2）: 107-114.

Zhong C L, 1990. Casuarina research in China. *In* : El-Lankanym, Turnbull J W, Brewbake J（eds）. Advances in Casuarina Research and Utilization[C]. Cairo : DDC, AUC, 241 p195-201.

Zhong C L, Gong M Q, Chen Y, et al., 1995.Inoculation of casuarina with etomyccorhizal fungi, vesicular-arbuscular mycorrhizal fungi and *Frankia. In* : Brundett M, Dell B, Malajczuk N, Gong M Q（eds）.Mycorrhizas for Plantation Forestry in Asia. ACIAR Proceedings No. 62[C]. Canberra : CSIRO, 122-126.

Zhong C L, Pinyopusarerk K, Kalinganire A, et al., 2011. Improving small holder livelihoods through improved casuarina productivity [C]. Beijing : China Forestry Publishing House.

Zhong C L, Zhang Y, Wei Y C, et al., 2019. The role of *Frankia* inoculation in casuarina plantations in China[J]. Antonie Van Leeuwenhoek, 112 : 47-56.

Zhong C, Mansour S, Nambiar-Veetil M, et al., 2013. *Casuarina glauca* : a model tree for basic research in actinorhizal symbiosis[J]. J. Biosci., 38（4）: 815-823.

Zinke P J, 1967. Forest interception studies in the United States[M]. Foresthydrology, Oxford, UK : Pergamon Press.

Zobel B, Talbert J, 1984. Applied Forest Tree Improvement[M]. North Carolina : North Carolina State University Press, USA.

Zoysam D, 2008. *Casuarina* coastal forest shelterbelts in Hambantota city, Sri Lanka : assement of impacts[J]. Small-scale Forestry, 7 : 17-27.

附　录

附录 1　木麻黄科植物名录

序号	学名	中译名
	Gymnostoma L.A.S. Johnson	裸孔木麻黄属
1	*G. antiquum* L. Scriven & R.hill	古木麻黄
2	*G. australianum* L.A.S. Johnson	澳大利亚木麻黄
3	*G. chamaecyparis*（Poiss.）L.A.S. Johnson	扁柏木麻黄
4	*G. deplancheanum*（Miq.）L.A.S. Johnson	德普兰克木麻黄
5	*G. glaucescens*（Schlechter）L.A.S. Johnson	苍白木麻黄
6	*G. gracillimum* L. A.S. Johnson & K.L. Wilson	纤细木麻黄
7	*G. intermedium*（Poiss.）L.A.S. Johnson	媒介木麻黄
8	*G. leucodon*（Poiss.）L.A.S. Johnson	银齿木麻黄
9	*G. mesostrobilum* L. A.S. Johnson & K.L. Wilson	中果木麻黄
10	*G. nobile*（Whitmore）L.A.S. Johnson	富贵木麻黄
11	*G. nodiflirum*（Thunb.）L.A.S. Johnson	节花木麻黄
12	*G. papuanum*（S.moore）L. A.S. Johnson	巴布亚木麻黄
13	*G. poissonianum*（Schlechter）L.A.S. Johnson	波森木麻黄
14	*G. rumphiarum*（Miq.）L.A.S. Johnson	罗非木麻黄
15	*G. spicigerum* L. A.S. Johnson & K. L. Wilson	香料木麻黄
16	*G. sumatranum*（Jungh. ex De Vriese）L.A.S. Johnson	苏门答腊木麻黄
17	*G. vitiense* L.A.S. Johnson	葡萄木麻黄
18	*G. webbianum*（Miq.）L.A.S. Johnson	韦布木麻黄
	Ceuthostoma L.A.S. Johnson	隐孔木麻黄属
1	*C. palauianense* L.A.S. Johnson	巴拉望木麻黄
2	*C. terminale* L.A.S. Johnson	顶生木麻黄
	Casuarina L.A.S. Johnson	木麻黄属
1	*C. collina* Poiss ex. Panch. & Seb	山神木麻黄
2	*C. cristata* Miq.	鸡冠木麻黄
3	*C. cunninghamiana* ssp. *cunninghamiana* Miq.	细枝木麻黄本种
4	*C. cunninghamiana* ssp. *miodon* L.A.S. Johnson	细枝木麻黄麦冬亚种
5	*C. elassodonta* L.A.S. Johnson & K. L. Wilson	似胶木麻黄
6	*C. equisetifolia* ssp. *equisetifolia* L.A.S. Johnson	短枝木麻黄本种

（续表）

序号	学名	中译名
7	*C. equisetifolia* ssp. *incana*（Benth.）L.A.S. Johnson	短枝木麻黄因卡那亚种
8	*C. glauca* Sieber ex Spreng	粗枝木麻黄
9	*C. grandis* L.A.S. Johnson	大木麻黄
10	*C. junghuhniana* Miq.（或 *C. montana* Miq.）	约虎恩木麻黄或山地木麻黄
11	*C. obesa* Miq.	肥木木麻黄
12	*C. oligodon* ssp. *oligodonm* L.A.S. Johnson	小齿木麻黄本种
13	*C. oligodon* ssp. *abbreviata* L. Johnson	小齿木麻黄短齿亚种
14	*C. orophila* L.A.S. Johnson	山口木麻黄
15	*C. paracletica* L. A.S. Johnson & K. L. Wilson	平行木麻黄
16	*C. pauper* F.M.uel. ex.L.A.S. Johnson	波普木麻黄
17	*C. teres* Schltr	圆柱木麻黄
	***Allocasuarina* L.A.S. Johnson**	**异木麻黄属**
1	*A. acuaria*（F.muell.）L.A.S. Johnson	似针木麻黄
2	*A. acutivalvis* ssp. *acutivalvis*（F.muell.）L.A.S. Johnson	尖裂木麻黄本种
3	*A. acutivalvis* ssp. *prinsepiana*（C. Andrews）L. A.S. Johnson	尖裂木麻黄扁核亚种
4	*A. brachystachya* L.A.S. Johnson	短穗木麻黄
5	*A. campestris*（Diels）L.A.S. Johnson	田缘木麻黄（田野木麻黄）
6	*A. corniulata*（F.muell.）L.A.S. Johnson	小角木麻黄
7	*A. crassa* L.A.S. Johnson	厚木麻黄
8	*A. decaisneana*（F.muell.）L.A.S. Johnson	德凯斯木麻黄
9	*A. decussata*（Benth.）L.A.S. Johnson	横断木麻黄
10	*A. defungens* L.A.S. Johnson	镰菌木麻黄
11	*A. dielsiana*（C. Gardner）L.A.S. Johnson	迪尔斯木麻黄
12	*A. diminute* ssp. *diminuta* L.A.S. Johnson	双微木麻黄本种
13	*A. diminute* ssp. *mimica* L.A.S. Johnson	双微木麻黄米米卡亚种
14	*A. diminute* ssp. *annetens* L.A.S. Johnson	双微木麻黄联合亚种
15	*A. distyla*（Vent.）L.A.S. Johnson	双针木麻黄
16	*A. drummondiana*（Miq.）L.A.S. Johnson	德拉蒙木麻黄
17	*A. emuina* L.A.S. Johnson	伊姆河木麻黄
18	*A. eriochlamys* ssp. *eriochlamys* L.A.S. Johnson	毛被木麻黄本种
19	*A. eriochlamys* ssp. *grossa* L.A.S. Johnson	毛被木麻黄大齿亚种
20	*A. fibrosa*（C. Gardner）L.A.S. Johnson	纤维木麻黄
21	*A. filidens* L.A.S. Johnson	线齿木麻黄
22	*A. fraseriana*（Miq.）L.A.S. Johnson	费雷泽木麻黄
23	*A. glareicola* L.A.S. Johnson	变色木麻黄

（续表）

序号	学名	中译名
24	*A. globosa* L.A.S. Johnson	球果木麻黄
25	*A. grampiana* L.A.S. Johnson	格兰木麻黄
26	*A. grevilleoides*（Diels）L.A.S. Johnson	格雷维尔木麻黄
27	*A. gymnanthera* L.A.S. Johnson	裸花木麻黄
28	*A. hellmsii*（Ewart & Gordon）L.A.S. Johnson	赫尔姆斯木麻黄，亦称赫氏木麻黄
29	*A. huegeliana*（Miq.）L.A.S. Johnson	休格尔木麻黄
30	*A. humilis*（Otta & A. Dieter.）L.A.S. Johnson	矮木麻黄
31	*A. inophloia*（F.muell. & Bailey）L.A.S. Johnson	纤皮木麻黄
32	*A. lehmanniana* ssp. *lehmanniana*（Miq.）L.A.S. Johnson	莱曼木麻黄本种
33	*A. lehmanniana* ssp. *ecarinata* L.A.S. Johnson	莱曼木麻黄爱卡亚种
34	*A. littoralis*（Salisb.）L.A.S. Johnson	滨海木麻黄
35	*A. luehmannii*（R.T. Baker）L.A.S. Johnson	利曼氏木麻黄
36	*A. mackliniana* ssp. *machliniana* L.A.S. Johnson	麦克林木麻黄本种
37	*A. mackliniana* ssp. *hirtilinea* L.A.S. Johnson	麦克林木麻黄毛线亚种
38	*A. mackliniana* ssp. *xerophila* L.A.S. Johnson	麦克林木麻黄旱生亚种
39	*A. media* L.A.S. Johnson	梅德木麻黄
40	*A. microstachya*（Miq.）L.A.S. Johnson	小穗木麻黄
41	*A. misera* L.A.S. Johnson	中性木麻黄
42	*A. monilifera* L.A.S. Johnson	念珠木麻黄
43	*A. muelleriana* ssp. *muelleriana*（Miq.）L.A.S. Johnson	米勒木麻黄本种
44	*A. muelleriana* ssp. *notocolpica* L.A.S. Johnson	米勒木麻黄背沟亚种
45	*A. muelleriana* ssp. *alticola* L.A.S. Johnson	米勒木麻黄高山亚种
46	*A. nana*（Sieber ex Spreng.）L.A.S. Johnson	纳纳木麻黄
47	*A. ophiolitica* L.A.S. Johnson	海蛇木麻黄
48	*A. paludosa*（Sieber ex Spreng.）L.A.S. Johnson	沼泽木麻黄
49	*A. paradoxa*（Macklin）L.A.S. Johnson	巴拉多木麻黄，亦称奇异木麻黄
50	*A. pinaster*（C.A. Gardner）L.A.S. Johnson	小松木麻黄
51	*A. portuensis* L.A.S. Johnson	港湾木麻黄
52	*A. pusilla*（Macklin）L.A.S. Johnson	小木木麻黄
53	*A. ramosissima*（C. Garder）L.A.S. Johnson	多枝木麻黄
54	*A. rigida* ssp. *rigido*（Miq.）L.A.S. Johnson	僵硬木麻黄本种
55	*A. rigida* ssp. *exsul* L.A.S. Johnson	僵硬木麻黄流放亚种
56	*A. robusta*（Macklin）L.A.S. Johnson	似栎木麻黄，亦称罗布斯塔木麻黄
57	*A. rupicola* L.A.S. Johnson	小村木麻黄
58	*A. scleroclada* L.A.S. Johnson	硬枝木麻黄

（续表）

序号	学名	中译名
59	*A. simulans* L.A.S. Johnson	仿造木麻黄
60	*A. spinosissima* L.A.S. Johnson	多刺木麻黄
61	*A. striata*（Macklin）L.A.S. Johnson	多纹木麻黄
62	*A. tessellata*（C. Gardner）L.A.S. Johnson	棋格木麻黄
63	*A. thalassoscopia* L.A.S. Johnson	海鹊木麻黄
64	*A. thuyoides*（Miq.）L.A.S. Johnson	香木木麻黄
65	*A. tortiramula* E. Bennett	扭枝木麻黄
66	*A. torulosa*（Ait.）L.A.S. Johnson	森林木麻黄
67	*A. trichodon*（Miq.）L.A.S. Johnson	毛齿木麻黄
68	*A. verticillata*（Lam.）L.A.S. Johnson	轮生木麻黄
69	*A. zephyrea* L.A.S. Johnson	泽菲木麻黄

附录 2　木麻黄病害名录

代号	病害名称	中文名称	危害部位或现象	程度[2]	参考文献
1	*Amyema linophyllum*	槲寄生	幼芽	—	Pate et al., 1991；Davidson et al., 1989
2	*Apomella casuarinae*	—	小枝条	+	Anon., 1941
3	*Armillaria luteobubalina*	蜜环菌一种	根腐	+	Smith & Kile, 1981
4	*Armillaria mellea*	蜜环菌	根茎腐烂、死皮	+	Wallace, 1951；Riley, 1960；Orian, 1961
5	Brooming disease[3]	丛枝病	枝条	+	Wellman & Grant, 1951；黄金水等，2012
6	*Capnodium anonae*	番荔枝煤污病	叶霉	+	—
7	*Capnodium salicinum*	柳斑煤污病	叶霉	+	Talbot, 1964
8	*Clitocybe tabescens*	假蜜环菌	根腐，干皮坏死	+	Rhoads, 1952；Cohen, 1963
9	*Collectotrichun* sp.	炭疽病	—	+	黄金水等，2012
10	*Corticium salmonicolo*	赤衣病	苗圃根死，小枝条枯萎，侧枝烂皮	+	Orian, 1953；Bakshi et al., 1970；
11	*Dasyspha eucalypti*	—	叶斑、落叶	+	Cooke, 1892
12	*Diplodia natalensis*	黑色蒂腐病	枝干腐、烂皮、小枝条枯萎、干溃疡	+	Minz, 1953；Liu & Martorell, 1973
13	*Dothiorella* sp.	小穴壳菌属	枯萎、小枝、侧枝溃疡	+	Dos Santos de Azevedo, 1960
14	*Favolus* sp.	棱孔菌属	—	—	—
15	*Elfwingia tornata*	—	木腐	+	Cunningham, 1965
16	*Fomes conchatus*	贝壳层孔菌	木腐	+	Newhook, 1964
17	*Fomes durissimus*	硬层孔菌	木腐	+	Santra & Nandi, 1974；1975；1976；1977
18	*Fomes rimosus*	龟裂层孔菌	木腐	+	Cleland, 1934；Talbot, 1964；Cunningham, 1965
19	*Fomes robustus*	稀硬木层孔菌	白色干腐	+	Newhook, 1964；Cunningham, 1965
20	*Fomes setulosus*	毛木层孔菌	木腐	+	Walters, 1964
21	*Fusarium oxysporum*	尖孢镰刀菌	根系、苗木枯萎		Delapeña et al., 1994
22	*Fuscoporia cryptacantha*	隐刺褐孔菌	白色木腐	+	Cunningham, 1965
23	*Fuscoporia livida*	青褐孔菌	死木或树桩木腐	+	Cunningham, 1965
24	*Ganoderma australe*	澳大利亚灵芝	—	+	Ayin et al., 2019；Schlub et al., 2020
25	*Ganoderma lucidum*	灵芝	木材、干、根腐烂	+	Doyle, 1940；Michail et al., 1967；Ying et al., 1976

（续表）

代号	病害名称	中文名称	危害部位或现象	程度[2]	参考文献
26	*Ganoderma pseudoferreum*	橡胶灵芝菌	木腐	+	Johnston，1960
27	*Helicotylenchus* sp.	螺旋属线虫	根系	+	—
28	*Hendersonula toruloidea*	球拟壳蠕孢	侧枝枯萎	+	Al-Zaravi et al.，1979
29	*Hendersporium panacheum*	—	腐生	+	Goos，1980
30	*Hexgona decipiens*	—	木腐和伤口寄生	+	Cooke，1892；Cleland，1934
31	*Hymenochaete villosa*	柔毛锈革菌	死木木腐	+	Cunningham，1963
32	*Hypoxylon deustum*	焦色炭团菌	树桩、根系腐烂	+	Petch，1914；Agnihothrudu，1963
33	*Hysterograppium depressum*	—	—		Hansford，1965；Talbot，1964
34	*Irpex brevis*	短耙菌	木腐	+	Walters，1964
35	*Macrophomina phaseoli*	菜豆壳球孢	苗木枯萎	+	Qureshi，1956
36	*Meliola* sp.	烟霉病	小枝叶	+	—
37	*Meloidogyne* sp.	根结线虫病	根	+	—
38	*Oidium* sp.	白粉病	小枝叶	+	黄金水等，2012
39	*Osmoporus carteri*	—	干枝木腐	—	Cunningham，1965
40	*Pestalotia casuarinae*	炭疽溃疡病	侧枝溃疡和烂皮	—	Cooke，1892；黄金水等，2012
41	*Pestalotiopsis* sp.	—	种子黑斑、小枝皮裂	—	Orian，1961
42	*Phellinus badius*	—	干腐	+	Cunningham，1965
43	*Phellinus kawakamii*	（一种木腐病）	树干、根系		Larsen et al.，1985
44	*Phellinus noxius*	根腐病或褐根病	茎干棕色腐烂	+	Cunningham，1965；蔡志浓等，2013
45	*Phomamedicaginis* var. *pinodella*	—	—	+	Sutton，1980
46	*Phomopsis casuarinae*	溃疡病	干枝溃疡、肿大，枝皮坏死	+	Diedecke，1911；Santos dos，1966；Mohanan & Sharma，1993
47	*Phytophthora cambivora*	栗疫霉黑水病菌	根腐，烂皮，枯萎	+	Orian，1961
48	*Phytophthora cinnamomi*	樟疫霉	根腐，烂皮	+	Gravatt，1967；Weste，1975；Zentmyer，1976；Vithanage，1978；Hill，1979
49	*Phytophthora parasitica*	黑胫病菌	苗木枯萎	—	Delapena et al.，1994
50	*Phytophthora* sp.	疫霉属	与线虫有关的枯萎、烂皮、根腐	+	Bazan de Segura，1966

（续表）

代号	病害名称	中文名称	危害部位或现象	程度[2]	参考文献
51	*Pleospora* sp.	格孢腔菌属	小枝和叶	+	Talbot，1964
52	*Polyporus gilvus*	淡黄木层孔菌	树桩	+	Michail et al.，1967
53	*Poria subweirii*	茯苓属一种	木腐	+	Cleland，1934
54	*Poria* sp.	茯苓属	木腐	+	Walters，1964
55	*Pythium debaryanutn*	德氏腐霉	苗木猝倒	—	Delapeña et al.，1994
56	*Ralstonia solanacearum*[1]	木麻黄青枯病	根、侧枝、主干	+++	Orian，1949，1961；梁子超和陈小华，1982；Mohamed Ali et al.，1991；Ayin et al.，2019
57	*Rhizoctonia solani*	立枯病	根腐	+	Ko et al.，1973；Delapeña et al.，1994；张东柱，1997
58	*Sclerotium rolfsii*	齐整小核菌	枯萎，根腐	+	Mejia，1954
59	*Stereum lobatum*	脱毛韧革菌	木腐	+	Walters，1964
60	*Thelephora ramarioides*	珊瑚状革菌	死木木腐	+	Reid，1958
61	*Thyonectria pseudotrichia*	—	侧枝溃疡和烂皮	+	Anon.，1963
62	*Tremella mesenterica*	金耳	木腐	+	Walters，1964
63	*Trichopeziza sphaerulea*	毛盘菌属一种	皮上腐生	+	Cooke，1892；Talbot，1964
64	*Trichosporum vesiculosum*	木麻黄树干疱腐病或木麻黄黑皮病	皮部黑死、黑色溃疡、爆裂、枝干枯萎	+++	Anon.，1950；Marudarajian et al.，1950；Orian，1961；Quereshi，1961；Anon.，1963；Begum & Rizwana，1979

注：1. 曾用名 *Pseudomonas solancearum* 或 *Xanthomonas solancearum*；2. 危害程度，+ 为轻；++ 为中；+++ 为重；3. 由 MLO（植原体属 *Phytoplasma*）+BLO（类细菌）引起的。

附录 3　木麻黄主要虫害名录

编号	学名	中文名称	危害部位	程度*	参考文献
1	*Acanthocoris scaber*	瘤缘蝽	小枝叶 **	+	黄金水，1991
2	*Acanthopsyche subferalbata*	桉袋蛾	—	+	黄金水，1991
3	*Achaea melicerta*	阿夜蛾	小枝叶	+	黄金水等，2012
4	*Acrida cinerea*	中华蚱蜢	幼枝或叶	+	黄金水等，2012
5	*Adoretus sinicus*	中华啄丽金龟	小枝叶、根系	+	黄金水，1991
6	*Adrothrips* sp.	—	—	—	Mound，1970
7	*Aeolesthes induta*	楝闪光天牛	树干	+	方惠兰等，1997；黄金水等，2012
8	*Agonoscelis nubilis*	云蝽	小枝叶	+	广东省森林病虫普查办公室，1983
9	*Agrotis tokionis*	大地老虎	苗木、小枝叶、根系	+	黄金水，1991
10	*Agrotis ypsilon*	小地老虎	苗木、小枝叶、根系	+	黄金水，1991
11	*Akthethrips* sp.	—	—	—	Mound，1970
12	*Amata* sp.	鹿蛾	小枝叶	+	黄金水等，2012
13	*Amatissa snelleni*	丝脉袋蛾	小枝叶	+	黄金水，1991
14	*Amorpha amurensis*	黄脉天蛾	小枝叶	+	黄金水，1991
15	*Anomala amychodes*	腹毛异丽金龟	苗木、小枝叶、根系	+	黄金水等，2012
16	*Anomala antiqua*	古黑异丽金龟	小枝叶、根系	+	—
17	*Anomala aulax*	脊缘异丽金龟	苗木、小枝叶、根系	+	黄金水等，2012
18	*Anomala cupripes*	古铜异丽金龟	小枝叶、根系	+	广东省森林病虫普查办公室，1983
19	*Anomala varicolor*	变棕异丽金龟	苗木、小枝叶、根系	+	黄金水等，2012
20	*Anoplocnemis binotata*	斑背安缘蝽	小枝叶	+	黄金水，1991；黄金水等，2012
21	*Anoplocnemis phasiana*	红背安缘蝽	小枝叶	+	广东省森林病虫普查办公室，1983
22	*Anoplophora chinensis*	星天牛	树干	+++	广东省森林病虫普查办公室，1983
23	*Anoplophora chinensis maculariu*	星天牛胸斑亚种	树干	+	Chang 1975；黄金水，1991
24	*Anoplophora elegans*	丽星天牛	树干	—	黄金水等，2012
25	*Anoplophora glabripennis*	光肩星天牛	树干	—	黄金水，1991
26	*Antheraea paphia*	—	—	—	Anon.，1952

（续表）

编号	学名	中文名称	危害部位	程度*	参考文献
27	*Aphanogmus* sp.	—	蒴果	—	Andersen & New，1987
28	*Apogonia cribricollis*	筛阿鳃金龟	苗木、小枝叶	—	黄金水等，2012
29	*Arbela bailbarana*	相思拟木蠹蛾	枝干	—	黄金水，1991
30	*Arbela dea*	荔枝拟木蠹蛾	枝干	—	黄金水，1991
32	*Arbela tatraonis*	—	树皮	—	Fischer，1905
31	*Arctornis xanthochila*	莹白毒蛾	小枝叶	+	黄金水，1991
33	*Aristobia testudo*	龟背天牛	树干	+	黄金水等，2012
34	*Ascotis selenaria* ssp. *imparata*	肾斑尺蛾	小枝	+	Sasidharan et al.，2016
35	*Ascotis* sp.	斑尺蛾一种	小枝	+	Anon.，1952
36	*Asota caricae*	一点拟灯蛾	小枝叶	+	广东省森林病虫普查办公室，1983
37	*Aspidomorpha sanctaecrucis*	金梳龟甲	小枝叶	+	广东省森林病虫普查办公室，1983
38	*Aulacophora coffeae*	黑长黄叶甲	小枝叶	+	广东省森林病虫普查办公室，1983
39	*Aularches miliaris*	黄星蝗	苗木或小枝叶	+	黄金水等，2012
40	*Balionebris bacteriota*	木麻黄尖细蛾	幼枝或叶	+	黄金水等，2012
41	*Batocerahorsfieldi*	云斑白条天牛	树干	+	黄金水等，2012
42	*Batocera rubus*	榕八星天牛	树干	+	黄金水，1991
43	*Batocera rufomaculata*	赤斑白条天牛	树干	+	Sasidharan et al.，2016
47	*Blepephaeus succinctor*	深斑灰天牛	树干	+	广东省森林病虫普查办公室，1983
46	*Bootanelleus* sp.	—	蒴果	—	Andersen & New 1987
44	*Brachytrupe portentosus*	大蟋蟀	苗木、小枝叶、根系	++	黄金水，1991
45	*Catantops pinguis*	红褐斑腿蝗	小枝	+	—
48	*Chalcophora japonica*	日本几丁虫	吸枝干嫩部汁液	+	黄金水，1991
49	*Chalia larminati*	蜡彩袋蛾	小枝叶	+	黄金水，1991
50	*Chalioides kondonis*	白囊袋蛾	小枝叶	+	方惠兰等，1997；黄金水等，2012
51	*Chalioides vitrea*	脆囊袋蛾	小枝条	+	Sasidharan et al.，2016
52	*Chalybosoma casuarinae*	木麻黄	树干	+	English et al.，1957
53	*Chlorophorus varius*	绿虎天牛一种	枝干	+	Hassan，1990
54	*Chogada yakushimaua*	—	—	+	广东省森林病虫普查办公室，1983
55	*Chondracris rosea rosea*	棉蝗	苗木或小枝	+	黄金水，1991
56	*Chrysocoris patricius*	小丽盾蝽	小枝叶	+	广东省森林病虫普查办公室，1983

（续表）

编号	学名	中文名称	危害部位	程度 *	参考文献
57	*Chrysocoris purpureus*	紫蓝金花蝽	吸枝干嫩部汁液	+	Sasidharan et al., 2016
58	*Chrysocoris stocherus*	—	吸枝干嫩部汁液	+	Sasidharan et al., 2016
59	*Chrysocoris stolii*	紫蓝丽盾蝽	小枝叶	+	广东省森林病虫普查办公室，1983
60	*Clania crameri*	螺纹蓑蛾	小枝叶	+	Anon., 1952；黄金水等，2012
61	*Clavigrallu horrens*	小棒缘蝽	小枝叶	+	广东省森林病虫普查办公室，1983
62	*Cletomorpha simulans*	点棘缘蝽	小枝叶	+	广东省森林病虫普查办公室，1983
65	*Cletus punctiger*	稻棘缘蝽	小枝叶	+	广东省森林病虫普查办公室，1983
64	*Cnephsia pumicana*	一种云卷蛾	树皮	—	Habib et al., 1972；Khalifa et al., 1972
66	*Colasposoma metallicus*	绿甘薯叶甲	小枝叶	+	广东省森林病虫普查办公室，1983
63	*Coptotermes gestroi*	格斯特家白蚁	枝、干、根、皮	—	Park et al., 2019
67	*Criptocephalus trifasciatus*	三带隐头叶甲	小枝叶	+	广东省森林病虫普查办公室，1983
68	*Cryptothelea crameri*	—	小枝条	++	Sasidharan et al., 2016
69	*Cryptothelea variegata*	大袋蛾	小枝叶	+	方惠兰等，1997
70	*Cryptotympana atrata*	蚱蝉	小枝叶	+	方惠兰等，1997；黄金水等，2012
71	*Crytothelea minuscula*	茶袋蛾	小枝叶	+	方惠兰等，1997
72	*Csmposternus suratus*	—	—	+	广东省森林病虫普查办公室，1983
73	*Cyclosia panthona*	豹点锦斑蛾	小枝叶	+	黄金水，1991
74	*Cylindrococcus casuarinae*	木麻黄虫瘿	枝、干	—	Maskell WM, 1892；Gullan, 1978；1984
75	*Cylindrococcus gracilis*		枝、干	—	Gullan, 1978；1984
76	*Cylindrococcus spiniferus*	—	枝、干	—	Gullan, 1978；1984
77	*Dalader planiventris*	宽肩达缘蝽	小枝叶	+	黄金水，1991
78	*Dalpada maculata*	粤岱蝽	小枝叶	+	广东省森林病虫普查办公室，1983
79	*Dulpada nodifera*	小斑岱蝽	小枝叶	+	广东省森林病虫普查办公室，1983
80	*Dalpada oculata*	岱蝽	小枝叶	+	黄金水，1991
81	*Dappula tertia*	黛袋蛾	小枝叶	+	黄金水等，2012
82	*Dasychira mendosa*	基斑毒蛾	小枝条	+	Sasidharan et al., 2016

（续表）

编号	学名	中文名称	危害部位	程度*	参考文献
83	*Dasychira thwaitesi*	大茸毒蛾	小枝条	+	黄金水，1991
84	*Dendrocerus* sp.	—	蒴果	—	Andersen & New，1987
85	*Dorysthenes granulosus*	蔗根土天牛	枝干	+	黄金水，1991
86	*Drosicha corpulenta*	日本履棉蚧	小枝叶	+	黄金水等，2012
87	*Ducetia* sp.	条螽斯一种	小枝叶	+	—
88	*Dysdercus cingulatus*	棉红蝽	小枝叶	+	黄金水等，2012
89	*Dysdercus poecilus*	联斑棉红蝽	小枝叶	+	广东省森林病虫普查办公室，1983
90	*Dzumacoccus baylaci*	—	小枝叶	+	Hodgson et al.，2018
91	*Erthesis fullo*	麻皮蝽	小枝	+	广东省森林病虫普查办公室，1983
92	*Eumenodera tetrahorda*	—	—	—	Anon.，1952
93	*Eurybrachys tomentosa*	—	吸取幼枝汁液	+	Sasidharan et al.，2016
94	*Eurytoma* sp.	木麻黄突黄蜂	蒴果	—	Andersen & New，1987；Riley，2020
95	*Eusthenes femoralis*	斑缘巨蝽	小枝叶	+	黄金水等，2012
97	*Euzophera batangensis*	皮暗斑螟	幼枝干	+	黄金水，1991
96	*Exolontha serrulata*	大等鳃金龟	小枝叶、根系	+	方惠兰等，1997；黄金水等，2012
98	*Eypreponcnemis alacris alacris*	黑背蝗属昆虫	小枝叶	+	Muralirangan，1978
99	*Ferrisia virgata*	腺刺粉蚧	吸取幼枝汁液	+	Sasidharan et al.，2016
100	*Galerucella macullicollis*	榆黄金花虫	小枝叶	+	广东省森林病虫普查办公室，1983
101	*Gastrimargus marmoratus*	云斑车蝗	小枝	+	广东省森林病虫普查办公室，1983
102	*Geisha distinctissima*	碧蛾蜡蝉	小枝叶	+	黄金水，1991
103	*Glycyphana fulvistemma*	金斑短突花金龟	小枝叶、花	+	广东省森林病虫普查办公室，1983
104	*Gryllotalpa africana*	非洲蝼蛄	根系	+	黄金水，1991
105	*Gryllotalpa orientalis*	东方蝼蛄	根系	+	黄金水等，2012
106	*Gryllus bimaculatus*	双斑大蟋	苗木、小枝条或根系	+	黄金水等，2012
107	*Gryllus chinensis*	中华蟋	苗木、小枝条或根系	++	黄金水等，2012
108	*Gymnogryllus humeralis*	裸蟋属一种	幼树或苗木	+	Anon.，1952；Chatterjee，1955
109	*Halys dentatus*	—	吸枝干嫩部汁液	+	Sasidharan et al.，2016

（续表）

编号	学名	中文名称	危害部位	程度*	参考文献
110	*Haplotropis brunneriana*	笨蝗	小枝叶	+	黄金水，1991；黄金水等，2012
111	*Heligmothrips* sp.	—	—	—	Mound，1970
112	*Henosepilachna vigintioctopunctata*	马铃薯瓢虫	小枝叶	+	黄金水等，2012
113	*Holochlora* sp.	螽斯一种	小枝叶	+	广东省森林病虫普查办公室，1983
114	*Holotrichia cochichina*	宽缘齿爪鳃金龟	苗木、根系	+	广东省森林病虫普查办公室，1983
115	*Holotrichiu diomphaliu*	东北大黑鳃金龟	苗木、根系	+	黄金水等，2012
116	*Homoeocerus urcha*	合欢同缘蝽	小枝叶	+	广东省森林病虫普查办公室，1983
117	*Homoeocerus striicornis*	纹须同缘蝽	小枝叶	+	黄金水，1991
118	*Huechys sanguinea*	黑翅蝉	小枝叶	+	黄金水等，2012
119	*Hylotrupes bajulus*	北美家天牛	枝干	+	Hassan，1990
121	*Hypomeces squamosus*	蓝绿象	小枝	+	广东省森林病虫普查办公室，1983
120	*Icerya urchase*	澳大利亚吹绵蚧（吹绵蚧）	小枝叶	++	黄金水，1991；Sasidharan et al.，2016
122	*Icerya seychellarum*	黄吹绵蚧	小枝叶	++	Froggatt，1933
124	*Indarbela quadrinotata*	（一种食皮毛虫）	树干、树皮	—	Sasidharan et al.，2005；Jacob et al.，2016
123	*Iotatubothrips crozieri*	（一种蓟马，蛀茎虫瘿）	树干、枝条	—	Mound et al.，1988；Mound & Crespi，1992；谢永辉等，2010
125	*Iotatubothrips kranzae*	（一种蓟马，蛀茎虫瘿）	树干、枝条	—	Mound et al.，1988；谢永辉等，2010
126	*Kaloterms flavicollis*	黄颈木白蚁	树皮、树干	—	Hassan，1990
127	*Lawana retace*	紫络蛾蜡蝉	小枝叶	+	黄金水等，2012
128	*Lepidiota stigma*	痣鳞鳃金龟	小枝或根系	+	广东省森林病虫普查办公室，1983
129	*Leptocorisa acuta*	大稻缘蝽	小枝叶	+	黄金水等，2012
130	*Leptocorisa varicornis*	异稻缘蝽	小枝叶	+	方惠兰等，1997；黄金水等，2012
131	*Leucania venalba*	白脉黏虫	小枝叶	+	黄金水等，2012
132	*Linoclostis gonatias*	茶木蛾	小枝叶	+	黄金水等，2012
133	*Liocola brevitarsis*	白星花金龟	小枝叶、花	+	方惠兰等，1997；黄金水等，2012
134	*Lixus camerunus*（*Coleoptera curculionidae*）	—	幼枝叶	—	Eluwa，1979

（续表）

编号	学名	中文名称	危害部位	程度 *	参考文献
135	*Luciola japonica*	日本黄萤	幼枝叶	+	广东省森林病虫普查办公室，1983
136	*Lymantria retace aurosa*	栎毒蛾	小枝叶	+	黄金水等，2012
137	*Lymantria detersa*	—	小枝	+	Sasidharan et al.，2016
138	*Lymantria viola*	珊毒蛾	小枝叶	+	广东省森林病虫普查办公室，1983
139	*Lymantria xylina*	木毒蛾	小枝叶	++	广东省森林病虫普查办公室，1983
140	*Macrotoma retace*	非洲密齿天牛	树干	++	Hassan，1990
141	*Mahusena colona*	褐袋蛾	小枝叶	—	黄金水，1991
142	*Maladera fusania*	釜山码绢金龟	小枝叶、花	—	黄金水等，2012
143	*Meaastiamus* sp.	—	蒴果	—	Andersen & New，1987
144	*Megopis marginalis*	毛角薄翅天牛	树干	+	黄金水，1991
145	*Megopis sinicahainanensis*	海南薄翅天牛	树干	—	黄金水，1991
146	*Megymenum inerme*	无刺瓜蝽	小枝叶	+	广东省森林病虫普查办公室，1983
147	*Mesites cunipes*	—	—	+	Hassan，1990
148	*Mesites pallidipennis*	—	—	+	Hassan，1990
149	*Metanastria hyrtaca*	大斑尖枯叶蛾	小枝条	+	Sasidharan et al.，2016
150	*Microcerotermes crassus*	大锯白蚁	枝、干、根、皮	—	Park et al.，2019
151	*Microlepidopteran needle*	—	小枝叶	+	Sasidharan et al.，2016
152	*Mictis tenebrosa*	曲胫侏缘蝽	小枝叶	+	广东省森林病虫普查办公室，1983
153	*Mimelu splendens*	墨绿彩丽金龟	小枝叶、花	+	黄金水等，2012
154	*Minthea rugicollis*	鳞毛粉蠹	树干枝	+	黄金水，1991
157	*Mylabris phalerata*	大斑芫菁	小枝叶	—	黄金水，1991；黄金水等，2012
155	*Mylabris pustulatus*	（斑芫菁属一种）	小枝叶	+	Sasidharan et al.，2016
156	*Mylabris schonherri*	横带芫菁	小枝叶	+	黄金水等，2012
158	*Myllocerus discolor*	变色尖筒象	小枝叶	+	Sasidharan et al.，2016
159	*Myllocerus improvidus*	突尖筒象	小枝叶	+	Sasidharan et al.，2016
160	*Myllocerus undecimpustulatus*	—	小枝叶	+	Sasidharan et al.，2016
161	*Myllocerus viridanus*	—	小枝叶	+	Sasidharan et al.，2016
162	*Nasutitermes takasagoensis*	高砂象白蚁	枝、干、根、皮	+	Park et al.，2019
163	*Neorthacris auticaps*	—	小枝	+	Sasidharan et al.，2016
164	*Nezara torquata*	黄肩绿蝽	吸枝干嫩部汁液	—	黄金水等，2012

（续表）

编号	学名	中文名称	危害部位	程度*	参考文献
165	*Nezara viridula*	稻绿蝽	吸枝干嫩部汁液	+	方惠兰等, 1997；Sasidharan et al., 2016
166	*Nipaecoccus* sp.	鳞粉蚧属昆虫	吸枝干嫩部汁液	+	Viggiani & Hayat, 1974
167	*Nipaecoccus vastator*	橘鳞粉蚧	吸取小枝汁液	+	Sasidharan et al., 2016
168	*Niphe retaceo*	稻褐蝽	小枝叶	+	黄金水, 1991
169	*Niphona malaccensis*	（一种叉尾天牛）	树皮、幼枝	+	Sasidharan et al., 2016
170	*Niphona picticornis*	（一种叉尾天牛）	树皮、幼枝	+	Hassan, 1990
171	*Nyctemera coleta*	毛胫蝶灯蛾	小枝叶	+	黄金水, 1991
172	*Odontotermes formosanus*	黑翅土白蚁	树皮	+	黄金水, 1991
173	*Odontotermes obesus*	（土白蚁属一种）	树皮	+	Sasidharan et al., 2016
174	*Olenecamptus retaceous*	白背粉天牛	枝、干	+	黄金水, 1991
175	*Ophelmodiplosis clavata*	（一种虫瘿）	枝条	—	Kolesik et al., 2012
176	*Orgyia antiqua*	古毒蛾	小枝叶	+	黄金水, 1991
177	*Orgyia postica*	棉古毒蛾	小枝叶	+	广东省森林病虫普查办公室, 1983
178	*Orthacris maindroni*	—	小枝条	+	Sasidharan et al., 2016
179	*Orthacris ruficornis*	—	小枝条	+	Sasidharan et al., 2016
180	*Otinotus oneratus*	—	吸枝干嫩部汁液	+	Sasidharan et al., 2016
181	*Oxya fuscovittata*	—	小枝条	+	Sasidharan et al., 2016
182	*Oxya nitidyla*	—	小枝条	+	Sasidharan et al., 2016
183	*Oxycetonia jucunda*	小青花金龟	小枝叶、根系	+	广东省森林病虫普查办公室, 1983
184	*Oxycetonia versicolor.*	—	小枝叶	+	Sasidharan et al., 2016
185	*Oxyrachis tarandus*	—	吸枝干嫩部汁液	+	Sasidharan et al., 2016
186	*Paramictis validus*	副俦缘蝽	小枝叶	+	黄金水, 1991
187	*Paratossa coraebiformis*	—	—	+	Hassan, 1990
188	*Patanga succincta*	印度黄脊蝗	小枝叶	+	黄金水, 1991；黄金水等, 2012
189	*Phallothrips houstoni*	（一种蓟马）	树干、枝条	—	Mound et al., 1988；Mound & Crespi, 1992；谢永辉等, 2010
190	*Philosamia cynthia*	樗蚕蛾	小枝叶	+	—
191	*Philus pallescens*	蔗狭胸天牛	树干	+	广东省森林病虫普查办公室, 1983
192	*Pida strigipennis*	黄羽毒蛾	—	—	黄金水等, 2012
193	*Platycorynus undatus*	曲带扁头叶甲	小枝叶	+	黄金水, 1991
194	*Platypleura hilpa*	黄蟪蛄	枝条	+	黄金水, 1991

（续表）

编号	学名	中文名称	危害部位	程度*	参考文献
195	*Platyplura hampsoni*	（一种蟪蛄）	枝条上产卵造伤	+	Sasidharan et al., 2016
196	*Poecilips rhizophorae*	—	苗木或幼枝	+	Snyder, 1919
197	*Polynema* sp.	—	蒴果	—	Andersen & New, 1987
198	*Polyphylla formosana*	云台鳃金龟	小枝叶、根系	+	广东省森林病虫普查办公室, 1983
199	*Poophilus costalis*	禾沫蝉	小枝叶	+	黄金水等, 2012
200	*Protaetia orientalis*	东方艳星花金龟	吸枝干汁液、小枝叶、花	+	Schlub et al., 2020
201	*Protaetia pryeri pryeri*	棕花金龟	小枝叶、花	+	Schlub et al., 2020
202	*Pseusaletia separata*	黏虫	小枝叶、花	+	黄金水等, 2012
203	*Psiloptera* sp.	—	小枝叶	+	Sasidharan et al., 2016
204	*Pterolophiu cervina*	玉米坡天牛	干、枝	+	黄金水, 1991
205	*Purpuricenus malaccensis*	黄带紫天牛	干、枝	+	黄金水, 1991
206	*Rhynchocoris humeralis*	棱蝽	小枝叶	+	广东省森林病虫普查办公室, 1983
207	*Rhyncolus culinaris*	（短鼻木象属一种）	干、枝	+	Hassan, 1990
208	*Rhyncolus cylindrus*	（短鼻木象属一种）	干、枝	+	Hassan, 1990
209	*Rhyncolus gracilis*	（短鼻木象属一种）	干、枝	+	Hassan, 1990
210	*Rhyparochromus sordidus*	褐斑地长蝽	小枝叶	+	黄金水, 1991
211	*Ricania speculum*	八点广翅蜡蝉	小枝叶	+	广东省森林病虫普查办公室, 1983
212	*Riptortus linearis*	条蜂缘蝽	小枝叶	+	方惠兰等, 1997；黄金水等, 2012
213	*Salurnis marginella*	褐缘蛾蜡蝉	小枝叶	+	广东省森林病虫普查办公室, 1983
214	*Scapsipedus aspersus*	长颚蟋	苗木、小枝条或根系	+	黄金水等, 2012
215	*Scapsipedus micado*	蟋蟀	苗木、小枝条或根系	+	黄金水等, 2012
216	*Selitrichodes casuarinae*	（木麻黄小蜂）	枝叶	+	Fisher et al., 2014
217	*Selitrichodes utilis*	（一种小蜂）	干、枝	—	Fisher et al., 2014
218	*Sinoxylon* sp.	双棘长蠹属	干、枝	+	Sasidharan et al., 2016
219	*Sinoxylon sudanicum*	苏丹双棘长蠹	干、枝	+	Hassan, 1990
220	*Skusemyia allocasuarinae*	—	侧枝干芽	—	Kolesik, 1995
221	*Solenostethium rubropunctatum*	沟盾蝽	小枝叶	+	广东省森林病虫普查办公室, 1983

（续表）

编号	学名	中文名称	危害部位	程度*	参考文献
222	*Sophrops heydeni*	海霉鳃金龟	小枝或根系	+	广东省森林病虫普查办公室，1983
223	*Spilostethus hospes*	箭痕腺长蝽	小枝叶	+	广东省森林病虫普查办公室，1983
224	*Stauropus alternus*	龙眼蚁舟蛾	枝叶、幼枝干	+	陈芝卿，1978；黄金水，1991
225	*Stenodntes dasystomus dasystomus*	—	小枝叶	+	Thomas，1977
226	*Stethynium* sp.	—	蒴果	—	Andersen & New 1987
227	*Sthenias grisator*	突尾天牛（长角锈天牛）	树干	—	Sanjeeva Raj，1959
228	*Stromatium fulvum*	家天牛	树干	++	Hassan，1990；Alfazairy，1986
229	*Stromatium longicorne*	长角栎天牛	树干	+	广东省森林病虫普查办公室，1983
230	*Suana concolor*	木麻黄大毛虫	龙枝叶、幼枝干	+	黄金水，1991
231	*Sympiezomias velatus*	大灰象	小枝	+	广东省森林病虫普查办公室，1983
232	*Taragama siva*	—	小枝	+	Sasidharan et al.，2016
233	*Tarbinskiellus portentosus*	花生大蟋	苗木或小枝叶	+	黄金水等，2012
234	*Tetrastichus* sp.	—	蒴果	—	Andersen & New，1987
235	*Thaumatothrips froggatti*	（一种蓟马，蛀茎虫瘿）	树干、枝条	—	Mound et al.，1988；Mound & Crespi，1992；谢永辉等，2010
236	*Ticera castanea*	木麻黄毛虫	幼枝或叶	+	广东省森林病虫普查办公室，1983
237	*Trabala vishnou*	青柱枯叶蛾（绿黄枯叶蛾）	小枝叶	+	方惠兰等，1997；黄金水等，2012
238	*Trilophidia annulata*	疣蝗	小枝叶	+	黄金水等，2012
239	*Tsunozemia mojiensis*	角蝉	小枝叶	+	广东省森林病虫普查办公室，1983
240	*Xanthonia* sp.	松黄叶甲	小枝叶、幼枝	+	广东省森林病虫普查办公室，1983
241	*Xenocatantops* sp.	外斑腿蝗属	小枝	+	Sasidharan et al.，2016
242	*Xyelethrips* sp.	—	—	—	Mound，1970
243	*Zeuzera coffeae*	咖啡豹蠹蛾	树皮、干、枝	+	方惠兰等，1997
244	*Zeuzera multistrigata*	多纹豹蠹蛾	树皮、干、枝	++	广东省森林病虫普查办公室，1983

注：* 同病害危害程度；** 小枝叶为小枝和齿叶。

附录 4　木麻黄林下植被种类名录

序号	科名	中文名	学名	地点	主要参考文献
灌木层（19 科 24 属 25 种）					
1	夹竹桃科	海杧果	*Cerbera manghas*	海南	张彩凤等，2012
2	大戟科	黑面神	*Breynia fruticose*	海南	杨青青等，2016
3	大戟科	药用黑面神	*Breynia officinalis*	福建	林捷等，2014
4	大戟科	一品红	*Euphorbia pulcherrima*	福建、海南	尤龙辉等，2013；杨青青等，2016
5	樟科	潺槁木姜子	*Litsea glutinosa*	海南、广东 *	—
6	锦葵科	桤叶黄花稔	*Sida alnifolia*	广东	徐馨等，2013
7	锦葵科	肖梵天花	*Urena lobata*	福建	林捷等，2014
8	野牡丹科	野牡丹	*Melastoma candidum*	海南	张彩凤等，2012
9	楝科	苦楝	*Melia azedarach*	福建	林捷等，2014
10	含羞草科	相思树	*Acacia* sp.	福建	林捷等，2014
11	含羞草科	银合欢	*Leucaena leucocephala*	福建、海南	尤龙辉等，2013；杨青青等，2016
12	桃金娘科	桃金娘	*Rhodomyrtus tomentosa*	海南	杨青青等，2016
13	紫茉莉科	紫茉莉	*Mirabilis jalapa*	福建；海南	尤龙辉等，2013；杨青青等，2016
14	露兜树科	露兜	*Pandanusaus trosinensis*	海南	张彩凤等，2012
15	蝶形花科	海刀豆	*Canavalia maritime*	海南	张彩凤等，2012
16	鼠李科	雀梅藤	*Sageretia thea*	福建	林捷等，2014
17	蔷薇科	硕苞蔷薇	*Rosa bracteata*	福建、海南	尤龙辉等，2013；杨青青等，2016
18	蔷薇科	茅莓	*Rubus parvifolius*	福建；海南	尤龙辉等，2013；杨青青等，2016
19	茜草科	栀子	*Gardenia jasminoides*	福建	林捷等，2014
20	芸香科	酒饼簕	*Atalantia buxifolia*	广东	徐馨等，2013
21	芸香科	两面针	*Zanthoxylum nitidum*	福建	尤龙辉等，2013
22	茄科	枸杞	*Lycium chinense*	福建	尤龙辉等，2013
23	山茶科	滨柃	*Eurya emarginata*	福建	林捷等，2014
24	榆科	朴树	*Celtis sinensis*	广东 *	—
25	马鞭草科	马缨丹	*Lantana camara*	海南、广东、福建	张彩凤等，2012；徐馨等，2013；尤龙辉等，2013；杨青青等，2016
草本层（32 科 76 属 88 种）					
1	番杏科	番杏	*Tetragonia tetragonoides*	福建	尤龙辉等，2013
2	苋科	土牛膝	*Achyranthes aspera*	广东 *	徐馨等，2013

（续表）

序号	科名	中文名	学名	地点	主要参考文献
3	石蒜科	仙茅	*Curculigo orchioides*	海南	杨青青等，2016
4	石蒜科	忽地笑	*Lycoris aurea*	福建	尤龙辉等，2013
5	石蒜科	石蒜	*Lycoris radiate*	海南	薛杨等，2015；杨青青等，2016
6	伞形科	珊瑚菜	*Glehnia littoralis*	福建	林捷等，2014
7	菊科	藿香蓟	*Ageratum conyzoides*	福建	尤龙辉等，2013；林捷等，2014
8	菊科	青蒿	*Artemisia carvifolia*	福建	林捷等，2014
9	菊科	鬼针草	*Bidens pilosa*	广东*	徐馨等，2013
10	菊科	大蓟	*Cirsium japonicum*	福建	尤龙辉等，2013
11	菊科	香丝草	*Conyza bonariensis*	广东*	—
12	菊科	小蓬草	*Conyza canadensis*	福建、	尤龙辉等，2013；林捷等，2014
13	菊科	一点红	*Emilia sorchifolia*	海南	薛杨等，2015；杨青青等，2016
14	菊科	飞蓬草	*Erigeron acer*	海南	薛杨等，2015；杨青青等，2016
15	菊科	飞机草	*Eupatorium odoratum*	海南	张彩凤等，2012；薛杨等，2015；杨青青等，2016
16	菊科	假臭草	*Praxelis clematidea*	广东*	—
17	菊科	一枝黄花	*Solidago decurrens*	福建	尤龙辉等，2013
18	菊科	苦苣菜	*Sonchus oleraceus*	福建	尤龙辉等，2013
19	菊科	夜香牛	*Vernonia cinerea*	广东*、海南	薛杨等，2015；杨青青等，2016
20	菊科	蟛蜞菊	*Wedelia chinensis*	福建	尤龙辉等，2013
21	菊科	卤地菊	*Wedelia prostrata*	广东*	—
22	藜科	狭叶尖头叶藜	*Chenopodium acuminatum*	广东*	—
23	鸭跖草科	裸花水竹草	*Murdannia nudiflora*	广东*	—
24	鸭跖草科	水竹叶	*Murdannia triguetra*	海南	薛杨等，2015；杨青青等，2016
25	旋花科	肾叶打碗花	*Calystegia soldanella*	福建	林捷等，2014
26	旋花科	厚藤（马鞍藤）	*Ipomoea pes-caprae*	广东*、海南、福建	林捷等，2014；薛杨等，2015；杨青青等，2016
27	莎草科	球柱草	*Bulbostylis barbata*	广东*	—
28	莎草科	丝叶球柱草	*Bulbostylis densa*	广东*	—
29	莎草科	矮生苔草	*Carex pumila*	福建	林捷等，2014

（续表）

序号	科名	中文名	学名	地点	主要参考文献
30	莎草科	莎草	*Cyperus glomeratus*	海南	薛杨等，2015；杨青青等，2016
31	莎草科	香附子	*Cyperus rotundus*	广东*、福建	尤龙辉等，2013
32	莎草科	牛毛毡	*Eleocharis yokoscensis*	广东*	—
33	莎草科	绢毛飘拂草	*Fimbristylis sericea*	广东*	—
34	莎草科	海滨莎	*Remirea maritima*	海南	张彩凤等，2012
35	槲蕨科	槲蕨	*Drynaria fortune*	福建	尤龙辉等，2013
36	木贼科	笔管草	*Equisetum debile*	福建	林捷等，2014
37	大戟科	叶下珠	*Phyllanthus urinaris*	广东*	—
38	大戟科	艾堇	*Sauropus bacciformis*	广东*	—
39	大戟科	地杨桃	*Sebastiania chamaelea*	海南	薛杨等，2015；杨青青等，2016
40	牻牛儿苗科	野老鹳草	*Geraniaceae carolinianum*	福建	尤龙辉等，2013
41	唇形科	广防风	*Epimeredi indica*	广东*	—
42	唇形科	白花草	*Habenaria dentata*	海南	薛杨等，2015；杨青青等，2016
43	百合科	天门冬	*Asparagus cochinchinensis*	福建	尤龙辉等，2013
44	百合科	沿阶草	*Ophiopogon bodinieri*	福建	尤龙辉等，2013
45	海金沙科	海金沙	*Lygodium japonicum*	福建	尤龙辉等，2013
46	锦葵科	榛叶黄花稔	*Sida subcordata*	广东*	—
47	锦葵科	地桃花	*Urena lobata*	广东*、海南	薛杨等，2015；杨青青等，2016
48	防己科	千金藤	*Stephania japonica*	福建	林捷等，2014
49	含羞草科	含羞草	*Mimosa pudica*	海南	杨青青等，2016
50	肾蕨科	肾蕨	*Nephrolepis auriculata*	福建	尤龙辉等，2013
51	柳叶菜科	月见草	*Oenothera erythrosepala*	广东*	—
52	柳叶菜科	海边月见草	*Oenothera littaralis*	福建	林捷等，2014
53	兰科	建兰	*Cymbidium ensifolium*	海南	杨青青等，2016
54	酢浆草科	酢浆草	*Oxalis corniculata*	海南	薛杨等，2015；杨青青等，2016
55	蝶形花科	链荚豆	*Alysicarpus vaginalis*	广东*	—
56	蝶形花科	鱼藤	*Derris trifoliata*	广东*	—
57	蝶形花科	天蓝苜蓿	*Medicago lupilina*	福建	尤龙辉等，2013
58	禾本科	毛颖草	*Alloteropsis semialata*	福建	尤龙辉等，2013
59	禾本科	硬骨草	*Arundinella hirta*	广东*	—

（续表）

序号	科名	中文名	学名	地点	主要参考文献
60	禾本科	地毯草	*Axonopus compressus*	海南	薛杨等，2015；杨青青等，2016
61	禾本科	竹节草	*Chrysopogon aciculatus*	广东	—
62	禾本科	狗牙根	*Cynodon dactylon*	海南	张彩凤等，2012
63	禾本科	龙爪茅	*Dactylocteninm acgyptium*	广东 *	—
64	禾本科	异马唐	*Digitaria bicornis*	福建	林捷等，2014
65	禾本科	马唐	*Digitaria sanguinalis*	广东 *	—
66	禾本科	牛筋草	*Eleusine indica*	海南、福建	尤龙辉等，2013；林捷等，2014；薛杨等，2015；杨青青等，2016
67	禾本科	华南画眉草	*Eragrostis nevinii*	福建	林捷等，2014
68	禾本科	长画眉草	*Eragrostis zeylanica*	广东 *	—
69	禾本科	白茅	*Imperata cylindrica*	广东 *、福建	尤龙辉等，2013；林捷等，2014
70	禾本科	鸭嘴草	*Ischaemum ciliare*	海南	薛杨等，2015；杨青青等，2016
71	禾本科	小草	*Nardus indica*	海南	薛杨等，2015；杨青青等，2016
72	禾本科	短叶黍	*Panicum brevifolium*	海南	薛杨等，2015；杨青青等，2016
73	禾本科	铺地黍	*Panicum repens*	广东 *、福建	林捷等，2014
74	禾本科	鬣刺	*Spinifex littoreus*	广东 *、福建	林捷等，2014
75	禾本科	细叶结缕草	*Zoysia tenuifolia*	福建	林捷等，2014
76	蓼科	火炭母	*Polygonum chinense*	福建	林捷等，2014
77	报春花科	琉璃繁缕	*Anagallis coerulea*	福建	尤龙辉等，2013
78	茜草科	阔叶丰花草	*Borreria latifolia*	广东 *、海南	杨青青等，2016
79	茜草科	丰花草	*Borreria stricta*	广东 *、海南	徐馨等，2013；薛杨等，2015；杨青青等，2016
80	茜草科	耳草	*Hedyotis auricvlaria*	广东 *	—
81	茜草科	海岛耳草	*Hedyotis coreana*	广东 *	—
82	茜草科	伞花耳草	*Hedyotis corymbosa*	广东 *	—
83	茜草科	鸡矢藤	*Paederia scandens*	海南	薛杨等，2015；杨青青等，2016
84	茄科	龙葵	*Solanum nigrum*	福建	林捷等，2014
85	茄科	少花龙葵	*Solanum photeinocarpum*	福建	尤龙辉等，2013
86	梧桐科	蛇婆子	*Waltheria indica*	海南	薛杨等，2015；杨青青等，2016

（续表）

序号	科名	中文名	学名	地点	主要参考文献
87	香蒲科	水烛	*Typhaangus tifolis*	福建	林捷等，2014
88	马鞭草科	单叶牡荆	*Vitex trifolia*	广东 *、海南	张彩凤等，2012

　　注：* 广东的木麻黄林下植物名录，除茂名市茂港区外（徐馨等，2013），主要来自 2009 年 9 月 22—24 日在广东省阳西县、电白县和吴川县 11 个地点的沿海木麻黄人工林开展的林下植被调查，调查时林分林龄为 5~15 年生，郁闭度为 0.65~0.85，累计调查了 44 块样地（20m×20m）。调查数据由华南农业大学庄雪影教授带领其学生和热林所木麻黄课题组成员共同完成。调查显示，广东省西部地区木麻黄人工林林下植被种类丰富，含有 13 个科 32 个属和 36 个种。

附　图

附图 1-1　木麻黄沿海防风固沙林

附图 1-2　西澳大利亚州珀斯木麻黄景观防护林

附图 1-3　木麻黄农田防护林

附图 1-4　木麻黄种子是鸟的重要食物来源

附图 2-1　世界木麻黄最南的天然分布——
塔斯马尼亚岛念珠木麻黄

附图 2-2　世界木麻黄种植最北点
（法国蒙彼利埃）

附图 2-3　西澳大利亚州耐海水浸泡的粗枝木麻黄

附图 2-4　舟山市木麻黄防护林

附图 2-5　澳大利亚双针木麻黄
天然分布

附图 2-6　泰国普吉岛短枝木麻黄

附图 2-7　澳大利亚悉尼
粗枝木麻黄

附图 2-8　西澳大利亚州盐碱地
粗枝木麻黄根蘖

附图 2-9　陕西省汉中市
褒河林场细枝木麻黄

附图2-10　木麻黄雌株（左）和
雄株（右）

附图2-11　雌雄同株的木麻黄

附图2-12　木麻黄雌花

附图2-13　木麻黄雄花

附图2-14　木麻黄小枝条上齿叶数及颜色

附图 2-15　木麻黄蒴果特征

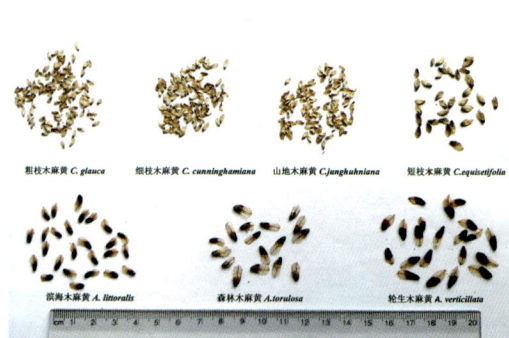

粗枝木麻黄 C. glauca　细枝木麻黄 C. cunninghamiana　山地木麻黄 C.junghuhniana　短枝木麻黄 C.equisetifolia

滨海木麻黄 A. littoralis　森林木麻黄 A.torulosa　轮生木麻黄 A. verticillata

附图 2-16　木麻黄种子

附图 2-17　木麻黄树皮特征

附图 2-18　木麻黄根瘤

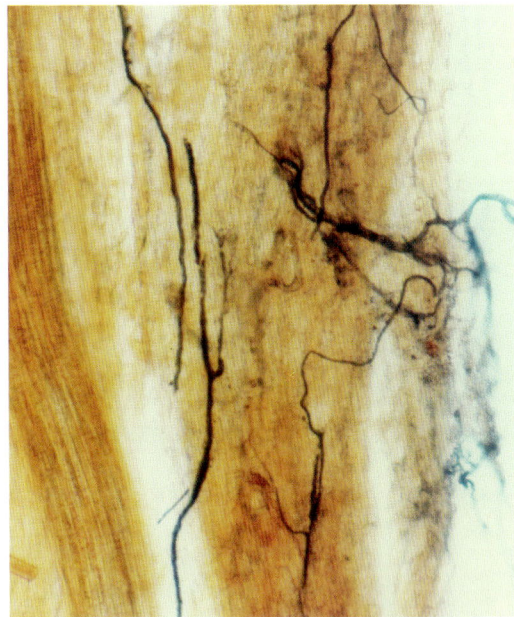
附图 2-19　木麻黄内生菌根菌菌丝

附图 2-20　木麻黄内生和外生菌根菌接种

附图 3-1　木麻黄国际种源与家系种子引进

附图 3-2　木麻黄种源苗期生长差异

附图 4-1　6 年生木麻黄两个种源
生长差异

附图 4-2　短枝木麻黄种源
家系生长差异

附图 4-3　常规搭架子杂交育种

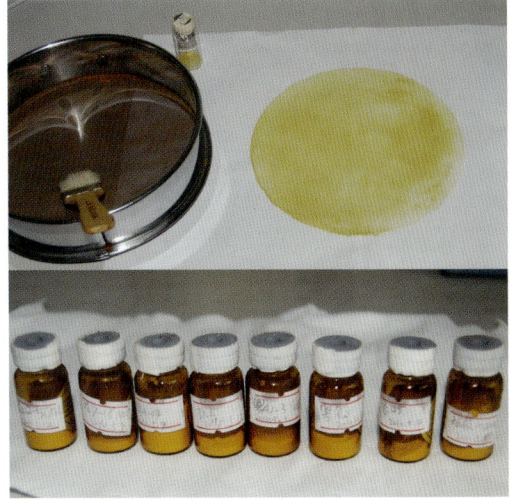

附图 4-4　木麻黄花粉收集与保存

附图 4-5　木麻黄嫁接种子园杂交育种

附图 4-6　木麻黄杂交种子收集

附图 4-7　木麻黄带状种植 5 个无性系比较试验

附图 4-8 木麻黄无性系抗风差异

附图 4-9 木麻黄无性系扦插苗耐盐筛选

当地木麻黄品种
暴发青枯病

新品种表现
出高抗病性

附图 4-10 广东沿海 6 年生木麻黄无性系抗青枯病
效果显著（航拍）

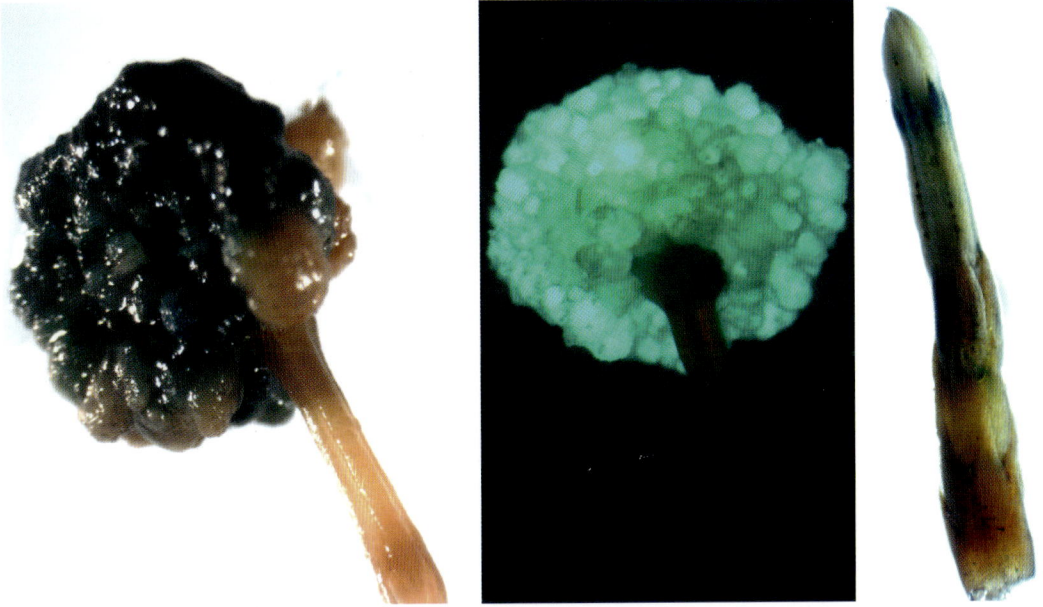

附图 5-1　短枝木麻黄 *gus* 和 *gfp*
在愈伤组织和小枝上的表达

附图 5-2　细枝木麻黄转 *gus* 后
再生条

附图 5-3　木麻黄转 *LEA*
基因后再生条

附图 5-4　木麻黄转基因植株苗

附图 6-1　木麻黄种源家系种子苗培育

附图 6-2　木麻黄截干萌条用于扦插繁殖

附图 6-3　木麻黄水培扦插育苗

附图 6-4　木麻黄小枝组培愈伤组织再生芽

附图 6-5　木麻黄苗圃

附图 6-6　木麻黄优树嫁接苗

附图 6-7　木麻黄与菠萝间种

附图 6-8　木麻黄残次林更新改造

附图 7-1　木麻黄青枯病

附图 7-2　青枯病病株树干下部（左）与上部（右）

附图 7-3　木麻黄丛枝病

附图 7-4　木麻黄树干疱腐病
（1999 年广东省阳西县）

附图 7-5　木麻黄种源家系抗青枯病差异

附图 7-6　木麻黄无性系抗青枯病差异

附图 8-1　木麻黄木片生产

附图 8-2　木麻黄旋切板

附图 8-3　木麻黄木炭

附图 8-4　费雷泽木麻黄工艺品

附图 8-5　木麻黄林下养殖

附图 8-6　木麻黄伐桩木耳菌

附图 9-1　福建沿海风口木麻黄造林

附图 9-2　元谋干热河谷木麻黄造林

附图 9-3　沿海困难地木麻黄

附图 9-4　木麻黄林下植物多样性

附图 9-5　木麻黄景观造型

附图 10-1　澳大利亚木麻黄
（裸孔木麻黄属）

附图 10-2　海南岛东短枝木麻黄
（木麻黄属）

附图 10-3　澳大利亚堪培拉森林木麻黄
（异木麻黄属）

附图 10-4　马来西亚顶生木麻黄
（隐孔木麻黄属）

附图 10-5　短枝木麻黄本种（右）和
因卡那亚种（左）

附图 10-6　澳大利亚巴特曼斯湾附近
粗枝木麻黄天然林